软件职业技术学院"十二五"规划教材

高级路由与交换技术项目引导教程

主　编　宋焱宏

副主编　王燕波　刘媛媛

主　审　王路群

中国水利水电出版社
www.waterpub.com.cn

内 容 提 要

本书围绕高级路由与交换应用技术，由浅入深、循序渐进地介绍思科高级路由与交换方面的知识，同时注重对学生的实际应用技能和动手能力的培养。全书内容涵盖模块化的园区网规划与设计、VTP 及修剪、传统生成树的定制、高级生成树的规划与配置、多层交换技术、路由冗余技术、OSPF 多区域和虚链路、路由控制技术、QoS 的应用技术、IPv6 配置和路由以及无线局域网技术。本书内容丰富翔实，通俗易懂，以实例为中心并结合大量的经验技巧。

本书既可作为大型计算机网络管理员指导用书，也可作为各大高职高专院校计算机以及相关专业的教材。

图书在版编目（CIP）数据

高级路由与交换技术项目引导教程 / 宋焱宏主编
. -- 北京：中国水利水电出版社，2013.8（2017.2 月重印）
 软件职业技术学院"十二五"规划教材
 ISBN 978-7-5170-1188-0

Ⅰ. ①高… Ⅱ. ①宋… Ⅲ. ①计算机网络－路由选择
－高等职业教育－教材②计算机网络－信息交换机－高等
职业教育－教材 Ⅳ. ①TN915.05

中国版本图书馆CIP数据核字（2013）第200535号

策划编辑：杨庆川　　责任编辑：杨元泓　　加工编辑：刘晶平　　封面设计：李 佳

书　名	软件职业技术学院"十二五"规划教材 高级路由与交换技术项目引导教程
作　者	主　编　宋焱宏　副主编　王燕波　刘媛媛　主审　王路群
出版发行	中国水利水电出版社 （北京市海淀区玉渊潭南路1号D座　100038） 网址：www.waterpub.com.cn E-mail：mchannel@263.net（万水） 　　　　sales@waterpub.com.cn 电话：（010）68367658（营销中心）、82562819（万水）
经　售	北京科水图书销售中心（零售） 电话：（010）88383994、63202643、68545874 全国各地新华书店和相关出版物销售网点
排　版	北京万水电子信息有限公司
印　刷	北京泽宇印刷有限公司
规　格	184mm×260mm　16开本　19.5印张　480千字
版　次	2013年8月第1版　2017年2月第2次印刷
印　数	3001—4500册
定　价	35.00元

凡购买我社图书，如有缺页、倒页、脱页的，本社营销中心负责调换
版权所有·侵权必究

前　　言

自从 20 世纪 90 年代以来，计算机网络技术的迅猛发展以及网络系统应用的日益普及，给人们的生产方式、生活方式和思维方式带来极大的变化。作为组建局域网、城域网和因特网的基本组件，交换机、路由器等网络设备的使用越来越广泛，对掌握交换、路由知识和技能的人才需求也处于上升的趋势。

目前，国内外有很多网络设备生产商推出了各种高级路由与交换技术的认证，其中尤以思科系统公司推出 CCNP（思科认证网络专家）认证最为市场接受和推崇，经过其认证的工程师也相对地具有更多的就业机会。

培养既掌握计算机网络的理论基础知识，又掌握计算机网络实际应用技能的人才，是网络教学工作者的责任。特别是对于大专院校计算机类专业的学生，更需要一本既具有一定的理论知识水平，又具有较强实际应用技术的教材。

本书作为思科认证体系的进阶级认证——CCNP 的教材读物，以培养高级路由与交换实用型人才为指导思想，在介绍具有一定深度的高级路由与交换理论知识基础上，重点介绍高级路由与交换的应用技术，注重对学生的实际应用技能和动手能力的培养。

本书共分为 15 个项目，主要内容包括：

项目 1：园区网的规划与设计

项目 2：VLAN、中继和 VTP

项目 3：聚合交换机链路

项目 4：传统的生成树协议

项目 5：生成树配置和保护

项目 6：高级生成树协议

项目 7：多层交换

项目 8：VLAN 的安全

项目 9：路由冗余

项目 10：交换机的接入安全

项目 11：OSPF

项目 12：路由控制

项目 13：QoS 在 IOS 中的应用

项目 14：IPv6

项目 15：无线 LAN

本书适合的读者对象主要是准备参加 CCNP 认证考试的学生，这包括自学的读者，也包括选修 CCNP 课程的思科网络技术学院的学生，需要他们有一定的网络基础知识，特别是

CCNA 的知识和技能。

  本书由宋焱宏任主编，王燕波、刘媛媛任副主编，参加编写的还有武汉软件工程职业学院任琦、李安邦、严学军、刘颂、何水艳、梁晓娅、张松慧、王彩梅和武汉中等职业艺术学校刘桢。王路群教授主审本书，并在编写过程中给予了指导和帮助。

  由于计算机网络技术发展迅速，加之编者水平有限，书中不足之处在所难免，恳请广大读者提出宝贵意见。

编者

2013 年 5 月

目　　录

前言

项目1　园区网的规划与设计 ··········· 1
　第一部分　理论知识 ··················· 1
　　1.1　园区网网络概述 ················· 1
　　1.2　园区网层次化网络设计 ········· 1
　　　1.2.1　层次化网络设计概述 ········ 1
　　　1.2.2　层次化网络设计注意事项 ····· 2
　　　1.2.3　层次化网络设计缺陷 ········ 2
　　1.3　园区网模块化网络规划与设计 ··· 3
　　　1.3.1　模块化网络设计概述 ········ 3
　　　1.3.2　基本模块分类 ·············· 3
　　　1.3.3　交换模块 ·················· 3
　　　1.3.4　核心模块 ·················· 4
　　1.4　园区网其他功能模块设计 ······· 5
　　　1.4.1　功能模块类型 ·············· 5
　　　1.4.2　服务器组模块 ·············· 5
　　　1.4.3　管理模块 ·················· 5
　　　1.4.4　企业边缘模块 ·············· 5
　　　1.4.5　服务商边缘模块 ············ 6
　第二部分　典型项目 ··················· 6
　　典型项目之一 ························ 6
　　典型项目之二 ························ 8
　　典型项目之三 ······················· 11
　第三部分　巩固练习 ·················· 16
　　理论练习 ··························· 16
　　实践练习 ··························· 16

项目2　VLAN、中继和VTP ··········· 17
　第一部分　理论知识 ·················· 17
　　2.1　VLAN和VTP概述 ············· 17
　　2.2　VLAN的优越性 ················ 17
　　2.3　VLAN成员资格 ················ 18
　　　2.3.1　VLAN在交换机上的实现方法 ···· 18
　　　2.3.2　配置静态VLAN ············ 19
　　2.4　VLAN中继链路 ················ 20

　　　2.4.1　交换机间链路协议 ·········· 20
　　　2.4.2　IEEE 8.2.1Q 协议 ·········· 21
　　　2.4.3　VLAN中继链路的配置 ····· 21
　　2.5　VTP ··························· 22
　　　2.5.1　VTP 域 ··················· 22
　　　2.5.2　VTP 模式 ················· 22
　　　2.5.3　VTP 的配置 ··············· 23
　　　2.5.4　VTP 通告及安全 ··········· 23
　　2.6　VLAN中继链路的流量控制 ···· 24
　第二部分　典型项目 ·················· 25
　　典型项目之一 ······················· 25
　　典型项目之二 ······················· 28
　　典型项目之三 ······················· 31
　第三部分　巩固练习 ·················· 34
　　理论练习 ··························· 34

项目3　聚合交换机链路 ··············· 35
　第一部分　理论知识 ·················· 35
　　3.1　以太信道 ······················· 35
　　　3.1.1　聚合的条件 ················ 35
　　　3.1.2　以太信道协商协议 ·········· 35
　　3.2　以太信道的配置 ················ 36
　　　3.2.1　配置PagP以太信道 ········ 36
　　　3.2.2　配置LACP以太信道 ······· 36
　　3.3　在以太信道中分配流量 ········· 37
　　　3.3.1　链路号的选择 ·············· 37
　　　3.3.2　负载均衡的配置和选择 ····· 38
　第二部分　典型项目 ·················· 39
　　典型项目之一 ······················· 39
　　典型项目之二 ······················· 41
　　典型项目之三 ······················· 43
　第三部分　巩固练习 ·················· 46
　　理论练习 ··························· 46

项目4　传统的生成树协议 ············· 47

第一部分　理论知识 ··············· 47
4.1　传统的生成树概述 ··············· 47
4.1.1　桥接环路 ··············· 47
4.1.2　环路的防止措施 ··············· 48
4.1.3　传统生成树的运行过程 ··············· 48
4.1.4　传统生成树的端口状态 ··············· 53
4.1.5　传统生成树的定时器 ··············· 53
4.1.6　传统生成树的拓扑改变 ··············· 54
4.2　传统生成树的类型 ··············· 56
4.2.1　通用生成树（CST） ··············· 56
4.2.2　Per-VLAN 生成树（PVST） ··············· 57
4.2.3　Per-VLAN 生成树增强版（PVST+） ··············· 57
第二部分　典型项目 ··············· 58
典型项目之一 ··············· 58
典型项目之二 ··············· 60
典型项目之三 ··············· 63
第三部分　巩固练习 ··············· 65
理论练习 ··············· 65
实践练习 ··············· 65

项目 5　生成树配置和保护 ··············· 67
第一部分　理论知识 ··············· 67
5.1　根网桥的选择 ··············· 67
5.1.1　根网桥和最佳位置 ··············· 67
5.1.2　根网桥的配置 ··············· 68
5.2　定制生成树 ··············· 70
5.2.1　调整根路径成本 ··············· 70
5.2.2　调整端口 ID ··············· 71
5.3　调整生成树的会聚 ··············· 71
5.4　STP 的保护 ··············· 74
5.4.1　根防护 ··············· 74
5.4.2　BPDU 防护 ··············· 75
5.4.3　环路防护 ··············· 76
5.4.4　UDLD ··············· 76
5.4.5　BPDU 过滤 ··············· 78
第二部分　典型项目 ··············· 78
典型项目之一 ··············· 78
典型项目之二 ··············· 81
典型项目之三 ··············· 83
第三部分　巩固练习 ··············· 86

理论练习 ··············· 86

项目 6　高级生成树协议 ··············· 87
第一部分　理论知识 ··············· 87
6.1　快速生成树 RSTP ··············· 87
6.1.1　RSTP 中的 BPDU ··············· 87
6.1.2　RSTP 中的端口行为和状态 ··············· 88
6.1.3　RSTP 的会聚 ··············· 89
6.1.4　RSTP 拓扑变化机制 ··············· 91
6.1.5　RSTP 的配置 ··············· 91
6.2　多生成树协议 ··············· 92
6.2.1　MST 简介 ··············· 92
6.2.2　MST 区域 ··············· 92
6.2.3　在 MST 中的生成树实例 ··············· 93
6.2.4　多生成树（MST）协议的配置 ··············· 94
第二部分　典型项目 ··············· 95
典型项目之一 ··············· 95
典型项目之二 ··············· 97
典型项目之三 ··············· 100
第三部分　巩固练习 ··············· 104
理论练习 ··············· 104

项目 7　多层交换 ··············· 105
第一部分　理论知识 ··············· 105
7.1　多层交换机的工作原理 ··············· 105
7.1.1　多层交换技术简介 ··············· 105
7.1.2　MLS 的需求 ··············· 106
7.1.3　多层交换的类型 ··············· 107
7.1.4　多层交换的过程 ··············· 107
7.2　VLAN 间路由 ··············· 110
7.2.1　物理接口和子接口 ··············· 111
7.2.2　单臂路由 ··············· 111
7.2.3　多层交换 ··············· 112
7.3　多层交换机中的 DHCP 和 DHCP 中继 ··············· 113
7.3.1　DHCP 原理 ··············· 113
7.3.2　配置 DHCP ··············· 114
7.3.3　DHCP 中继原理 ··············· 114
7.3.4　DCHP 中继配置 ··············· 114
第二部分　典型项目 ··············· 115
典型项目之一 ··············· 115
典型项目之二 ··············· 117

第三部分　巩固练习················122
　　理论练习····························122
　　实践练习····························122
项目 8　VLAN 的安全······················124
　第一部分　理论知识················124
　　8.1　VLAN 访问控制列表············124
　　　8.1.1　VLAN 访问控制列表简介····124
　　　8.1.2　VLAN 访问列表配置········124
　　8.2　私有 VLAN·······················125
　　　8.2.1　私有 VLAN 的基本思想····126
　　　8.2.2　辅助 VLAN 的类型··········126
　　　8.2.3　私有 VLAN 中的端口类型··126
　　　8.2.4　私有 VLAN 的配置··········127
　　8.3　VLAN 中继链路的安全··········128
　　　8.3.1　交换机伪造····················129
　　　8.3.2　VLAN 跨越····················130
　第二部分　典型项目················131
　　典型项目之一·······················131
　　典型项目之二·······················134
　　典型项目之三·······················137
　第三部分　巩固练习················139
　　理论练习····························139
项目 9　路由冗余······················140
　第一部分　理论知识················140
　　9.1　热备份路由器协议············140
　　　9.1.1　热备份概念····················140
　　　9.1.2　HSRP 备份的组成············140
　　　9.1.3　HSRP 的工作原理············141
　　　9.1.4　利用 HSRP 设计出高性价比的
　　　　　　网络解决方案··················144
　　9.2　虚拟路由器冗余协议··········145
　　　9.2.1　VRRP 简介····················145
　　　9.2.2　主要特点························145
　　　9.2.3　VRRP 的工作原理············146
　　　9.2.4　VRRP 应用实例··············147
　　9.3　网关负载均衡协议············147
　　　9.3.1　工作原理························147
　　　9.3.2　负载均衡的分类··············149
　第二部分　典型项目················151

　　典型项目之一　网关冗余和负载平衡········151
　　典型项目之二　HSRP、VRRP、GLBP
　　　　　　　　　实现网关冗余············160
　第三部分　巩固练习················168
　　理论练习····························168
　　实践练习····························169
项目 10　交换机的接入安全··············170
　第一部分　理论部分················170
　　10.1　端口安全·······················170
　　　10.1.1　端口安全特性··············170
　　　10.1.2　端口安全配置命令········170
　　10.2　基于端口的认证··············171
　　　10.2.1　工作原理····················171
　　　10.2.2　配置 IEEE 802.1x 标准····172
　　10.3　防欺骗攻击····················172
　　　10.3.1　DHCP 侦听··················172
　　　10.3.2　IP 源防护····················174
　第二部分　典型项目················175
　　典型项目之一·······················175
　　典型项目之二·······················178
　　典型项目之三·······················179
　　典型项目之四·······················180
　第三部分　巩固练习················183
项目 11　OSPF··························184
　第一部分　理论知识················184
　　11.1　OSPF 简介······················184
　　11.2　OSPF 报文······················186
　　　11.2.1　Hello 报文···················187
　　　11.2.2　DBD 报文····················188
　　　11.2.3　LSR 报文····················189
　　　11.2.4　LSU 报文····················189
　　　11.2.5　LSAck 报文··················189
　　11.3　OSPF 邻居和邻接关系········190
　　　11.3.1　OSPF 网络类型··············190
　　　11.3.2　OSPF 建立邻居··············190
　　　11.3.3　OSPF 建立邻接··············192
　　　11.3.4　DR/BDR·······················194
　　11.4　LSA 和链路状态数据库······195
　　　11.4.1　LSA 类型·····················195

11.4.2 虚链路的使用……………………195
11.4.3 1 类 LSA：路由器 LSA…………196
11.4.4 2 类 LSA：网络 LSA……………197
11.4.5 3、4 类 LSA：汇总 LSA…………198
11.4.6 5 类 LSA：外部 LSA……………200
11.5 解读 OSPF 链路状态数据库与路由表…200
  11.5.1 解读 OSPF LSDB………………200
  11.5.2 解读 OSPF 路由表………………202
  11.5.3 维护路由信息……………………203
11.6 OSPF 路由汇总…………………………204
  11.6.1 在 ABR 上配置区域间 OSPF
       路由汇总……………………………204
  11.6.2 在 ASBR 上配置外部 OSPF
       路由汇总……………………………205
11.7 OSPF 默认路由和特殊区域……………206
  11.7.1 OSPF 默认路由…………………206
  11.7.2 OSPF 特殊区域…………………206
  11.7.3 配置末节区域……………………207
  11.7.4 配置绝对末节区域………………208
  11.7.5 配置 NSSA/Totally NSSA………208
11.8 OSPF 配置加强…………………………210
  11.8.1 network 与 passive-interface……210
  11.8.2 OSPF 配置身份验证……………211
  11.8.3 修改 OSPF 路由开销……………211
第二部分 典型项目………………………………212
  典型项目之一 帧中继网络配置 OSPF……212
  典型项目之二 OSPF 虚链路的配置………214
  典型项目之三 多区域 OSPF 配置…………217
第三部分 巩固练习………………………………221
  理论练习…………………………………221

项目 12 路由控制………………………………222
第一部分 理论部分………………………………222
12.1 基本路由重分发…………………………222
  12.1.1 路由重分发概述…………………222
  12.1.2 重分发到 EIGRP…………………224
  12.1.3 重分发到 OSPF…………………226
  12.1.4 重分发到 RIP……………………227
12.2 基于策略的路由…………………………228
  12.2.1 配置 PBR…………………………229

12.2.2 PBR 应用案例……………………231
12.3 高级路由重分发…………………………232
  12.3.1 路由映射表与路由控制…………232
  12.3.2 路由映射表用于重分发…………233
  12.3.3 标记、路由映射表和重分发
       的结合………………………………234
  12.3.4 前缀列表在路由重分发的应用……236
  12.3.5 使用分发列表控制路由更新……237
  12.3.6 重分发可能导致的问题…………238
  12.3.7 使用管理距离的重分发…………239
第二部分 典型项目………………………………240
  典型项目之一 PBR 应用实验………………240
  典型项目之二 使用分发列表控制
              路由更新……………………242
  典型项目之三 使用管理距离优化路由
              重分发………………………245
第三部分 巩固练习………………………………247
  理论练习…………………………………247

项目 13 QoS 在 IOS 中的应用…………………248
第一部分 理论知识………………………………248
13.1 QoS 概述…………………………………248
13.2 QoS 标识字段……………………………249
13.3 流量的分类和标记………………………249
13.4 流量监管和流量整形简介………………250
  13.4.1 流量评估与令牌桶………………250
  13.4.2 流量监管…………………………251
  13.4.3 流量整形…………………………252
  13.4.4 物理接口限速……………………253
13.5 拥塞和拥塞管理…………………………253
  13.5.1 拥塞………………………………253
  13.5.2 拥塞管理…………………………254
13.6 端口限速和流量监管配置………………255
第二部分 典型项目………………………………258
  典型项目之一 BT 下载限速………………258
  典型项目之二 优先级队列（PQ）…………259
  典型项目之三 自定义队列（CQ）…………260
  典型项目之四 基于类的加权公平
              队列（CBWFQ）……………261
第三部分 巩固练习………………………………262

理论练习 ·················· 262
　　实践练习 ·················· 262
项目 14　IPv6 ················· 264
　第一部分　理论知识 ············ 264
　　14.1　IPv6 基础 ············· 264
　　　14.1.1　IPv6 出现的必然性 ······ 264
　　　14.1.2　IPv6 何时能够普及 ······ 264
　　　14.1.3　IPv6 新特性 ·········· 265
　　　14.1.4　IPv6 数据报的首部格式 ··· 266
　　　14.1.5　IPv6 扩展首部 ········· 266
　　14.2　IPv4 到 IPv6 的过渡技术 ··· 267
　　　14.2.1　双栈策略 ············ 268
　　　14.2.2　隧道技术 ············ 268
　　　14.2.3　TB（Tunnel Broker，隧道代理）·· 268
　　　14.2.4　双栈转换机制（DSTM）···· 268
　　　14.2.5　协议转换技术 ········· 269
　　　14.2.6　SOCKS64 ············ 269
　　　14.2.7　传输层中继（Transport Relay）··· 269
　　　14.2.8　应用层代理网关（ALG）··· 269
　　　14.2.9　过渡策略 ············ 269
　　　14.2.10　Pv6 隧道配置举例 ····· 270
　　14.3　IPv6 路由 ············· 272
　　　14.3.1　IPv6 静态路由协议 ····· 272
　　　14.3.2　RIPng ··············· 272
　　　14.3.3　OSPFv3 ·············· 272
　　　14.3.4　IDRPv2 ·············· 273
　第二部分　典型项目 ············ 274

　　典型项目之一　配置 IPv6 地址 ········ 274
　　典型项目之二　IPv6 静态路由 ········ 275
　　典型项目之三　IPv6 RIP（RIPng）······ 277
　　典型项目之四　IPv6 OSPF（OSPFv3）··· 281
　第三部分　巩固练习 ············ 284
　　理论练习 ·················· 284
　　实践练习 ·················· 284
项目 15　无线 LAN ·············· 286
　第一部分　理论知识 ············ 286
　　15.1　无线 LAN ············· 286
　　　15.1.1　无线 LAN 的技术优势 ···· 286
　　　15.1.2　无线局域网的传输介质 ··· 287
　　　15.1.3　无线局域网传输的调制方式 ·· 287
　　　15.1.4　无线 LAN 应用范围 ····· 288
　　　15.1.5　WLAN 安全性 ········· 288
　　15.2　无线 LAN 的标准和设备 ··· 289
　　　15.2.1　无线 LAN 标准 ········ 289
　　　15.2.2　无线 LAN 设备 ········ 291
　　15.3　无线 LAN 拓扑结构 ······ 293
　第二部分　典型项目 ············ 298
　　典型项目之一　802.11n 配置 ······· 298
　　典型项目之二　AC 应用 ··········· 299
　第三部分　巩固练习 ············ 301
　　理论练习 ·················· 301
　　实践练习 ·················· 301
参考文献 ····················· 302

项目 1　园区网的规划与设计

项目学习重点

- 掌握层次化网络设计的方法。
- 掌握模块化网络设计的方法。

第一部分　理论知识

1.1　园区网网络概述

园区网是由许多位于一栋或者多栋建筑物内的 LAN 组成的网络，这些建筑物彼此相连且在一个地理位置，整个园区网和物理线路通常由一家公司或者单位拥有。园区网通常由速度高达 10Gb/s 的有线以太网和共享型的无线 LANs 组成。园区网的设计应重点放在整体设计上，它能够根据现有的、规划的或者预测的数据流进行调整和扩展，以支持将来的需求。

1.2　园区网层次化网络设计

1.2.1　层次化网络设计概述

园区网把网络设计分为 3 个层次：接入层、分布层和核心层，称为层次化网络设计模型，如图 1.1 所示。每层在园区网的适当位置提供不同的物理和逻辑功能，其特点是可以预测数据的传输路径，例如数据从接入层流经分布层再传到核心层。

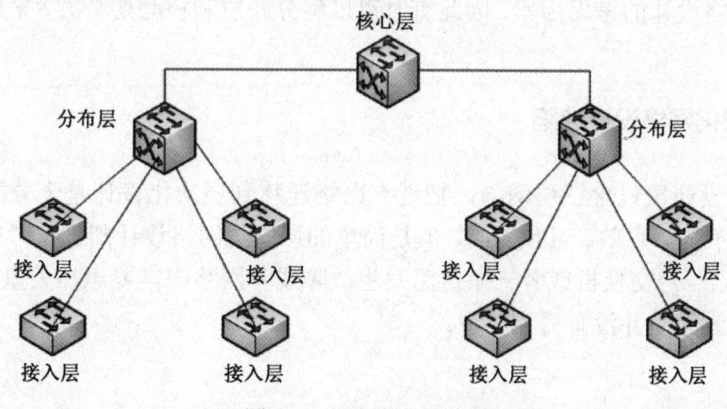

图 1.1　层次化网络设计

1. 接入层

接入层位于连接到网络的终端设备和用户处，通常在用户之间提供第二层（VLAN）的连接性，其必须具备以下功能：

- 低交换端口成本。
- 高端口密度。
- 到高层的可扩展上行链路。
- 用户接入功能，如 VLAN 成员、流量和协议的过滤及服务质量（QoS）。
- 通过多条上行链路以提供弹性。

2. 分布层

分布层提供园区网的接入层和核心层的连接，聚合所有接入层交换机的流量，多采用高速链路的端口密度的多层交换机，该层必须具备以下功能：

- 聚合多台接入层设备。
- 较高的第三层包处理的吞吐量。
- 使用访问控制列表和包过滤提供安全和基于策略的连接。
- QoS 功能。
- 高速连接到核心层和接入层的可扩展性和弹性。

3. 核心层

园区网的核心层提供了所有分布层设备的连接，需处理大量的园区网数据流，多采用优化后的多层交换机才能够高效地交换数据流，该层的设计以简单高效为佳，其必须具备以下功能：

- 非常高的第三层吞吐量。
- 没有高成本或者不必要的包处理（访问列表、包过滤）。
- 支持高可用性的冗余和弹性。
- 高级 QoS 功能。

1.2.2　层次化网络设计注意事项

网络的设计也需要根据实际情况而定，园区网的规模、多层交换和容量需求、资金和成本的限制都是网络设计的考虑因素，因此有时可以将分布层和核心层合并，采用两次网络设计模型即可。

1.2.3　层次化网络设计缺陷

层次化网络设计仅包含三层网络，把现有网络迁移到层次化设计是十分简单的事情，得到的网络是组织有序、高效、可预测的。但是简单的层次化网络设计却没有考虑更多的实际应用情况。例如，当一台交换机或者一条链路发生故障或者网络中需要添加大量设备时，这些情况在层次化网络设计中并没有得到体现。

1.3 园区网模块化网络规划与设计

1.3.1 模块化网络设计概述

为确保网络设计更加有序化、简明化和可预测,可使用模块化方法合理部署园区网。

如图1.1所示,其中的每台交换机都只有一条链路连接到相邻层的交换机,如果其中一条链路发生故障,那么网络的大部分将处于隔离状态。其次,接入层的交换机都连接到同一台分布层的交换机,如果分布层的交换机发生故障,接入层的用户各自处于隔离状态。因此,为避免这种单点故障带来的影响,有必要再增加一台分布层的交换机,以实现设备的冗余,并在每台接入层的交换机和每台分布层的交换机之间添加一条链路,以实现链路的冗余。根据这个思路,我们也应考虑在核心层再添加一台起冗余作用的交换机,并增加相应的链路冗余,如图1.2所示。

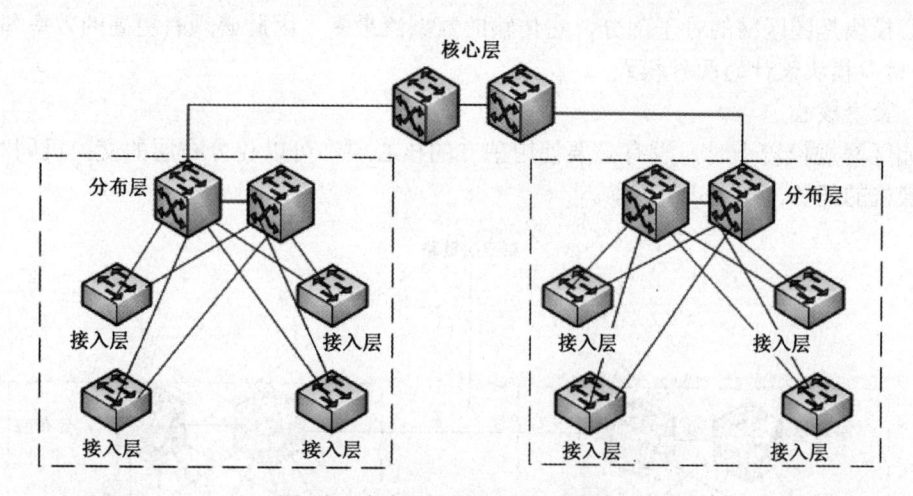

图1.2 完全冗余的层次化网络设计

1.3.2 基本模块分类

完全冗余的层次化网络设计模型并不是组织有序的设计,因此,网络设计模块可分为两类。

- 交换模块。一组接入层交换机及其连接的分布层交换机。如图1.2所示的虚线框即为一个交换模块。
- 核心模块。园区网骨干部分的设备。

1.3.3 交换模块

1. 交换模块的规模

通常,单个交换模块包含的用户不应超过2000个,但是应主要根据数据流的类型和行为以及工作组的规模和数量来确定交换模块的规模。如果网络中的用户和应用的数量随着时间的推移不断增大,则必须缩小交换模块的规模。另外,每个交换模块至少应包含两台分布层交换机以提供冗余。

交换模块包含接入层和分布层的设备，所有交换模块与核心模块相连，实现端到端的连接。每个交换模块内的分布层交换机可使本交换模块免受其他网络部分中故障的影响。例如，广播不会从一个交换模块传播到核心模块和其他交换模块，生成树和 VLAN 被限制在交换模块内。

2. 交换模块的链路设计

在交换模块内，所有第二层连接性都在接入层内，即接入层交换机和分布层交换机之间的链路都是第二层链路，分布层都是第三层链路，这样设计出来的网络不依赖生成树的汇聚，生成树始终处于汇聚状态，每个 VLAN 仅延伸到分布层的交换机。

接入层的交换机一般不需要直接相连，否则交换模块的汇聚将依赖生成树，需要使用 RSTP。

1.3.4 核心模块

1. 核心模块的规模

核心模块是园区网的骨干部分，它传输的数据流最多，因此必须有更高的效率和弹性。

2. 核心模块设计的两种模式

- 紧凑核心

当园区网规模较小时，没有必要使用独立的核心层，可以让分布层的交换机同时担当核心层交换机的任务，如图 1.3 所示。

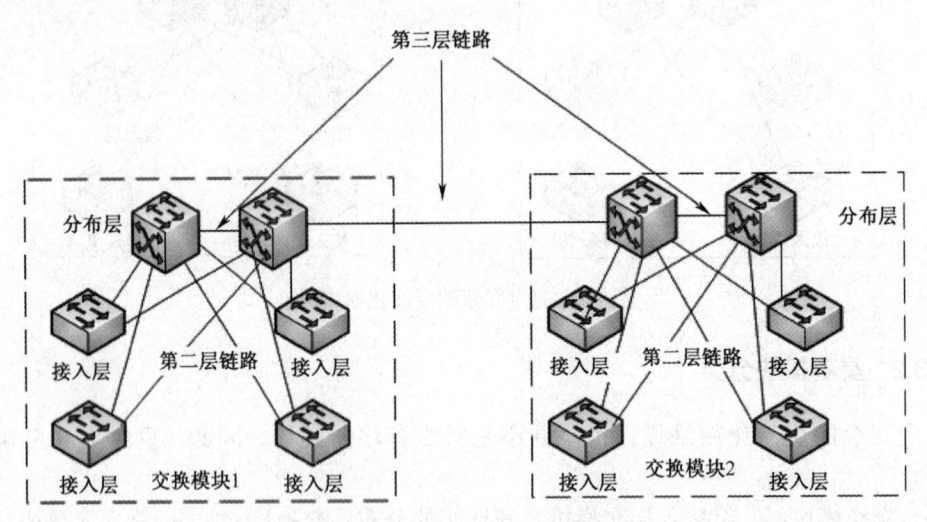

图 1.3 紧凑核心设计

- 双核心

当园区网规模较大时，必须使用独立的核心层，以冗余方式连接多个交换模块，如图 1.4 所示。在双核心设计中，每台分布层的交换机都有两条链路连接到核心层，它们的开销相同，可以同时使用两条链路的可用带宽。同时考虑到核心层的功能和未来数据流的增长，核心层交换机之间的链路必须有足够的带宽，因此可以考虑升级到吉比特以太网和吉比特以太网信道。

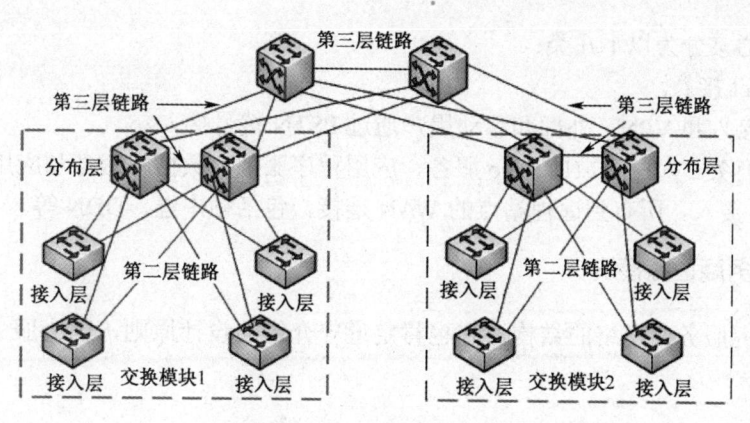

图 1.4　双核心设计

1.4　园区网其他功能模块设计

1.4.1　功能模块类型

（1）服务器组模块。服务器及其连接的接入层交换机和分布层交换机。
（2）管理模块。网络管理资源及其连接的接入层交换机和分布层交换机。
（3）企业边缘模块。与外部网络接入相关的服务及其连接的接入层交换机和分布层交换机。
（4）服务商边缘模块。园区网使用的外部网络服务。

1.4.2　服务器组模块

公司的服务器提供了诸如 Web 服务、电子邮件服务和公司的资源计划，网络工程师把它们也作为独立的交换模块，并为其提供分布层，使用冗余高速链路连接到核心层。使用双宿主服务器，每台服务器提供两条网络连接，分别连接到一台分布层的交换机。

1.4.3　管理模块

为了有效地监控公司网络的性能和检测故障，网络工程师把网络管理应用组成独立的网络管理模块，并提供分布层，使用冗余高速链路连接到核心层。网络管理资源包括：
- 入侵检测管理应用。
- 网络监控应用。
- 认证授权和统计服务器。
- 策略管理应用。
- 系统管理和远程控制服务。

1.4.4　企业边缘模块

由于该公司需要访问外部资源，所以必须在网络的某些地方连接到服务商，这就是企业边缘。网络工程师也把它们作为一个独立的交换模块。

边缘服务通常分为以下几类：
- Internet 接入。
- 远程接入和 VPN。外部和移动用户通过 PSTN 拨号接入。
- 电子商务。对外开放的 Web 服务、应用程序服务、数据库服务和应用。
- WAN 接入。所有到远程站点的 WAN 连接，包括帧中继、DDN 等。

1.4.5　服务商边缘模块

这里不研究服务商网络的结构，它也肯定遵守介绍的设计原则，因为服务商不过是另一个园区网而已。

第二部分　典型项目

典型项目之一

项目背景

甲公司是一家刚成立的小型公司，现有员工 3 人、经理 1 人。为了便于网络共享资料和数字化，公司的网络工程师根据该公司的经济现状和人员的数量，采用集线器（Hub）组建了本公司的简单共享以太计算机网络，如图 1.5 所示。所有终端设备属于一个广播域和冲突域，可用带宽由所有的设备共享。公司目前只有 6 台主机，数据的传输还不算拥挤。

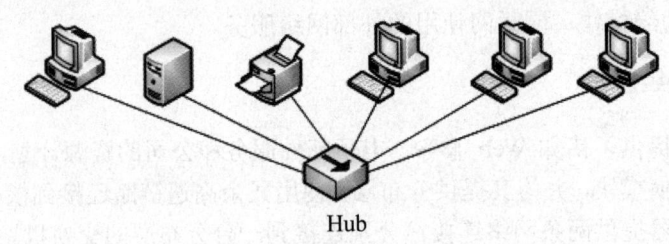

图 1.5　简单共享以太网

项目实验名称

某公司的网络规划与设计。

项目实验要求与环境

利用思科模拟器软件 GNS3，改造该公司的网络并提交.NET 文件。

项目实验目的

充分利用层次化和模块化的网络设计方法，构建或者改造容错性、扩展性和安全性都很好的计算机网络。

项目实施步骤

（1）在经理和员工的共同努力下，该公司业务量得以加大。公司新增 10 名员工，每人配备一台计算机，并连入局域网。但员工们开始感觉到访问局域网共享资源的速度很慢，网络的性能越来越差。网络工程师开始考虑使用高速局域网（LAN）技术来提高带宽，园区网的数据传输得到改善，但是还有少数员工面临之前的问题。于是，考虑使用交换机来替代集线器进行网络分段，如图 1.6 所示，将图 1.5 所示的简单共享以太网分成两个网段（VLAN）。

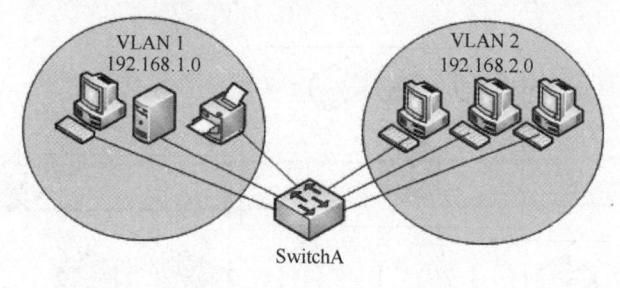

图 1.6　将网络划分为多个网段

交换机的使用使得网络性能得到很大改观。这是由于交换机的每个端口都是一个独立的冲突域，都有专用带宽，并且交换机划分的 VLAN 都属于不同的广播域。因此，尽管所有 VLAN 都位于同一台交换机，但它们实际上是彼此隔离的，不会在两个网段之间转发广播。

（2）随着该公司规模的扩大，网络规模继续扩大，新的应用程序、新的用户和新的需求也不断增加。单台交换机的端口数量有限，故考虑在每个网段中再额外增加一台交换机，如图 1.7 所示。

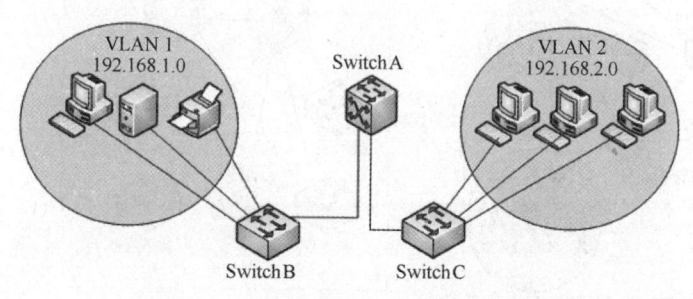

图 1.7　扩大包含多个网段的网络规模

（3）为满足不同部门的需求，在交换机上增加了更多虚拟局域网（VLAN）的配置。例如，增加两个新的 VLAN（10 和 20）实现 IP 语音的传输，如图 1.8 所示。

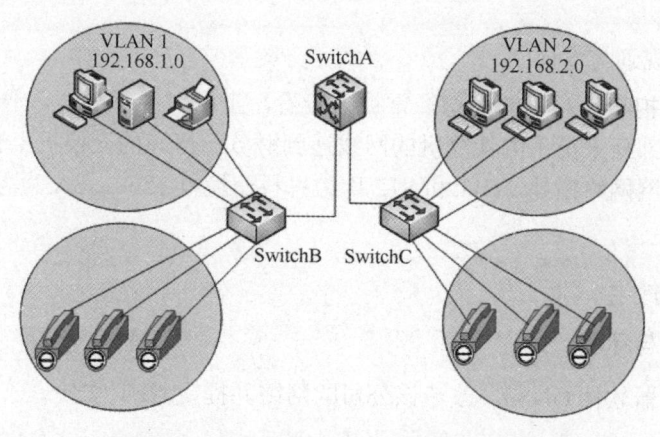

图 1.8　通过新增 VLAN 实现网络扩展

（4）根据所介绍的网络规划和设计方法，该公司完善的网络拓扑结构如图 1.9 所示，可以实现 VLAN 1 和 VLAN 2 的通信以及 VLAN 10 和 VLAN 20 的通信。如果公司规模进一步扩大，该网络也能够很好地应对。

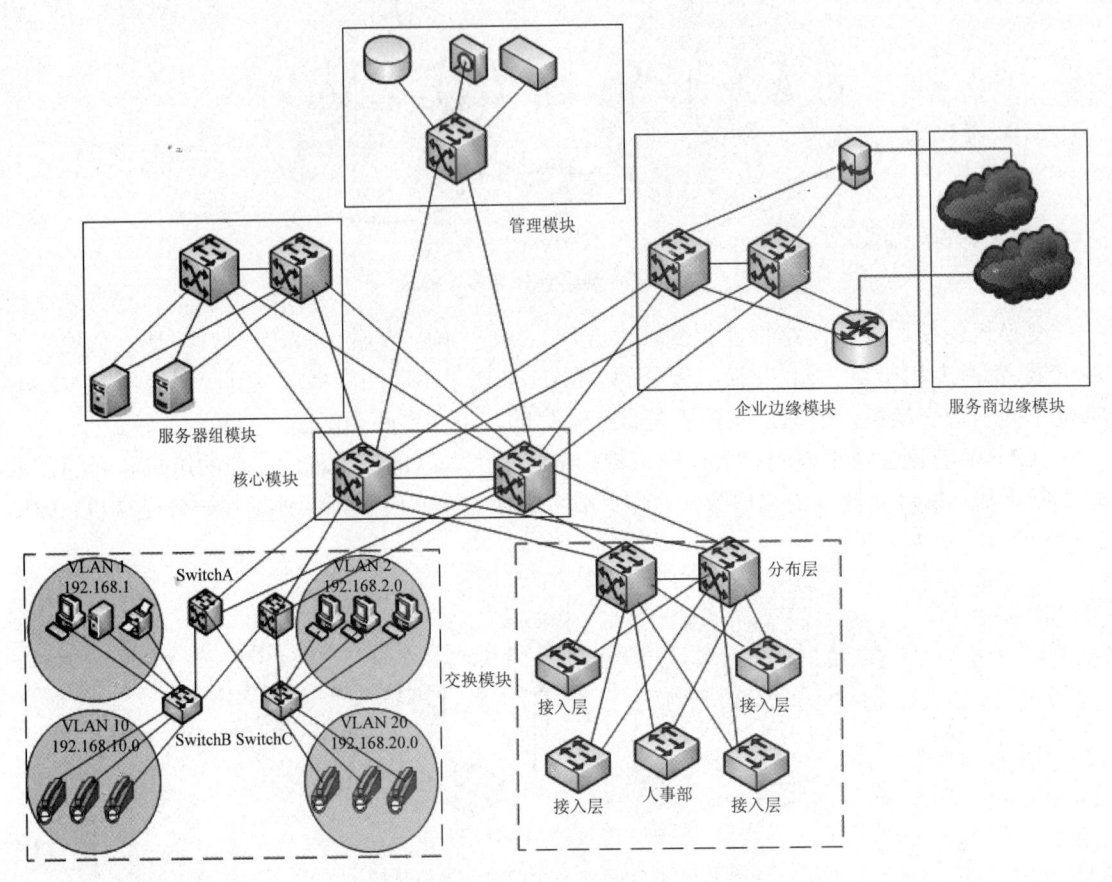

图 1.9　甲公司最佳实践的模块化网络设计

典型项目之二

项目背景

乙公司的员工抱怨计算机的信息经常被人查看，上网时经常掉线，服务器上的资源莫名其妙地丢失，人事部新来员工的计算机的网线连到财务部房间的交换机上去了。图 1.10 所示为某公司现有园区网网络拓扑，S11 和 S12 均为思科交换机 3560，SA 为思科交换机 4500。

项目实验名称

某公司的网络改造。

项目实验要求与环境

利用思科模拟器软件 GNS3，改造该公司的网络并提交.NET 文件。

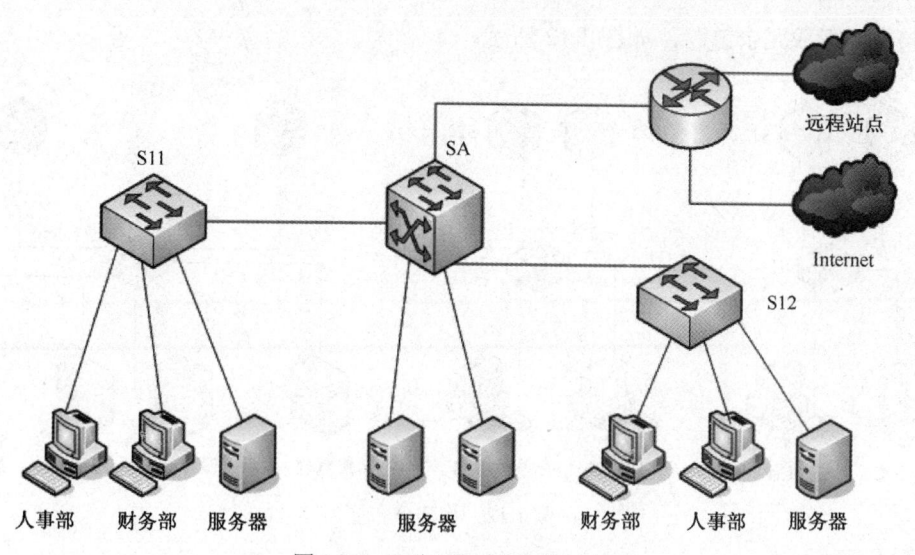

图 1.10　乙公司现有园区网拓扑

项目实验目的

充分利用层次化和模块化的网络设计方法，改造容错性、扩展性和安全性都很好的计算机网络。

项目实施步骤

（1）资源归类。

把同类的资源归结在一起，同时连接在同一台交换机上。

本公司有人事部、财务部以及服务器群，因此把人事部的资源连接在一台交换机 S1 上，财务部的资源连接在一台交换机 S2 上，服务器群连接在另一台交换机 S3 上，形成三个交换模块。

（2）接入层设备的选型。

交换机 S1、S2 和 S3 只做连接用，故考虑使用两层交换机，需要公司另外购买，暂时定为思科 2960，如图 1.11 所示。

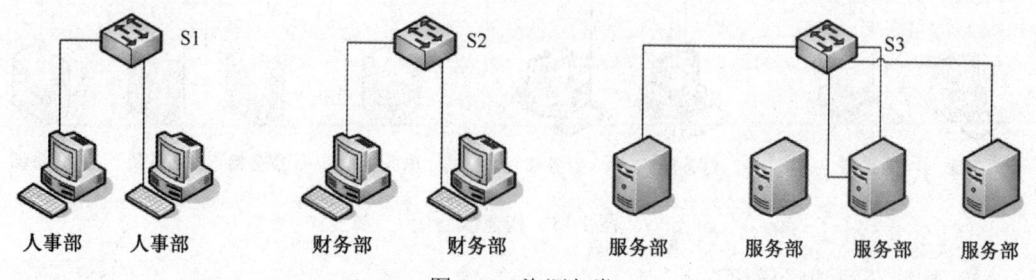

图 1.11　资源归类

（3）分布层设备的选型及冗余链路的形成。

每个交换模块内部要构建有冗余链路的网络以及执行策略的分布层设备，故每个交换模块需要两台多层交换机，即 S11、S12、S21、S22、S31、S32（至少是三层交换机），需要公司再购买四台，暂时定为思科 3560，并且把每个交换模块内部的接入层交换机和分布层交换机连接起来,形成冗余链路,如图1.12所示。

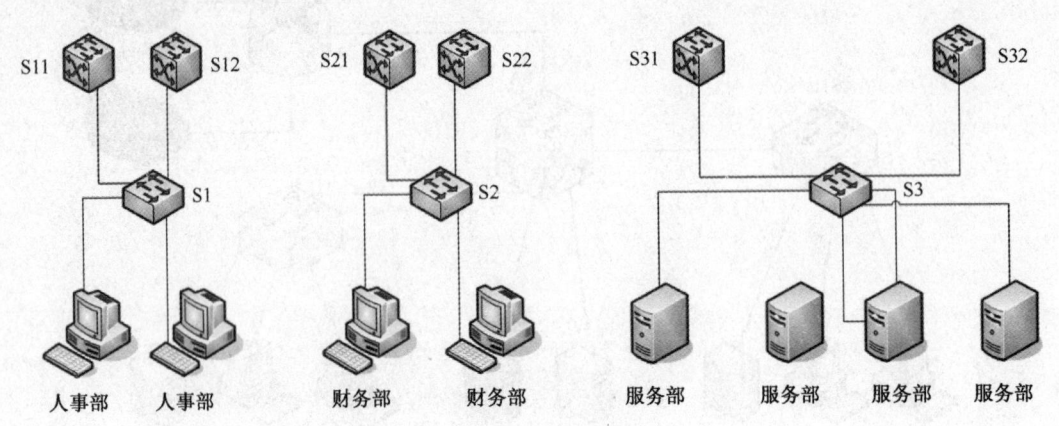

图 1.12　构建分布层

（4）核心层设备的选型及冗余链路的形成。

如果公司的资金充足,可以考虑构建双核心的核心层,这就需要公司再购买一台多层交换机,暂时定为思科 4500,并且把每个交换模块内部的分布层交换机和核心层交换机连接起来,形成冗余链路,如图1.13所示。

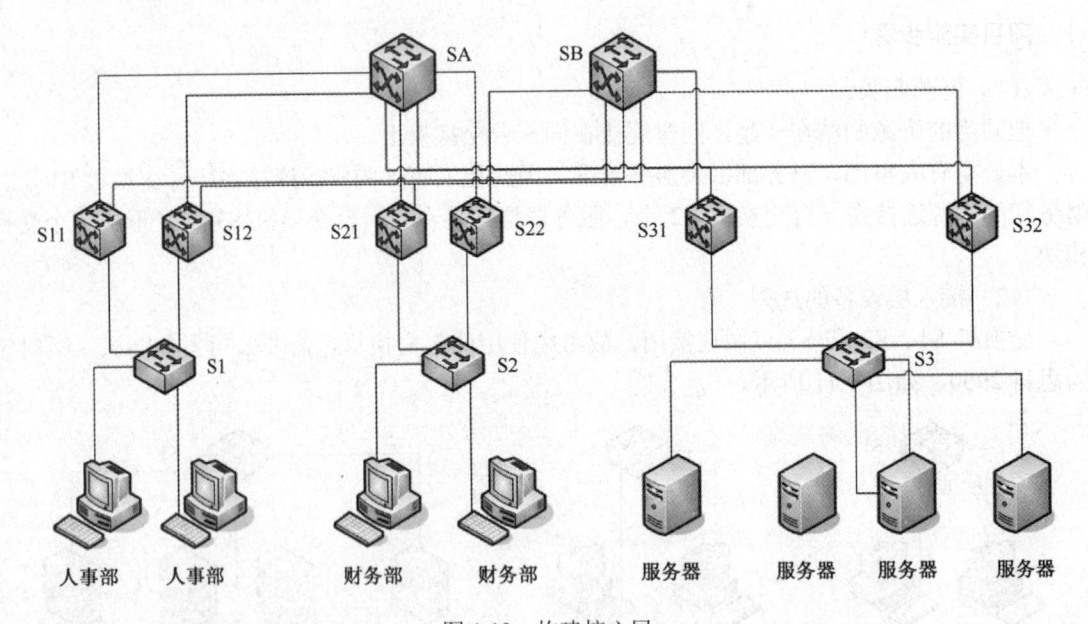

图 1.13　构建核心层

（5）构建公司边缘模块。

如果公司资金充足,可以构建性能更好的公司边缘模块,需要公司再购买一台路由器,暂时定为思科 2811,并且将核心层的交换机连接到路由器,形成性能较好的双出口,两台路由器各自承担相应的任务和流量,如图1.14所示。

（6）做好相应网络设备的配置。

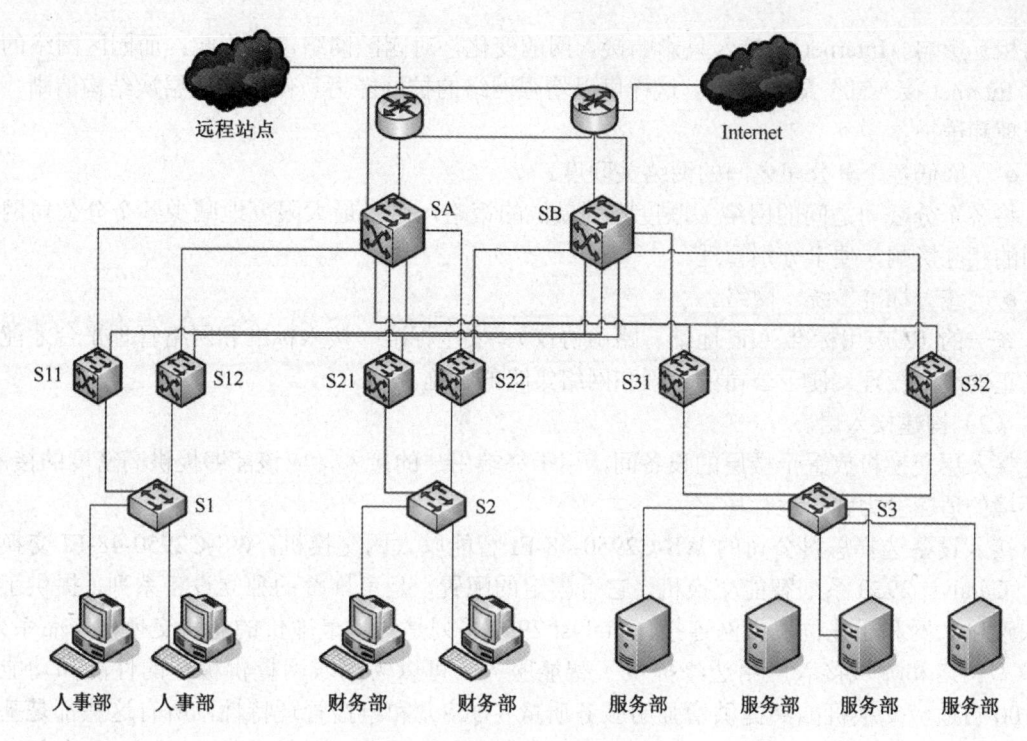

图 1.14 构建乙公司边缘模块

典型项目之三

项目背景

丙公司有一个总公司和两个分公司,总公司和一个分公司在武汉工业园内各自的建筑物里面,另一个分公司在天津有自己的办公楼。

总公司和分公司部门结构:其都有各自的财务部(20人)、行政部(30人)、生产部(40人)、研发部(30人)、后勤部(10人)和业务部(45人)。

项目实验名称

某大型公司的网络规划。

项目实验要求与环境

利用思科模拟器软件GNS3,构建丙公司的网络并提交.NET文件。

项目实验目的

充分利用层次化和模块化的网络设计方法,构建容错性、扩展性和安全性都很好的计算机网络。

项目实施步骤

(1) 根据公司的需求分析制定设计策略。

- Internet接入和园区网分离。

将Internet接入部分与园区网主体部分分离,每部分完成其自身的功能,可以减少两者之间的相互影响。Internet 的接入只影响接入网的变化，对园区网络没有影响；而园区网络的变化对 Internet 接入部分影响较小。这样可以增强网络的扩展能力，保持网络层次结构清晰，便于管理和维护。

- 降低各个分公司之间的网络关联度。

将各个分公司之间的网络关联度降到最低的策略，可以最大限度地减少各个分公司网络之间的相互影响，便于分别管理。

- 统一标准、统一网络。

统一的 IP 应用标准（IP 地址、路由协议）、安全标准、接入标准和网络管理平台才能实现真正的统一管理，便于公司的管理和网络策略的实施。

（2）构建接入层。

接入层交换机放置于楼层的设备间，用于终端用户的接入，应该能够提供高密度的接入，对环境的适应能力强，运行稳定。

接入设备选择思科公司的 WS-C2950-48-EI 智能以太网交换机。WS-C2950-48-EI 交换机属于 Catalyst 2950 系列智能交换机，它有固定的配置，是可堆叠的独立设备系列，提供了线速快速以太网和千兆位以太网连接。Catalyst 2950 系列是一款最廉价的思科交换机产品系列，为中型网络和城域接入应用边缘提供了智能服务，可以为局域网提供极佳的性能和功能。10/100 自适应交换机能够提供增强的服务质量（QoS）和组播管理特性，所有这些都是基于 Web 的思科集群管理套件（CMS）和集成思科 IOS 软件来进行管理。带有 100Base 上行链路的 Catalyst 2950 交换机，可为中等规模的公司和企业分支机构办公室提供理想的解决方案，以使他们能够拥有更高性能的千兆以太主干网。

WS-C2950-48-EI 交换机有 48 个 10/100 端口、2 个基于千兆接口转换器（GBIC）的 1000BaseX 端口，能够为用户提供千兆的光纤骨干和高密度的接入端口；具有高达 13.6Gb/s 的背板带宽，能够提供 10.1Mp/s 的转发速率；增强型的 IOS 能够支持 250 个 VLAN，提供安全、QoS 和管理等各方面的智能交换服务。总公司和两个分公司都需要 8 台这种交换机，实现终端设备的接入。

（3）构建分布层。

因为公司要求每个分公司的网络自成体系，单个分公司的局域网广播数据流不能扩展到全网，单个分公司的网络故障不应该扩展到全网，分布层交换机应该采用具有路由功能的多层交换机，以达到网络隔离和分段的目的。分公司的主交换机负责分公司内部的网络数据交换和公司园区网的其他路由。

分布层设备选择思科公司的 Catalyst 3560 系列的交换机，每个分公司的主交换机选择 WS-C3560-48-EMI 交换机。Catalyst 3560 智能以太网交换机是一个新型的可堆叠的、多层次级交换机系列，可以提高水平的可用性、可扩展性、QoS、安全性和可改进网络运营的管理能力，从而提高网络的运行效率。

Catalyst 3560 系列交换机包括快速以太网和千兆位以太网配置，可以用全套千兆位接口转换器（GBIC）设备提供强大的千兆位以太网连接；并将思科 IOS 软件中的一套第 2~4 层功能——IP 路由、QoS、限速、访问控制列表（ACL）和多播服务扩展到边缘，是一款适用于企业和城域应用的强大选择。用户第一次可以在整个网络中部署智能化的服务，如先进的 QoS、速度限制、思科安全访问控制列表、多播管理和高性能的 IP 路由，并且同时保持了传统 LAN 交换的简便性。通过高性能的 IP 路由实现了网络的可扩展性,利用基于硬件的 IP 路由和增强型多层软件镜像,Catalyst 3560 系列交换机可以在所有端口上提供高达 17Mp/s 的线速路由;基于思科快速转发(CEF)的路由架构有助于提高可扩展性和性能,该体系结构支持极高速的搜索功能,并可确保必要的稳定性和可扩展性,以满足未来的需求。凭借内置思科集群管理套件,Catalyst 3560 系列交换机可简化网络的部署。

WS-C3560-48-EMI 交换机有 48 个 10/100 和 2 个基于 GBIC 的 1000BaseX 端口,通过使用多层软件镜像(EMI),可以提供路由和多层交换功能,满足三层交换需求。可以满足服务器群的高密度、高速率的接入需要,也可以满足 Internet 接入的需求。总公司和两个分公司都需要 16 台这种交换机,处理来自接入层的数据流量,实现链路的冗余和负载,如图 1.15 所示。

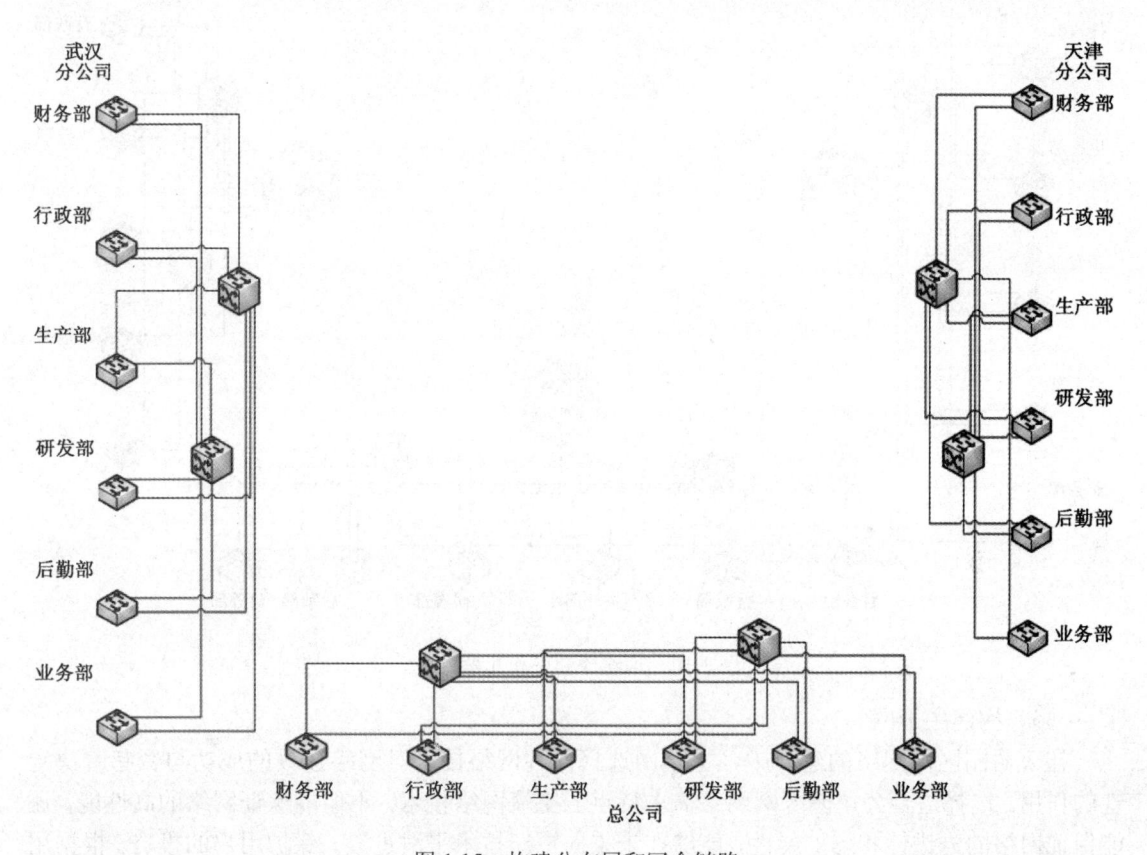

图 1.15 构建分布层和冗余链路

(4)构建核心层。

由于公司园区网网络发展规模较大,未来需提供多媒体办公、办公自动化、图书资料检索、远程互联、视频会议等复杂的网络应用,为便于管理,建议选用交换机作为网络组建交换设备。总公司和分公司都选用 1 台思科 6509 交换机作为主干交换机,实现 1G 做主干、100M 到桌面的需求。

思科 6509 系列交换机支持堆叠技术,将来扩充端口极为灵活方便,不必改变原有网络的任何配置。通过增加堆叠交换机数量或做 Port Trunking(端口中继)两种方法均可扩充网络规模;并可实现本地化交换,改善整个网络,使整个网络的性能发生质的变化。选用千兆光纤模块与主干相连，实现主干的千兆传输。思科 6509 系列交换机支持网管和堆叠，可以很容易地根据需要通过堆叠扩充端口数量。另外，思科 6509 系列交换机建立在一个功能强大且绝对无阻塞的 32G 交换背板上，可以保证堆叠中的所有端口间实现无阻塞的线速交换。

此外，思科 6509 交换机在安装千兆光纤模块的同时，还可以安装百兆光纤模块，完全可以适应现在或将来的楼内光纤布线，灵活性很强，如图 1.16 所示。

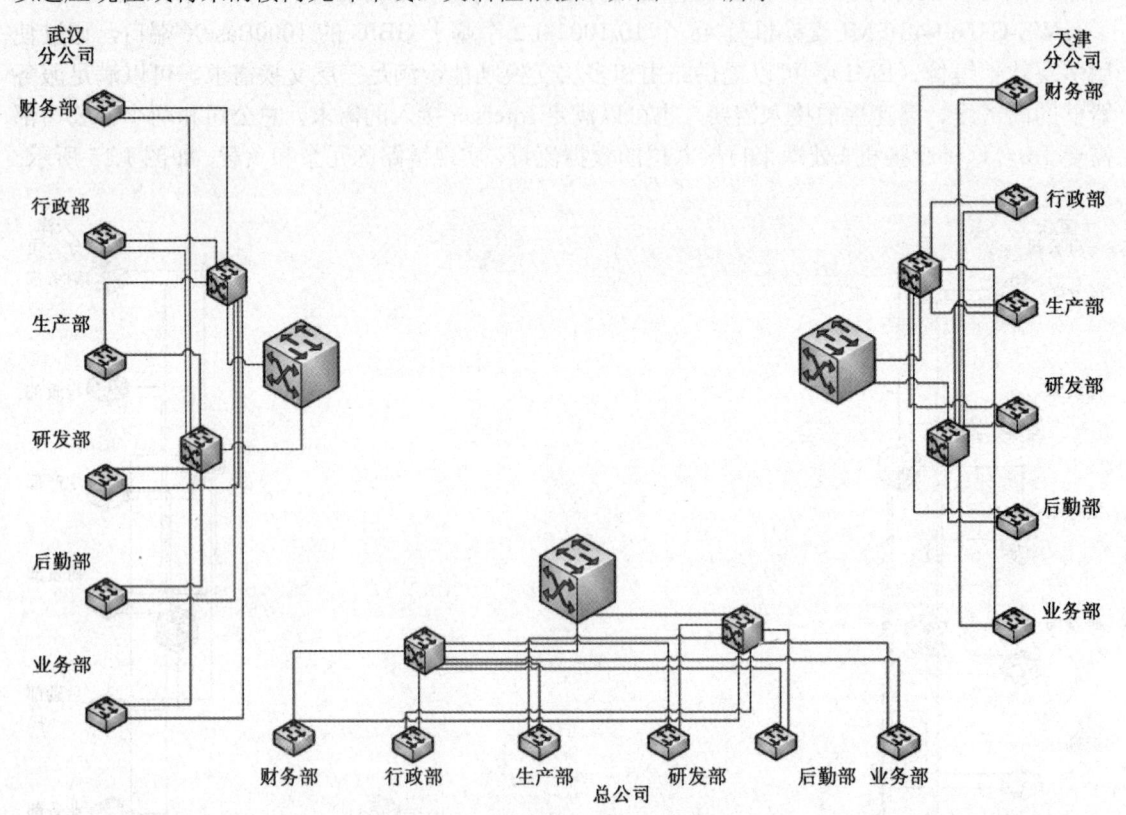

图 1.16 构建核心层和冗余链路

（5）构建主干网。

在公司园区网网络的建设中，主干网选择何种网络技术对网络建设的成功与否起着决定性的作用。选择适合公司园区网网络需求特点的主流网络技术，不但能保证网络的高性能，还能保证网络的先进性和可扩展性，能够在未来向更新技术平滑过渡，保护用户的投资。根据用户要求，主干网络可选用千兆以太网，同时选择一台具有 VPN 功能的思科 6509 交换机，实现总公司和两个分公司的连接，如图 1.17 所示。

（6）构建公司边缘模块。

如果公司资金充足，可以构建性能更好的公司边缘模块，需要公司购买一台路由器和一台防火墙，路由器暂时定为思科 2811，并且将核心层的交换机连接到路由器，形成性能较好的双出口，两台路由器各自承担相应的任务和流量，如图 1.18 所示。

（7）构建 DMZ 区域。

DMZ 区域是放置服务器的一个区域，需要很高的安全措施，一般放置在防火墙之后，如图 1.18 所示。

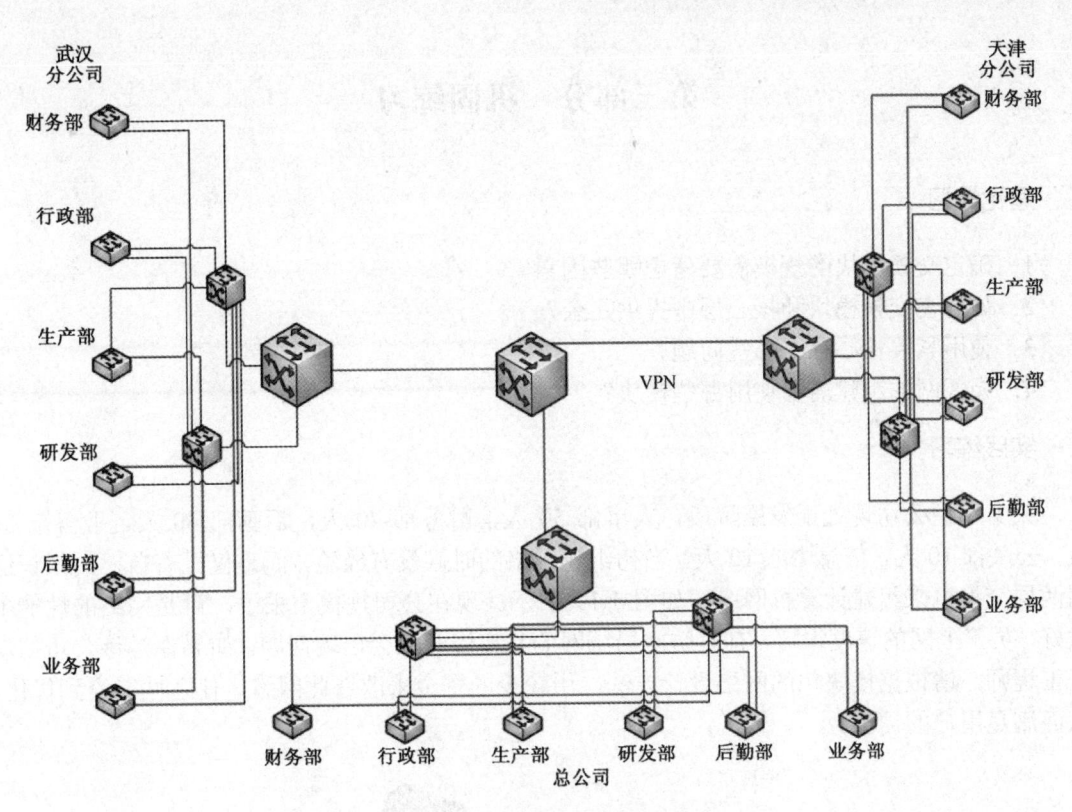

图 1.17 构建主干网

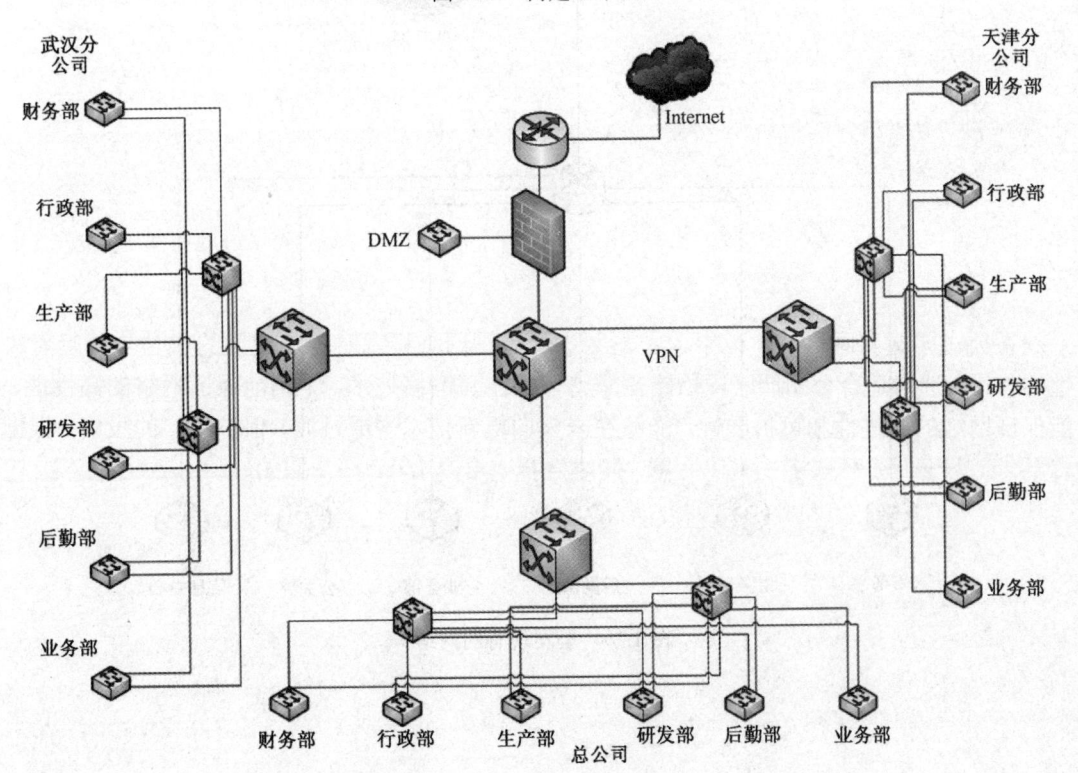

图 1.18 构建丙公司边缘模块

第三部分　巩固练习

理论练习

1. 确定交换模块的规模需要考虑哪些因素？
2. 如何在交换模块和核心层中提供冗余？
3. 使用紧凑核心存在哪些问题？
4. 园区网的组建需要使用哪些模块？

实践练习

某家小型公司现处于发展阶段，人事部 50 人，财务部 40 人，后勤部 30 人，业务部 30 人，公关部 10 人，信息中心 10 人。当初组建网络的时候没有经验，而是仅凭着自己的知识运用两层交换机来组建计算机网络，如图 1.19 所示。现在公司规模上去了，可是网络的性能不太好，员工上网的速度很慢，有时访问局域网的共享资源也会出现问题。如果你是该公司的现任工程师，请根据模块化的网络设计方法，用较少的资金来改造此网络，使之性能得到优化，从而满足用户的需求。

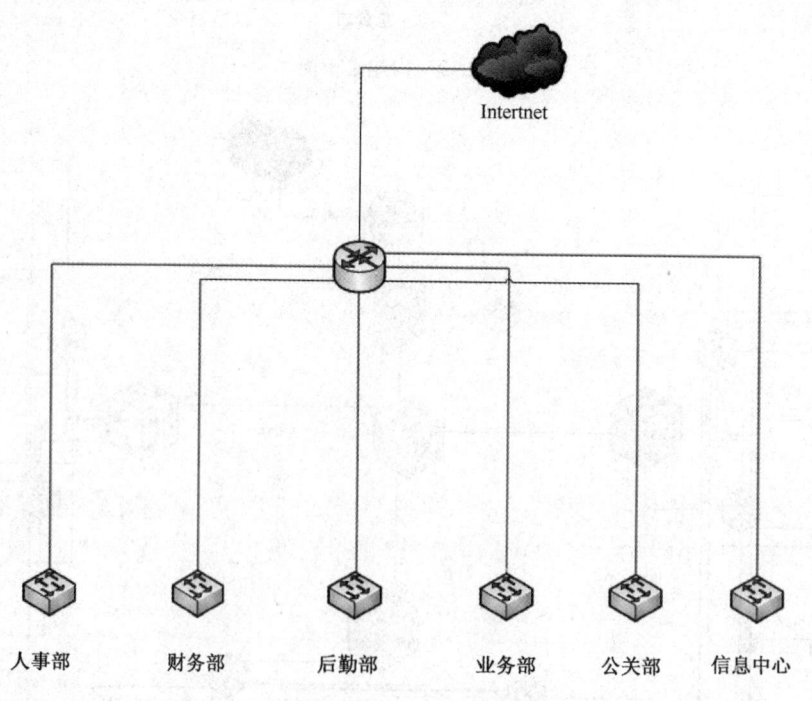

图 1.19　公司现有的网络

项目 2　VLAN、中继和 VTP

项目学习重点

- 掌握 VLAN 的功能、VLAN 成员资格和交换机上的 VLAN 配置。
- 掌握中继链路的安全配置。
- 掌握 VTP 和 VTP 修剪的功能、配置。

第一部分　理论知识

2.1　VLAN 和 VTP 概述

VLAN（虚拟局域网）是指在第二层交换机上，从管理角度定义的端口上连接的网络用户和资源的逻辑分组。通过虚拟局域网的建立，可以将交换机的不同端口分配到不同的 VLAN 中，在交换机中建立更小的广播域。一个 VLAN 就是一个广播域，也是一个独立的子网，这意味着默认情况下只有本 VLAN 中的用户才可以通信，也意味着当信息帧被广播时，它们只在相同 VLAN 中的端口间进行交换。

利用 VLAN，我们不再局限于根据用户的物理位置来建立工作组，也就是说，无论用户和资源在何处，VLAN 都可以通过位置、功能、部门甚至是应用程序和协议来进行组织。同时可以在单个交换机上建立 VLAN，也可以使用 VTP（VLAN 中继协议）来传送 VLAN 消息，将 VLAN 扩展到其他同在一个域的交换机，实现 VLAN 信息的一致性。

2.2　VLAN 的优越性

任何新技术想要得到广泛支持和应用，都要有一些关键优势，VLAN 技术也一样，它的优势主要体现在以下几个方面：

1. 增加了网络连接的灵活性

借助 VLAN 技术，能将不同地点、不同网络、不同用户组合在一起，形成一个虚拟的网络环境，就像使用本地 LAN 一样方便、灵活、有效。VLAN 可以降低移动或变更工作站地理位置的管理费用，特别是一些业务情况有经常性变动的公司使用了 VLAN 后，这部分管理费用大大降低。

2. 控制网络上的广播

VLAN 可以提供建立防火墙的机制，防止交换网络的过量广播。使用 VLAN 可以将某个交换端口或用户赋予某一个特定的 VLAN 组，该 VLAN 组可以在一个交换网中跨接多个交换机，而在一个 VLAN 中的广播不会被送到 VLAN 外。同样，相邻的端口不会收到其他 VLAN 产生的广播。这样可以减少广播流量，释放带宽给用户应用，以减少广播的产生。

3. 增加网络的安全性

因为一个 VLAN 就是一个单独的广播域，VLAN 之间相互隔离，这大大提高了网络的利用率，确保了网络的安全保密性。人们在 LAN 上经常传送一些保密的、关键性的数据。保密的数据应提供访问控制等安全手段。一个有效和容易实现的方法是将网络分成几个不同的广播组，网络管理员限制了 VLAN 中用户的数量，禁止未经允许而访问 VLAN 中的应用。交换端口可以基于应用类型和访问特权来进行分组，被限制的应用程序和资源一般置于安全的 VLAN 中。

2.3 VLAN 成员资格

2.3.1 VLAN 在交换机上的实现方法

VLAN 在交换机上的实现方法可以大致划分为 6 类。

1. 基于端口划分的 VLAN（静态 VLAN）

这是最常用的一种 VLAN 划分方法，应用也最为广泛、最有效，目前绝大多数 VLAN 协议的交换机都提供这种 VLAN 配置方法。这种划分 VLAN 的方法是根据以太网交换机的交换端口来划分的，它是将 VLAN 交换机上的物理端口和 VLAN 交换机内部的 PVC（永久虚电路）端口分成若干个组，每个组构成一个虚拟网，相当于一个独立的 VLAN 交换机。

对于不同部门需要互访时，可通过路由器转发，并配合基于 MAC 地址的端口过滤。在某站点的访问路径上最靠近该站点的交换机、路由交换机或路由器的相应端口上，设定可通过的 MAC 地址集。这样就可以防止非法入侵者从内部盗用 IP 地址并从其他可接入点入侵的可能。

从这种划分方法本身可以看出，其优点是定义 VLAN 成员时非常简单，只要将所有的端口都定义为相应的 VLAN 组即可，适合于任何大小的网络。它的缺点是如果某用户离开了原来的端口，到了一个新交换机的某个端口则必须重新定义。

2. 基于 MAC 地址划分 VLAN（动态 VLAN）

这种划分 VLAN 的方法是根据每个主机的 MAC 地址来划分的，即对每个 MAC 地址的主机都配置它属于哪个组，它实现的机制就是每一块网卡都对应唯一的 MAC 地址，VLAN 交换机跟踪属于 VLAN MAC 的地址。这种方式的 VLAN 允许网络用户从一个物理位置移动到另一个物理位置时，自动保留其所属 VLAN 的成员身份。

由该划分机制可以看出，这种 VLAN 的划分方法的最大优点就是当用户物理位置移动时，即从一个交换机换到其他的交换机时，VLAN 不用重新配置，因为它是基于用户，而不是基于交换机的端口。这种方法的缺点是初始化时，所有的用户都必须进行配置，如果有几百个甚至上千个用户的话，配置是非常复杂的，所以这种划分方法通常适用于小型局域网。而且该方法也导致了交换机执行效率的降低，因为在每一个交换机的端口都可能存在很多个 VLAN 组的成员，保存了许多用户的 MAC 地址，查询起来相当不容易。另外，对于使用笔记本电脑的用户来说，他们的网卡可能需要经常更换，这样 VLAN 就必须经常配置。

3. 基于网络层协议划分 VLAN

VLAN 按网络层协议来划分,可分为 IP、IPX、DECnet、AppleTalk、Banyan 等 VLAN 网络。这种按网络层协议来组建的 VLAN,可使广播域跨越多个 VLAN 交换机。这对于希望针对具体应用和服务来组织用户的网络管理员来说是非常具有吸引力的。而且,用户可以在网络内部自由移动,但其 VLAN 成员身份仍然保留不变。

该方法的优点是改变用户的物理位置,而不需要重新配置所属的 VLAN,且可以根据协议类型来划分 VLAN,这对网络管理者来说很重要。另外,这种方法不需要附加的帧标签来识别 VLAN,这样可以减少网络的通信量。这种方法的缺点是效率低,因为检查每一个数据包的网络层地址是需要消耗处理时间的(相对于前面两种方法),一般的交换机芯片都可以自动检查网络上数据包的以太网帧头,但要让芯片能检查 IP 帧头则需要更高的技术,同时也更费时。当然,这与各个厂商的实现方法有关。

4. 根据 IP 组播划分 VLAN

IP 组播实际上也是一种 VLAN 的定义,即认为一个 IP 组播组就是一个 VLAN。这种划分的方法将 VLAN 扩大到了广域网,因此这种方法具有更大的灵活性,而且也很容易通过路由器进行扩展,主要适合于不在同一地理范围的局域网用户组成一个 VLAN,不适合局域网,主要是效率不高。

5. 按策略划分 VLAN

基于策略组成的 VLAN 能实现多种分配方法,包括 VLAN 交换机端口、MAC 地址、IP 地址、网络层协议等。网络管理人员可根据自己的管理模式和本单位的需求来决定选择哪种类型的 VLAN。

6. 按用户定义、非用户授权划分 VLAN

基于用户定义、非用户授权来划分 VLAN,是指为了适应特别的 VLAN 网络,根据具体网络用户的特别要求来定义和设计 VLAN,而且可以让非 VLAN 群体用户访问 VLAN,但是需要提供用户密码,在得到 VLAN 管理的认证后才可以加入。

2.3.2 配置静态 VLAN

VLAN 总是使用 VLAN 编号来引用,VLAN 的取值范围为 1~1005,而 VLAN 1 和 1002~1005 是自动创建的,留作特殊用途(VLAN 1 用作交换机的管理,VLAN 1002~1005 保留给令牌环和 FDDI 交换相关的功能),不能删除。默认情况下,交换机的所有端口都分配到 VLAN 1。如果 VLAN 不存在,就必须在交换机上创建,然后将交换机的端口分配给 VLAN。

为与 IEEE 802.1Q 标准兼容,思科 IOS 还支持扩展的 VLAN 编号:1~4094,但是仅在交换机为透明模式时扩展范围才被启用,不过当交换机需要参与 VTP 时,扩展 VLAN 就用不上了。

要配置静态 VLAN,首先在全局配置模式使用如下命令来创建 VLAN:

Switch(config)#vlan vlan-num
Switch(config-vlan)#name vlan-name

命令 name 是可选项,如果没有使用,默认的 VLAN 名称为 VLAN XXX,其中 XXX 是 VLAN 编号。

要从交换机配置中删除 VLAN,可以使用 no vlan vlan-num 命令。

接下来需要将端口分配给相应的 VLAN，可使用如下命令：
Switch（config）#interface type module/number
Switch（config-if）#switchport
Switch（config-if）#switchport mode access
Switch（config-if）#switchport access vlan vlan-num
Switch（config-if）#

- 命令 switchport 配置端口为两层接口。
- 命令 switchport mode access 指定端口只能分配给一个 VLAN。
- 命令 switchport access vlan vlan-num 给端口指定静态 VLAN 成员资格。

2.4 VLAN 中继链路

默认情况下，交换机之间的链路是不能够传输多个 VLAN 信息的。然而，使用中继技术可以把交换机之间的链路升级为中继链路，使得可通过单个交换机端口传输多个 VLAN 的信息。

同一条中继链路可以传输多个 VLAN 的数据流，每个不同 VLAN 的数据流就需要对其进行标识。标识就是给通过中继链路的每个帧指定专有的 VLAN ID，并将唯一的标识符加入到帧头中。传输路径中的交换机收到这些帧后，对标识符进行检查以判断该帧属于哪个 VLAN，然后将标识删除。如果帧需要通过另一条中继链路再次传输，就将 VLAN 标识重新加入到帧头中；如果帧通过非中继链路再次传输，交换机就在传输前将 VLAN 标识符删除，终端用户根本不知道 VLAN 的存在。

可以使用两种方法来标识通过中继链路的帧：
- 交换机间链路协议。
- IEEE 802.1Q 协议。

2.4.1 交换机间链路协议

交换机间链路（ISL）协议是思科专用的协议，它在第二层执行帧标识：使用帧头和帧尾封装帧。当帧通过中继链路前往另一台交换机或者路由器时，ISL 就给帧加上一个 26B 的帧头和一个 4B 的帧尾。在帧头中，使用一个 10 位的 VLAN ID 字段标识源 VLAN。帧尾包含一个循环冗余校验（CRC），确保新封装的帧的数据完整性。图 2.1 显示了如何封装以太网帧并通过中继链路进行转发。

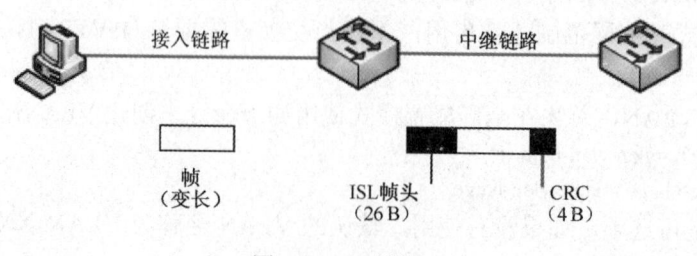

图 2.1 ISL 帧标识

2.4.2 IEEE 8.2.1Q 协议

IEEE 8.2.1Q 协议是标准化的，它让中继链路可以在不同厂商的设备之间运行。和思科的 ISL 一样，IEEE 8.2.1Q 协议也可以在以太网中继链路上标识不同的 VLAN，但它不使用 VLAN ID 帧头和帧尾来封装帧，而是将标识信息嵌入到第 2 层帧中。对于以太网的帧，IEEE 802.1Q 协议在源地址后面添加一个 4B 的 VLAN 标识，如图 2.2 所示。

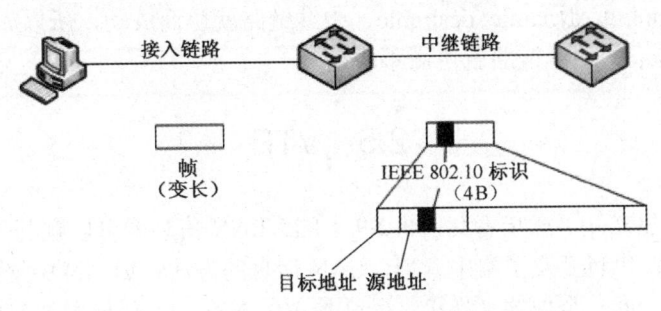

图 2.2　IEEE 802.1Q 帧标识

4B 中的前两个字节标记 IEEE 802.1Q 标识符，其值为 0x8100，另外两个字节标记控制信息字段，而控制信息字段中包括一个 3 位的优先级字段（实现服务类别功能）、1 位的规范格式指示器（标识 MAC 地址是以太网还是令牌环格式）和 12 位的 VLAN 标识符（指出帧的源 VLAN）。

IEEE 8.2.1Q 协议支持在中继链路使用本征 VLAN 的概念，对来源于本征 VLAN 的帧不使用任何标记对信息进行封装，而 ISL 不支持本征 VLAN。IEEE 8.2.1Q 默认将 VLAN 1 设置为本征 VLAN。

需特别强调的是，不管是 ISL 还是 IEEE 8.2.1Q 协议，都会增加以太网帧的长度，ISL 增加了 30B，而 IEEE 8.2.1Q 协议增加了 4B。由于以太网帧不能够超过 1518B，所以增加的 VLAN 标识信息可能导致帧过长，交换机将其视为错误。

2.4.3 VLAN 中继链路的配置

默认情况下，所有交换机的端口都是以非中继接入链路的，可使用如下命令创建 VLAN 中继链路：

Switch(config)#interface type mod/port
Switch(config-if)#switchport
Switch(config-if)#switchport trunk encapsulation isl | dot1q|negotiate
Switch(config-if)#switchport trunk native vlan vlan-num
Switch(config-if)#switchport trunk mode trunk | dynamic desirable | dynamic auto

- 命令 switchport 配置端口为二层接口，使其支持中继。
- 命令 switchport trunk encapsulation isl | dot1q|negotiate 配置中继封装方法，参数 negotiate 是通过协商选择两端都支持 isl 或者 IEEE 8.2.1Q。
- 命令 switchport trunk native vlan vlan-num 指定不需要做标识的本征 VLAN。
- 命令 switchport trunk mode trunk | dynamic desirable | dynamic auto 指定中继模式。
- 参数 trunk 是将端口配置成永久中继模式，如果对端交换机端口被设置成 trunk、dynamic 或 auto，中继链路都可以通过动态中继协议（DTP）协商成功。由于 trunk

模式是建立无条件的中继，所以建议对端交换机端口也设置成 trunk 模式，同时手工配置封装模式，这样两台交换机就不需要任何协商而建立中继链路。
- 参数 dynamic desirable 是交换机端口的默认设置，它是让端口主动请求对端交换机提出要采取的模式，如果对端交换机端口是 trunk、dynamic desirable 或 dynamic auto 模式，中继链路就协商成功。
- 参数 dynamic auto 是仅当对端交换机请求时才转换成中继链路模式，如果对端交换机端口是 trunk 或 dynamic desirable，中继链路就协商成功，所以如果链路的两端都是 dynamic auto，中继链路就协商不成功。

2.5 VTP

中继链路成功建立并不意味着交换机 S9 上的 VLAN 信息就可以顺利传送到交换机 S10，为了实现这一目标，思科开发了集中管理 VLAN 信息的方法：VLAN 中继协议（VTP），VTP 使用第 2 层帧在属于同一个域的交换机之间交换 VLAN 信息，任何参与 VTP 交换的交换机都知道和能够使用 VTP 管理的所有 VLAN。

2.5.1 VTP 域

VTP 域是 VLAN 需求相同的一个区域，每台交换机只能属于一个 VTP 域，并与同一个域中的其他交换机共享该域的 VTP 信息，不同域中的交换机不能共享 VTP 信息。

VTP 域中的交换机向其邻居交换机发出不同的 VTP 通告。每条 VTP 通告包含本 VTP 域的信息、VTP 修订号、已知 VLAN 和具体参数信息。当域中交换机添加 VLAN 信息时，就产生 VTP 通告，并将这一通告通过中继端口发给其他交换机，域中其他交换机也都能够在中继端口上收到这一通告。

2.5.2 VTP 模式

交换机要参与 VTP 管理域，就必须配置成下列模式之一，VTP 模式也决定了交换机是怎样处理和通告 VTP 信息的。
- 服务器模式

处于服务器模式的交换机可创建、删除和修改 VLAN 信息，并将所有 VTP 信息通告给域中的其他交换机，与其他交换机同步收到的 VTP 信息。默认情况下，所有交换机是服务器模式。一个 VTP 域中至少需要一台 VTP 服务器。
- 客户模式

处于客户模式的交换机不能创建、删除和修改 VLAN 信息，只是监听来自其他交换机的 VTP 通告，并相应修改本机上的 VLAN 信息，同时它还将收到的 VTP 信息通告给域中的邻居交换机。
- 透明模式

处于透明模式的交换机可创建、删除和修改 VLAN 信息，但不通告自己的 VLAN 信息，也不同步收到的 VTP 通告。VTP 版本 1 中，处于透明模式的交换机不转发收到的 VTP 通告，VTP 版本 2 中则可以。

2.5.3 VTP 的配置

默认情况下,交换机位于域 NULL(空字符串)中,以 VTP 服务器模式运行。如果新交换机加入到已经存在的 VTP 域中,它将在中继端口监听来自其他交换机的通告,并且自动获得 VTP 域名、VLAN 信息和 VTP 修订号。思科交换机配置 VLAN 和 VTP 有两种方式:全局配置模式和 VLAN 数据库模式。

本书以全局配置模式为例。可通过下列命令实现 VTP 的配置:
Switch(config)#vtp mode server| client |transparent
Switch(config)#vtp domain domain-name

- 命令 vtp mode server| client |transparent 实现 VTP 模式的配置。
- 命令 vtp domain domain-name 实现 VTP 域名的配置。

2.5.4 VTP 通告及安全

每台参与 VTP 的交换机都在其中继端口上以组播的形式通告本 VTP 域的信息、VTP 修订号、已知 VLAN 和具体参数信息,从而通知域中的其他交换机。VTP 通告有三种形式。

- 汇总通告

这是服务器模式的交换机每隔 5 分钟发送的一次通告,并在 VLAN 数据库发生变化时发送。汇总通告包括 VTP 版本、域名、配置修订号、时间戳、MD5 加密散列码和后续子集通告的数目。

- 子集通告

服务器模式的交换机在发送完汇总通告后发送子集通告,它包括更具体的 VLAN 配置数据,如 VLAN 的状态、VLAN 的类型、MTU、VLAN 名称的长度、VLAN 编号和名称等信息。

- 客户的通告请求

当客户交换机被重置、VTP 域成员资格发生变化或者监听到修订号更高的 VTP 汇总通告,客户就发出通告请求,服务器模式的交换机就发送 VTP 汇总和子集通告,使其获得最新的 VTP 和 VLAN 信息。

服务器模式和客户模式的交换机将 VTP 和 VLAN 信息以文件 vlan.dat 保存在交换机的 Flash 中,因此要将这两种模式的交换机恢复出厂设置,就需要在特权模式下使用命令 erase startup-config 和 delete vlan.dat;而透明模式的交换机将 VTP 和 VLAN 信息保存在 NVRAM 中,要将这种模式的交换机恢复出厂设置,只需要使用其一个命令就可以了。

VTP 交换机使用 VTP 配置修订号的索引来跟踪最新的 VLAN 信息,VTP 服务器的配置(如创建、变更或删除 VLAN)修改一次生效后,其修订号就增加 1。当 VTP 服务器发送此通告后,和它同在一个 VTP 域中的其他交换机收到此通告后,检测到此通告中的修订号比本地存储的修订号高时,就用该通告索引的 VLAN 信息覆盖本地存储的 VLAN 信息,这将导致不可预料的情况发生。当一台配置修订号较高的交换机进入现有网络中时,有可能导致其他交换机更新现有的 VLAN 信息,从而破坏整个网络的正常通信。因此,当网络中新增交换机时,有必要将其配置修订号设置为 0。

VTP 修订号存储在 Flash 中,使用以下方法可以将修订号设置为 0:

- 将交换机设置成透明模式。
- 将交换机加入到不存在的域。

2.6 VLAN 中继链路的流量控制

默认情况下，中继链路可以传输所有活动 VLAN 的数据流，但是有时候中继链路上不需要传输所有 VLAN 的数据流，例如指定中继链路需要传输某个 VLAN 的数据流。又例如，由于广播或者未知单播帧产生的泛洪，如果远端交换机没有相应的 VLAN，则通过中继链路传输泛洪就没有任何意义，同时也可以提高中继链路的传输性能。对于上面的两种情况，有各自的方法来解决。

（1）命令 switchport trunk allowed vlan|vlan-list|all|add vlan-list|except vlan-list|remove vlan-list。

- vlan-list 是指定允许传输的 VLAN 列表。
- all 是指定允许传输所有 VALN。
- add vlan-list 是添加允许传输的 VLAN。
- except vlan-list 是传输除了列出的 VLAN 之外的其他 VLAN。
- remove vlan-list 是删除允许传输的 VLAN。

（2）VTP 修剪。

VTP 修剪通过减少不必要的泛洪数据流通过中继链路，提高了中继链路带宽的使用效率，如图 2.3 所示。

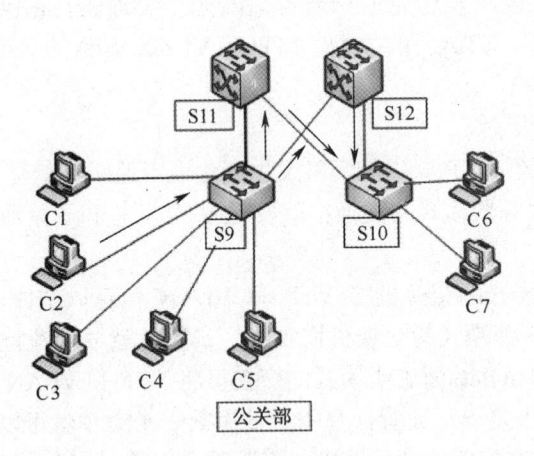

图 2.3 修剪前网络中的泛洪

当没有启用 VTP 修剪时，VLAN 30 中的用户 C5 发送广播后，交换机 S9 将其从所有 VLAN 30 端口转发出去，包括前往交换机 S11 和 S12 的中继链路，交换机 S11 和 S12 再将广播帧转发给交换机 S10，而此时交换机 S10、S11 和 S12 都没有连接到 VLAN 30 的用户，将广播帧转发给它们就会消耗中继链路的带宽和三台交换机的资源，但是它们都会丢弃这个广播帧。因此，启用 VTP 修剪很有必要。如果在 VTP 服务器上启用该命令，就需要在整个 VTP 域中启用修剪，收到该通告的其他交换机都将启用修剪。默认情况下，VLAN 2～1005 都受制于修剪。交换机默认也是禁用 VTP 修剪的，要启用修剪，可在 VTP 服务器上使用全局配置命令：
Switch(config)#vtp pruning
对于甲公司公关部的网络，可在交换机 S11 或者 S12 上启用修剪命令：
S11(config)#vtp pruning
启用修剪命令后，VLAN 30 中的用户 C5 发送广播后，交换机 S9 就不会将其从前往交换机 S11 和 S12 的中继链路转发出去，也转发不到交换机 S10，如图 2.4 所示。

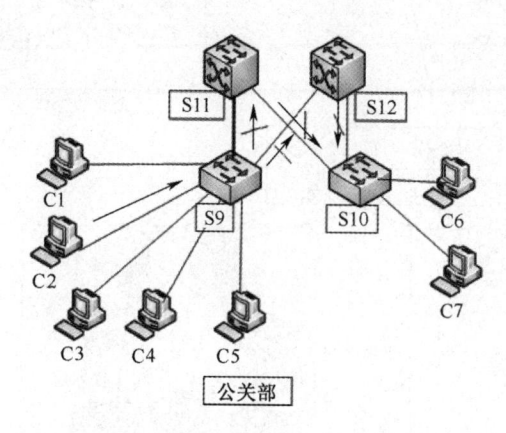

图 2.4 修剪后网络中的泛洪

第二部分　典型项目

典型项目之一

项目背景

甲公司经过几年的发展，现有员工 410 人，经理 10 人，其中公关部 80 人，人事部 20 人，后勤部 200 人，技术部 100 人。该公司的计算机网络规模也随之扩大，公司的拓扑结构如图 2.5 所示。

公关部现又分成三个公关小组，张三领导的小组有 40 人，李四和王五领导的小组分别有 20 人。为了各个小组信息的保密性和公关部各个小组之间的网络资源的安全性需要，各个小组上的信息不让其他小组成员随便浏览。

项目实验名称

某大型公司的 VLAN、中继和 VTP 的规划。

项目实验要求与环境

利用思科模拟器软件 GNS3，构建该公司的 VLAN、中继和 VTP。

项目实验目的

充分利用 VLAN 和 VTP 的特征，构建该公司的 VLAN、中继和 VTP。

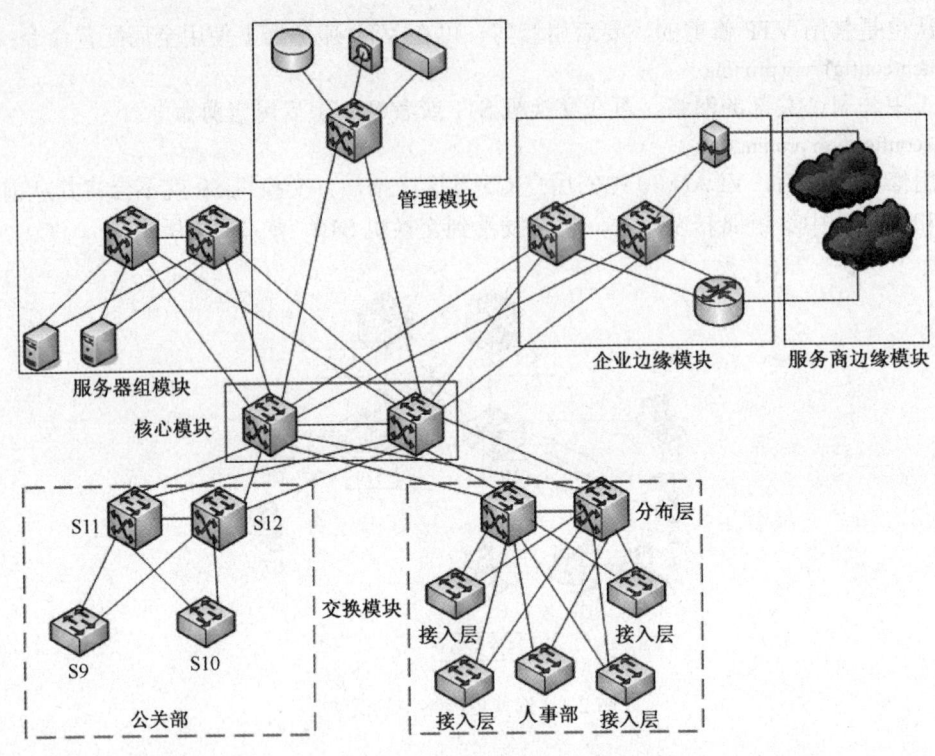

图 2.5 甲公司的网络拓扑结构

项目实施步骤

（1）VLAN 的规划。

根据 VLAN 的创建原则，可以根据公司的职能部门来划分 VLAN，便于管理，因此公关部采用了 VLAN 的方法来解决以上问题。通过 VLAN 的划分，可以把公关部主要网络划分为：张三、李四、王五 3 个主要部分，对应的 VLAN 组名为 zhangsan、lisi、wangwu，各 VLAN 组所对应的网段如表 2.1 所示。

表 2.1 各 VLAN 组所对应的网段

VLAN 号	VLAN 名	端口号
10	zhangsan	S9 1~40
20	lisi	S9 41~44，S10 1~16
30	wangwu	S10 17~36

（2）VTP 操作模式的规划和配置。

甲公司的 VTP 规划如下：S9 和 S10 为 VTP 客户模式，S11 和 S12 为 VTP 服务器模式，VTP 域名为 jia。配置命令如下：

```
S9（config）#vtp mode client
S9（config）#vtp domain ggb
S10（config）# vtp mode client
S10（config）# vtp domain ggb
S11（config）# vtp mode server
```

S11（config）# vtp domain ggb
S12（config）# vtp mode server
S12（config）# vtp domain ggb

（3）VLAN 中继链路的配置。
S9（config）#interface range fa0/45 - 48
S9（config-if-range）#no shutdown
S9（config-if-range）#switchport
S9（config-if-range）#switchport trunk encapsulation dot1q
S9（config-if-range）#switchport trunk mode trunk
S10（config）#interface range interface range fa0/45 - 48
S10（config-if-range）#no shutdown
S10（config-if-range）#switchport
S10（config-if-range）#switchport trunk encapsulation dot1q
S10（config-if-range）#switchport trunk mode trunk
S11（config）#interface range interface range fa0/45 - 48
S11（config-if-range）#no shutdown
S11（config-if-range）#switchport
S11（config-if-range）#switchport trunk encapsulation dot1q
S11（config-if-range）#switchport trunk mode trunk
S12（config）#interface range fa0/45 - 48
S12（config-if-range）#no shutdown
S12（config-if-range）#switchport
S12（config-if-range）#switchport trunk encapsulation dot1q
S12（config-if-range）#switchport trunk mode trunk

（4）创建和配置甲公司公关部的三个 VLAN。
S11（config）#vlan 10
S11（config-vlan）#name zhangsan
S11（config-vlan）#vlan 20
S11（config-vlan）#name lisi
S11（config-vlan）#vlan 30
S11（config-vlan）#name wangwu
S11（config-vlan）#exit

当交换机 S11 通过中继端口向邻居 S9 和 S10 发送 VTP 通告后，交换机 S9 和 S10 将从 S11 中获得 VTP 通告，从而修改自己的 VLAN 信息。可以通过命令 show vlan 查看交换机 S9 和 S10 是否获得最新的 VALN 信息。

（5）按照静态 VLAN，把相应的交换机端口分配给相应的 VLAN。
S9（config）#interface range fa0/1 - 40
S9（config-if-range）#no shutdown
S9（config-if-range）#switchport
S9（config-if-range）# switchport mode access
S9（config-if-range）# switchport access vlan 10
S9（config）#interface range fa0/41 - 44
S9（config-if-range）#no shutdown
S9（config-if-range）#switchport
S9（config-if-range）# switchport mode access
S9（config-if-range）# switchport access vlan 20

S10（config）#interface range fa0/1 - 16

S10-（config-if-range）#no shutdown
S10（config-if-range）#switchport
S10（config-if-range）# switchport mode access
S10（config-if-range）# switchport access vlan 20
S10（config）#interface range fa0/17 - 36
S10-（config-if-range）#no shutdown
S10（config-if-range）#switchport
S10（config-if-range）# switchport mode access
S10（config-if-range）# switchport access vlan 30

（6）VTP 修剪。

由于 VLAN 10 中的终端设备只连接在交换机 S9 上，VLAN 30 中的终端设备只连接在交换机 S10 上，故而可以启用 VTP 修剪，减少中继链路上广播的流量，提高整个网络的性能。这只需要在处于 VTP 服务器模式的交换机上执行就可以了。

S11（config）#vtp pruning

典型项目之二

项目背景

乙公司在一幢建筑物中拥有三层楼，一楼是人事部，成员有 99 人；二楼是财务部，成员有 20 人；三楼是服务器中心，成员有 10 人。而根据公司的规定，人事部又分成 3 个小部门，每个小部门 33 人，分别由小张、小李和小王负责，为了保证各个小部门的信息安全及网络性能，现在人事部的总负责人规定不允许小部门之间有信息来往。公司的网络拓扑结构如图 2.6 所示。

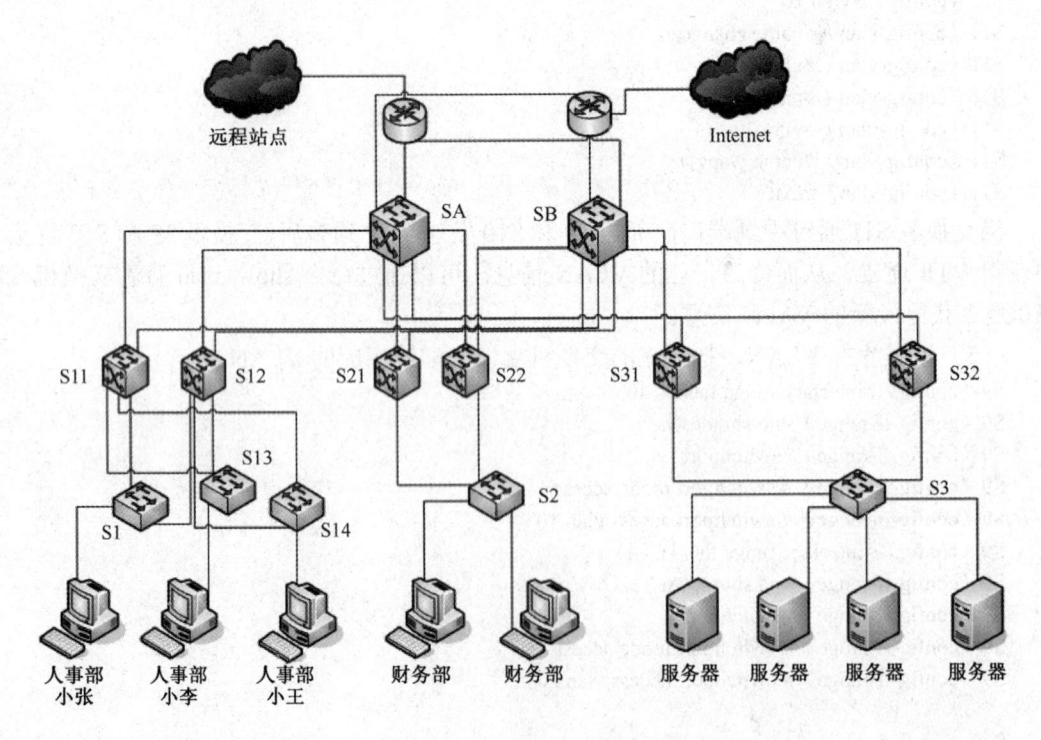

图 2.6　乙公司的网络拓扑结构

项目实验名称

乙公司人事部的 VLAN、中继和 VTP 的规划。

项目实验要求与环境

利用思科模拟器软件 GNS3，构建乙公司人事部的 VLAN、中继和 VTP。

项目实验目的

充分利用 VLAN 和 VTP 的特征，构建乙公司人事部的 VLAN、中继和 VTP。

项目实施步骤

（1）VLAN 的规划。

由于乙公司人事部的用户主要由小张、小李和小王负责，为了确保相应部门网络资源不被盗用或破坏，保护相应部分网络资源的安全性。公司人事部采用 VLAN 的方法来解决以上问题。通过 VLAN 的划分，可以把乙公司人事部主要网络划分为小张、小李和小王 3 个主要部分，对应的 VLAN 组名为 xiaozhang、xiaoli 和 xiaowang，各 VLAN 组所对应的网段如表 2.2 所示。

表 2.2　各 VLAN 组对应的网段

VLAN 号	VLAN 名	端口号
40	xiaozhang	S1 1～33
50	xiaoli	S13 1～33
60	xiaowang	S14 1～33

（2）VTP 操作模式的规划和配置。

乙公司人事部的 VTP 规划如下：S11 和 S12 为 VTP 服务器模式，S1、S13 和 S14 为 VTP 客户端。VTP 域名为 yi。配置命令如下：

S1（config）#vtp mode client
S13（config）#vtp mode client
S14（config）#vtp mode client
S1（config）#vtp domain yi
S13（config）# vtp domain yi
S14（config）#vtp domain yi
S11（config）#vtp domain yi
S12（config）# vtp domain yi

由于交换机出厂的时候默认是 VTP 服务器模式，故而交换机 S11 和 S12 不需要配置 VTP 服务器模式命令。

（3）VLAN 中继链路的配置。

S1（config）#interface range fa0/45 - 48
S1（config-if-range）#no shutdown
S1（config-if-range）#switchport
S1（config-if-range）#switchport trunk encapsulation dot1q
S1（config-if-range）#switchport trunk mode trunk
S11（config）#interface range fa0/45 - 48
S11（config-if-range）#no shutdown
S11（config-if-range）#switchport

S11（config-if-range）#switchport trunk encapsulation dot1q
S11（config-if-range）#switchport trunk mode trunk
S12（config）#interface range fa0/45 - 48
S12（config-if-range）#no shutdown
S12（config-if-range）#switchport
S12（config-if-range）#switchport trunk encapsulation dot1q
S12（config-if-range）#switchport trunk mode trunk
S13（config）#interface range fa0/47 - 48
S13（config-if-range）#no shutdown
S13（config-if-range）#switchport
S13（config-if-range）#switchport trunk encapsulation dot1q
S13（config-if-range）#switchport trunk mode trunk
S14（config）#interface range fa0/47 - 48
S14（config-if-range）#no shutdown
S14（config-if-range）#switchport
S14（config-if-range）#switchport trunk encapsulation dot1q
S14（config-if-range）#switchport trunk mode trunk

（4）创建和配置乙公司人事部的三个VLAN。

S11（config）#vlan 40
S11（config-vlan）#name xiaozhang
S11（config-vlan）#vlan 50
S11（config-vlan）#name xiaoli
S11（config-vlan）#vlan 60
S11（config-vlan）#name xiaowang
S11（config-vlan）#exit

当交换机S11通过中继端口向邻居S1、S13和S14发送VTP通告后，交换机S1、S13和S14将从S11中获得VTP通告，从而修改自己的VLAN信息。可以通过命令show vlan查看交换机S1、S13和S14是否获得最新的VALN信息。

（5）按照静态VLAN把相应的交换机的端口分配给相应的VLAN。

S1（config）#interface range fa0/1 - 33
S1（config-if-range）#switchport
S1（config-if-range）# switchport mode access
S1（config-if-range）# switchport access vlan 40
S13（config）#interface range fa0/1 - 33
S13（config-if-range）#switchport
S13（config-if-range）# switchport mode access
S13（config-if-range）# switchport access vlan 50
S14（config）#interface range fa0/1 - 33
S14（config-if-range）#switchport
S14（config-if-range）# switchport mode access
S14（config-if-range）# switchport access vlan 60

（6）VTP修剪。

由于VLAN 40中的终端设备只连接在交换机S1上，VLAN 50中的终端设备只连接在交换机S13上，而VLAN 60中的终端设备只连接在交换机S14上，故而可以启用VTP修剪，减少中继链路上广播的流量，提高整个网络的性能。这只需要在处于VTP服务器模式的交换机上执行就可以了。

S11（config）#vtp pruning

典型项目之三

项目背景

丙公司有一个总公司和两个分公司，总公司和一个分公司在武汉工业园内各自的建筑物里面，另一个分公司在天津有自己的办公楼。

总公司和分公司部门结构：这3个公司都有各自的财务部（20人）、行政部（30人）、生产部（40人）、研发部（30人）、后勤部（10人）和业务部（45人）。公司的网络拓扑结构如图2.7所示。

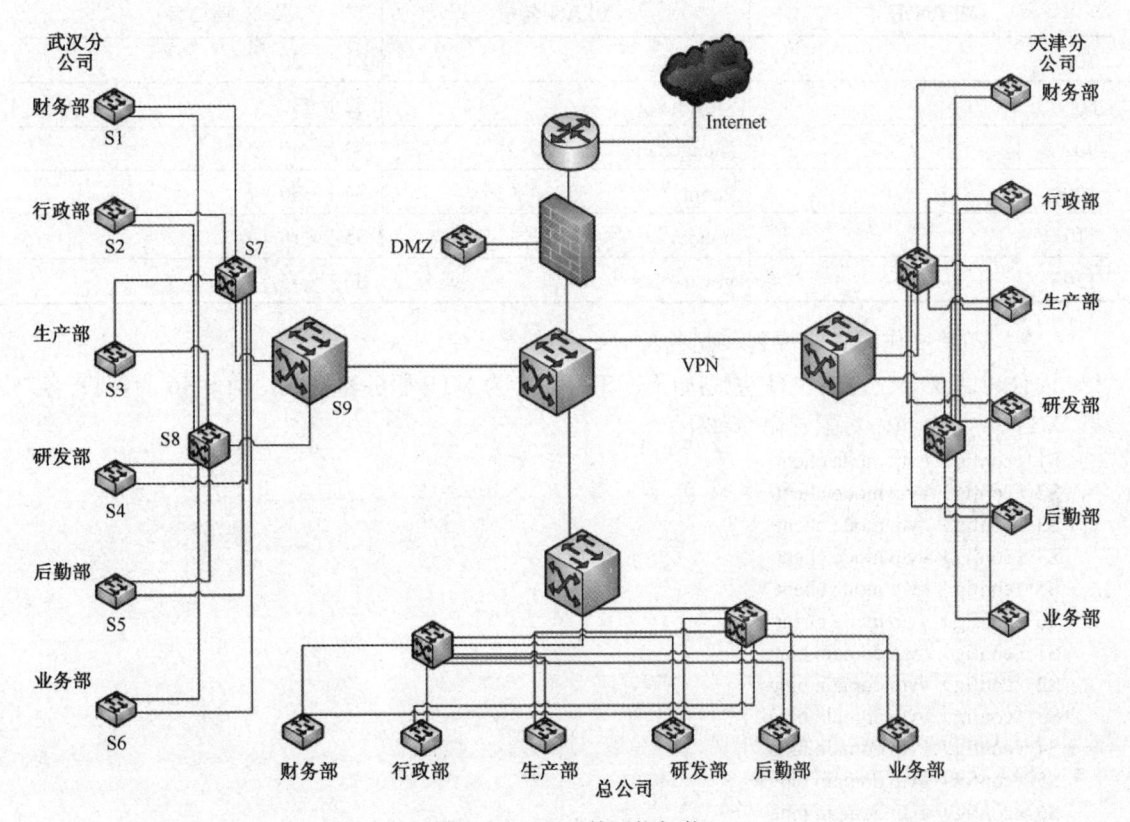

图2.7 丙公司的网络拓扑

项目实验名称

丙公司武汉分公司的VLAN、中继和VTP的规划。

项目实验要求与环境

利用思科模拟器软件GNS3，构建丙公司武汉分公司的VLAN、中继和VTP。

项目实验目的

充分利用VLAN和VTP的特征，构建丙公司武汉分公司的VLAN、中继和VTP。

项目实施步骤

(1) VLAN 的规划。

由于丙公司武汉分公司有财务部（20人）、行政部（30人）、生产部（40人）、研发部（30人）、后勤部（10人）和业务部（45人），为了确保相应部门网络资源不被盗用或破坏，保护相应部分网络资源的安全性，丙公司武汉分公司采用 VLAN 的方法来解决以上问题。通过 VLAN 的划分，可以把丙公司武汉分公司主要网络划分为财务部、行政部、生产部、研发部、后勤部和业务部 6 个主要部分，对应的 VLAN 组名为 caiwu、xingzheng、shengchan、yanfa、houqin 和 yewu，各 VLAN 组所对应的网段如表 2.3 所示。

表 2.3 各 VLAN 组所对应的网段

VLAN 号	VLAN 名	端口号
70	caiwu	S1 1~20
80	xingzheng	S2 1~30
90	shengchan	S3 1~40
100	yanfa	S4 1~30
110	houqin	S5 1~10
120	yewu	S6 1~45

(2) VTP 操作模式的规划和配置。

丙公司武汉分公司的 VTP 规划如下：S7 和 S8 为 VTP 服务器模式，S1~S6 为 VTP 客户端。VTP 域名为 bing。配置命令如下：

S1（config）#vtp mode client
S2（config）#vtp mode client
S3（config）#vtp mode client
S4（config）#vtp mode client
S5（config）#vtp mode client
S6（config）#vtp mode client
S1（config）#vtp domain bing
S2（config）#vtp domain bing
S3（config）#vtp domain bing
S4（config）#vtp domain bing
S5（config）#vtp domain bing
S6（config）#vtp domain bing
S7（config）#vtp domain bing
S8（config）#vtp domain bing

由于交换机出厂的时候默认是 VTP 服务器模式，故而交换机 S7 和 S8 不需要配置 VTP 服务器模式命令。

(3) VLAN 中继链路的配置。

S1（config）#interface range fa0/47 - 48
S1（config-if-range）#no shutdown
S1（config-if-range）#switchport
S1（config-if-range）#switchport trunk encapsulation dot1q
S1（config-if-range）#switchport trunk mode trunk

S2（config）#interface range fa0/47 - 48
S2（config-if-range）#no shutdown
S2（config-if-range）#switchport
S2（config-if-range）#switchport trunk encapsulation dot1q
S2（config-if-range）#switchport trunk mode trunk
S3（config）#interface range fa0/47 - 48
S3（config-if-range）#no shutdown
S3（config-if-range）#switchport
S3（config-if-range）#switchport trunk encapsulation dot1q
S3（config-if-range）#switchport trunk mode trunk
S4（config）#interface range fa0/47 - 48
S4（config-if-range）#no shutdown
S4（config-if-range）#switchport
S4（config-if-range）#switchport trunk encapsulation dot1q
S4（config-if-range）#switchport trunk mode trunk
S5（config）#interface range fa0/47 - 48
S5（config-if-range）#no shutdown
S5（config-if-range）#switchport
S5（config-if-range）#switchport trunk encapsulation dot1q
S5（config-if-range）#switchport trunk mode trunk
S6（config）#interface range fa0/47 - 48
S6（config-if-range）#no shutdown
S6（config-if-range）#switchport
S6（config-if-range）#switchport trunk encapsulation dot1q
S6（config-if-range）#switchport trunk mode trunk
S7（config）#interface range fa0/43 - 48
S7（config-if-range）#no shutdown
S7（config-if-range）#switchport
S7（config-if-range）#switchport trunk encapsulation dot1q
S7（config-if-range）#switchport trunk mode trunk
S8（config）#interface range fa0/43 - 48
S8（config-if-range）#no shutdown
S8（config-if-range）#switchport
S8（config-if-range）#switchport trunk encapsulation dot1q
S8（config-if-range）#switchport trunk mode trunk

（4）创建和配置丙公司武汉分公司的 6 个 VLAN。
S7（config）#vlan 70
S7（config-vlan）#name caiwu
S7（config-vlan）#vlan 80
S7（config-vlan）#name xingzheng
S7（config-vlan）#vlan 90
S7（config-vlan）#name shengchan
S7（config-vlan）#vlan 100
S7（config-vlan）#name yanfa
S7（config-vlan）#vlan 110
S7（config-vlan）#name houqin
S7（config-vlan）#vlan 120
S7（config-vlan）#name yewu
S7（config-vlan）#exit

（5）按照静态 VLAN 把相应的交换机的端口分配给相应的 VLAN。

```
S1（config）#interface range fa0/1 – 20
S1（config-if-range）#switchport
S1（config-if-range）# switchport mode access
S1（config-if-range）# switchport access vlan 70
S2（config）#interface range fa0/1 – 30
S2（config-if-range）#switchport
S2（config-if-range）# switchport mode access
S2（config-if-range）# switchport access vlan 80
S3（config）#interface range fa0/1 – 40
S3（config-if-range）#switchport
S3（config-if-range）# switchport mode access
S3（config-if-range）# switchport access vlan 90
S4（config）#interface range fa0/1 – 30
S4（config-if-range）#switchport
S4（config-if-range）# switchport mode access
S4（config-if-range）# switchport access vlan 100
S5（config）#interface range fa0/1 – 10
S5（config-if-range）#switchport
S5（config-if-range）# switchport mode access
S5（config-if-range）# switchport access vlan 110
S6（config）#interface range fa0/1 – 45
S6（config-if-range）#switchport
S6（config-if-range）# switchport mode access
S6（config-if-range）# switchport access vlan 120
```

（6）VTP 修剪。

由于 VLAN 70 中的终端设备只连接在交换机 S1 上，VLAN 80 中的终端设备只连接在交换机 S2 上，VLAN 90 中的终端设备只连接在交换机 S3 上，VLAN 100 中的终端设备只连接在交换机 S4 上，VLAN 110 中的终端设备只连接在交换机 S5 上，VLAN 120 中的终端设备只连接在交换机 S6 上，故而可以启用 VTP 修剪，减少中继链路上广播的流量，提高整个网络的性能。这只需要在处于 VTP 服务器模式的交换机上执行就可以了。

```
S7（config）#vtp pruning
```

（7）连通性验证。

第三部分　巩固练习

理论练习

1．VLAN 成员资格有几种方式？
2．两台交换机之间的中继链路怎样才能协商成功？
3．哪种情况可能导致 VTP 问题？
4．VTP 修剪有何用途？

项目 3 聚合交换机链路

项目学习重点

- 掌握使用以太信道聚合交换机链路。
- 掌握以太信道协商协议的种类。
- 掌握以太信道的配置。

第一部分 理论知识

3.1 以太信道

聚合（捆绑）交换机之间的多条平行链路，称为以太信道技术。2~8 条快速以太链路聚合为一条快速以太信道，带宽高达 1600MB/s；2~8 条吉比特以太链路聚合为一条吉比特以太信道，带宽高达 16000MB/s；2~8 条 10Gbit 以太链路聚合为一条 10Gbit 以太信道，带宽高达 160000MB/s；

3.1.1 聚合的条件

以太信道最多包含 8 个以太介质类型和速度相同的物理端口。

（1）所有聚合的端口必须在同一个 VLAN；如果聚合的是中继链路，则必须具有相同的本征 VLAN 且穿越同一组 VLAN。

（2）聚合的端口必须有相同的速度和双工模式。

（3）聚合的端口的生成树设置必须相同。

3.1.2 以太信道协商协议

在两台交换机之间协商以太信道来提供动态的链路配置。在思科的交换机中，可以使用两种协议来进行协商。

1. 端口聚合协议（PagP）

PagP 是思科的专用聚合协议，只在配置了静态 VLAN 或者中继模式相同的端口上建立以太信道，如果某个聚合的端口发生变化，PagP 动态地修改以太信道参数。本地交换机识别邻居、获得其端口组功能并同自己的端口组功能进行比较，若邻居设备 ID 和端口组功能相同，则将其和自己的端口组聚合在一起，形成一条双向的以太信道链路。

PagP 有两种配置聚合的模式：①主动模式（desirable），在此模式下，交换机主动请求对端交换机协商以太信道；②被动模式（auto），在此模式下，仅当对端交换机发起协商时，本地交换机才协商以太信道。

2. 链路聚合控制协议（LACP）

链路聚合控制协议（LACP）是一种基于标准的开放协议，和 PagP 一样，本地交换机识别邻居、获得其端口组功能并同自己的端口组功能进行比较，若邻居设备 ID 和端口组功能相同，则将其和自己的端口组聚合在一起，形成一条双向的以太信道链路，然而 LACP 还给以太信道的端点分配角色。

在 LACP 机制下，系统优先级（2B 的优先级和 6B 的交换机 MAC 地址）最低的交换机负责在指定的时间内根据端口优先级（2B 的优先级和 2B 的端口号）来确定活动端口，从而参与以太信道。端口优先级值越小表示优先级越高，越有可能选为活动端口。交换机通过 LACP，在给定的时间内最多选择 16 个活动端口（8 条链路），将其作为活动的以太信道，而其他链路处于备用状态。如果某条活动链路出现故障，将在以太信道中的备用链路中启用。

LACP 也有两种配置聚合的模式：①主动模式（active），在此模式下，交换机主动请求对端交换机协商以太信道；②被动模式（passive），在此模式下，仅当对端交换机发起协商时，本地交换机才协商以太信道。

3.2 以太信道的配置

要建立以太信道，首先要选择以太信道协议，然后把交换机端口分配给它，这时交换机也会同时自动创建一个逻辑端口信道接口：port-channel，该接口表示整个信道。

3.2.1 配置 PagP 以太信道

可使用如下命令配置交换机端口实现 PagP 协商：
Switch（config）#interface type mod/num
Switch（config-if）#channel-protocol pagp
Switch（config-if）#channel-group numben mode on |desirable |auto [non-silent]

需要注意的是，同一条以太信道的每个接口都必须有相同的信道号（1～64）。

在默认情况下，PagP 运行在 silent 下，该模式具有 desirable 模式和 auto 模式的特点，即在链路的另一端处于 silent 模式而不发送 PagP 分组的情况下，也可将端口加入到信道中来。如果对端交换机具有 PagP 功能，应在设置为 desirable 或 auto 模式时添加关键字 no-silent，这要求每个端口收到 PagP 分组才能够加入到信道。如果没有收到 PagP 分组，接口虽然会保持 up 状态，但 PagP 会向生成树协议报告该端口处于 down 状态。

实际上，当两台交换机都使用默认的 PagP auto 和 silent 子模式时，可能需要过一段时间才能够建立信道并通过它传输数据，因为这种模式下，每个端口在接受信道伙伴之前，都处于等待并监听模式。

3.2.2 配置 LACP 以太信道

可使用如下命令配置交换机端口实现 LACP 协商：
Switch（config）#interface type mod/num
Switch（config-if）# lacp-port-priority priority

Switch（config-if）# channel-protocol lacp
Switch（config-if）# channel-group numben mode on |active |passive

需要注意的是，同一条以太信道的每个接口都必须有相同的信道号（1～64），在 LACP 机制下，首先要选定某台交换机，将其设置一个较小的 LACP 系统优先级（1～65535，默认是 32768），使其决定以太信道的组成。若两台交换机的系统优先级相同，则由 MAC 地址较小的交换机充当决策者。

在信道组中，配置的接口数量可以超过同时处于活动状态的接口数量（最多 8 个），这样可以提供备用端口，以替换随时出现故障的活动接口。使用命令 lacp port-priority 配置必须处于活动状态的端口较小的端口优先级，配置备用端口为较大的端口优先级。若端口的优先级相同，则将端口号较小的端口选为活动端口。

3.3 在以太信道中分配流量

3.3.1 链路号的选择

虽然以太信道被视为单个逻辑链路，但其总带宽并不一定等于各条物理链路的带宽总和。另外，以太信道通过多条聚合的物理链路也可以提供链路的冗余，也就是说，如果聚合链路的其中一条链路出现故障，通过该链路传输的数据流也将转移到邻接链路上，这种转移在几毫秒内完成。同样，当链路从故障中恢复后，数据流将自动重新分配。

以太信道中的数据流总是以确定的方式在各条聚合的链路之间分配，虽然不一定是平均分配，而是根据散列算法的结果将帧转发到特定的链路上。该算法包括源 IP 地址、目的 IP 地址、源 IP 地址和目的 IP 地址的组合、源 MAC 地址、目的 MAC 地址、源 MAC 地址和目的 MAC 地址的组合或者端口号等，它计算一个二进制模式，用于选择每个帧的链路号（聚合后单条链路的编号为 0～7）。

如果散列算法只用一个地址，交换机就使用散列值的最后一位或多位作为索引，选择每个帧的链路号；如果散列算法使用两个地址，交换机就使用散列值的最后一位或多位做异或运算（XOR），将结果作为索引，选择每个帧的链路号。具体情况如表 3.1 所示。

表 3.1　以太信道上的帧分配

散列算法 \ 聚合链路数	2	4	8
用一个地址	取地址的最后一位	取地址的最后两位	取地址的最后三位
用两个地址	取地址的最后一位做异或运算	取地址的最后两位做异或运算	取地址的最后三位做异或运算

例如，公关部 VLAN 10 中的 C1（192.168.10.1）向 Internet 上的 Web 服务器（125.68.26.46）发送数据包，当使用两个地址的散列算法时，对于由两条链路组成的以太信道，对源 IP 地址和目的 IP 地址中的最后一位做异或运算：1 XOR 0=1=1，则使用链路 1 转发数据包；对于由 4 条链路组成的以太信道，对源 IP 地址和目的 IP 地址中的最后两位做异或运算：01 XOR

$10=11_2=3$，则使用链路 3 转发数据包；对于由 8 条链路组成的以太信道，对源和目的 IP 地址中的最后三位做异或运算：$001\ XOR\ 110=111_2=7$，则使用链路 7 转发数据包。

由上面的链路选择也可以看出，当通信的两个端点确定后，它们的地址也就保持不变了，因此，两台设备之间的数据流总是经过以太信道中的同一条链路传输。当然，如果一台设备和多台设备同时通信，目标地址的最后一位可能不同，通信的流量就可以在以太信道的链路之间分配，达到流量的负载均衡。

然而，如果有一对主机之间的流量比其他的要大，就有可能表现为信道中的一条链路的流量比另外的链路高，也将导致负载不均衡，因此考虑使用更佳的散列算法，例如使用源地址、目标地址以及端口号，数据流在以太信道上的分配将更加合理些。

3.3.2 负载均衡的配置和选择

（1）散列算法也称为负载均衡方法，可以使用下列命令实现散列算法的变换：

Switch(config)#port-channel load-balance method

表 3.2 列出了 method 的取值范围、散列运算和支持的交换机型号。

表 3.2 以太信道负载均衡方法的类型

method 值	散列输入	散列运算	思科交换机型号
src-ip	源 IP 地址	位	所有型号
dst-ip	目标 IP 地址	位	所有型号
src-dst-p	源和目标 IP 地址	异或运算	所有型号
src-mac	源 MAC 地址	位	所有型号
dst-ip	目标 MAC 地址	位	所有型号
src-dst-mac	源和目标 MAC 地址	异或运算	所有型号
src-port	源端口号	位	4500、6500
dst-port	目标端口号	位	4500、6500
src-dst-port	源和目标端口号	异或运算	4500、6500

要查看负载均衡方法的效果，可以使用命令 show etherchannel port-channel，此命令虽然不那么直观，只是列出了以太信道中的每条链路和一个负载值，但是可以通过这个负载值了解链路之间的相对负载。

（2）如何选择负载均衡方法决定了聚合链路中的每条链路的性能和利用率，应该根据现有的流量模式来判断以太信道负载是否平衡。

当网络中大部分是 IP 数据流时，根据 IP 地址或者端口号进行负载均衡是明智的选择。如果单台服务器接受以太信道上的大部分数据流，那么在很多通信中，目标地址总是相同的，如果使用目标 IP 地址作为负载均衡的方法，就会导致 1 条链路使用过度而其他链路空闲。此时若将负载均衡方法设置为使用源 MAC 地址或者源 IP 地址，就能够使负载在链路之间的分配更均衡些。

在有些网络应用中，除了使用 IP 协议外，还使用 IPX 或 SNA，使得以太信道中还可能传输不同协议的数据流，由于 IPX 和 SNA 帧没有 IP 地址，因此使用 MAC 地址作为负载均衡方法较好。当然，如果使用的的确是 IP 负载均衡，IPX 和 SNA 帧不满足负载均衡的条件，交换机将自动根据 MAC 地址来分配这些帧。

交换机也提供了在以太信道中防止桥接环路的保护机制：当某个端口加入到信道中后，此端口收到的广播和组播不会从信道中的其他端口转发出去，而对于出站的广播和组播将像其他帧一样进行负载均衡，这就可以防止形成桥接环路。

第二部分　典型项目

典型项目之一

项目背景

甲公司经过几年的发展，现有员工 500 人，经理 10 人。其中，公关部 100 人，人事部 20 人，后勤部 200 人，技术部 100 人。该公司的计算机网络规模也随之扩大，但是公关部的终端用户开始抱怨交换数据的延迟时间较长，有时甚至数据转发超时。针对这种情况，公司的网络工程师考虑到公司的经济现状，不准备更换网络设备，而是采用一种技术：以太信道技术，增加链路的带宽，以此加快交换数据的速度，减少交换数据的延迟。甲公司原有的拓扑结构如图 3.3 所示。

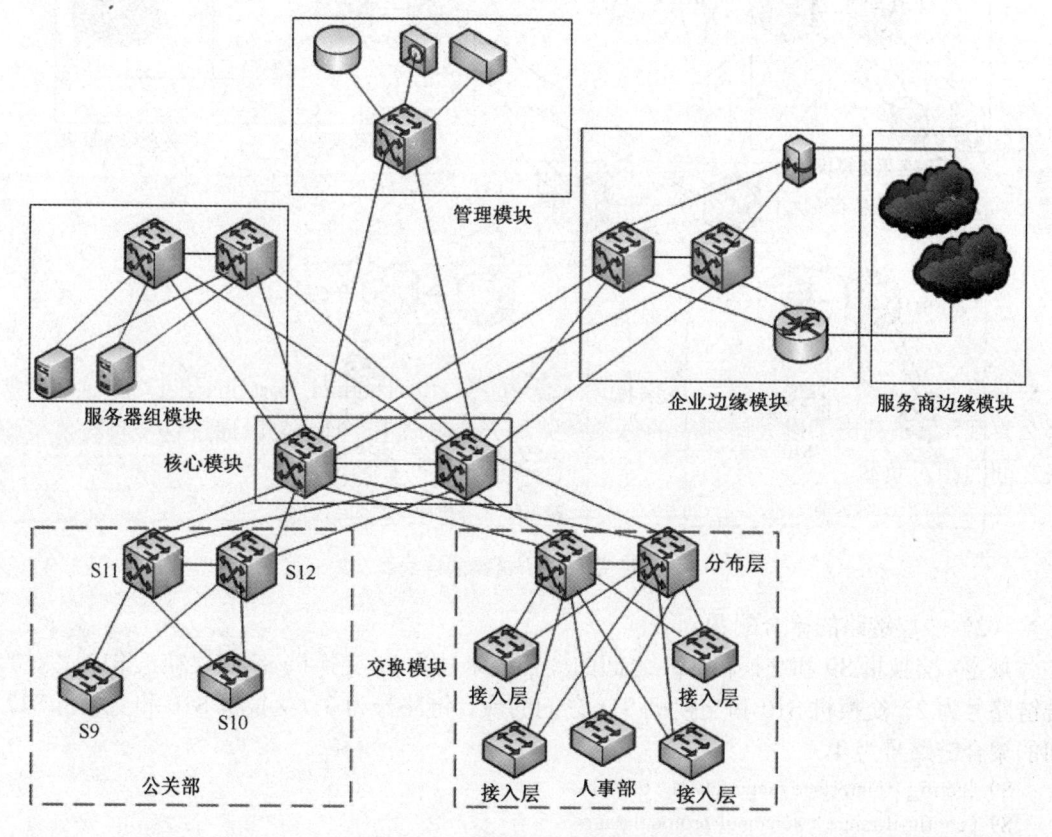

图 3.3　甲公司的网络拓扑结构

项目实验名称

甲公司公关部的交换机之间的链路聚合。

项目实验要求与环境

利用思科模拟器软件 GNS3，配置甲公司公关部的交换机之间的链路聚合。

项目实验目的

掌握交换机之间的链路聚合在加快交换机之间转发数据中的作用。

项目实施步骤

（1）连线。

在交换机 S9 和交换机 S11 之间、S9 和 S12 之间、S10 和 S11 之间、S10 和 S12 之间再连接一条链路。这样甲公司的网络拓扑结构如图 3.4 所示。

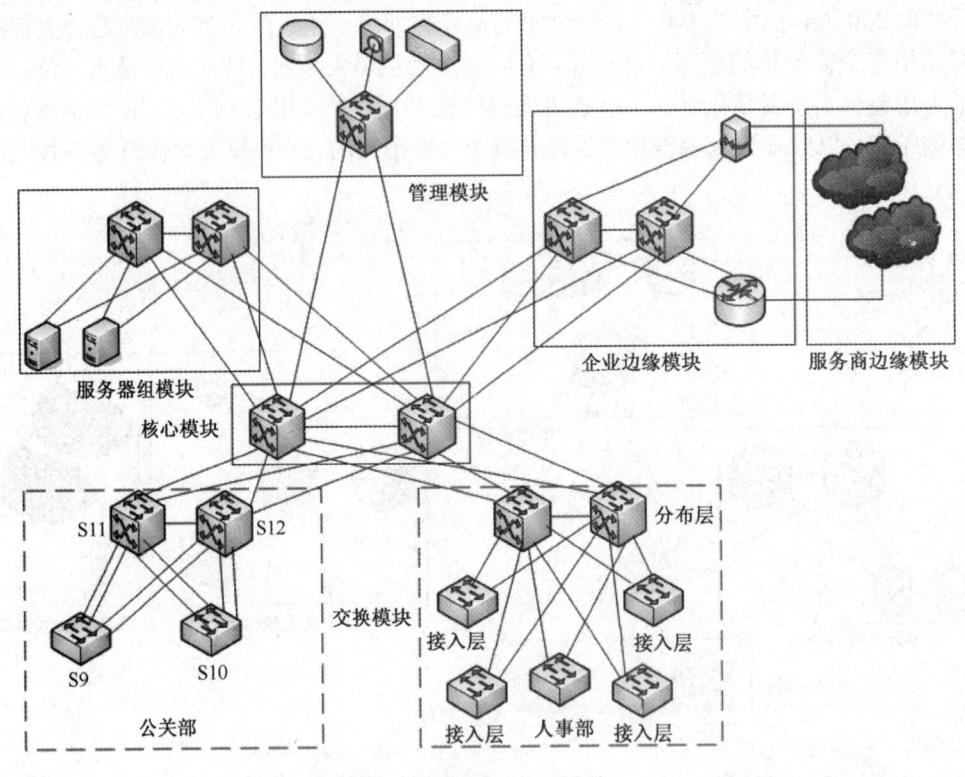

图 3.4 聚合链路的连线

（2）二层链路的聚合配置。

规定：交换机 S9 和交换机 S11 之间的聚合链路号为 1，交换机 S9 和交换机 S12 之间的聚合链路号为 2，交换机 S10 和交换机 S11 之间的聚合链路号为 3，交换机 S10 和交换机 S12 之间的聚合链路号为 4。

```
S9（config）#interface range fa0/21 , fa0/23
S9（config-if-range）#channel-protocol pagp
S9（config-if-range）#channel-group 1 mode desirable non-silent
```

S11（config）#interface range fa0/21 , fa0/23
S11（config-if-range）#channel-protocol pagp
S11（config-if-range）#channel-group 1 mode desirable non-silent

S9（config）#interface range fa0/22 , fa0/24
S9（config-if-range）#channel-protocol pagp
S9（config-if-range）#channel-group 2 mode desirable non-silent
S12（config）#interface range fa0/22 , fa0/24
S12（config-if-range）#channel-protocol pagp
S12（config-if-range）#channel-group 2 mode desirable non-silent

S10（config）#interface range fa0/21 , fa0/23
S10（config-if-range）#channel-protocol pagp
S10（config-if-range）#channel-group 3 mode desirable non-silent
S11（config）#interface range fa0/21 , fa0/23
S11（config-if-range）#channel-protocol pagp
S11（config-if-range）#channel-group 3 mode desirable non-silent

S10（config）#interface range fa0/22 , fa0/24
S10（config-if-range）#channel-protocol pagp
S10（config-if-range）#channel-group 4 mode desirable non-silent
S12（config）#interface range fa0/22 , fa0/24
S12（config-if-range）#channel-protocol pagp
S12（config-if-range）#channel-group 4 mode desirable non-silent

（3）检验聚合链路的状态信息。

在交换机 S9 上通过 show ethernetchannel summary 命令可以查看本机上的链路聚合状态信息。

（4）规划和配置负载均衡。

由于甲公司公关部的网络是 IP 数据流，因此根据 IP 地址进行负载均衡是明智的选择。

S9（config）#port-channel load-balance src-ip
S10（config）#port-channel load-balance src-ip
S11（config）#port-channel load-balance src-ip
S12（config）#port-channel load-balance src-ip

典型项目之二

项目背景

乙公司在一幢建筑物中，拥有 3 层楼：一楼是人事部，成员有 99 人；二楼是财务部，成员有 20 人；三楼是服务器中心，成员有 10 人。而人事部根据公司的规定又分成 3 个小部门，每个小部门 33 人，分别由小张、小李和小王负责，为了保证各个小部门的信息安全以及网络性能，现在人事部已经部署了 VLAN。现在小张所在的小部门担当的任务较多，需要向外转发大量数据。针对这种情况，公司的网络工程师考虑到公司的经济现状，不准备更换网络设备，而是采用一种技术：以太信道技术，增加链路的带宽，以此加快交换数据的速度，减少交换数据的延迟。乙公司原有的拓扑结构如图 3.5 所示。

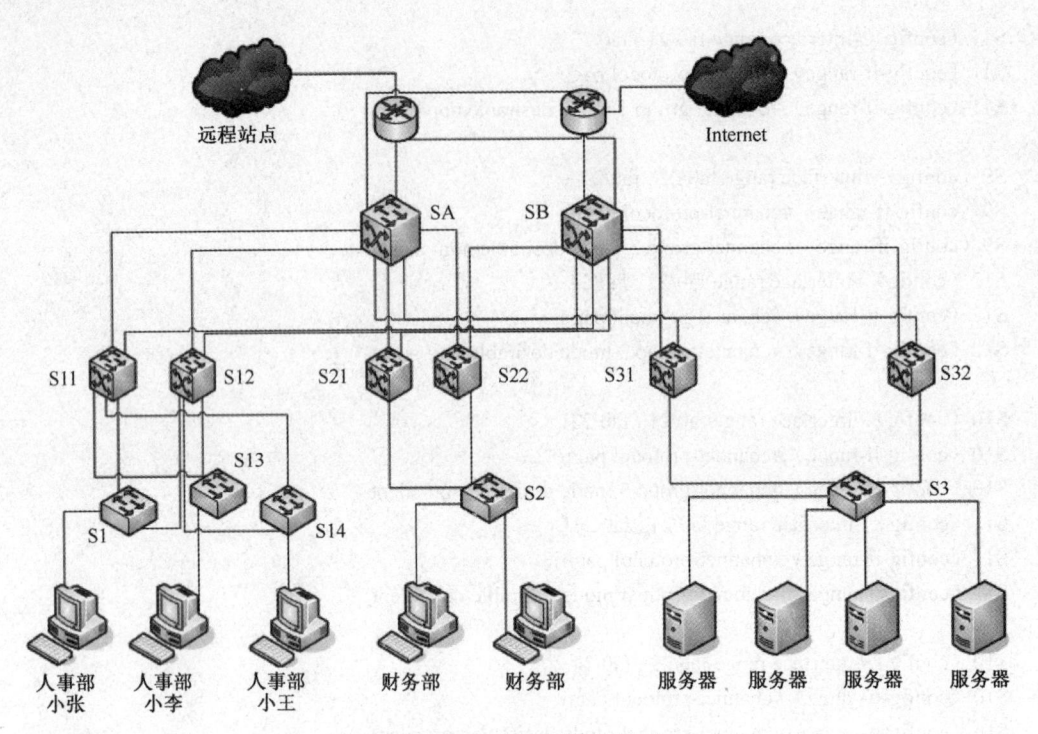

图 3.5 乙公司的网络拓扑结构

项目实验名称

乙公司人事部的交换机之间的链路聚合。

项目实验要求与环境

利用思科模拟器软件 GNS3，配置乙公司人事部的交换机之间的链路聚合。

项目实验目的

掌握交换机之间的链路聚合在加快交换机之间转发数据中的作用。

项目实施步骤

（1）连线。

在交换机 S1 和交换机 S11 之间、S1 和 S12 之间再连接一条链路。这样乙公司的网络拓扑图如图 3.6 所示。

（2）二层链路的聚合配置。

规定：交换机 S9 和交换机 S11 之间的聚合链路号为 5，交换机 S9 和交换机 S12 之间的聚合链路号为 6。交换机 S11 和 S12 为思科 3560 系列交换机，而交换机 S1 为神州数码的交换机。

S1（config）#interface range fa0/45 , fa0/47
S1（config-if-range）#channel-protocol lacp
S1（config-if-range）#channel-group 5 mode desirable non-silent
S11（config）#interface range fa0/45 , fa0/47
S11（config-if-range）#channel-protocol lacp
S11（config-if-range）#channel-group 5 mode desirable non-silent

S1（config）#interface range fa0/46，fa0/48
S1（config-if-range）#channel-protocol lacp
S1（config-if-range）#channel-group 6 mode desirable non-silent
S12（config）#interface range fa0/46，fa0/48
S12（config-if-range）#channel-protocol lacp
S12（config-if-range）#channel-group 6 mode desirable non-silent

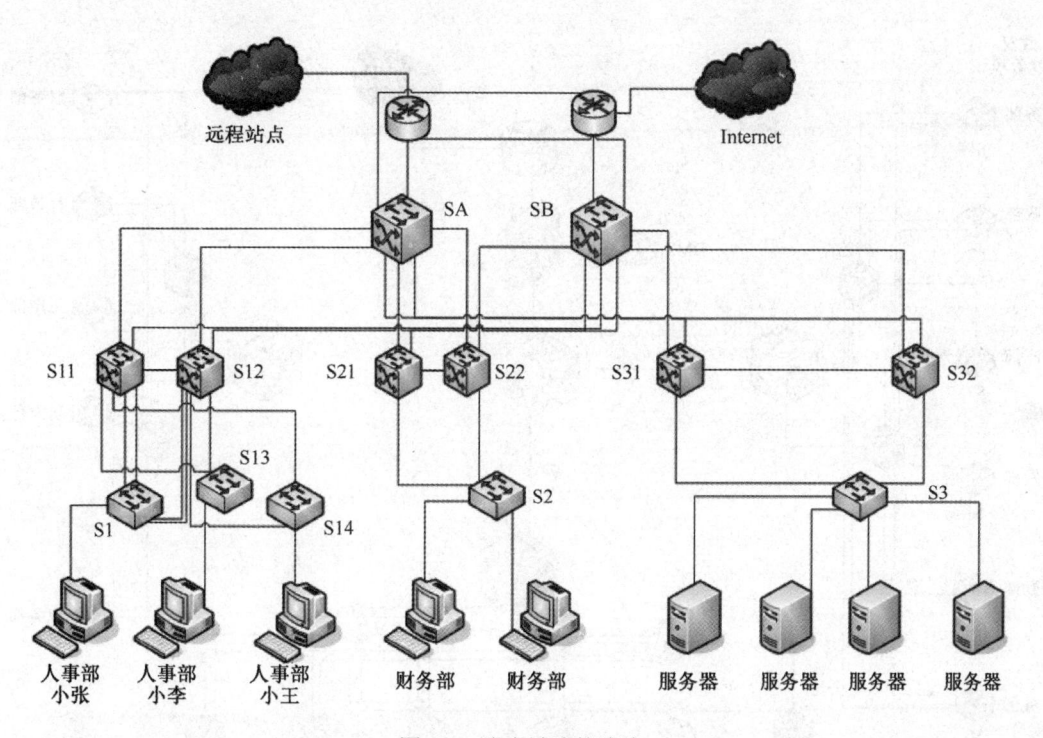

图 3.6 聚合链路的连线

（3）检验聚合链路的状态信息。

在交换机 S11 上通过 show ethernetchannel summary 命令可以查看本机上的链路聚合状态信息。

（4）规划和配置负载均衡。

由于乙公司人事部的网络既有 IP 数据流也有 IPX 数据流，因此根据 MAC 地址进行负载均衡是明智的选择。

S1（config）#port-channel load-balance src-mac
S11（config）#port-channel load-balance src-mac
S12（config）#port-channel load-balance src-mac

典型项目之三

项目背景

丙公司有一个总公司和两个分公司，总公司和一个分公司在武汉工业园内各自的建筑物里面，另一个分公司在天津有自己的办公楼。

总公司和分公司部门结构：这 3 个公司都有各自的财务部（20 人）、行政部（30 人）、生产部（40 人）、研发部（30 人）、后勤部（10 人）和业务部（45 人）。

现在武汉分公司的两台多层交换机之间需要高速地传递信息，针对这种情况，公司的网络工程师考虑到公司的经济现状，不准备更换网络设备，而是采用一种技术：以太信道技术，增加链路的带宽，以此加快交换数据的速度，减少交换数据的延迟。丙公司原有的拓扑结构如图 3.7 所示。

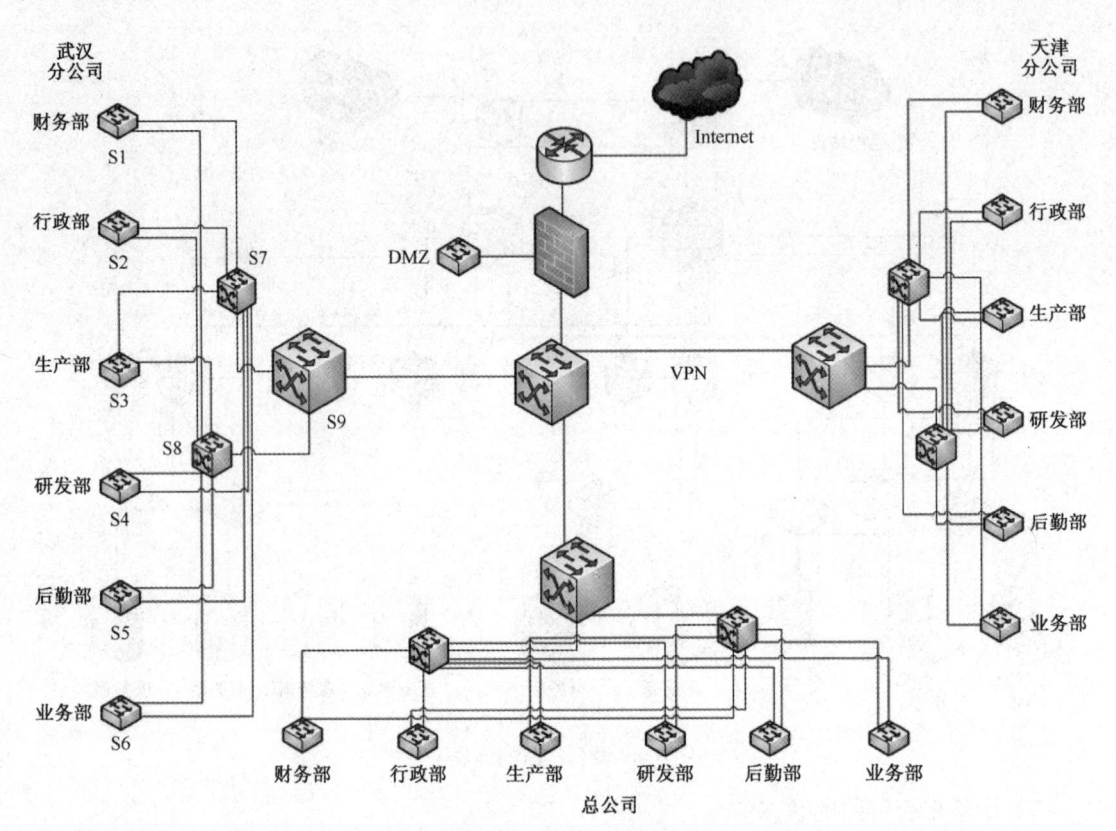

图 3.7 丙公司的网络拓扑

项目实验名称

丙公司的多层交换机之间的链路聚合。

项目实验要求与环境

利用思科模拟器软件 GNS3，配置丙公司的多层交换机之间的链路聚合。

项目实验目的

掌握交换机之间的链路聚合在加快多层交换机之间转发数据中的作用。

项目实施步骤

（1）连线。

在交换机 S7 和交换机 S8 之间再连接两条链路。这样丙公司的网络拓扑结构如图 3.8 所示。

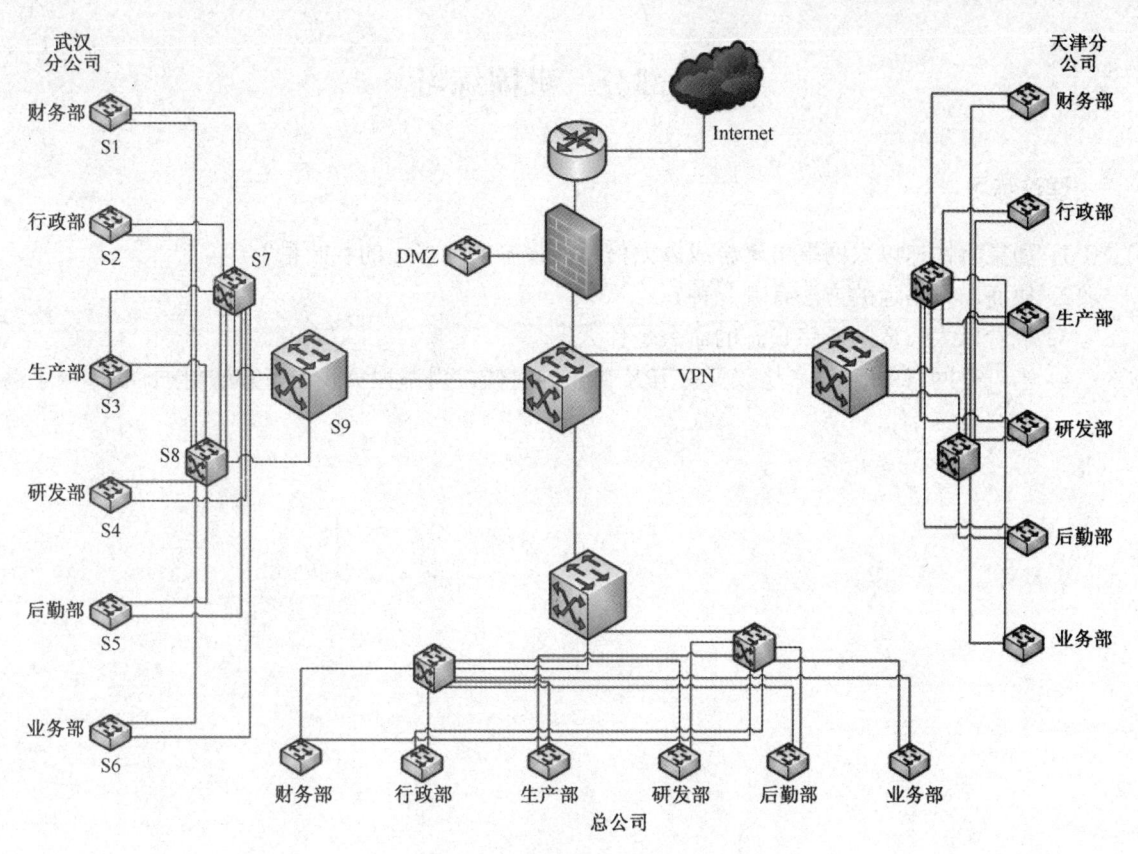

图 3.8 丙公司的网络拓扑结构

（2）三层链路的聚合。

S7（config）#interface range gig0/0 - 1

S7(config-if-range)#no shutdown

S7(config-if-range)#no switchport

S7（config-if-range）#channel-protocol pagp

S7（config-if-range）#channel-group 7 mode desriable non-silent

S7（config-if-range）#exit

S8（config）#interface range gig0/0 - 1

S8(config-if-range)#no shutdown

S8(config-if-range)#no switchport

S8（config-if-range）#channel-protocol pagp

S8（config-if-range）#channel-group 7 mode desriable non-silent

S8（config-if-range）#exit

（3）给聚合后的三层链路配置 IP 地址。

S7（config）#interface port-channel 7

S7（config-if）#ip address 192.68.1.1 255.255.255.252

S8（config）#interface port-channel 7

S8（config-if）#ip address 192.68.1.2 255.255.255.252

第三部分　巩固练习

理论练习

1. 如果将快速以太网端口聚合成以太信道，最多支持多大的吞吐量？
2. 协商以太信道的方法有哪几种？
3. 查看以太信道的链路状态的命令是什么？
4. 当一个网络中既有 IP 协议又有 IPX 协议的时候，用哪种负载均衡方法更加合理？

项目 4　传统的生成树协议

项目学习重点

- 掌握传统生成树的功能
- 掌握 STP 的运行机制
- 掌握 STP 应对网络拓扑变更的方法

第一部分　理论知识

4.1　传统的生成树概述

一个强壮的网络不仅能够高效地传输数据帧和数据包，还能够快速从故障中恢复过来。在交换型的环境中，通过使用多连线的方式形成的冗余链路无疑让终端用户的数据帧总有路可走，当主路径出现故障时，就可以快速启用备份链路而无须及时干预。标准 IEEE 802.1D 协议就规定了生成树协议 STP 的工作机制，称之为传统的生成树协议。

4.1.1　桥接环路

如图 4.1 所示的网络，交换机 A 通过学习收到的数据帧的源 MAC 地址和端口号来建立 MAC 地址表，根据收到数据帧的目的 MAC 地址转发数据帧，当 MAC 地址表中有此目的 MAC 地址时，就从该端口转发出去，称之为单播；当 MAC 地址表中没有此目的 MAC 地址时，例如广播、组播或者未知的单播帧，就从其他所有端口转发出去，称之为泛洪。通过交换机的数据帧不会被交换机修改，故而称为透明桥接。

如果交换机 A 或者链路出现故障，两台计算机就不能及时通信，因为这种网络没有额外的链路或者路径来提供它们之间的通信。为避免出现这种单点故障，可以增加一台交换机来实现链路的冗余，如图 4.2 所示。从理论上讲，保证了终端通信的可用性。

现在考虑 PC1 向 PC2 发送帧的情况，假设交换机 A 和 B 的 MAC 地址表中都没有 PC1 和 PC2 的 MAC 地址。当网段一中的 PC1 向网段二中的 PC2 发送帧时，交换机 A 和 B 的 0/1 端口都收到了这个帧。由于两台交换机都没有 PC1 和 PC2 的 MAC 地址，因此都先学习 PC1 的 MAC 地址和相应的端口号 0/1，写进各自的 MAC 地址表中，接着就从各自的端口 0/2 泛洪出去，交换机 A 和 B 收到彼此转发出来的帧，PC2 也都收到交换机 A 和 B 发过来的总共两个数据帧。交换机 A 从 0/2 端口收到交换机 B 发过来的帧时，数据帧上的源 MAC 还是 PC1 的，但是端口号变了，交换机 A 再次学习 PC1 的 MAC 地址和相应的端口号 0/2，这表明 PC1 位于网段二，事实上是个错误的位置。交换机 B 也有类似的问题存在。更加糟糕的事情是，交换机 A 和交换机 B 的 MAC 地址表中仍然没有 PC2 的 MAC 地址，当它们收到彼此发过来的帧时，要再次泛洪，把数据帧从各自的 0/1 端口发出去，交换机 A 和交换机 B 再次学习 PC1 的 MAC 地址和相应的端口号 0/1，这个过程不断重复，最终消耗链路的带宽和交换机的资源，甚至造成网络拥塞。

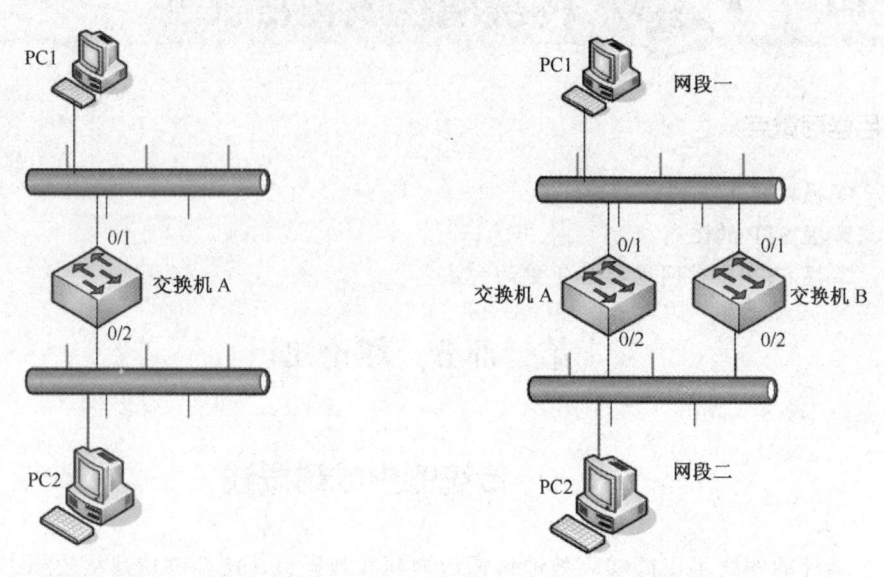

图 4.1　单台交换机的透明桥接　　　　图 4.2　两台交换机的冗余桥接

当交换机 A 和 B 的 MAC 地址表中都有 PC1 和 PC2 的 MAC 地址，且网段一中的 PC1 向网段二中的 PC2 发送帧时，由于交换机 A 和 B 的 MAC 地址表中都有 PC1 和 PC2 的 MAC 地址，因此它们都从端口 0/2 转发出去，结果 PC2 收到两个重复的数据帧，无此必要。

把在两台交换机之间来回转发数据帧的过程称为桥接环路。环路的存在给数据通信提供了冗余，所带来的问题也是必然存在的，断开物理链路来防止环路更不是明智的选择。

4.1.2　环路的防止措施

桥接环路的存在从管理学的角度讲是因为交换机不知道彼此的存在，各自独立为营，没有一个有效的协议让它们共同从逻辑上消除环路。生成树协议 STP 的目的就是在利用冗余交换机和冗余链路的好处的同时从逻辑上消除桥接环路的可能性，形成一条无环路的网络路径。

生成树协议 STP 运行时，交换彼此交换机的 STP 信息而相互认识，根据从邻居交换机那里收到的 STP 信息执行生成树算法，此算法在网络中选择一个参照点，其他交换机计算前往该参照点的冗余路径，而后生成树算法就选择一条最佳路径来转发数据帧，同时禁用其他冗余路径，这样网络就处于无环路状态。生成树协议也是动态的，当处于转发状态的端口出现故障时，生成树算法就会及时重新计算网络拓扑，重新激活阻断的链路，保证网络的连通性。

4.1.3　传统生成树的运行过程

生成树协议 STP 让交换机通过发送 STP 信息来彼此认识，这种 STP 信息称为网桥协议数据单元（Bridge Protocol Data Unit，BPDU），BPDU 消息类型有两种。

①配置 BPDU，用于生成树的计算。

②拓扑变更通知（TCN）BPDU，用于拓扑变更的通知。

交换机通过端口发送 BPDU，使用该端口的 MAC 地址作为源地址，使用专用的 STP 组播地址 01-80-c2-00-00-00 作为目的地址。默认每隔 2 秒从所有交换机的端口发送 BPDU，以交换最新的网络拓扑信息。下面就以图 4.3 为例来讲解生成树 STP 的运行过程。

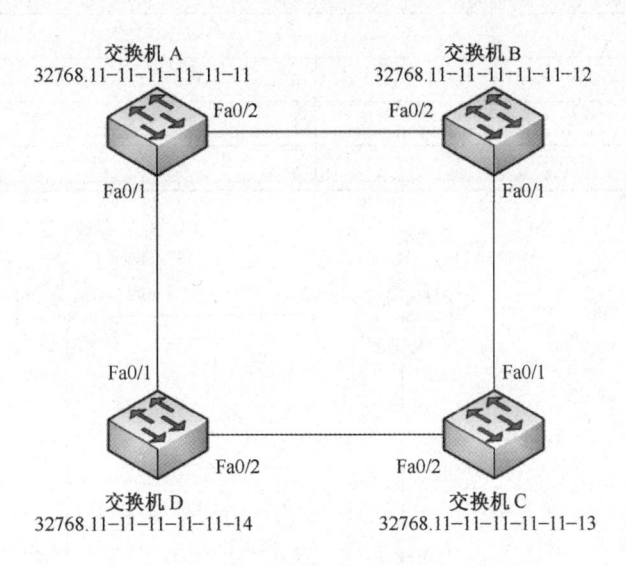

图 4.3 生成树 STP 事例

1. 选举根网桥

生成树算法先是在网络中选择一个参照点，称为根网桥，根网桥的选举是在网络中的所有连接交换机中选择的。每台交换机都有一个唯一的标识符网桥 ID，网桥 ID 有 8 个字节，包含 2 个字节的网桥优先级和 6 个字节的 MAC 地址。优先级的取值范围是 0～65535，思科的交换机默认是 32768，可以手动修改优先级；而 MAC 地址是交换机唯一的硬件编码，用户不能更改。

根网桥的选举过程是这样的：当交换机启动后，都假设自己是根网桥，从可用端口发送配置 35 个字节的 BPDU，其格式如表 4.1 所示，此 BPDU 中表明自己是根网桥，发送者网桥 ID 也是自己的，当邻居交换机收到这个 BPDU 后，与本地的 BPDU 进行分析比较，在两台交换机之间选出根网桥。先比较优先级，谁的优先级数值小，谁就是两台交换机中根网桥；如果优先级相同，则 MAC 地址最小的网桥为根网桥；当交换机再次收到 BPDU 后，如果发现该 BPDU 中的根网桥 ID 更好的话，就会用该 BPDU 中的根网桥 ID 替换现有的根网桥 ID，把发送者网桥 ID 改为自己后，再次从可用端口发送最新的 BPDU。这样经过一段时间后，所有交换机都一致选举出其中一台交换机为根网桥。

表 4.1 配置 BPDU 包含的内容

字段描述	字节数
协议 ID（0）	2
版本（0）	1
消息类型（配置 BPDU）	1

续表

字段描述	字节数
标记	1
根网桥 ID	8
根路径成本	4
发送者网桥 ID	8
发送者端口 ID	2
其他	8

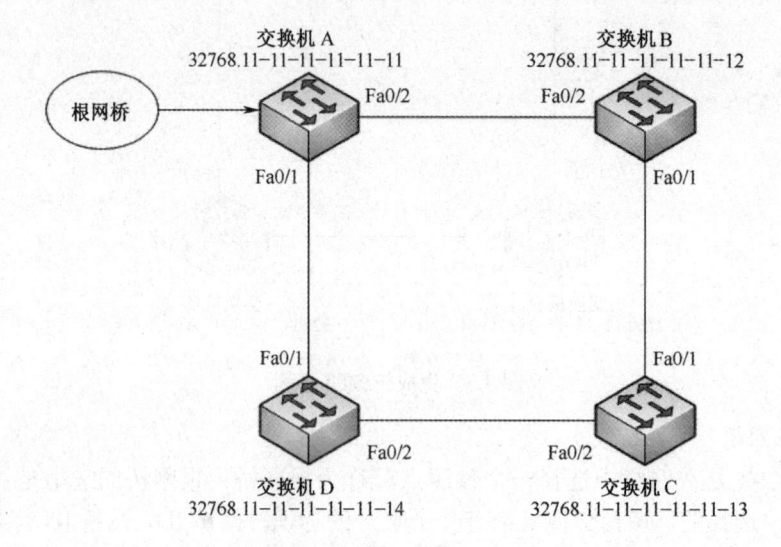

图 4.4 根网桥的选举示例

在图 4.4 所示的网络中，每台交换机的网桥优先级相同，都是 32768，而交换机 A 的 MAC 地址最小，因此交换机 A 被选举为根网桥。

2. 选举根端口

当选举整个网络的参照点根网桥后，如果每台非根网桥交换机的拓扑发生了变化，都必须选择较好的端口向根网桥发送拓扑变更通知（TCN）BPDU，同时更快地从此端口接收根网桥发送的配置 BPDU，这个端口就称为根端口。

STP 一般是通过计算根路径成本来确定根端口的，每台非根网桥交换机都只有一个根端口。端口的根路径成本是指向根网桥的所有链路的路径成本之和。表 4.2 列出了默认的路径成本，一般而言，链路的带宽越大，通过该链路传输数据的成本就越低。IEEE 现在使用表右边的新 STP 成本来计算路径成本。

表 4.2 STP 默认路径成本

链路带宽（Mb/s）	旧 STP 默认路径成本	新 STP 默认路径成本
4	250	250
10	100	100
16	63	62

续表

链路带宽（Mb/s）	旧 STP 默认路径成本	新 STP 默认路径成本
45	22	39
100	10	19
155	6	14
622	2	6
1G	1	4
10G	0	2

确定根路径成本的具体方法如下：

（1）根网桥发送根路径成本为 0 的配置 BPDU，因为发送端口位于根网桥上。

（2）邻居交换机收到该 BPDU 后，将接收 BPDU 端口的路径成本加到根路径成本中，并且把发送者网桥 ID 改为自己。

（3）邻居交换机再次发送包含新路径成本的 BPDU。

（4）下游交换机收到该 BPDU 后，也将接收 BPDU 端口的路径成本加到根路径成本中，并且把发送者网桥 ID 改为自己，如此反复。

交换机把增加根路径成本后的新 BPDU 也记录在内存中，当从另一个端口收到 BPDU 时，如果新的根路径成本比内存中记录的低，则通过此端口前往根网桥的路径比通过其他端口的路径要好些，这样就确定了根端口；如果新的根路径成本和内存中记录的一样，则收到的 BPDU 中，发送者网桥 ID 较小的端口为根端口；若发送者网桥 ID 也是一样的，则收到的 BPDU 来自较小的端口为根端口。在图 4.3 所示的网络中，交换机 B 选择端口 Fa0/2 作为根端口，其根路径成本比 Fa0/1 低（端口 Fa0/1 的根路径成本为 0（来自根网桥交换机 A 的 BPDU）+19（链路 A-D 的路径成本）+19（链路 D-C 的路径成本）+19（链路 C-B 的路径成本），总和为 57）；交换机 D 选择 Fa0/1 作为根端口，其根路径成本比 Fa0/2 低（端口 Fa0/2 的根路径成本为 0（来自根网桥交换机 A 的 BPDU）+19（链路 A-B 的路径成本）+19（链路 B-C 的路径成本）+19（链路 C-D 的路径成本），总和为 57）；交换机 C 选择端口 Fa0/1 作为根端口，其根路径成本和 Fa0/2 一样，但是从 Fa0/1 收到的 BPDU 中发送者网桥 ID 为交换机 B 的网桥 ID，比从 Fa0/2 收到的 BPDU 中包含的发送者网桥 ID（交换机 D 的网桥 ID）要小些，故而选择 Fa0/1 作为根端口，如图 4.5 所示。

3. 选举指定端口

当选举整个网络的参照点根网桥和根端口后，根网桥要发送配置 BPDU，还有每台非根网桥交换机的都要转发配置 BPDU 给下游交换机，同时更快地从此端口接收拓扑变更通知（TCN）BPDU，这个端口就称为指定端口。STP 一般是通过计算根路径成本来确定指定端口的，每个网段都有一个指定端口。除了已经选择好的根端口外，如果该网段上的某个端口到达根网桥的根路径成本较低，此端口就为指定端口；如果端口的根路径成本一样，则该交换机的网桥 ID 较小的端口为指定端口，如果网桥 ID 也相同，则端口 ID 较小的端口为指定端口。在图 4.5 所示的网络中，在交换机 A 和 B 之间的网段上，选择交换机 A 的端口 Fa0/2 作为指定端口；在交换机 A 和 D 之间的网段上，选择交换机 A 的端口 Fa0/1 作为指定端口；在交换机 B 和 C 之间的网段上，选择交换机 B 的端口 Fa0/1 作为指定端口；在交换机 C 和 D 之间的网段上，选择交换机 C 的端口 Fa0/2 作为指定端口，其根路径成本比交换机 D 的端口 Fa0/2 的根路径成本低；而交换机 D 的端口 Fa0/2 既没有选为根端口也没有选为指定端口，称为非指定端口，因此将处于阻塞状态，如图 4.6 所示。

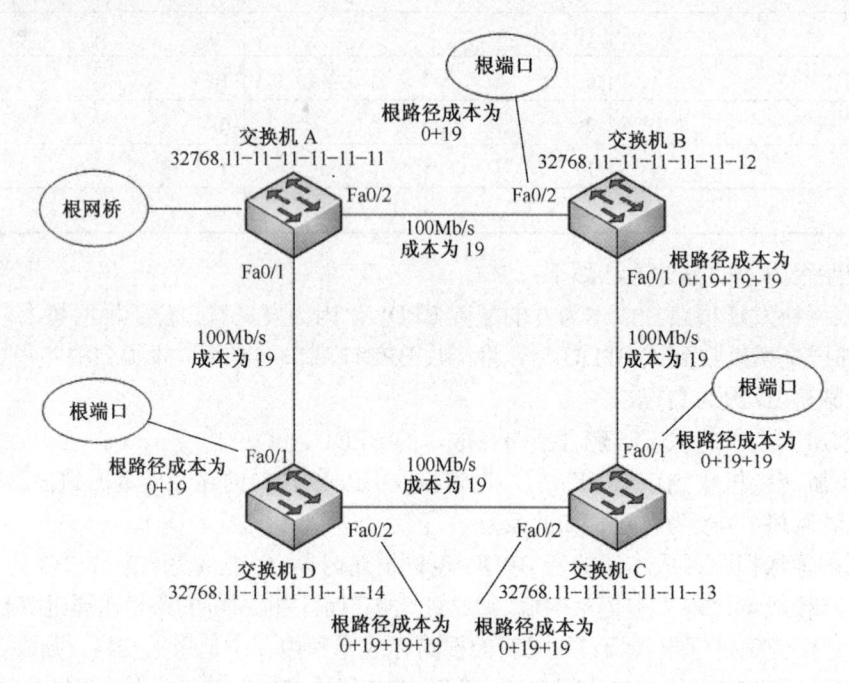

图 4.5　根端口选举示例

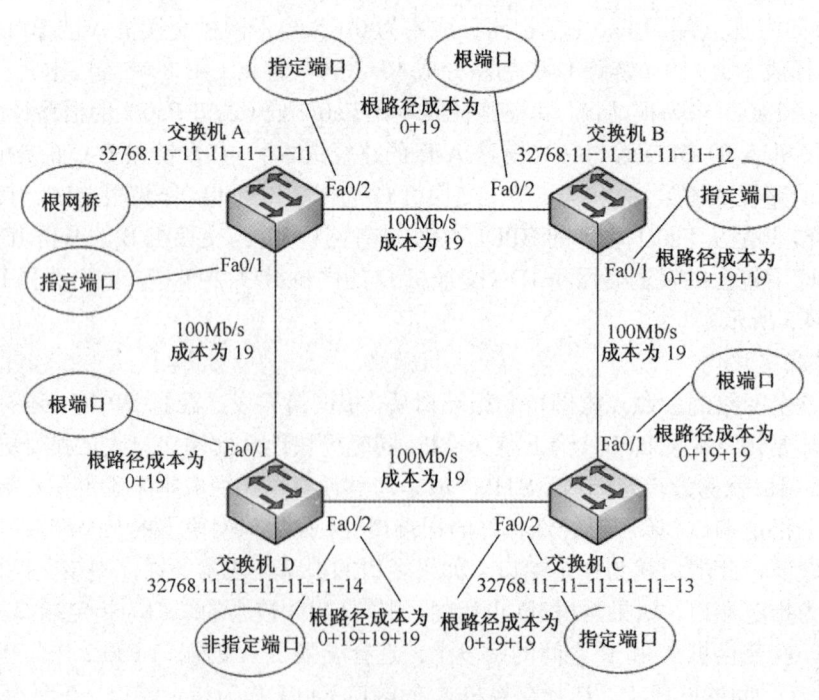

图 4.6　指定端口选举示例

4.1.4 传统生成树的端口状态

当网络达到稳定后，运行 STP 的交换机的每个端口都赋予了角色和相应的状态，而当网络拓扑发生变化后，端口的角色和状态就可能发生变化，具体有如下几种：

- 阻塞（BLK）

处于阻塞状态的端口只允许接收 BPDU，不能发送 BPDU 和学习 MAC 地址，也不能够接收或者发送数据帧，非指定端口就处于阻塞状态。

- 监听（LIN）

处于监听状态的端口，允许接收和发送 BPDU，不能学习 MAC 地址，也不能接收或者发送数据帧。当交换机的端口被选为根端口或者指定端口时，该端口就处于监听状态，如果最终没有选为根端口或者指定端口，它将返回阻塞状态。

- 学习（LRN）

处于监听状态的端口经过一段转发延迟的时间后就进入学习状态，这时交换机可以通过此端口接收和发送 BPDU，允许学习 MAC 地址，然后写入自己的 MAC 地址表中，但是它还是不能接收或者发送数据帧。

- 转发（FWD）

处于学习状态的端口经过一段转发延迟的时间后就进入转发状态，这时交换机可以通过此端口接收和发送 BPDU，允许学习 MAC 地址，然后写入自己的 MAC 地址表中，此时它能接收和发送数据帧。

4.1.5 传统生成树的定时器

STP 让交换机通过发送 BPDU 而相互认识，但是 BPDU 的传播需要一定的时间，端口的状态从阻塞状态转变成转发状态也需要一定的时间，这样网络达到会聚也需要一定的时间，STP 使用三个定时器来维护和确定网络在环路形成前的正确会聚。

- Hello time（Hello 时间）

这是根网桥发送配置 BPDU 的时间间隔，其他交换机都转发配置 BPDU，默认时间是 2 秒，这样只需要在根网桥交换机上配置即可。但是每个非根网桥交换机都有一个本地配置的 Hello 时间，但它只是在重新发送拓扑变更通知（TCN）BPDU 时进行定时。

- Forward time（转发延迟时间）

这是交换机的端口处于侦听和学习状态的持续时间，默认时间是 15 秒。

- Max-age（最长寿命）

交换机在运行 STP 时，会收到邻居交换机发来的 BPDU 而缓存在内存中。因此，Max-age 是交换机丢弃 BPDU 之前保存 BPDU 的时间，默认时间是 20 秒。如果从收到 BPDU 开始，20 秒内仍未收到 BPDU，网桥将宣布保存的 BPDU 无效，并开始寻找新的根端口，交换机也认为网络拓扑发生了变化。

对于上面的定时器，都是基于一些网络规模和 Hello 时间而假设的，该网络模型的直径是 7 台交换机，而可以在根网桥上配置网络直径来准备反映现实网络的规模，当根网桥上的网络直径修改后，交换机将重新计算定时器，然后通告给其他交换机。

4.1.6 传统生成树的拓扑改变

当网络拓扑发生变化时，例如交换机的端口启动或者关闭、端口切换到转发状态、从转发状态或者监听状态切换到阻塞状态，交换机都会在根端口上发送拓扑变更通知（TCN）BPDU，其格式如表 4.3 所示，如果在端口上启用了 portfast 功能，交换机不会发送拓扑变更通知（TCN）BPDU。

表 4.3 拓扑变更通知（TCN）BPDU 包含的内容

字段描述	字节数
协议 ID（0）	2
版本（0）	1
消息类型（配置 BPDU）	1

交换机每隔 Hello 时间发送拓扑变更通知（TCN）BPDU，直到上游交换机发回确认。而上游交换机收到拓扑变更通知（TCN）BPDU 后，将其朝根网桥的方向传播并希望收到确认。根网桥收到拓扑变更通知（TCN）BPDU 后，也发送确认。紧接着，根网桥在发送的配置 BPDU 中设置拓扑变更通知标记，以便指出网络拓扑发生了变化，而交换机 MAC 地址表的老化时间也将从默认的 300 秒缩短为转发延迟时间（默认是 15 秒），因此交换机的 MAC 地址比正常刷新更快，这种情况默认将持续 35 秒（转发延迟和最长寿命之和）。下面三个示例显示了 STP 是如何应对不同类型的网络拓扑变化的。

1. 直接拓扑变化

交换机能够直接检测到的拓扑变化称为直接拓扑变化。图 4.6 中的网络已经会聚完毕，除了交换机 D 的 Fa0/2 端口是处于阻塞状态外，其他端口都处于转发状态。现在假设交换机 A 和 D 之间的链路出现故障，将发生以下事件，如图 4.7 所示。

（1）交换机 A 检测到其端口 Fa0/1 上的链路出现了故障；交换机 D 检测到其端口 Fa0/1 上的链路出现了故障。

（2）交换机 A 需要向根网桥发送 TCN BPDU，但它自己就是根网桥，无须操作；而交换机 D 的端口 Fa0/1 也关闭了，在最长寿命后，丢弃从根网桥那里收到的最佳 BPDU，它也需要通过根端口向根网桥发送 TCN BPDU，但是根端口 Fa0/1 已经关闭了，无法向根网桥发送。

（3）根网桥交换机 A 通过其端口 Fa0/2 向邻居交换机 B 发送一条设置了 TCN 位的配置 BPDU，交换机 B 传给交换机 C，交换机 C 再传给交换机 D，每台交换机都知道网络拓扑发生了变化。

（4）交换机 B、C 和 D 收到配置 BPDU TCN 消息后，就将 MAC 地址表的老化时间缩短为转发延迟时间，尽快刷新 MAC 地址表。

（5）交换机 D 从端口 Fa0/2 收到的配置 BPDU TCN 消息是从根网桥那里收到的最佳 BPDU，因此端口 Fa0/2 成为交换机 D 的新根端口，让它从阻塞依次经历监听、学习，最后成为转发状态。

事实上，这种网络拓扑变化只有交换机 D 受到了影响，没有影响整个网络。而交换机 D 上的用户失去连接的时间大约为端口 Fa0/2 从阻塞状态最终变为转发状态时间之和，即转发延迟的 2 倍，默认是 30 秒。

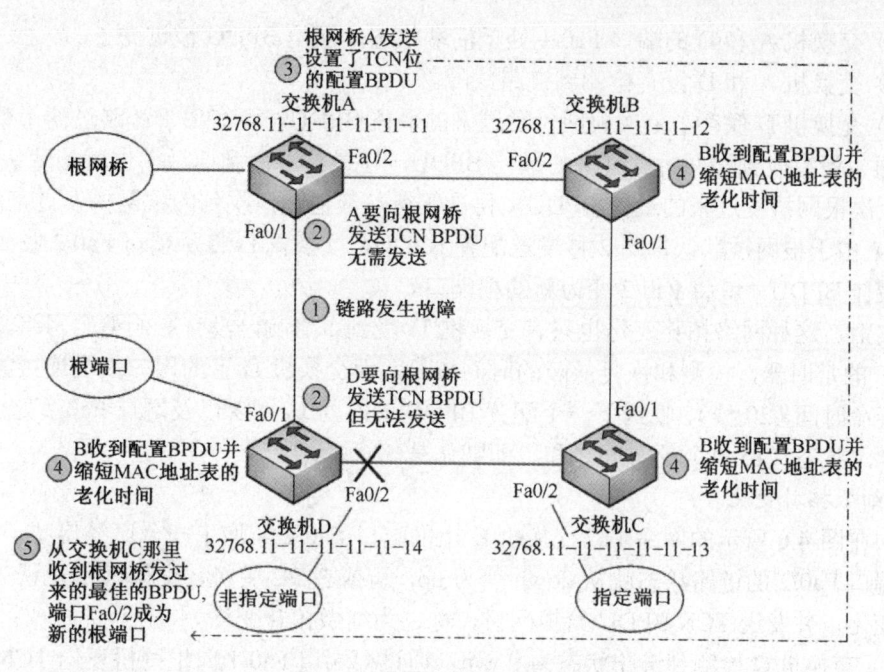

图 4.7 直接拓扑变化的影响

2. 间接拓扑变化

假如在图 4.6 所示的网络中,交换机 A 和 D 之间有另一台设备,例如服务商的交换机、防火墙等,它们发生了故障或者过滤了数据流,这样就使得交换机 A 和 D 的端口 Fa0/1 虽然是处于活动状态,但是无法传输 BPDU,称之为间接拓扑变化,将发生以下事件,如图 4.8 所示。

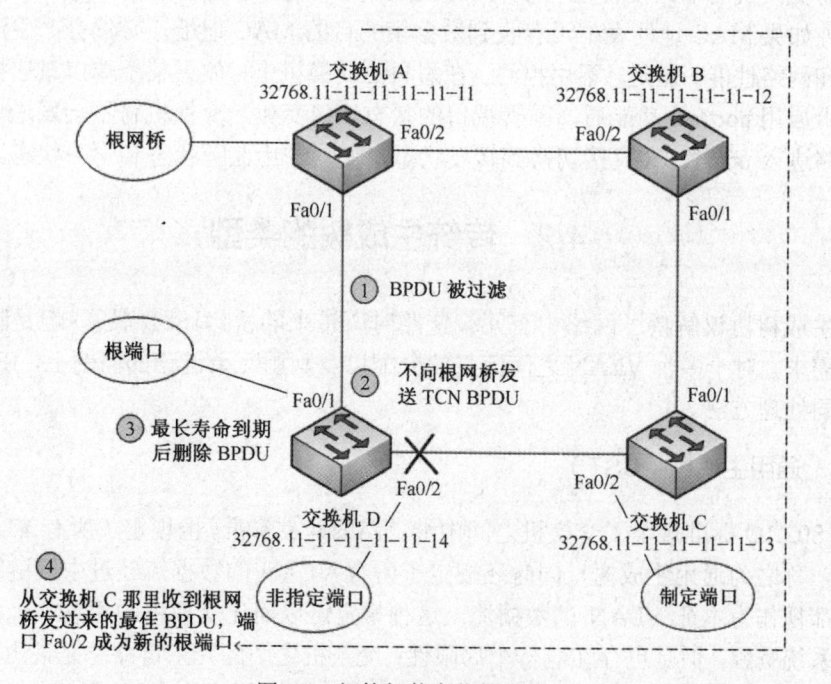

图 4.8 间接拓扑变化的影响

（1）交换机 A 和 D 的端口 Fa0/1 处于活动状态，但是 BPDU 被过滤了。

（2）交换机 A 和 D 没有检测到链路故障。

（3）交换机 D 保存了上次根网桥发过来的最佳 BPDU，现在由于链路过滤了数据流，交换机 D 再也没有收到根网桥发过来的最佳 BPDU，在最长寿命到期后，也就是默认 20 秒后，就删除上次根网桥发过来的最佳 BPDU，再次等待从其他端口收到的根网桥发过来的 BPDU。

（4）由于根网桥默认每隔 2 秒发送配置 BPDU，交换机 D 将从端口 Fa0/2 收到根网桥发过来的最佳 BPDU，就将 Fa0/2 变为新的根端口。

事实上，这种网络拓扑变化也只有交换机 D 受到了影响，没有影响整个网络，但是它依赖于 STP 的定时器，检测和恢复故障的时间较长。而交换机 D 上的用户失去连接的时间大约为最长寿命时间（20 秒）、收到下一个配置 BPDU 的时间（2 秒）以及端口 Fa0/2 处于监听（15 秒）和学习状态（15 秒）的时间之和，即默认是 52 秒。

3. 细微拓扑变化

假如在图 4.6 所示的网络中，交换机 C 上的端口 Fa0/2 新增了一台已经启动了的 PC，交换机的端口 Fa0/2 的链路状态就从 down 变为 up，再或者 PC 关机，交换机 C 也认为网络拓扑发生了变化，并发送 TCN BPDU 给根网桥，称之为细微拓扑变化。

（1）交换机 C 检测到链路状态为 down，通过根端口 Fa0/1 向根网桥发送 TCN BPDU。

（2）根网桥向交换机 C 发送确认，然后向下游交换机 B、C 和 D 发送设置了 TCN 位的配置 BPDU，告诉它们网络拓扑发生了变化。

（3）交换机 B、C 和 D 缩短 MAC 地址表的老化时间，快速刷新各自的 MAC 地址表，保留活动的 MAC 地址，同时删除闲置的 MAC 地址。

事实上，这种细微的网络拓扑变化没有影响整个网络，只不过是 MAC 地址表中的条目发生变化，对交换机的端口没有任何影响。但是如果 PC 很多的话，交换机将始终刷新 MAC 地址表，另外如果 MAC 地址表中没有收到数据帧的目的 MAC 地址，必然会产生泛洪，影响链路的带宽和网络性能。但是，不用担心，在思科的交换机上，如果某个端口只连接了一台 PC，在该端口上启用 portfast 功能后，不管端口的状态如何变化，交换机将不会发送 TCN BODU，并且在链路进入 up 时，会直接切换到转发状态，无须经历监听状态和学习状态。

4.2 传统生成树的类型

传统生成树协议解决了网络中有冗余链路时所带来的桥接环路问题，但是随着网络多个 VLAN 的需求，对于多个 VLAN 之间流量的分配以及利用冗余链路的问题上，IEEE 和思科公司有着不同处理方法。

4.2.1 通用生成树（CST）

IEEE 802.1Q 标准规定了交换机之间中继链路的建立标准，也规定了所有 VLAN 共用一个 STP 实例，称之为通用生成树，同时还规定了所有 VLAN 的数据流经过中继链路时都不打标识符，即都视作为本征 VLAN 的数据流。这种规定可以简化交换机的配置，降低交换机计算 STP 时的系统资源，但是也存在着一个局限性：交换机之间的冗余链路总是被阻断，无法进行负载均衡，即冗余链路没有得到充分的利用，数据流量比较拥挤。例如图 4.3 中的网络，假设有 VLAN 10、VLAN 20、VLAN 30 已经创建，如果运行 CST，则所有 VLAN 的数据流都拥挤在交换机 D、交换机 A、交换机 B、交换机 C 之间的链路上，而交换机 C 和交换机 D 之间的冗余链路上没有任何用户的数据流，如图 4.9 所示。

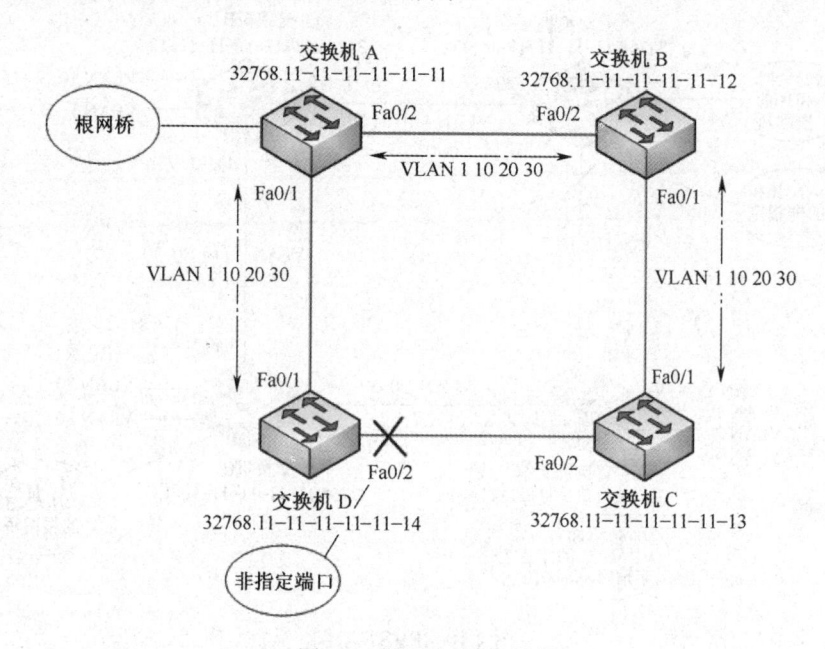

图 4.9 通用生成树示例

4.2.2 Per-VLAN 生成树（PVST）

思科开发了专用的 STP 版本 PVST，它为每个 VLAN 运行一个独立的 STP 实例，这样就可以在每个 VLAN 上独立配置 STP，不同的链路可以分配给不同的 VLAN，冗余链路得到了充分利用，数据流量得到分流，提高了网络性能，比 CST 更加灵活。例如图 4.3 中的网络，假设有 VLAN 10、VLAN 20、VLAN 30 已经创建，如果运行 PVST，则可以设置 VLAN 1 和 VLAN 10 以交换机 A 为根网桥，交换机 C 和交换机 D 之间的链路阻塞，不能传输 VLAN 1 和 VLAN 10 的数据；而 VLAN 20 和 VLAN 30 以交换机 C 为根网桥，交换机 A 和交换机 D 之间的链路阻塞，不能传输 VLAN 20 和 VLAN 30 的数据，如图 4.10 所示。

思科的 PVST 是专用的，它要求交换机之间使用 ISL 来配置中继链路的封装，与 CST 不能互操作，即运行 CST 的交换机和运行 PVST 的交换机不能交换 BPDU，这样就会出现新的问题，如图 4.3 所示的网络，当交换机 A 和 B 运行的是 CST，而交换机 C 和 D 运行的是 PVST，交换机 A 和 D 以及交换机 B 和 C 之间的中继链路就无法协商成功，导致交换机上的 VLAN 和 VTP 信息不一致，从而影响数据的传输。

4.2.3 Per-VLAN 生成树增强版（PVST+）

针对 PVST 不能和 CST 互操作的问题，思科对 PVST 进行了创新，提供了基于 IEEE 802.1Q 和 ISL 的中继链路的封装，称之为 Per-VLAN 生成树增强版（PVST+）。PVST+在同一个交换机型的网络中可以和运行 CST、运行 PVST 以及运行 PVST+的交换机进行互操作，具体过程如下：PVST+使用 ISL 和 PVST 直接交换 BPDU，通过本征 VLAN 以不带标识符的形式与 CST 交换 BPDU；而 CST 通过 PVST+和 PVST 交换 BPDU，如图 4.11 所示。

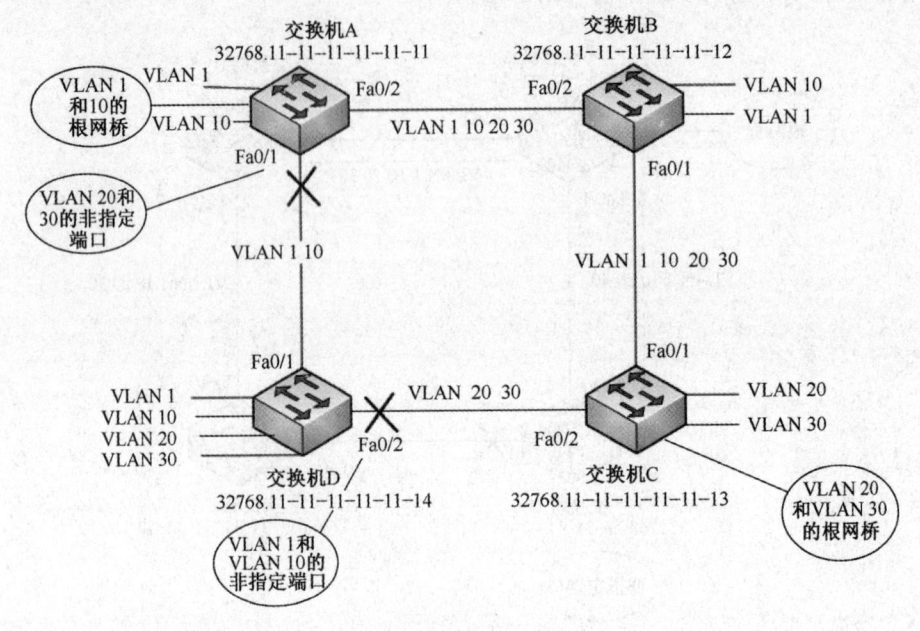

图 4.10 PVST 示例

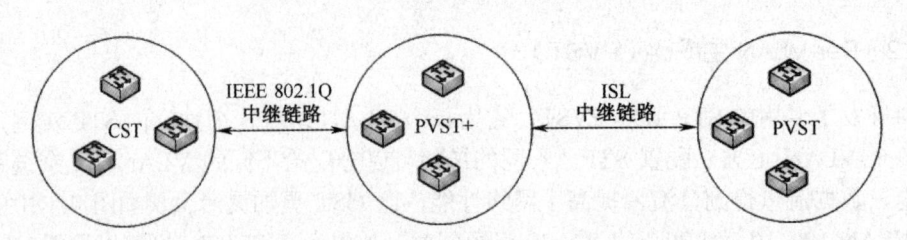

图 4.11 CST、PVST 和 PVST+的互操作

第二部分 典型项目

典型项目之一

项目背景

甲公司通过采用以太信道技术，增加了内部网络链路的带宽，加快了交换数据的速度，减少了交换数据的延迟，但是公关部的有些终端用户感觉到交换数据转发超时，利用网络数据分析仪中数据包的捕获功能，发现有些数据包在链路之间来回转发，始终没有到达目的地。针对这种情况，公司的网络工程师想到了利用生成树协议 STP 可以避免此现象的发生。甲公司原有的拓扑结构如图 4.12 所示。

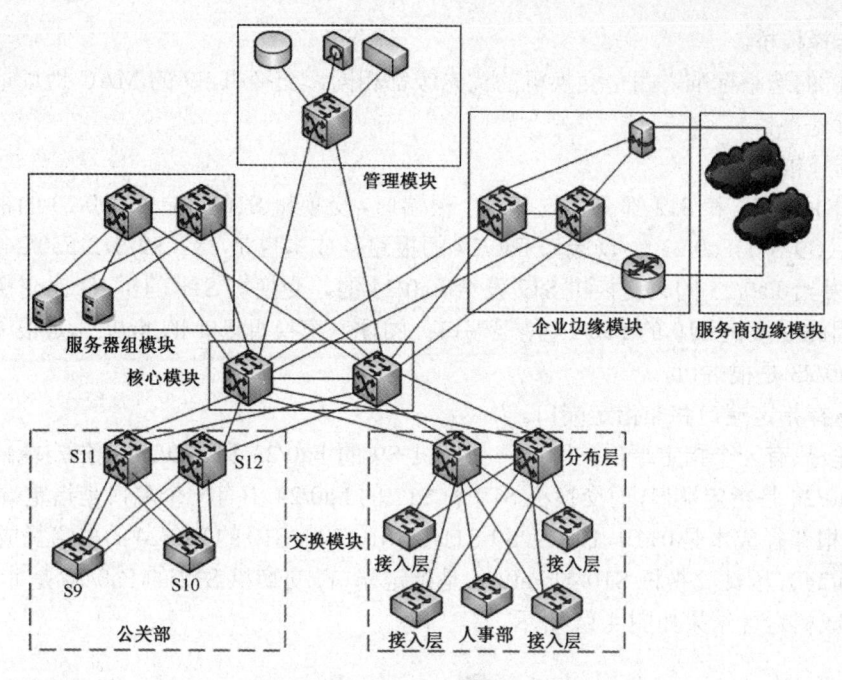

图 4.12　甲公司的网络拓扑结构

项目实验名称

甲公司公关部的生成树的运行情况。

项目实验要求与环境

利用思科模拟器软件 GNS3，研究和查看甲公司公关部的生成树运行情况。

项目实验目的

掌握交换机之间的冗余链路的搭建以及生成树的运行情况。

项目实施步骤

交换机的桥 ID 见表 4.4，公关部的交换机模块见图 4.13。

表 4.4　交换机的桥 ID

交换机	S9	S10	S11	S12
桥 ID	32768+1111.1111.1109	32768+1111.1111.1110	32768+1111.1111.1111	32768+1111.1111.1112

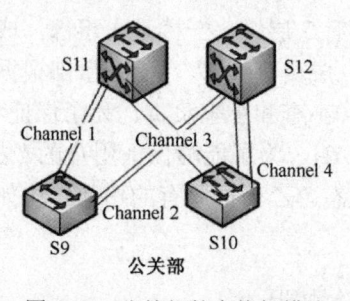

图 4.13　公关部的交换机模块

(1) 选择根桥。

根据根桥的选举标准，四台交换机的优先级都相同，交换机 S9 的 MAC 地址最小，因此交换机 S9 就是根桥。

(2) 选择根端口。

交换机 S10、S11 和 S12 都有且只有一个根端口。交换机 S10 的端口 Fa0/23 的根路径成本是 0+19+19（S9-S11-Fa0/23），D 端口 Fa0/24 的根路径成本也是 38（S9-S12-Fa0/24），由于是交换机 S11 发给 Fa0/23 的、交换机 S12 发给 Fa0/24 的，交换机 S11 的桥 ID 比交换机 S12 的桥 ID 小，因此交换机 S10 的 Fa0/23 是根端口；同理，交换机 S11 的 Fa0/23 是根端口，交换机 S12 的 Fa0/23 是根端口。

(3) 选择指定端口和非指定端口。

每个网段只有一个指定端口，因此，交换机 S9 的 Fa0/23 和 Fa0/24 是指定端口，交换机是 S11 的 Fa0/24 是指定端口,而交换机 S10 和 S12 的 Fa0/24 中有一个端口是指定端口。而 S12 的 Fa0/24 的根路径成本是 0+19+19+19(S9-S11-S10-Fa/24)，S10 的 Fa0/24 的根路径成本是 0+19（S9-S12-Fa/24），因此交换机 S10 的 Fa0/24 是指定端口，交换机 S12 的 Fa0/24 是非指定端口。公关部的生成树运行结果如图 4.14 所示。

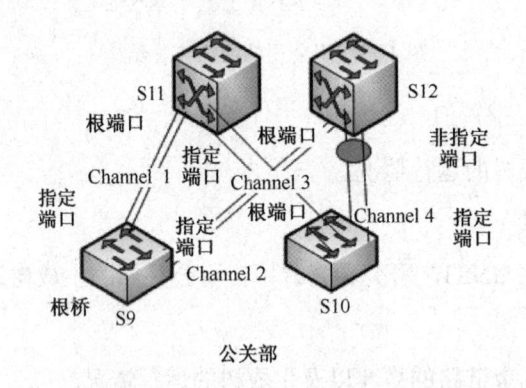

图 4.14　公关部的生成树运行结果

交换机 S12 的端口 Fa0/24 处于阻塞状态，也就意味着交换机 S10 和交换机 S12 之间的链路暂时不能传输所有 VLAN 的用户数据。

典型项目之二

项目背景

乙公司在一幢建筑物中，拥有 3 层楼，一楼是人事部，成员有 99 人，二楼是财务部，成员有 20 人，三楼是服务器中心，成员有 10 人。而人事部根据公司的规定又分成 3 个小部门，每个小部门 33 人，分别由小张、小李和小王负责，为了保证各个小部门的信息安全及网络性能，现在人事部已经部署了 VLAN。为了能够保证用户的数据安全传输，公司准备着手研究和查看人事部的生成树的链路状态。乙公司原有的拓扑结构如图 4.15 所示。

项目实验名称

乙公司人事部的生成树的运行情况。

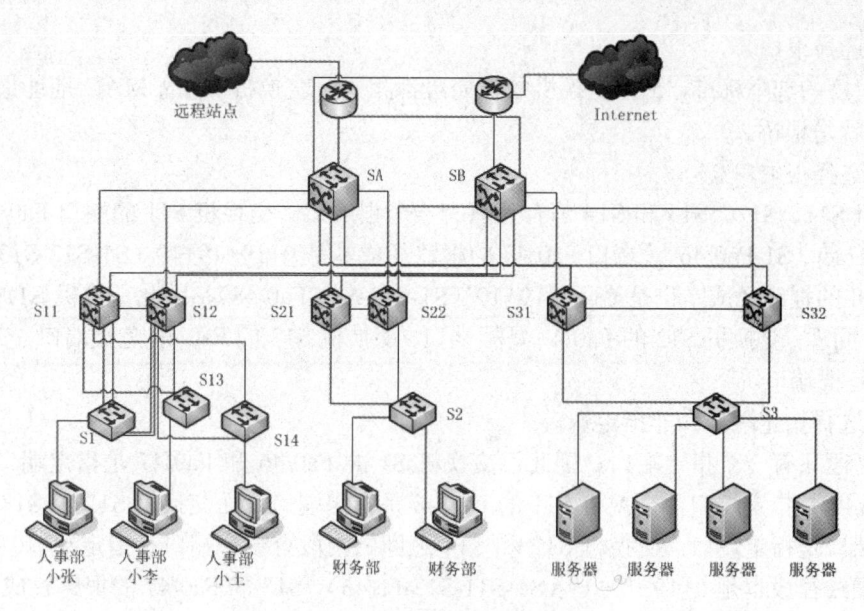

图 4.15 乙公司的网络拓扑结构

项目实验要求与环境

利用思科模拟器软件 GNS3，研究和查看乙公司人事部的生成树运行情况。

项目实验目的

掌握交换机之间的冗余链路的搭建以及生成树的运行情况。

项目实施步骤

交换机的桥 ID 见表 4.5，人事部的交换机模块见图 4.16。

表 4.5　交换机的桥 ID

交换机	S1	S11	S12	S13	S14
桥 ID	32768+1111.1111.1101	32768+1111.1111.1111	32768+1111.1111.1112	32768+1111.1111.1113	32768+1111.1111.1114

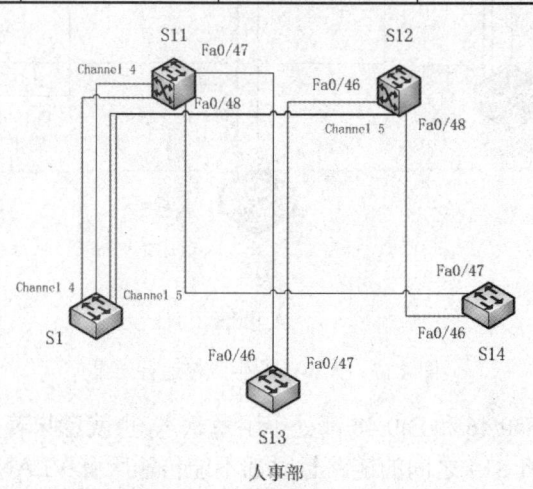

图 4.16　人事部的交换机模块

(1）选择根桥。

根据根桥的选举标准，5 台交换机的优先级都相同，交换机 S1 的 MAC 地址最小，因此交换机 S1 就是根桥。

（2）选择根端口。

交换机 S11、S12、S13 和 S14 都有且只有一个根端口。交换机 S11 的端口 Fa0/46 的根路径成本是 0+19（S1-Fa0/46），端口 Fa0/47 的根路径成本是 0+19+19+19（S1-S12-S13-Fa0/47），端口 Fa0/48 的根路径成本也是 0+19+19+19（S1-S12-S14-Fa0/48），因此交换机 S11 的 Fa0/46 是根端口；同理，交换机 S12 的 Fa0/47 是根端口，交换机 S13 的 Fa0/46 是根端口，交换机 S14 的 Fa0/47 是根端口。

（3）选择指定端口和非指定端口.

每个网段只有一个指定端口，因此，交换机 S1 的 Fa0/46 和 Fa0/47 是指定端口，交换机 S11 的 Fa0/47 是指定端口，交换机 S11 的 Fa0/48 是指定端口，而交换机 S12 和 S13 之间的网段有一个端口是指定端口，交换机 S12 和 S14 之间的网段有一个端口是指定端口。而 S12 的 Fa0/46 的根路径成本是 0+19+19+19（S1-S11-S13-Fa/46），S13 的 Fa0/47 的根路径成本是 0+19（S1-S12-Fa/47），因此交换机 S13 的 Fa0/47 是指定端口，交换机 S12 的 Fa0/46 是非指定端口；同理，换机 S14 的 Fa0/46 是指定端口，交换机 S12 的 Fa0/48 是非指定端口。人事部的生成树运行结果如图 4.17 所示。

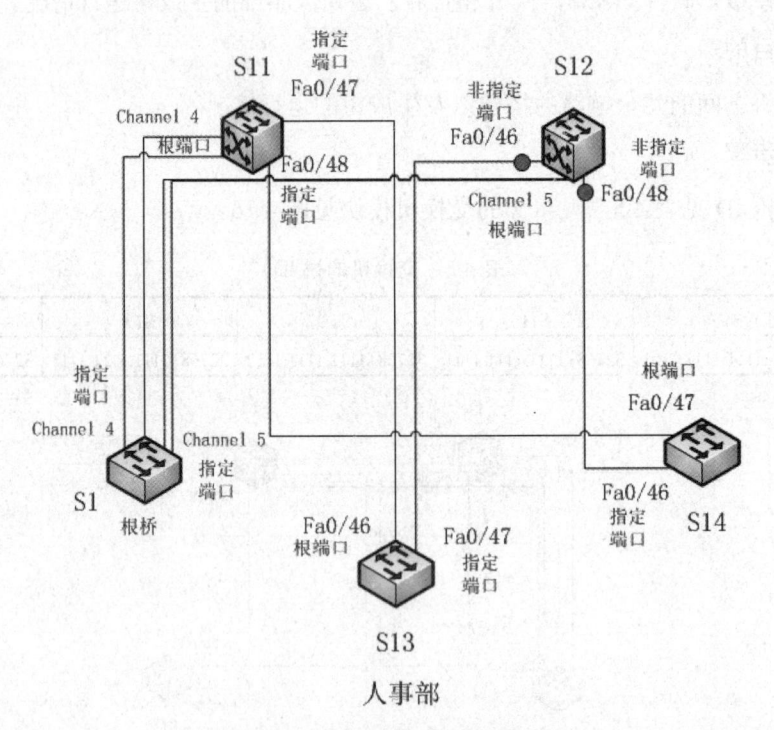

图 4.17 人事部的生成树运行结果

交换机 S12 的端口 Fa0/46 和 Fa0/48 都处于阻塞状态，也就意味着交换机 S12 和交换机 S13 以及交换机 S12 和交换机 S14 之间的链路暂时都不能传输所有 VLAN 的用户数据。

典型项目之三

项目背景

丙公司有一个总公司和两个分公司，总公司和一个分公司在武汉工业园内各自的建筑物里面，另一个分公司在天津有自己的办公楼。

总公司和分公司部门结构：这三个公司都有各自的财务部（20人）、行政部（30人）、生产部（40人）、研发部（30人）、后勤部（10人）和业务部（45人）。公司的网络拓扑结构如图 2.7 所示。

现在武汉分公司的两台多层交换机之间需要高速地传递信息，针对这种情况，公司的网络工程师考虑到公司的经济现状，不准备更换网络设备，而是采用一种技术：以太信道技术，增加链路的带宽，以此加快交换数据的速度，减少交换数据的延迟。丙公司原有的拓扑结构如图 4.18 所示。

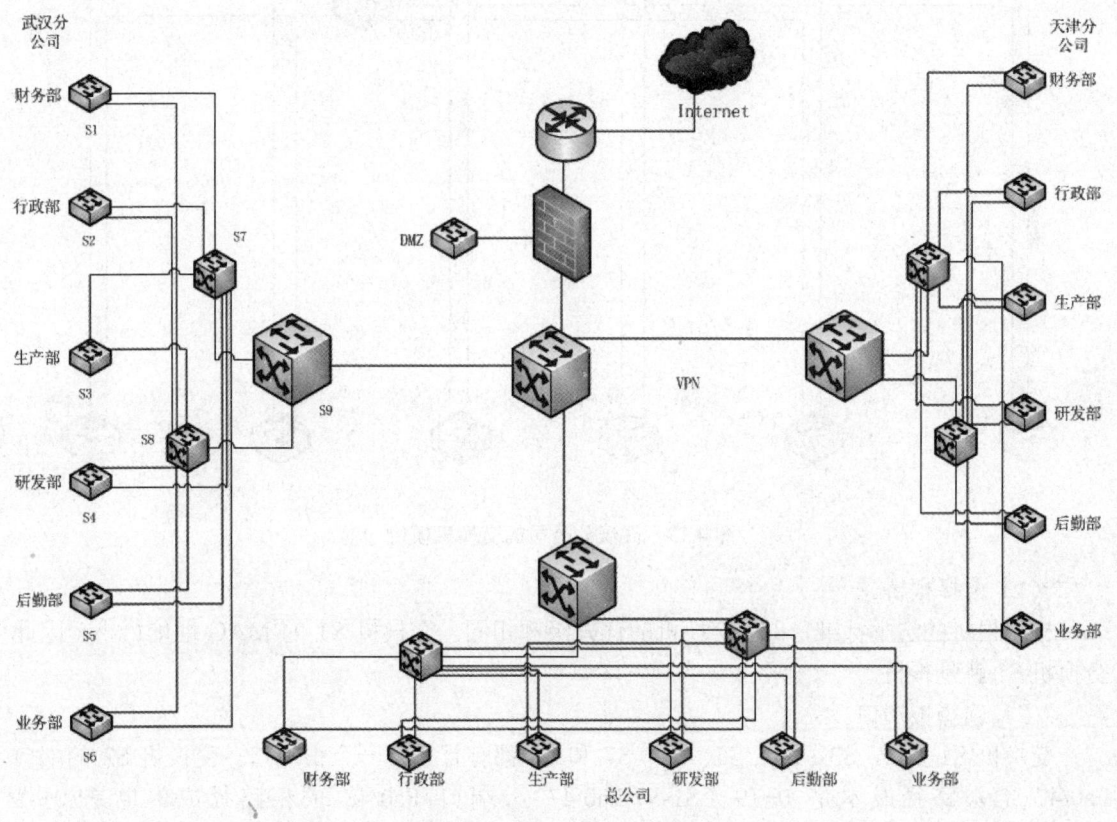

图 4.18 丙公司的网络拓扑

项目实验名称

丙公司武汉分公司的生成树的运行情况。

项目实验要求与环境

利用思科模拟器软件 GNS3，甲公司公关部的生成树运行情况。

项目实验目的

掌握交换机之间的冗余链路的搭建以及生成树的运行情况。

项目实施步骤

交换机的桥 ID 见表 4.6，武汉分公司的交换机模块见图 4.19。

交换机的桥 ID

交换机	S1	S2	S3	S4	S5	S6	S7	S8
桥 ID	32768+1111.1111.1c01	32768+1111.1111.1c02	32768+1111.1111.1c03	32768+1111.1111.1c04	32768+1111.1111.1c05	32768+1111.1111.1c06	32768+1111.1111.1c07	32768+1111.1111.1c08

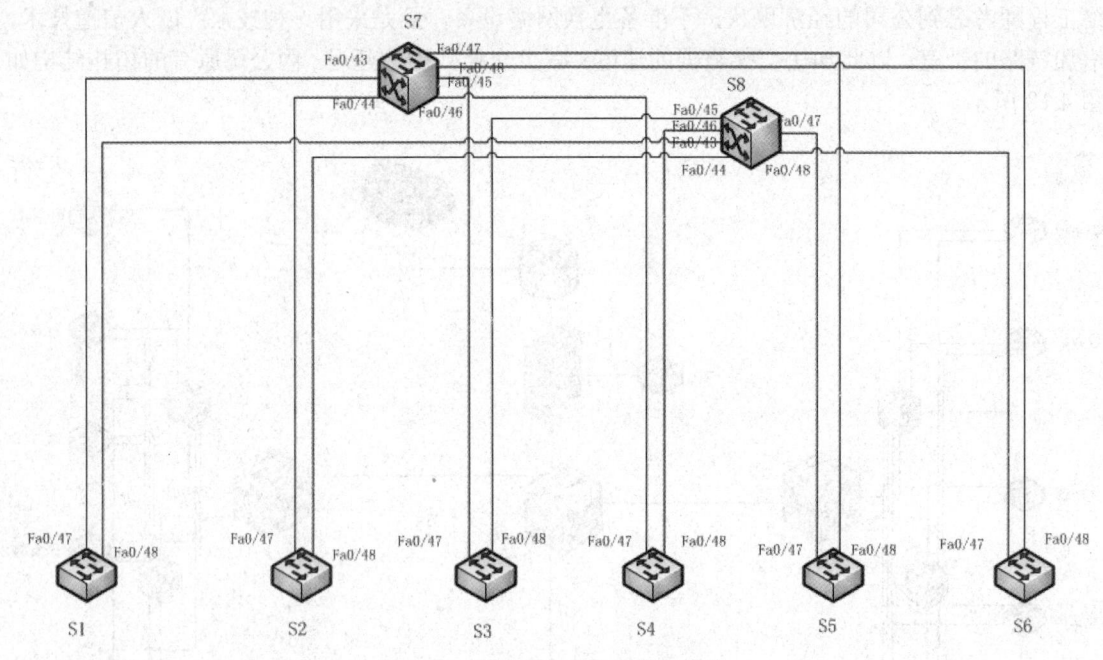

图 4.19 武汉分公司的交换机模块

（1）选择根桥。

根据根桥的选举标准，8 台交换机的优先级都相同，交换机 S1 的 MAC 地址最小，因此交换机 S1 就是根桥。

（2）选择根端口。

交换机 S1、S2、S3、S4、S5、S6、S7 和 S8 都有且只有一个根端口。交换机 S2 的端口 Fa0/47 的根路径成本是 0+19（S1-S7-Fa0/47），端口 Fa0/48 的根路径成本也是 0+19（S1-S8-Fa0/48），由于是交换机 S7 发给 Fa0/47 的、交换机 S8 发给 Fa0/48 的，而交换机 S7 的桥 ID 比交换机 S8 的桥 ID 小，因此交换机 S2 的 Fa0/47 是根端口；同理，交换机 S3 的 Fa0/47 是根端口，交换机 S4 的 Fa0/47 是根端口，交换机 S5 和 S6 的 Fa0/48 是根端口，交换机 S7 和 S8 的 Fa0/43 是根端口。

（3）选择指定端口和非指定端口。

每个网段只有一个指定端口，因此，交换机 S1 的 Fa0/47 和 Fa0/48 是指定端口，交换机

S2 的 Fa0/44、Fa0/45、Fa0/46、Fa0/47 和 Fa0/48 是指定端口；在交换机 S2 的 Fa0/48 和 S8 的 Fa0/44 中有一个端口是指定端口，S2 的 Fa0/48 的根路径成本是 0+19+19（S1-S8-Fa/48），S8 的 Fa0/44 的根路径成本是 0+19+19+19（S1-S7-S2-Fa/44），因此交换机 S2 的 Fa0/48 是指定端口，交换机 S8 的 Fa0/44 是非指定端口；同理，交换机 S3 的 Fa0/48 是指定端口，交换机 S8 的 Fa0/45 是非指定端口，交换机 S4 的 Fa0/48 是指定端口，交换机 S8 的 Fa0/46 是非指定端口，交换机 S5 的 Fa0/47 是指定端口，交换机 S8 的 Fa0/47 是非指定端口，交换机 S6 的 Fa0/47 是指定端口，交换机 S8 的 Fa0/48 是非指定端口。武汉分公司的生成树运行结果如图 4.20 所示。

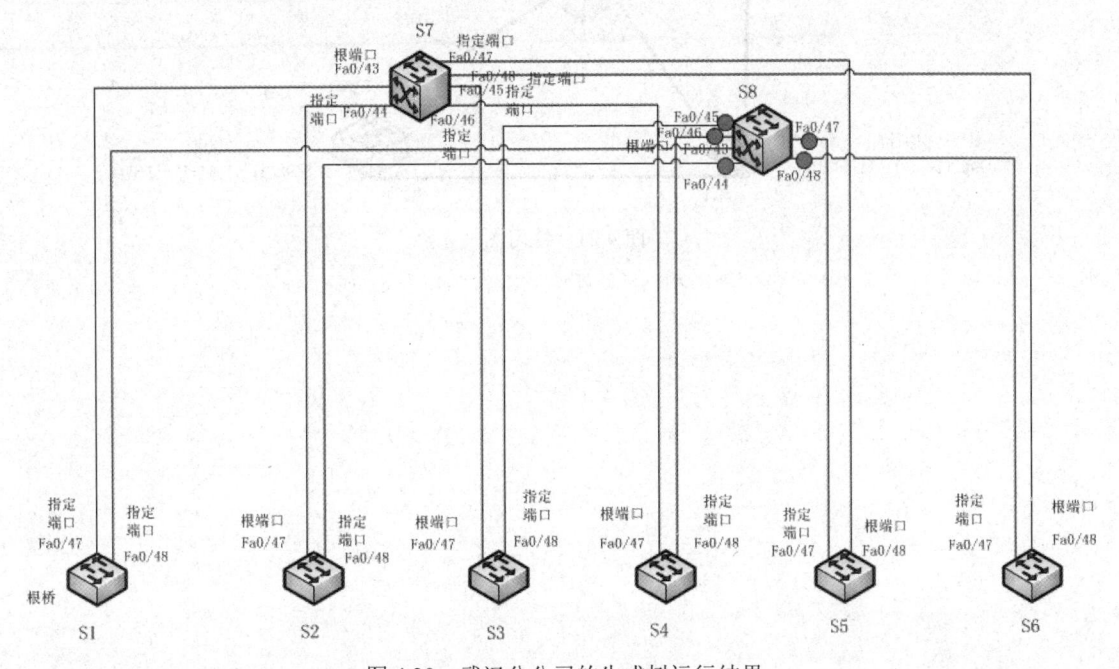

图 4.20 武汉分公司的生成树运行结果

交换机 S8 的端口 Fa0/44～Fa0/48 都处于阻塞状态，也就意味着交换机 S2、S3、S4、S5、S6 和交换机 S8 之间的链路暂时不能传输所有 VLAN 的用户数据。

第三部分 巩固练习

理论练习

1．哪个参数用于选举根网桥？
2．配置 BPDU 和拓扑变更 BPDU 分别由谁发送？
3．STP 端口的状态有哪几种？
4．如果交换机创建了 8 个活动的 VLAN，则使用 CST 和 PVST 分别有几个 STP 实例？

实践练习

请指出图 4.21 所示的交换型网络中哪台交换机是根网桥？哪些是根端口？哪些是指定端

口？哪些是非指定端口？

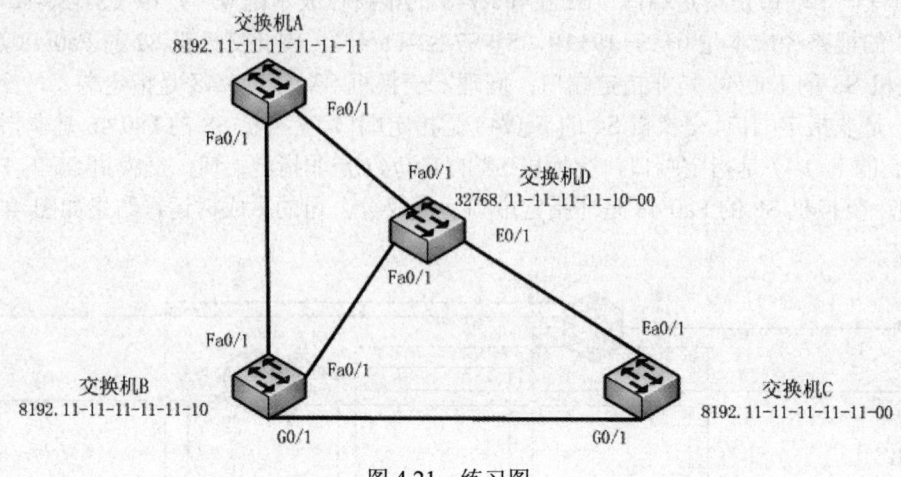

交换机A
8192.11-11-11-11-11-11

交换机D
32768.11-11-11-11-10-00

交换机B
8192.11-11-11-11-11-10

交换机C
8192.11-11-11-11-11-00

图 4.21 练习图

项目 5 生成树配置和保护

项目学习重点

- 掌握传统生成树的定制
- 掌握传统生成树的会聚
- 掌握冗余链路的会聚
- 掌握生成树的保护

第一部分 理论知识

5.1 根网桥的选择

当交换型网络中存在冗余链路时，生成树协议 STP 经过自动选举，的确可以达到防止桥接环路的效果，也可以充分利用冗余链路，然而当网络拓扑发生变化时，产生的 TCN BPDU 需要传输给根网桥，再由根网桥转发给其他交换机，以此重新会聚生成树，同时，根网桥也要定期配置 BPDU，以此维护生成树的正常运行，确保无桥接环路。这样看来，根网桥的角色就相当重要了，它在网络中的位置也很特殊，为此，有必要让网络工程师来确定哪台交换机为根网桥，使得网络拓扑发生变化时可以预测 STP 的会聚。

5.1.1 根网桥和最佳位置

图 5.1 所示为甲公司的公关部的网络。

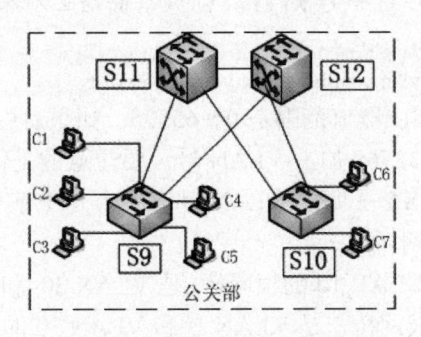

图 5.1 低效根网桥的公关部

经过 STP 自动选举后，性能较差的接入层交换机 S9 被选举为唯一的根网桥。而经过一段时间的会聚后，得到如图 5.2 所示的公关部的网络。

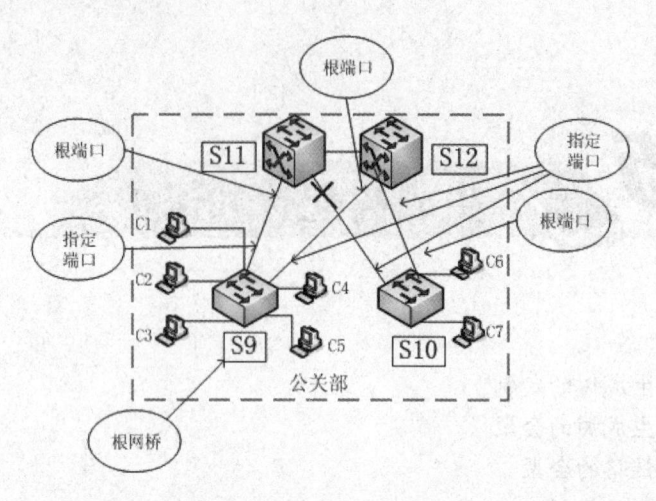

图 5.2　会聚后的公关部网络

其一，当沉重的数据流通过根网桥 S9 时，无法确保网络的性能，这显然是一种不好的根网桥选举。其二，如果根网桥 S9 发生故障了，而没有配置辅助的根网桥，STP 将重新选举根网桥，可能会选举性能和位置都较差的交换机作为根网桥，而且会聚也要时间。其三，当根网桥不是处于网络中心时，发送配置 BPDU 和收到 TCN BPDU 也要经过很长的路径才能到达根网桥，这也会导致网络的延迟。再者，若图 5.2 中除了 S10 和 S11 1000Mb/s 的链路外，其余都是 100Mb/s，则交换机使用链路带宽较慢的上行链路，而不使用链路带宽较快的上行链路，这显然是资源浪费。因此根网桥必须是性能较好的交换机，而相对位置在网络的中心较好，例如，选择分布层的交换机较好，因为大部分数据流要经过分布层的交换机；如果网络中有服务器，由于大部分数据流前往服务器或者来自服务器，所以选择靠近服务器的交换机为根网桥较好。如图 5.1 所示的公关部，确定分布层的交换机 S11 或 S12 为根网桥较好。

5.1.2　根网桥的配置

可以使用两种方法将交换机配置成根网桥。

（1）设置交换机的优先级，使必须成为根网桥的交换机的网桥优先级比其他交换机要小，从而网桥 ID 也小，这样就可以选举为根网桥，前提条件是必须知道其他交换机的网桥优先级。可使用如下命令：

Switch(config)#spanning-tree vlan vlan-list priority bridge-priority

网桥默认优先级为 32768，取值范围是 0～65535；如果启用了扩展系统 ID，则取值范围是 0～61140，默认优先级为 32768 加上 VLAN 号，要注意的是优先级只能是 4096 的倍数。

思科交换机运行的是 PVST+，每个 VLAN 都有一个 STP 实例，因此必须指定 VLAN ID，为每个 VLAN 选择合适的根网桥。

假定 S11 是 VLAN 1 和 VLAN 10 的根网桥，是 VLAN 20 和 VLAN 30 的辅助根网桥；S12 是 VLAN 20 和 VLAN 30 的根网桥，是 VLAN 1 和 VLAN 10 的辅助根网桥，配置命令如下：

S11(config)#spanning-tree vlan 1,10 priority 4096
S11(config)#spanning-tree vlan 20,30 priority 8192
S12(config)#spanning-tree vlan 20,30 priority 4096
S12(config)#spanning-tree vlan 1,10 priority 8192

（2）运行宏命令，根据当前根网桥的优先级来修改自身的优先级，命令如下：
Switch(config)#spanning-tree vlan vlan-list root primary |secondary

当使用关键字 primary 后，本地交换机就做以下判断和计算：如果当前根网桥的优先级大于 24576，本地交换机就设置自身的网桥优先级为 24567；如果当前根网桥的优先级不大于 24576 而不小于 8192，本地交换机就设置自身的网桥优先级比当前根网桥的优先级小 4096。

当使用关键字 secondary 后，将网桥优先级设置为 28672。图 5.3 显示了在使用扩展 ID 模式下的 VLAN 10 的默认优先级值。

```
Switch#show spanning-tree vlan 10
VLAN0010
  Spanning tree enabled protocol ieee
  Root ID    Priority    24586
             Address     0001.964E.B4C9
             Cost        19
             Port        7(FastEthernet0/7)
             Hello Time  2 sec  Max Age 20 sec  Forward Delay 15 sec

  Bridge ID  Priority    32778  (priority 32768 sys-id-ext 10)
             Address     0007.ECC1.6358
             Hello Time  2 sec  Max Age 20 sec  Forward Delay 15 sec
             Aging Time  20
```

图 5.3　STP 网桥优先级默认值

然而，如果当前根网桥的优先级小于 8192，如图 5.4 的示例。

```
SC#show spanning-tree vlan 10
VLAN0010
  Spanning tree enabled protocol ieee
  Root ID    Priority    4106
             Address     0001.964E.B4C9
             This bridge is the root
             Hello Time  2 sec  Max Age 20 sec  Forward Delay 15 sec

  Bridge ID  Priority    4106  (priority 4096 sys-id-ext 10)
             Address     0001.964E.B4C9
             Hello Time  2 sec  Max Age 20 sec  Forward Delay 15 sec
             Aging Time  20
```

图 5.4　当前根网桥 SC 的 STP 值

当前 VLAN 10 的根网桥为 SC，其优先级为 4106，而如果要配置交换机 SD 为 VLAN 10 的根网桥，使用宏命令关键字 primary 后，根网桥 SD 的优先级就为 0+VLAN 了，即为 10，如图 5.5 所示。

```
SD#show spanning-tree vlan 10
VLAN0010
  Spanning tree enabled protocol ieee
  Root ID    Priority    10
             Address     0007.ECC1.6358
             This bridge is the root
             Hello Time  2 sec  Max Age 20 sec  Forward Delay 15 sec

  Bridge ID  Priority    10  (priority 0 sys-id-ext 10)
             Address     0007.ECC1.6358
             Hello Time  2 sec  Max Age 20 sec  Forward Delay 15 sec
             Aging Time  20
```

图 5.5　扩展系统 ID 模式下的网桥优先级

5.2 定制生成树

当根网桥选择后，STP 就会选举根端口、指定端口和非指定端口，最终消除桥接环路，而它们的选举都是根据根网桥 ID、根路径成本、发送者网桥 ID 和端口 ID 等决定的，因此，可以从这几个方面来定制生成树。

5.2.1 调整根路径成本

根路径成本是根网桥发送的 BPDU 经过的累加成本，交换机收到 BPDU 后，会将接收端口的端口成本加到 BPDU 中的根路径成本中。默认新的 STP 端口成本如表 5.1 所列。

表 5.1 新的 STP 端口成本

链路带宽（Mb/s）	新 STP 默认路径成本
4	250
10	100
16	62
45	39
100	19
155	14
622	6
1G	4
10G	2

在非必要条件下，不要修改默认端口成本，因为修改端口的成本可能影响 STP 是否选择该端口为根端口；如有必要，可以修改。要设置交换机的端口成本，可以使用以下命令：

Switch(config)#spanning-tree　[vlan vlan-id] cost cost

当指定参数 vlan 时，只修改指定 VLAN 的端口成本；否则，将修改所有活动 VLAN 的端口成本。例如，快速以太网接口 Fa0/1 的默认端口成本是 19，可以使用以下命令修改其在 VLAN 10 中的端口成本为 9：

Switch(config)#interface fa0/1
Switch(config-if)#spanning-tree vlan 10 cost 9

也可使用 show spanning-tree interfacetype mod/num 命令查看端口在各个 VLAN 中的端口成本，如图 5.6 所示。

```
Vlan                Role Sts Cost      Prio.Nbr Type
----------------    ---- --- --------- -------- ----------
VLAN0001            Desg FWD 12        128.34   Shr
VLAN0010            Desg FWD 9         128.34   Shr
VLAN0020            Desg FWD 10        128.34   Shr
VLAN0030            Desg FWD 11        128.34   Shr
```

图 5.6 端口在各个 VLAN 中的端口成本

5.2.2 调整端口 ID

通过调整端口 ID 也可以影响 STP 决策。交换机的端口 ID 共 16 位，前 8 位是端口的优先级，后 8 位是端口号。端口优先级取值范围在 0~255 之间，默认值是 128，而端口号的取值范围也在 0~255 之间。端口 ID 越小，表示其前往根网桥路径的优先级越高。显然，交换机的端口号是基于硬件位置的，是固定的，只可以通过修改端口优先级来影响 STP 决策。使用下面的命令可以修改端口优先级：

Switch(config)#spanning-tree [vlan vlan-id] port-priority port-priority

当指定参数 vlan 时，只修改指定 VLAN 的端口优先级；否则，将修改所有活动 VLAN 的端口优先级。例如，快速以太网接口 Fa0/7 的默认端口优先级是 128，可以使用如下命令修改其在 VLAN 20 和 VLAN 30 中的端口优先级为 64：

Switch(config)#interface fa0/7
Switch(config-if)#spanning-tree vlan 20,30 port-priority 64

使用 show spanning-tree interfacetype mod/num 命令可以查看端口在各个 VLAN 中的端口优先级，如图 5.7 所示。

```
SD#show spanning-tree interface fa0/7
Vlan                Role Sts Cost      Prio.Nbr Type
----------------    ---- --- ---       -------- --------
VLAN0001            Desg FWD 19         128.7    P2p
VLAN0010            Desg FWD 19         128.7    P2p
VLAN0020            Root FWD 19          64.7    P2p
VLAN0030            Root FWD 19          64.7    P2p
```

图 5.7 查看端口优先级

5.3 调整生成树的会聚

STP 使用定时器来预防桥接环路的形成，定时器参数的默认值足以保证网络无环路并且用户通信无障碍。然而，默认定时器的时间是基于特定网络模型的，实际网络中有可能导致网络访问延迟，甚至默认定时器时间到没有意义，因此，从实际网络出发制定适合本网络的定时器很有必要，以获得较快的会聚，从而获得更高的传输效率。

1. 手工配置定时器

（1）Hello time（Hello 时间）。

这是根网桥发送配置 BPDU 的时间间隔，其他交换机都转发配置 BPDU，默认时间是 2 秒，取值范围是 1~10 秒，这样只需要在根网桥交换机上配置即可。但是每个非根网桥交换机都有一个本地配置的 Hello 时间，但它只是在重新发送拓扑变更通知（TCN）BPDU 时进行定时。

（2）Forward time（转发延迟时间）。

这是交换机的端口处于侦听和学习状态的持续时间，默认时间是 15 秒，取值范围是 4~30 秒。

（3）Max-age（最长寿命）。

交换机在运行 STP 时，会收到邻居交换机发来的 BPDU 而缓存在内存中。因此，Max-age 是交换机丢弃 BPDU 之前保存 BPDU 的时间，默认时间是 20 秒，取值范围是 6~40 秒。如果从收到 BPDU 开始，20 秒内仍未收到 BPDU，网桥将宣布保存的 BPDU 无效，并开始寻找新的根端口，交换机也认为网络拓扑发生了变化。

使用以下命令可以修改 STP 定时器：

Switch(config)#spanning-tree [vlan vlan-id] hello-time seconds
Switch(config)#spanning-tree [vlan vlan-id] forward-time seconds
Switch(config)#spanning-tree [vlan vlan-id] max-age seconds

定时器的值依赖于网络直径和 BPDU 跨越所交换需要的传播时间，太低或者太高都有可能导致环路。

2. 自动配置定时器

由于定时器的值依赖于网络直径和 BPDU 跨越所交换需要的传播时间，手工配置定时器比较棘手。在思科交换机上，使用命令：

Switch(config)#spanning-tree vlan vlan-list root {primary |secondary} [diameter diameter [hello-time hello-time]]

可以修改指定 VLAN 的 STP 定时器。该命令只需要指定网络直径和可选的 hello 时间，就可以根据生成树协议指定的公式自动调整 STP 定时器。在命令中，网络直径的取值范围是 1～7，hello 时间如果没有指定，就用默认值 2 秒。该命令使得本地交换机成为根网桥，所以修改后的定时器将通过配置 BPDU 转发给其他交换机。

图 5.8 是图 5.1 所示网络中 VLAN 10 的默认定时器，图 5.9 是修改后的图 5.1 所示网络中 VLAN 10 的定时器。

```
VLAN0010
  Spanning tree enabled protocol ieee
  Root ID    Priority    32778
             Address     aabb.cc00.0600
             This bridge is the root
             Hello Time   2 sec  Max Age 20 sec  Forward Delay 15 sec

  Bridge ID  Priority    32778  (priority 32768 sys-id-ext 10)
             Address     aabb.cc00.0600
             Hello Time   2 sec  Max Age 20 sec  Forward Delay 15 sec
             Aging Time 300
```

图 5.8　VLAN 10 的默认定时器

```
VLAN0010
  Spanning tree enabled protocol ieee
  Root ID    Priority    24586
             Address     aabb.cc00.0600
             This bridge is the root
             Hello Time   1 sec  Max Age  6 sec  Forward Delay  4 sec

  Bridge ID  Priority    24586  (priority 24576 sys-id-ext 10)
             Address     aabb.cc00.0600
             Hello Time   1 sec  Max Age  6 sec  Forward Delay  4 sec
             Aging Time 300
```

图 5.9　修改后的 VLAN 10 的定时器

3. portfast

默认情况下，终端用户接入到交换机的端口后，如果用户关闭 PC 后再启动或者重新开机，不管是何种情况，连接此 PC 的交换机端口的链路状态总会从 down 变成 up，再经历从阻塞状态到转发状态的转变后，此端口才可以用。当使用默认的 STP 定时器时，这种转变至少需要 30 秒（端口经历监听状态到学习状态需要 15 秒，再经历学习状态到转发状态需要 15 秒），如果交换机的端口加入到以太网信道中去，则还有 20 秒的额外延迟。

当思科交换机在端口上启用了 portfast 功能后，当用户的 PC 链路变为 up 时，交换机就立即将这些端口转变为转发状态，大大缩短了端口监听和学习的时间，用户可以马上收发数据而不用等待至少 30 秒。然而，生成树协议仍在运行，如果检测到此端口有环路，马上进入阻塞状态。另外，启用了 portfast 功能的端口不会发送 TCN BPDU，从而优化了网络性能。

portfast 默认是禁用的，可以使用全局命令：

Switch（config）#spanning-tree portfast default

它将启用交换机的每个端口 portfast 功能。但是，如果某个端口连接到集线器或者其他交换机，就不需要也不能启用 portfast 功能，因为这样可能形成桥接环路。因此，可以在特定的端口上启用 portfast 功能，命令如下：

Switch（config-if）#spanning-tree portfast

这样更可达到目的。例如，图 5.1 所示的公关部的网络中，在交换机 S9 和 S10 的连接 PC 的端口上就有必要启用 portfast 功能，命令如下：

S9（config）#interface range fa0/1 – 5
S9（config-if-range）# spanning-tree portfast
S10（config）#interface range fa0/1 – 2
S10（config-if-range）# spanning-tree portfast

4. uplinkfast

当选择分布层的交换机为根网桥后，接入层的交换机在正常情况下，一条上行链路是主上行链路，处于转发状态，另一条是辅助链路，处于阻塞状态，而当主上行链路出现故障后，处于阻塞状态的辅助上行链路就要经过高达 50 秒转为转发状态。

显然，这 50 秒的时间对用户来说是漫长的，而 uplinkfast 特性可以让生成树末端的交换机在主链路出现故障后，使处于阻塞状态的辅助上行链路能够立即成为转发状态。

可在全局模式下启用 uplinkfast 功能，命令如下：

Switch（config）# spanning-tree uplinkfast

uplinkfast 启用后，将在所有 VLAN 上启用，它记载了前往根网桥的所有路径，故不能在根网桥上运行该命令，它还对本地交换机做了一些修改。首先，uplinkfast 把本地交换机的网桥优先级转变为 49152，保证本地交换机不会是根网桥；其次，它把本地交换机的所有端口成本增加 3000，保证本地交换机不会是前往根网桥的中转交换机，而是离根网桥最远的末端交换机。同时，运用该命令的参数 max-update-rate，它使得当本地交换机的主上行链路出现故障时，本地交换机的 MAC 地址表更新为指向新的上行链路更加容易。

另外，uplinkfast 也提供了一种机制，这种机制让本地交换机通知所有上游交换机：通过新激活的辅助链路可以到达接入层的 PC。具体是这样的，本地交换机代表 MAC 地址包含在其 MAC 地址表中的 PC 发送源地址为 PC 的 MAC 地址、目标地址为 0100.0ccd.cdcd 虚拟组播帧，让上游的主机能够收到这些帧，从而获得前往这些源地址的新路径；而这些虚拟组播帧的发送速度由 max-update-rate 指定，默认值为 150 分组/秒，取值范围为 0～65535，当为 0 时，就不发送虚拟组播帧。在交换机 S9 和交换机 S10 可以启用 uplinkfast 功能，命令如下：

S9（config）#spanning-tree uplinkfast
S10（config）#spanning-tree uplinkfas

也可以使用下面的命令可以查看 uplinkfast 的当前状态：

Switch#show spanning-tree uplinkfast

5. backboneFast

网络核心层中的交换机需要快速转发数据,因此链路故障的切换需要更加快速。backboneFast 功能可以让核心层中的交换机在间接链路出现故障时能主动判断和识别是否有前往根网桥的替代根路径,当核心层中的交换机通过根端口或者阻塞端口收到下级 BPDU 的时候便检测到间接链路故障,backboneFast 便是根据接收这个下级 BPDU 的端口类型来确定是否有前往根网桥的替代根路径的。

- 如果接收这个下级 BPDU 的端口是根端口,交换机就认为通过阻塞端口有前往根网桥的替代根路径。
- 如果接收这个下级 BPDU 的端口是根端口,并且没有阻塞端口,本地交换机就认为失去了与根网桥的联系,在达到最长寿命时间后,交换机就选择自己为根网桥。
- 如果接收这个下级 BPDU 的端口是阻塞端口,交换机就认为通过根端口和阻塞端口都有前往根网桥的替代根路径。

当然,检测是否有根网桥的替代路径还需要其他交换机的参与,即如果本地交换机有阻塞端口,backboneFast 就使用根链路查询(RLQ)协议检测上游交换机是否有前往根网桥的完整和稳定的链路,具体过程如下:本地交换机发送 RLQ 请求,收到这个请求的交换机如果是根网桥或者是和根网桥失去联系的交换机,就发回 RLQ 应答,否则就将 RLQ 请求转发给其他交换机,直到产生 RLQ 应答。当本地交换机通过根端口收到 RLQ 应答时,就说明上游交换机有前往根网桥的完整和稳定的链路;当本地交换机通过非根端口收到 RLQ 应答时,在最长寿命时间到期后,就必须重新选择替代根路径。

backboneFast 缩短了交换机检测根路径故障的等待时间,并没有改变端口的状态切换时间,但是它可以将 STP 会聚时间从 50 秒降到 30 秒。

默认 backboneFast 是禁用的,可在全局模式下启用它:

Switch(config)#spanning-tree backbonefast

由于 backboneFast 需要其他交换机做出 RLQ 应答,故而应在核心层的所有交换机上启用。

使用以下命令可以查看当前的 backboneFast 状态:

Switch#show spanning-tree backbonefast

5.4 STP 的保护

生成树协议 STP 通过发送和接收 BPDU 来维持无桥接环路,正常情况下,所有交换机都平等地动态确定无桥接环路的网络拓扑。然而,如果网桥 ID 较好的外来交换机连接到现有网络中,将会发送 BPDU,成为新的根网桥,势必会影响整个网络的性能。为防止这种意外情况发生,思科提供了两种 STP 功能:根防护和 BPDU 保护。

5.4.1 根防护

根防护用于控制根网桥在网络中的位置。当启用了根防护的交换机端口收到一个 BPDU 时,如果它是下级 BPDU(包含的网桥 ID 比当前根网桥的 ID 大),就正常执行 STP 协议,该端口正常使用;如果它是上级 BPDU(包含的网桥 ID 比当前根网桥的 ID 小),本地交换机就置该端口于 STP 根网桥不一致状态,进入阻塞状态,此时端口还是可以接收 BPDU,但是不能转发 BPDU，也不能发送和接收数据；当此端口不再收到上级 BPDU 时，就会经历 STP 的标准状态，从而恢复正常使用。

默认情况下，交换机端口是禁用根防护的，可以在不希望看到根网桥的端口上启用它，命令如下：

Switch(config-if)#spanning-tree guard root

也可以使用以下命令查看 STP 根网桥不一致状态的交换机端口：

Switch#show spanning-tree inconsistentports

5.4.2 BPDU 防护

在启用了 portfast 功能的交换机端口上只允许接入单台主机，而 BPDU 防护进一步保护了启用 portfast 功能的交换机端口的完整性，即如果在启用了 portfast 功能的端口上，同时启用了 BPDU 防护，则此端口不允许收到任何 BPDU（上级 BPDU 或者下级 BPDU），如果收到了 BPDU，则此端口就进入错误（errdisable）状态，端口的链路状态就处于 down 状态，不能接收任何数据。如果要重新启用，就必须手动进行，命令如下：

Switch(config-if)#shutdown

Switch(config-if)#no shutdown

或者通过 errdisable 超时功能自动回复，命令如下：

Switch(config)#errdisable recovery cause bpduguard

Switch(config)#errdisable recovery interval 30

默认情况下，BPDU 防护是禁用的，可在全局模式下启用它，命令如下：

Switch（config）#spanning-tree portfast bpduguard default

这将在交换机的所有端口上启用 BPDU 防护，然而，在上行链路的端口上，即使是处于阻塞状态的端口，也不应该启用 BPDU 防护，因为这些端口需要收到根网桥发过来的配置 BPDU 而维持生成树的运行。

事实上，BPDU 防护就是只允许端口接入终端设备，防止端口接入交换机或者网桥。启用了 portfast 功能的端口由于不发送 TCN BPDU，接入交换机或者网桥后，就可能形成环路，更为严重的是接入的新设备会选举自己为根桥；那么接入集线器又将如何呢？由于集线器本身不发送 BPDU，故而可以接入到启用了 BPDU 防护的交换机端口，然而，如果集线器连接到网络的两个不同位置，形成了一条循环路径，就可能有桥接环路，故 BPDU 防护不能防止此种情况下的桥接环路，例如图 5.10 所示的网络。

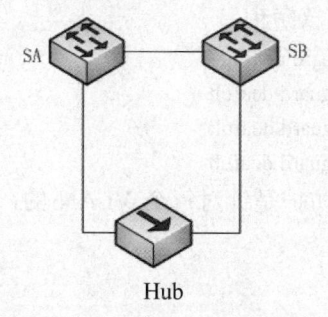

图 5.10 集线器接入网络的不同位置

图 5.1 所示的公关部的网络中，在交换机 S9 和 S10 的连接 PC 的端口上启用了 portfast 功

能，同时也可以启用 BPDU 防护功能，命令如下：
S9（config）#interface range fa0/1 - 5
S9（config-if-range）# spanning-tree bpduguard enable
S10（config）#interface range fa0/1 - 2
S10（config-if-range）# spanning-tree bpduguard enable

当 STP 达到稳定后，根网桥仍然需要定期发送配置 BPDU 来维持无环路的网络拓扑，而其他交换机也必须转发配置 BPDU，同时，非根网桥的交换机不论是根端口、指定端口还是非指定端口都将定期收到配置 BPDU。如果非根网桥交换机没有定期收到或者根本没有收到根网桥发送的配置 BPDU，交换机就认为网络拓扑发生了变化，阻塞端口就会解除阻塞，变成转发状态。但实际上，网络拓扑没有发生变化，只不过是根网桥发送了 BPDU，而由于某种原因，根网桥发送的 BPDU 延迟或者中途丢失，如果阻塞端口因此转变为转发就很容易形成桥接环路。幸好思科针对这种情况提供了两种 STP 功能，以防止配置 BPDU 延迟或者丢失而带来的桥接环路问题。

5.4.3 环路防护

当交换机非指定端口处于阻塞状态时，只要能按时收到根网桥发过来的 BPDU，它就始终处于阻塞状态而无桥接环路，而如果由于 BPDU 延迟了或者中途丢失了 BPDU，直到最长寿命过期就删除最后保存的 BPDU，由于网络拓扑结构根本就没有发生变化，该阻塞端口就会经历各种 STP 状态变为指定端口，直到能够转发数据流，这样就形成了桥接环路。

STP 环路防护专门跟踪交换机上的非指定端口的 BPDU 活动，即如果能够收到根网桥发过来的 BPDU，该端口就按照阻塞端口的角色正常运行，否则就将端口设置为环路不一致（loop-inconsistent）状态，实际上该端口还是保持非指定端口的角色；当端口再次收到 BPDU 后，环路防护就让阻塞端口经历 STP 各种状态并且成为活动端口。

默认情况下，环路防护是禁用的，可以使用全局命令启用它，命令如下：
Switch（config）#spanning-tree loopguard deafult
这条命令将启用交换机的所有端口的环路防护功能。
也可以在特定的端口上启用，命令如下：
Switch（config-if）#spanning-tree guard loop

可以在所有交换机的端口上启用环路防护功能，交换机会自动判断哪些端口是非指定端口并监控该端口的 BPDU 活动，从而保持它们是非指定端口。这样，在公关部的交换机 S9、S10、S11 和 S12 上都可以启用环路防护：
S9（config）#spanning-tree loopguard deafult
S10（config）#spanning-tree loopguard deafult
S11（config）#spanning-tree loopguard deafult
S12（config）#spanning-tree loopguard deafult

然而要特别注意的是，环路防护是针对每个 VLAN 的，它不会阻塞整个端口，只是阻塞有问题的 VLAN。

5.4.4 UDLD

在交换型网络中，当交换机通过光纤相连时（如 GBIC 光纤模块或者 SFP 光纤模块），就有接和收两条链路，如图 5.11 所示。

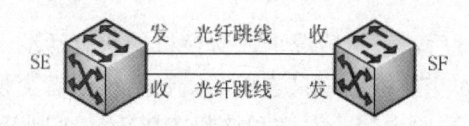

图 5.11　通过光纤模块相连的链路

当交换机某个光纤模块中的传输电路发生故障，两台交换机虽然都能够看到正常的双向链路，而实际上只有一条链路在传输数据流，这称为单向链路。正常情况下，单向链路的一端由于某种原因而不能收到 BPDU 就会激活处于阻塞状态的端口，从而形成桥接环路。

为了防止这种情况的出现，可以使用思科专用的 STP 功能：单向链路检测（UDLD）。UDLD 通过定期发送用于标识端口的第二层 UDLD 帧来相互监控端口，以便确定链路是否是双向的。如果两台交换机都收到标识了两个相邻端口的 UDLD 帧，则表明链路是双向的；否则就是单向的。

UDLD 有两种运行的模式：常规模式和激进模式。
- 常规模式。

当交换机检测到单向链路后，只是将端口标识为未确定状态，允许端口继续操作，同时生成一条系统日志消息。
- 激进模式。

当交换机检测到单向链路后，积极采取措施来重新建立链路，即每隔 1 秒发送 UDLD 帧，持续 8 秒，直到没有收到回送的 UDLD 帧，就将端口设置为 errdisable 状态。

很显然，UDLD 要求链路两端的交换机都配置，这样才能确保两个端口都发送和接收到 UDLD 帧，同时只要链路是活动的就必须定期发送 UDLD 帧。这种定期发送 UDLD 帧的时间间隔随着思科平台不一样而有所不同，Catalyst 3550 默认是 7 秒，Catalyst 4500 和 Catalyst 6500 默认是 15 秒。

可以在全局模式下启用所有运用了光纤端口的交换机的 UDLD，命令如下：
Switch（config）#udld {enable | aggressive |message time seconds}

参数 enable 是常规模式；参数 aggressive 是激进模式；参数 message time 是时间间隔（取值范围是 7～90 秒）。

也可以在接口上启用 UDLD，命令如下：
Switch（config-if）#udld {enable | aggressive |disable}

另外需要注意的是，其一，当管理员在光纤链路的一端配置好 UDLD，而在另一端还没有及时配置 UDLD 时，配置好了 UDLD 的交换机将尝试检测邻居交换机是否启用了 UDLD，而不会禁用链路。当邻居交换机也配置好 UDLD 后，两台交换机就通过交换 UDLD 帧来了解链路的双向性。此后，如果再发生没有收到回送 UDLD 帧的情况，就把链路标识为单向的；其二，在以太信道中，UDLD 将在信道中的每条链路上独立地发送和接收 UDLD 帧，当检测到信道中的某条链路是单向链路后，只对该链路做标识或者禁用，而不会影响信道中的其他链路。

由于双绞线和铜介质不存在导致单向链路的物理条件，故而不必启用 UDLD，但启用也可以。

5.4.5 BPDU 过滤

当生成树协议 STP 运行后，正常情况下，交换机的所有活动端口将发送和接收 BPDU。然而，在有些特殊情况下，如交换机端口只连接了一台主机或者交换机端口连接的设备不允许接收和发送 BPDU，需要在端口上禁止发送和接收 BPDU，否则就不要启用 BPDU 过滤，以防形成桥接环路。默认情况下，交换机是禁用 BPDU 过滤的，可以使用全局命令启用 BPDU 过滤，命令如下：

Switch(config)#spanning-tree portfast bpdufilter default

此命令将在交换机的所有启用了 portfast 功能的端口上启用 BPDU 过滤。也可以使用接口命令在特定的端口上启用或者禁用 BPDU 过滤，命令如下：

Switch(config-if)#spanning-tree bpdufilter {enable |disable}

综上所述，根防护是用在不希望连接到根网桥的端口，BPDU 防护用在启用了 portfast 的端口；环路防护用于非指定端口，但可用于所有端口；UDLD 用于交换机之间的光纤链路的两端端口的。在网络中应用 STP 保护功能也要注意一些事项：环路防护和 UDLD、根防护和 UDLD 可以在同一个端口上一起使用，而根防护和环路防护、根防护和 BPDU 防护是不能在同一个端口上使用的，如图 5.12 所示。

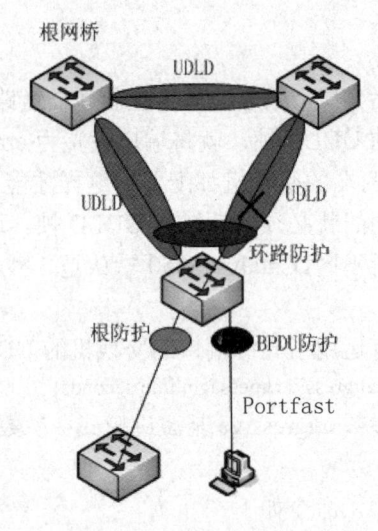

图 5.12 STP 保护功能应用

第二部分 典型项目

典型项目之一

项目背景

甲公司公关部经过采用以太信道技术，增加了内部网络链路的带宽，加快了交换数据的速度，减少了交换数据的延迟，通过生成树协议 STP 充分利用了冗余链路，提高了网络的可用性，但是一旦网络拓扑发生了变化，用户感觉交换数据还是有延迟，甚至数据包丢失。根据这一现象，网络工程师决定对 STP 进行优化，亲自定制生成树和保护生成树，使得生成树会聚时间缩短，加快用户转发数据。甲公司公关部原有的生成树运行结果如图 5.13 所示。交换机的桥 ID 见表 5.2。

表 5.2　交换机的桥 ID

交换机	S9	S10	S11	S12
桥 ID	32768+1111.1111.1a09	32768+1111.1111.1a10	32768+1111.1111.1a11	32768+1111.1111.1a12

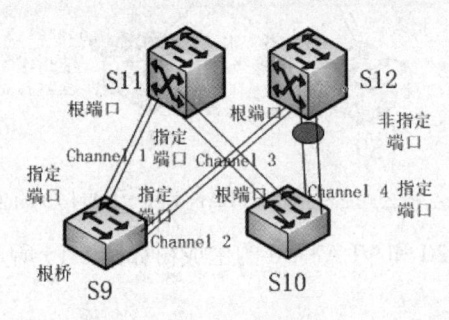

图 5.13　甲公司公关部原有 VLAN 1、VLAN 10、VLAN 20、VLAN 30 的生成树运行结果

项目实验名称

甲公司公关部的生成树的优化。

项目实验要求与环境

利用思科模拟器软件 GNS3，优化甲公司公关部的生成树。

项目实验目的

掌握生成树的定制和配置。

项目实施步骤

（1）根桥规划。

根桥一般选择在网络的中央，而且由于根桥角色的重要性，宜选择交换机 S11 和 S12；另外，由于目前公关部有 3 个 VLAN，再加上 VLAN 1，共 4 个 VLAN 在用，因此，根桥的规划如表 5.3 所列。

表 5.3　根桥的规划

交换机	VLAN 1	VLAN 10	VLAN 20	VLAN 30
S11	主根桥	主根桥	辅根桥	辅根桥
S12	辅根桥	辅根桥	主根桥	主根桥

（2）根桥的配置。

S11（config）#spanning-tree vlan 1,10 root primary　　//设置交换机为 VLAN 1 和 VLAN 10 的主根桥
S11（config）#spanning-tree vlan 20,30 root secondary　　//设置交换机为 VLAN 20 和 VLAN 30 的辅根桥

S12（config）#spanning-tree vlan 20,30 root primary　　/设置交换机为 VLAN 20 和 VLAN 30 的主根桥
S12（config）#spanning-tree vlan 1,10 root secondary　/设置交换机为 VLAN 1 和 VLAN 10 的辅根桥

经过上面的配置后，甲公司公关部的 VLAN 1 和 VLAN 10 的生成树如图 5.14 所示。

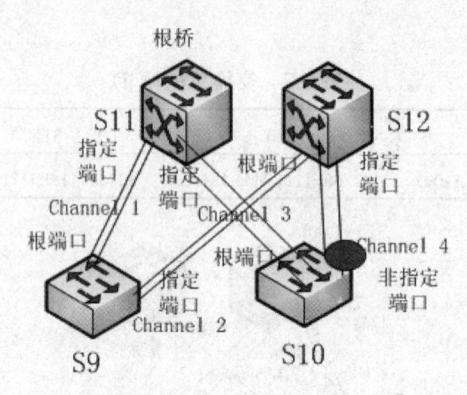

图 5.14　甲公司公关部的 VLAN 1 和 VLAN 10 的生成树

甲公司公关部的 VLAN 20 和 VLAN 30 的生成树如图 5.15 所示。

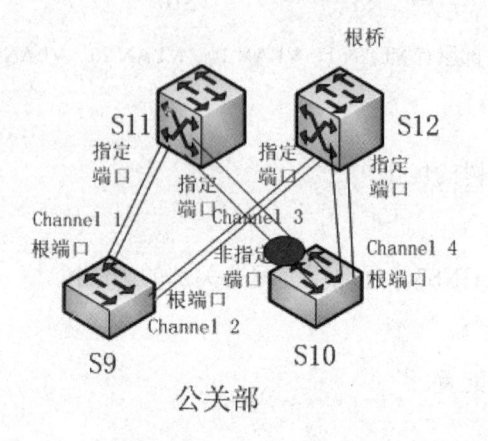

图 5.15　甲公司公关部的 VLAN 20 和 VLAN 30 的生成树

这样，交换机 S10 的 channel 4 不能通过 VLAN 1 和 VLAN 10 的数据，其他 VLAN 的数据都可以通过；交换机 S10 的 channel 3 不能通过 VLAN 20 和 VLAN 30 的数据，其他 VLAN 的数据都可以通过，有效地提高了冗余链路的利用率。

（3）uplinkfast 的应用。

S9(config)#spanning-tree uplinkfast
S10(config)#spanning-tree uplinkfast

（4）portfast 的应用。

S9(config)#interface range fa0/1 - 44
S9(config-range-if)#spanning-tree portfast
S9(config-range-if)#spanning-tree bpduguard enable
S10(config)#interface range fa0/1 - 36
S10(config-range-if)#spanning-tree portfast
S10(config-range-if)#spanning-tree bpduguard enable

典型项目之二

项目背景

乙公司在一幢建筑物中,拥有三层楼:一楼是人事部,成员有 99 人;二楼是财务部,成员有 20 人;三楼是服务器中心,成员有 10 人。而人事部根据公司的规定又分成 3 个小部门,每个小部门 33 人,分别由小张、小李和小王负责,为了保证各个小部门的信息安全及网络性能,现在人事部已经部署了 VLAN。为了保证用户的数据安全传输,公司研究和查看了人事部的生成树的链路状态,网络工程师决定对 STP 进行优化,亲自定制生成树和保护生成树,使得生成树会聚时间缩短,加快用户转发数据。乙公司人事部原有的生成树运行结果如图 5.16 所示。

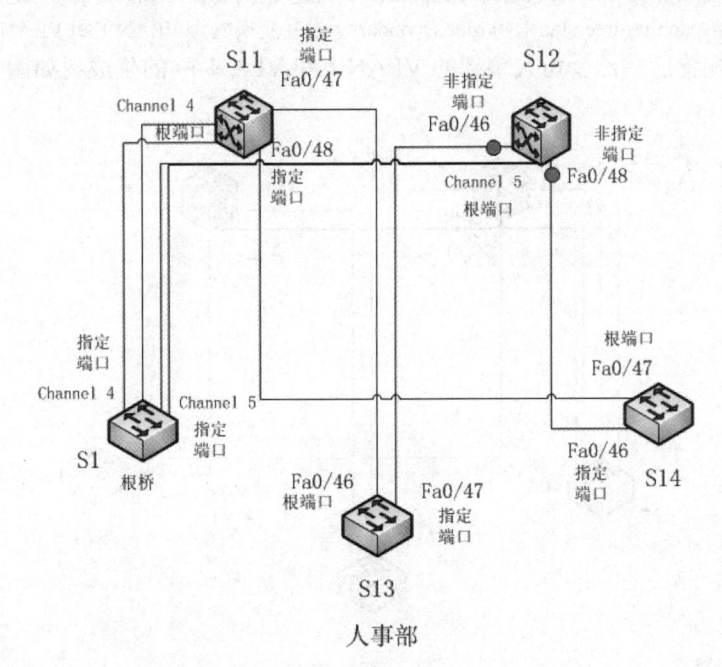

图 5.16 乙公司人事部原有 VLAN 40、VLAN 50、VLAN 60 的生成树运行结果

项目实验名称

乙公司人事部的生成树的优化。

项目实验要求与环境

利用思科模拟器软件 GNS3,优化乙公司人事部的生成树。

项目实验目的

掌握生成树的定制和配置。

项目实施步骤

(1)根桥规划。

根桥一般选择在网络的中央,而且由于根桥角色的重要性,宜选择交换机 S11 和 S12;另外,由于目前公关部有 3 个 VLAN,再加上 VLAN 1,共 4 个 VLAN 在用,因此,根桥的规划可如表 5.4 所列。

表 5.4　根桥的规划

交换机	VLAN 1	VLAN 40	VLAN 50	VLAN 60
S11	主根桥	主根桥	辅根桥	辅根桥
S12	辅根桥	辅根桥	主根桥	主根桥

（2）根桥的配置。

S11（config）#spanning-tree vlan 1,40 root primary //设置交换机为 VLAN 1 和 VLAN 10 的主根桥
S11（config）#spanning-tree vlan 50,60 root secondary //设置交换机为 VLAN 20 和 VLAN 30 的辅根桥
S12（config）#spanning-tree vlan 50,60 root primary //设置交换机为 VLAN 20 和 VLAN 30 的主根桥
S12（config）#spanning-tree vlan 1,40 root secondary //设置交换机为 VLAN 1 和 VLAN 10 的辅根桥

经过上面的配置后，乙公司人事部的 VLAN 1 和 VLAN 40 的生成树如图 5.17 所示。

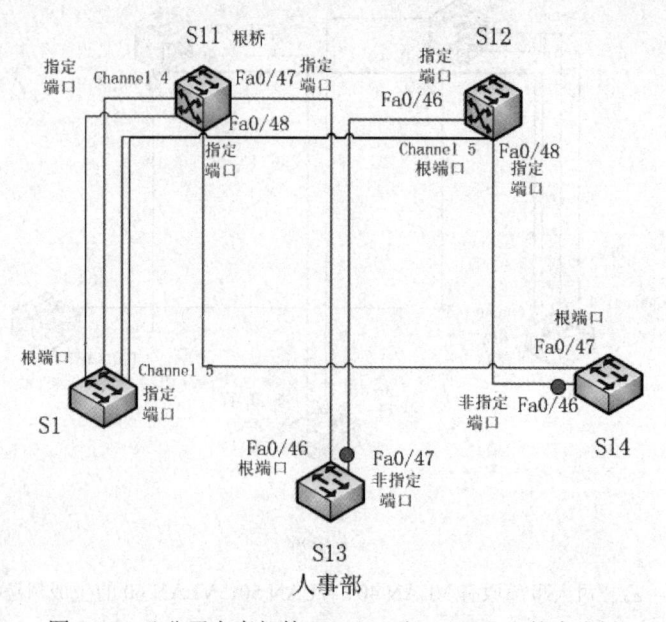

图 5.17　乙公司人事部的 VLAN 1 和 VLAN 10 的生成树

乙公司人事部的 VLAN 20、VLAN 30 的生成树如下：

这样，交换机 S13 的 Fa0/47 和交换机 S14 的 Fa0/46 不能通过 VLAN 1 和 VLAN 40 的数据，其他 VLAN 的数据都可以通过；交换机 S13 的 Fa0/46 和交换机 S14 的 Fa0/47 不能通过 VLAN 50 和 VLAN 60 的数据，其他 VLAN 的数据都可以通过，有效地提高了冗余链路的利用率，如图 5.18 所示。

（3）uplinkfast 的应用。

S1(config)#spanning-tree uplinkfast
S13(config)#spanning-tree uplinkfast
S14(config)#spanning-tree uplinkfast

（4）portfast 的应用。

S1(config)#interface range fa0/1 - 33
S1(config-range-if)#spanning-tree portfast

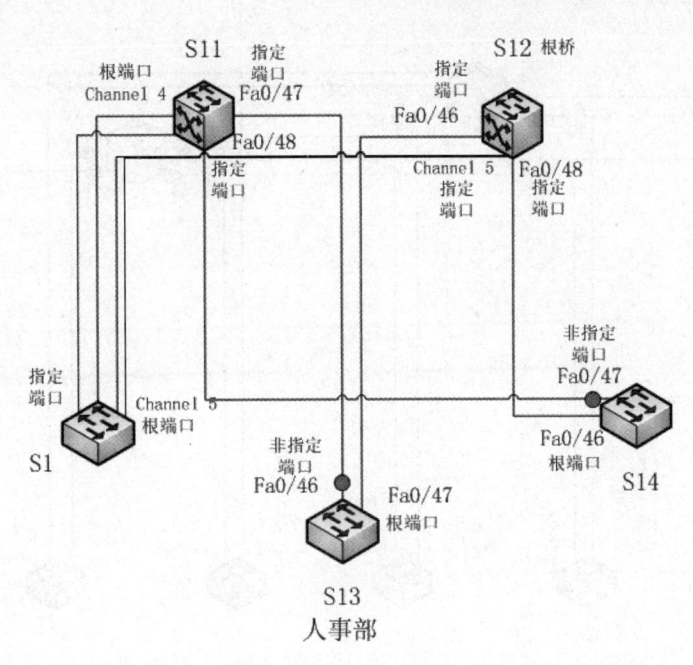

图 5.18 乙公司人事部的 VLAN 50 和 VLAN 60 的生成树

S1(config-range-if)#spanning-tree bpduguard enable
S13(config)#interface range fa0/1 - 33
S13(config-range-if)#spanning-tree portfast
S13(config-range-if)#spanning-tree bpduguard enable
S14(config)#interface range fa0/1 - 33
S14(config-range-if)#spanning-tree portfast
S14(config-range-if)#spanning-tree bpduguard enable

典型项目之三

项目背景

丙公司有一个总公司和两个分公司，总公司和一个分公司在武汉工业园内各自的建筑物里面，另一个分公司在天津有自己的办公楼。

总公司和分公司部门结构：这 3 个公司都有各自的财务部（20 人）、行政部（30 人）、生产部（40 人）、研发部（30 人）、后勤部（10 人）和业务部（45 人）。公司的网络拓扑结构如图 2.7 所示。

现在武汉分公司的两台多层交换机之间采用了一种技术：以太信道技术，增加链路的带宽，加快了交换数据的速度，减少了交换数据的延迟。为了保证用户的数据安全传输，公司准备优化武汉分公司的生成树。丙公司武汉分公司原有的生成树运行结果如图 5.19 所示。

项目实验名称

丙公司武汉分公司的生成树的优化。

项目实验要求与环境

利用思科模拟器软件 GNS3，优化丙公司武汉分公司的生成树。

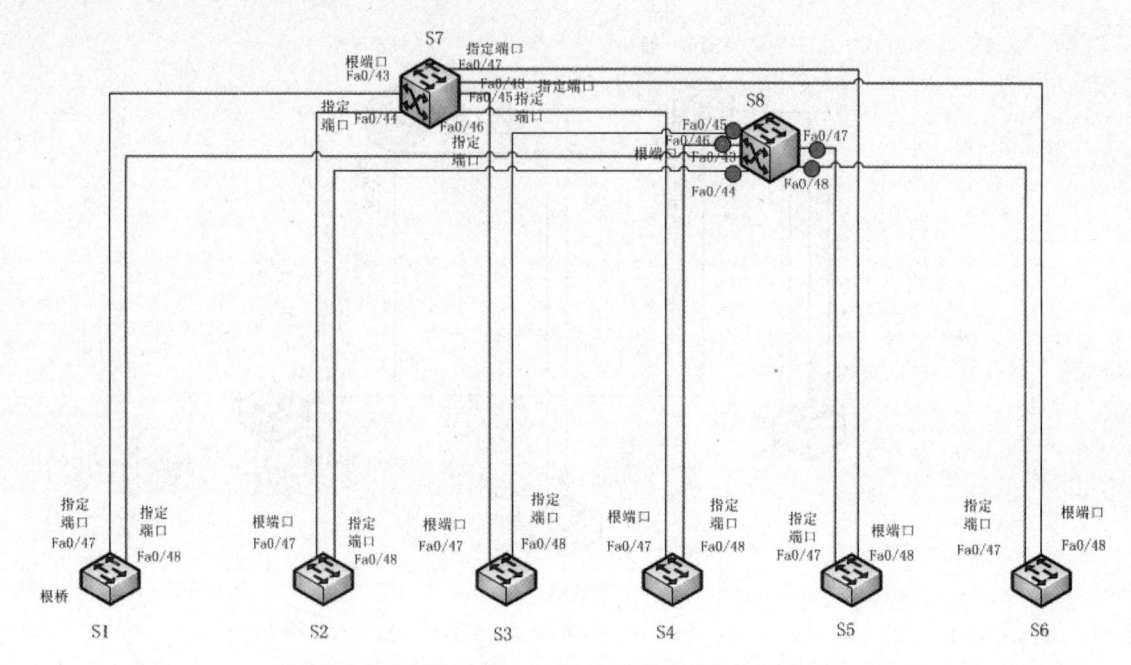

图 5.19　丙公司武汉分公司原有的生成树运行结果

项目实验目的

掌握交换机生成树的优化

项目实施步骤

（1）根桥规划。

根桥一般选择在网络的中央，而且由于根桥角色的重要性，宜选择交换机 S7 和 S8；另外，由于目前丙公司武汉分公司有 6 个 VLAN，再加上 VLAN 1，共 7 个 VLAN 在用，因此，根桥的规划可如表 5.5 所示。

表 5.5　根桥的规划

交换机	VLAN 1	VLAN 70	VLAN 80	VLAN 90	VLAN 100	VLAN 110	VLAN 120
S7	主根桥	主根桥	主根桥	主根桥	辅根桥	辅根桥	辅根桥
S8	辅根桥	辅根桥	辅根桥	辅根桥	主根桥	主根桥	主根桥

（2）根桥的配置。

S7（config）#spanning-tree vlan 1,70,80,90 root primary　　//设置交换机为 VLAN 1、VLAN 70、VLAN 80 和 VLAN 90 的主根桥

S7（config）#spanning-tree vlan 100,110 ,120 root secondary　　//设置交换机为 VLAN 100、VLAN 110 和 VLAN 120 的辅根桥

S8（config）#spanning-tree vlan 100,110,,120 root primary　　//设置交换机为 VLAN 100、VLAN 110 和 VLAN 120 的主根桥

S8（config）#spanning-tree vlan1,70,80,90 root secondary　　//设置交换机为 VLAN 1、VLAN 70、VLAN 80 和 VLAN 90 的辅根桥

经过上面的配置后，丙公司武汉分公司的 VLAN 1、VLAN 70、VLAN 80、VLAN 90 的

生成树如图 5.20 所示。

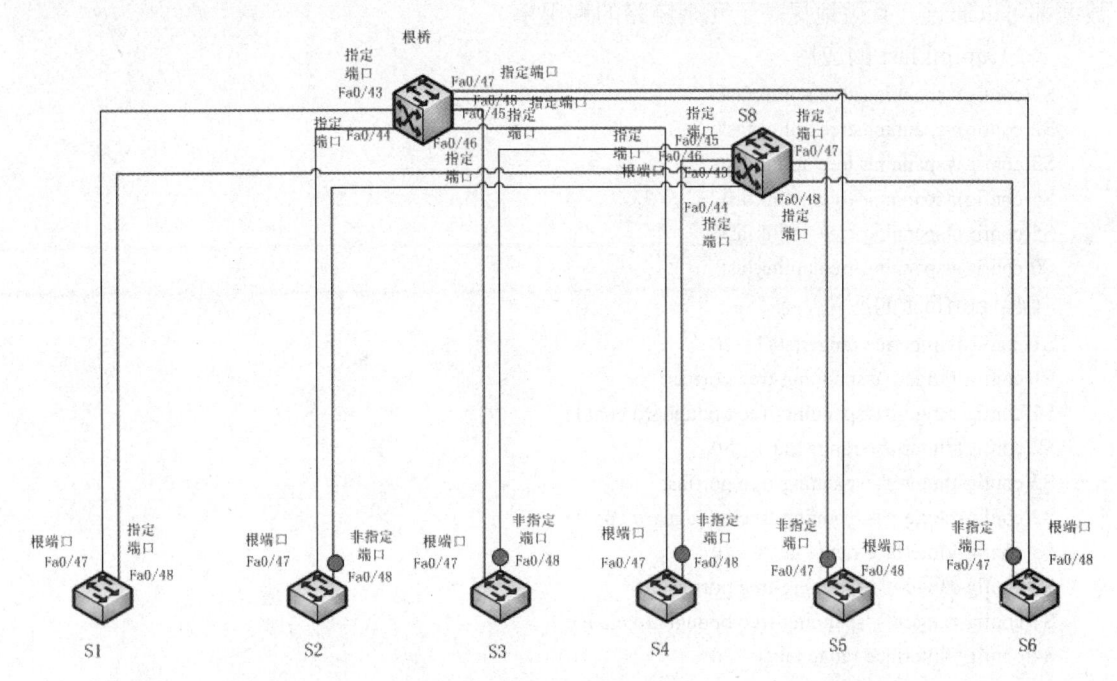

图 5.20　丙公司武汉分公司的 VLAN 1、VLAN 70、VLAN 80、VLAN 90 的生成树

丙公司武汉分公司的 VLAN 100、VLAN 110、VLAN 120 的生成树如图 5.21 所示。

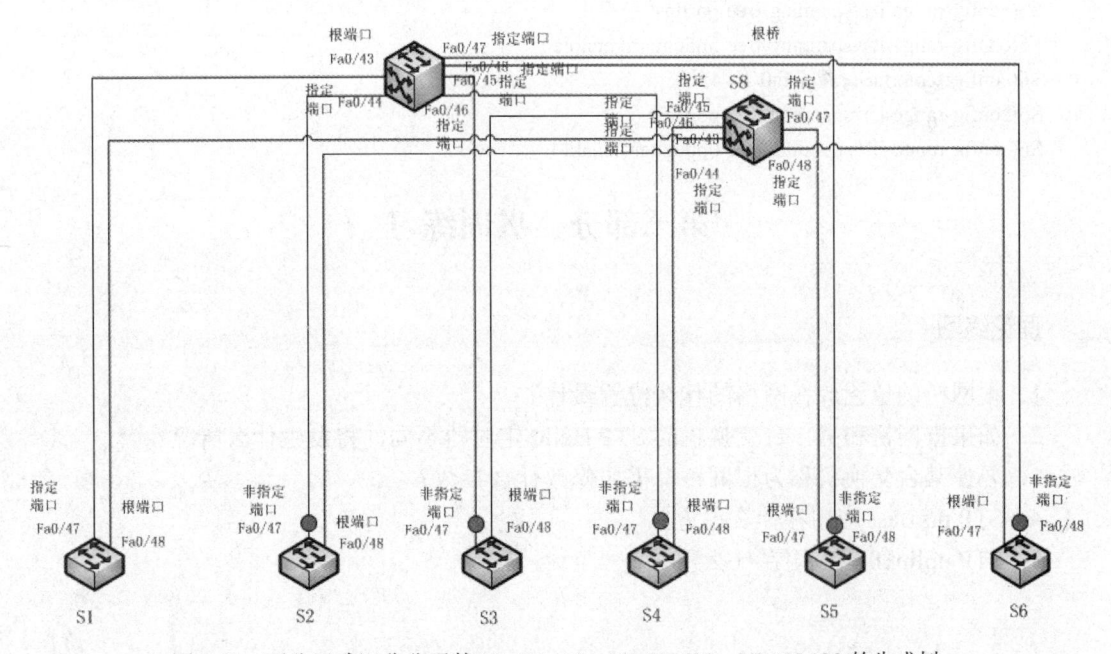

图 5.21　丙公司武汉分公司的 VLAN 100、VLAN 110、VLAN 120 的生成树

这样，交换机 S2～S4 的 Fa0/48 和交换机 S5、S6 的 Fa0/47 不能通过 VLAN 1、VLAN 70、VLAN 80 和 VLAN 90 的数据，其他 VLAN 的数据都可以通过；交换机 S2～S4 的 Fa0/47 和交

换机 S5、S6 的 Fa0/48 不能通过 VLAN 100、VLAN 110 和 VLAN 120 的数据，其他 VLAN 的数据都可以通过，有效地提高了冗余链路的利用率。

（3）uplinkfast 的应用。

S1(config)#spanning-tree uplinkfast
S2(config)#spanning-tree uplinkfast
S3(config)#spanning-tree uplinkfast
S4(config)#spanning-tree uplinkfast
S5(config)#spanning-tree uplinkfast
S6(config)#spanning-tree uplinkfast

（4）portfast 的应用。

S1(config)#interface range fa0/1 - 20
S1(config-range-if)#spanning-tree portfast
S1(config-range-if)#spanning-tree bpduguard enable
S2(config)#interface range fa0/1 - 30
S2(config-range-if)#spanning-tree portfast
S2(config-range-if)#spanning-tree bpduguard enable
S3(config)#interface range fa0/1 - 40
S3(config-range-if)#spanning-tree portfast
S3(config-range-if)#spanning-tree bpduguard enable
S4(config)#interface range fa0/1 - 30
S4(config-range-if)#spanning-tree portfast
S4(config-range-if)#spanning-tree bpduguard enable
S5(config)#interface range fa0/1 - 10
S5(config-range-if)#spanning-tree portfast
S5(config-range-if)#spanning-tree bpduguard enable
S6(config)#interface range fa0/1 - 45
S6(config-range-if)#spanning-tree portfast
S6(config-range-if)#spanning-tree bpduguard enabl

第三部分　巩固练习

理论练习

1. 根网桥的位置放在网络的什么位置最佳？
2. 如果根网桥和另一台交换机的 STP Hello 定时器不同，将发生什么情况？
3. 要使某台交换机称为根网桥，需要修改什么参数？
4. STP portfast 应用在什么地方？
5. STP uplinkfast 应用在什么地方？

项目 6 高级生成树协议

项目学习重点

- 掌握快速生成树协议的工作机制
- 掌握多生成树的功能和工作机制

第一部分 理论知识

6.1 快速生成树 RSTP

IEEE 802.1D 生成树协议用于保证交换型网络中无桥接环路，由于拓扑变更而达到稳定需要 30 秒，而端口也要经历两个转发延迟时间 30 秒才可以从阻塞状态变为转发状态。随着现实技术的提高，在对网络延迟要求很高的生产型网络中，等待 30 秒完成网络故障恢复是不可忍受的。

IEEE 802.1W 标准继承了 IEEE 802.1D 的概念，但是加快了会聚的速度，称之为快速生成树（RSTP），这个协议定义了交换机之间非常高效的交互方式，确保网络拓扑无桥接环路。思科利用 RSTP 作为思科 PVST+的底层机制，称之为快速 PVST+（RPVST+）；IEEE 802.1S 也利用 RSTP 作为底层机制，称为多生成树（MST）。

6.1.1 RSTP 中的 BPDU

RSTP 使用的 BPDU 格式和 IEEE 802.1D 一样，只不过使用了消息类型中以前没有使用过的位。BPDU 设置为 2，以便区分 RSTP BPDU 和 IEEE 802.1D BPDU。RSTP 的 BPDU 中包含交换机的 RSTP 角色和状态。

在 IEEE 802.1D 中，绝大部分 BPDU 来自根网桥，其他交换机收到后沿着生成树向下转发。在 RSTP 下，所有交换机都主动维护网络拓扑，每台交换机的所有活动端口都每隔 Helo 时间向邻居交换机发送一条 BPDU，这样两台邻居交换机就能够协商状态变化。每台交换机希望从邻居交换机那里收到 BPDU，如果连续 3 次没有收到 BPDU，就判定邻居交换机发生了故障，所有与前往该交换机的端口相关信息都将过期而被删除，这表示交换机能够在 3 个 Hello 时间间隔内检测到邻居交换机的故障（默认是 6 秒），而 IEEE 802.1D 最长寿命时间默认为 20 秒。

显然，运行 RSTP 的交换机能够和运行 IEEE 802.1D 的交换机共同存在和兼容，交换机的每个端口根据收到的 IEEE 802.1D BPDU 规则来运行。当然，如果在很短的时间内，端口同时收到 RSTP BPDU 和 IEEE 802.1D BPDU 的话，每台交换机的每个端口都有锁定协议，在迁移延迟定时器内锁定协议类型，以免发生 STP 类型频繁变化，等到迁移延迟定时器到期后，端口就根据需要更改协议，如图 6.1 所示。

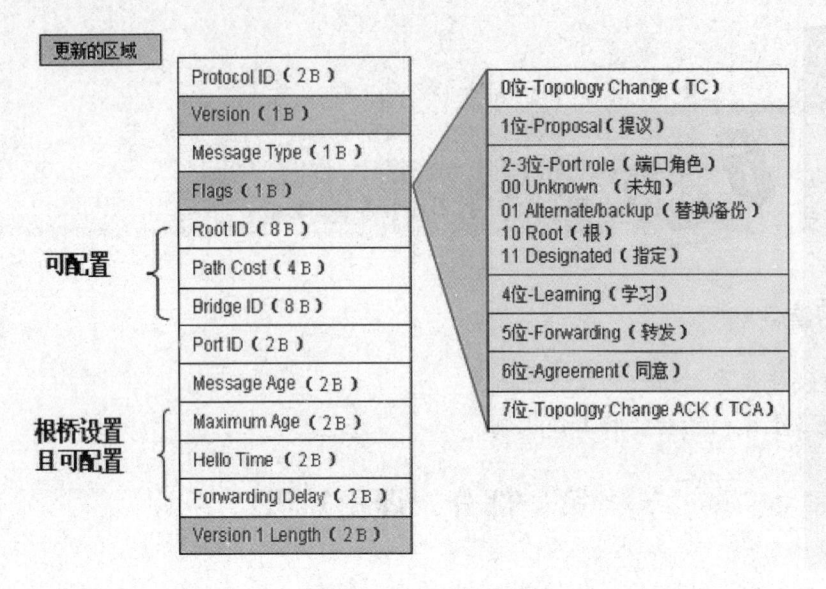

图 6.1 RSTP 的 BPDU

6.1.2 RSTP 中的端口行为和状态

在 IEEE 802.1D 中，当根网桥选举后，交换机的每个端口都有自己的角色，即根端口、指定端口和非指定端口，同时端口也有自己的状态，即阻塞、监听、学习和转发，只有处于转发状态的端口才可以发送和接收数据。

在运行 RSTP 的网络中，根网桥的选举和 IEEE 802.1D 一样，由最低网桥 ID 决定。当根网桥选举完毕之后，每台交换机通过自己的端口和邻居交换机交互，这种交互不是严格根据来自根网桥的 BPDU，而是基于端口角色操作的，具体的端口角色如下：

● 根端口。

这与 IEEE 802.1D 的定义一样，每台非根网桥交换机上前往根网桥的根路径成本最低的端口就是根端口。

● 指定端口。

每个网段上，前往根网桥的根路径成本最低的端口就是指定端口。

● 替换端口。

当非根网桥交换机有前往根网桥的替代路径时，替代路径的根路径成本比根端口的根路径成本高一点的端口就是替换端口。

● 备份端口。

到网段的冗余连接的端口，主要用于提供回到根网桥的路径。如果现有的指定端口发生故障，备份端口将成为指定端口。

图 6.2 所示为 RSTP 端口角色示例。

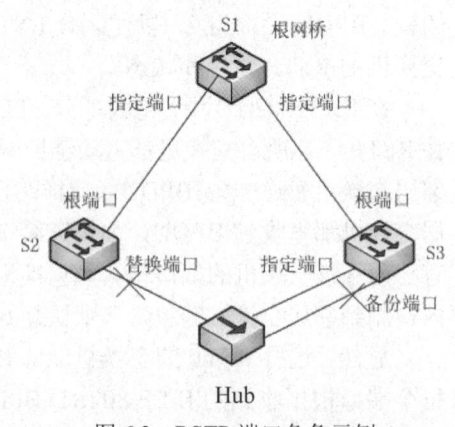

图 6.2 RSTP 端口角色示例

RSTP 根据端口如何处理到来的帧来定义端口的状态。任何端口角色都有下列端口状态：

- 丢弃。

不获得帧的 MAC 地址，将收到的帧丢弃。替代端口和备用端口处于丢弃状态。

- 学习。

获得帧的 MAC 地址，将收到的帧丢弃。

- 转发。

根据已经获得的目的 MAC 地址转发收到的帧。根端口和指定端口处于转发状态。

6.1.3 RSTP 的会聚

传统的生成树协议 IEEE 802.1DSTP 的会聚是指所有交换机都认为自身是根网桥的状态到选举根网桥、根端口、指定端口和非指定端口、确保无环路的统一状态。可以把传统的生成树协议的会聚看作两步：

① 选举所有交换机知道的根网桥。
② 每台交换机的端口从阻塞状态转换为合适的状态，避免形成环路。

通常，传统生成树协议的会聚需要一定的时间，需要定时器来维护，而 RSTP 使用不同于传统的生成树协议会聚的方法：当交换机启动时或者检查到现有网络拓扑有故障时，RSTP 根据交换机端口类型做出决策。

1. 端口类型

（1）边缘端口。

只连接单台主机的端口称为边缘端口，其他的称为非边缘端口。边缘端口上启用了 portfast 功能，不能形成环路，可立即转换为转发状态。如果在边缘端口上收到 BPDU，就会立即失去边缘端口状态，成为一个正常的生成树端口。

（2）根端口。

它是前往根网桥的路径成本最低的端口。每台非根网桥交换机只有一个处于活动状态的根端口，如果检测到有其他前往根网桥的端口，此端口就称为替代根端口。当根端口出现故障时，替代根端口就立即进入转发状态。

（3）点到点端口。

任何连接其他交换机并成为指定端口的端口称为点到点端口。

两台交换机之间只有一条链路，同时端口之间的连接为全双工，这样的链路类型称为点到点链路。如果端口工作在半双工模式，交换机就认为工作在共享介质上。可以通过端口命令 spanning-tree link-type 来手工进行设置。在点到点链路上，不是通过定时器过期的策略，而是通过提议和同意的方式与邻居交换机交换 BPDU：当一台交换机提议自己的端口为指定端口时，若邻居交换机同意，则使用同意消息回应，能够迅速完成会聚。在连接了三个网桥的共享链路上，下游网桥是不会响应上游指定端口发出的握手请求的，只能等待两倍转发延迟时间进入转发状态。如图 6.3 所示为 RSTP 链路类型。

2. 同步

RSTP 处理网络会聚时，采用点到点链路传播握手消息。当交换机需要作出 STP 决策时，就与邻居交换机握手。该握手成功后，与下一台交换机再握手，不断重复，直到网络边缘。而每次握手，交换机都采取措施，确保无环路后再进行下一次握手，这是利用同步过程实现的。如图 6.4 所示为提议和同意过程。

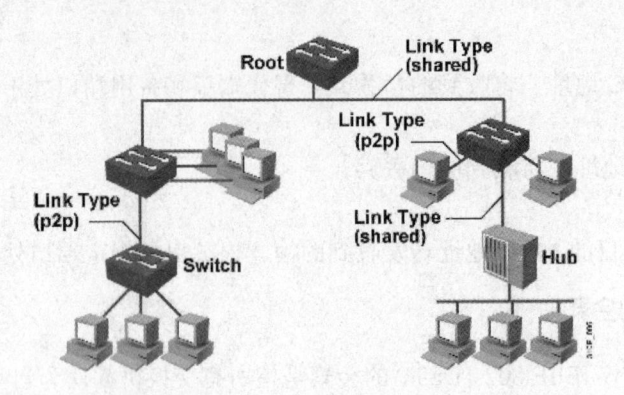

图 6.3 RSTP 链路类型

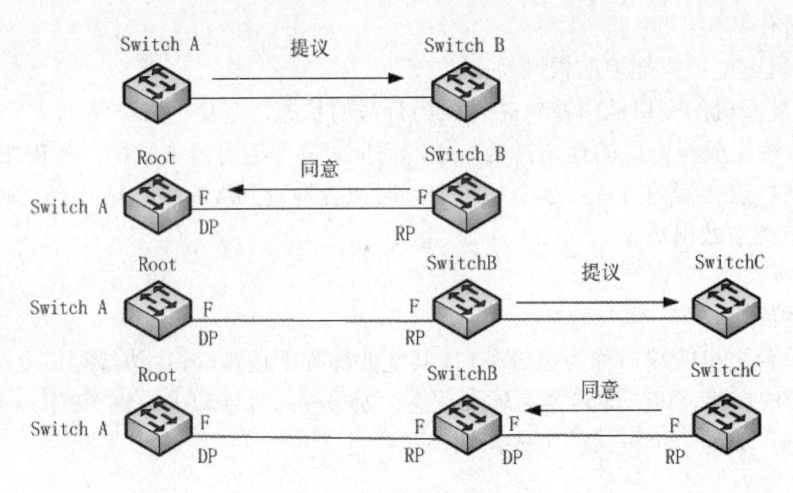

图 6.4 提议和同意过程

(1) 交换机 A 与交换机 B 通过点到点链路连接，所有端口都处于阻塞状态。假设交换机 A 的优先级大于交换机 B 的优先级，交换机 A 将向交换机 B 发送一个提议消息，提议自己为指定交换机。

(2) 当交换机 B 接收到提议消息后，就把收到提议消息的端口设置为新的根端口，将其他非边缘端口设置为阻塞状态，并且从新的根端口发回给交换机 A 一个同意消息。

(3) 交换机 A 收到交换机 B 的同意消息后，立即将指定端口转换到转发状态。由于交换机 B 将所有的非边缘端口设置为阻塞状态，并且交换机 A 和交换机 B 只有点到点连接，所以网络中无环路。

(4) 交换机 C 连接到交换机 B 的时候，会进行相同的协商过程。交换机 C 将与交换机 B 连接的端口设置为根端口，并且立即转换为转发状态。每一台交换机接入到活动拓扑后都会进行一次类似的协商过程。在网络收敛的过程中，协商一致从根网桥进行到最末端的交换机。

当交换机从一个端口接收到提议消息并且端口被选举为根端口后，RSTP 强制所有其他端口与新的根信息同步。当交换机的所有端口都与从根端口上接收到的根信息同步后，就说交换机同步了。交换机上的每个端口在以下状况就表示同步完成：①端口处于阻塞状态；②是一个边缘端口。

如果一个端口在转发状态并且没有被配置为边缘端口，那么当 RSTP 强制同步新的根信息的时候会转换到阻塞状态。通常,当 RSTP 强制同步根信息而端口并没有在以上状态时,交换机就通过根端口向指定交换机发送一个同意消息。当通过点到点连接的交换机之间通过协商确定端口角色后,RSTP 立即将端口转换到转发状态。

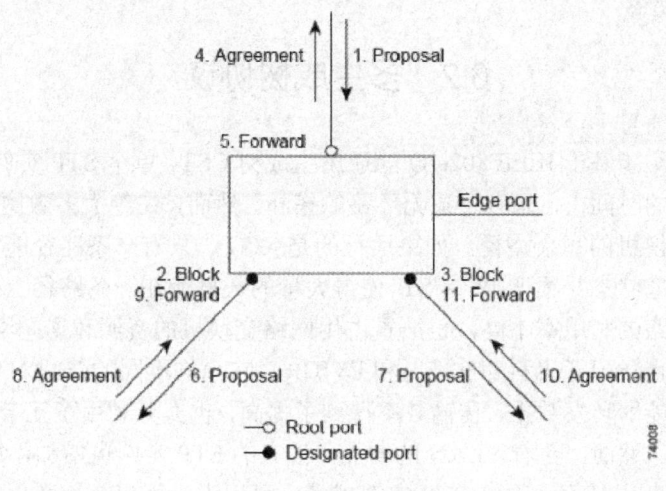

图 6.5 端口角色同步

RSTP 的会聚过程非常快,与 BPDU 的传播速度相当,并且不需要任何定时器。如果邻居交换机不能理解 RSTP 或者不能应答,就根据 802.1D 的规则进行,即端口在转为转发状态之前,必须经历传统的监听状态和学习状态。

6.1.4 RSTP 拓扑变化机制

传统的生成树协议 IEEE 802.1D 在转发状态和阻塞状态之间的变化都会引起拓扑变动,发送 TCN BPDU 给根网桥,再由根网桥通知拓扑变化给其他交换机。而 RSTP 只有在非边缘端口从阻塞状态变换为转发状态才会造成拓扑变化。任何边缘端口的状态变化不会引起拓扑变动。

当 RSTP 检测到拓扑变化后,就会发送设置了 TC 标志的 BPDU。当交换机从邻居接收到具有 TC 比特位设置的 BPDU 的时候,交换机将执行下列行为:

(1)清除在所有端口(接收拓扑变化的端口除外)上学习到的 MAC 地址。

(2)启动 TC While 计时器,并且在它的所有指定端口和根端口上发送具有 TC 比特位设置的 BPDU。

通过这种方式,拓扑变化能够快速地扩散到整个网络,进而保证相对快速地清除陈旧的消息,如图 6.6 所示。

6.1.5 RSTP 的配置

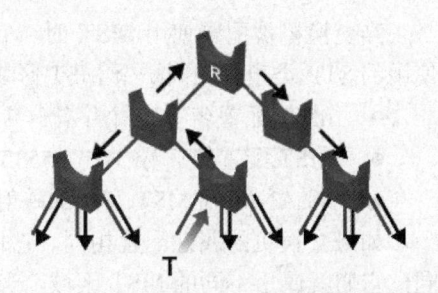

图 6.6 RSTP 拓扑变化机制

RSTP 只是一种底层机制,因此,启用其他生成树模式(RPVST+或 MST)后,才能启用 RSTP。命令如下:

Switch(congfig)#spanning-tree mode {rapid-PVST| MST}

当生成树模式变化后，当前所有的 STP 进程将重新启动，在一段短时间内用户是无法传输数据的。另外，交换机必须要能够支持 RSTP 和传统的 IEEE 802.1D STP 邻居，以便根据接收到的 BPDU 版本确定邻居的 STP 类型。通过 show spanning-tree vlan vkan-id 命令可以查看获悉的邻居类型。

6.2 多生成树协议

在项目 4 中介绍了基于 IEEE 802.1Q 的通用生成树 CST，单个 STP 实例用于所有 VLAN，这就意味着在一定的时间内，只有一条无环路的拓扑。然而，在绝大多数网络中，每台交换机都有到达另一台交换机的冗余路径，如果运行的是 CST，只有一条路径能够转发数据，另一条路径始终处于阻塞状态。很明显，CST 使得大量的数据流在一条路径上传输，效率不高，显得拥挤，冗余链路的利用率不高，也严重占用网络交换机的资源和影响网络性能。

在项目 4 中，也学习了思科的 PVST 和 PVST+，它允许不同的 VLAN 有不同的拓扑，这样每条冗余链路都能够转发数据，传输效率得到了提高，也充分利用了冗余链路，交换机和网络的性能得到改善。然而，随着 VLAN 的增加，独立的 STP 实例也增加，每个 STP 实例都将占用交换机的 CPU 和内存等资源，STP 实例越多，可用于为用户交换数据的资源就越少。

多生成树协议（MST）旨在用于解决 STP 实例过多或者过少的问题，让网络工程师可以根据企业的需要而配置合适的 STP 实例数。MST 协议是在 IEEE 802.1S 中定义的。

6.2.1 MST 简介

MST 就是把一个或者多个 VLAN 映射到单个 STP 实例。当然，可以使用多个 STP 实例，每个实例支持不同的 VLAN 组。

在网络中实施 MST，可以根据以下内容确定：

- 网络拓扑需要几个 STP 实例来支持。
- 几个 VLAN 映射到一个 STP 实例。

6.2.2 MST 区域

当交换机被配置使用 MST 时，它必须加入到同一个 MST 区域中才可以确定邻居交换机使用的 STP 类型。在同一个 MST 区域中的交换机都必须配置同样的属性：

- MST 配置名（32 个字符）。
- MST 配置修订号（0～65535）。
- VLAN 组到 MST 实例的映射表（4096 项）。

如果交换机的属性配置相同，它们就属于同一个 MST 区域；如果交换机的属性配置不相同，它们就属于不同的 MST 区域。当然，在绝大多数网络中，虽然可以配置多个 MST 区域，但是单个 MST 区域足够了。

在 MST BPDU 中不包含 VLAN 组到 MST 实例的映射表，而是包含根据映射表内容计算得到的摘要（散列码），映射表不同，摘要也不相同，交换机可以很快将收到的摘要与本地的摘要作比较，来确定通告的映射表是否相同。在 MST BPDU 中，同时也包含了属性配置。当交换机接收到该 BPDU 后，就与本地的 MST 配置进行比较。若属性相同，则 STP 实例就在该

MST 区域内共享；否则，就表示交换机处于 MST 区域边界，即两个 MST 区域相交的地方或者 MST 区域和传统的 802.1D STP 相交的地方。

6.2.3 在 MST 中的生成树实例

1. IST 实例（ISTI）

MST 支持各种 STP 实例，可以和其他任何形式的 STP 进行互操作。例如，在图 6.7 所示的网络中，交换机 A、B、C 和 D 运行 MST，属于同一个 MST 区域，而交换机 E 运行 IEEE 802.1Q 的 CST。在该 MST 区域内部，MST 使用某种机制建立了一个无环路的网络拓扑，得到了 MST 内部生成树实例（IST），然后再和区域外部运行 802.1Q CST 的交换机 E 通过本征 VLAN 交换 BPDU，按照 CST 的规则建立一个无环路的网络拓扑。IST 使得内部网络就像单个网桥，而在外部的 CST 看来，MST 区域就是一个虚拟网桥。

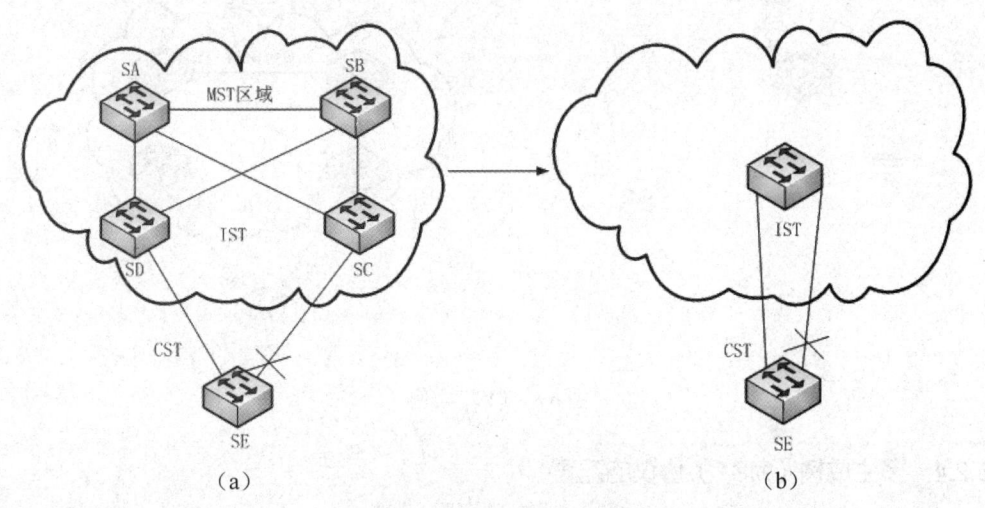

图 6.7 MST 和 CST 的互操作

2. MST 实例（MSTI）

在每个 MST 区域中，思科最多支持 16 个 MST 实例。默认情况下，所有 VLAN 也都被映射到 MSTI0，IST 总是 MSTI0，而 MSTI1～MSTI15 是用户可以创建的。

在图 6.7（a）所示的 MST 区域内，假设配置了两个 MST 实例：MSTI1 和 MSTI2，VLAN1 和 VLAN10 映射到 MSTI1、VLAN20 和 VLAN30 映射到 MSTI2。它们的拓扑都相同，但是独自会聚。这样，在这个 MST 区域内，同时存在 3 个独立的 STP 实例，即 ISTI、MSTI1 和 STI2，如图 6.8 所示。

每个 MST 实例只在本区域内有意义，邻居区域也可以使用相同的 MST 实例。在所有 MST 实例中，只有 IST 实例能够发送和接收 MST BPDU，而其他 MSTI 的信息是附加在 MST BPDU 上的。也就是说，即使 MST 区域内有 16 个活动的 MST 实例，也只有 1 条 BPDU 在传播它们的 STP 信息，同时也可表明进出 MST 区域的只有 IST BPDU。

3. MST 与 PVST+的互操作

当 MST 区域和运行 PVST+的交换机相连时，MST 可以监听和识别到对方是否使用了 PVST+。当识别是运行 PVST+后，MST 区域就向运行 PVST+的交换机发送 BPDU，而这个

BPDU 也将被复制到 PVST+交换机中继线上的所有 VLAN。

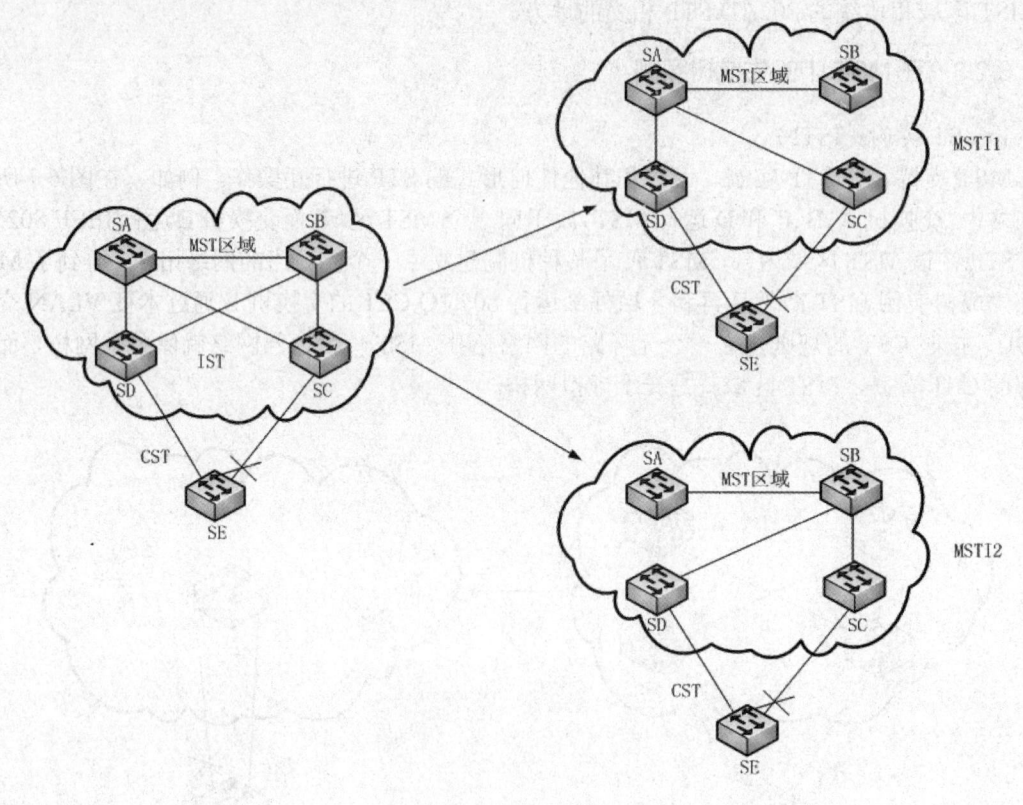

图 6.8 MST 实例

6.2.4 多生成树（MST）协议的配置

目前，还不能像 VTP 那样，将 MST 属性从一台交换机传送到另一台交换机，必须在 MST 区域内的每台交换机上手工配置 MST 属性。可以使用以下步骤来完成：

（1）在 MST 区域内的每台交换机上启用 MST。
Switch（config）#spanning-tree mode mst
（2）进入 MST 配置模式。
Switch（config）#spanning-tree mst configuration
（3）配置 MST 区域名。
Switch（config-mst）#name name
（4）配置 MST 区域修订号。
Switch（config-mst）#revision version
（5）将 VLAN 组映射到 MST 实例。
Switch（config-mst）#instance instance-id vlan vlan-list
（6）查看未提交的修改。
Switch（config-mst）#show pending
（7）退出 MST 配置模式的同时，向活动的 MST 区域提交配置修改。
Switch（config-mst）#exit

由于交换机不能同时运行 PVST+和 MST，因此，启用并配置了 MST 后，PVST+将停止运行。

另外，还可以设置 MST 的定时器参数。由于 MST 实例定时器都是通过 IST 的 BPDU 传播的，故而定时器应用于整个 MST 而不是某个特定的 MST 实例，命令如下：

Switch（config）#spanning-tree mst hello-time seconds
Switch（config）#spanning-tree mst forward-time seconds
Switch（config）#spanning-tree mst max-age seconds

也可以设置每个 MST 实例的根网桥，命令如下：

Switch（config）#spanning-tree mst instance-id root {primary | secondary} {diameter diameter}
Switch（config）#spanning-tree mst instance-id priority bridge-priority

同时也可以设置端口成本和优先级，命令如下：

Switch（config）#spanning-tree mst instance-id cost cost
Switch（config）#spanning-tree mst instance-id port-priority port-priority

第二部分　典型项目

典型项目之一

项目背景

甲公司公关部通过采用以太信道技术，增加了内部网络链路的带宽，加快了交换数据的速度，减少了交换数据的延迟，利用生成树协议 STP 充分利用了冗余链路，提高了网络的可用性，但是一旦网络拓扑发生了变化，用户感觉交换数据还是有延迟，甚至数据包丢失。根据这一现象，网络工程师对 STP 进行了优化，亲自定制了生成树和保护生成树，使得生成树会聚时间缩短，加快了用户转发数据，但是交换机的 CPU 占用率却增加了，为了降低交换机的 CPU 占用率，网络工程师决定使用多生成树协议来实现这个目标。甲公司公关部原有的生成树运行结果如图 6.9 所示。

甲公司公关部的 VLAN 20 和 VLAN 30 的生成树如图 6.10 所示。

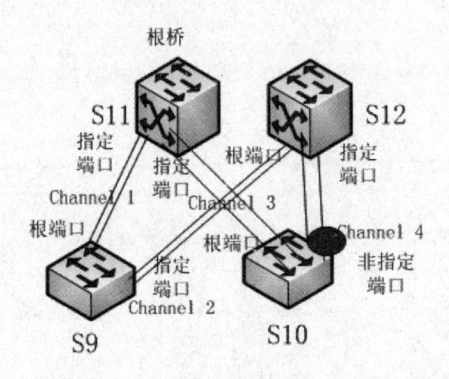

图 6.9　甲公司公关部的 VLAN 1 和 VLAN 10 的生成树

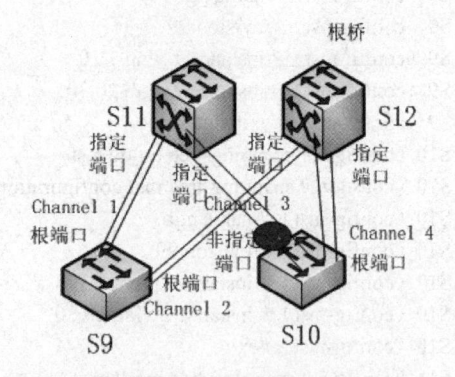

图 6.10　甲公司公关部的 VLAN 20 和 VLAN 30 的生成树

交换机 S10 的 channel 4 不能通过 VLAN 1 和 VLAN 10 的数据，其他 VLAN 的数据都可

以通过；交换机 S10 的 channel 3 不能通过 VLAN 20 和 VLAN 30 的数据，其他 VLAN 的数据都可以通过，有效地提高了冗余链路的利用率，但是每台交换机需要使用更多的资源来维护 4 个生成树实例，从而导致 CPU 占用率的增加。

项目实验名称

甲公司公关部的生成树的再次优化。

项目实验要求与环境

利用思科模拟器软件 GNS3，再次优化甲公司公关部的生成树。

项目实验目的

掌握更好地优化生成树的定制和配置。

项目实施步骤

（1）多生成树实例的规划。

VLAN 1 和 VLAN 10 映射到实例 1，VLAN 20 和 VLAN 30 映射到实例 2。

（2）根桥的规划。

根桥一般选择在网络的中央，而且由于根桥角色的重要性，宜选择交换机 S11 和 S12；另外，由于目前公关部有 3 个 VLAN，再加上 VLAN 1，共 4 个 VLAN 在用，因此，根桥的规划可如表 6.1 所示。

表 6.1　根桥的规划

交换机	示例 1	示例 2
S11	主根桥	
S12		主根桥

（3）多生成树实例的配置。

S9（config）# spanning-tree mode mst
S9（config）# spanning-tree mst configuration
S9（config-mst）# name ggb
S9（config-mst）#revision 99
S9（config-mst）# instance 1 vlan 1,10
S9（config-mst）# instance 2 vlan 20,30
S9（config-mst）#exit
S10（config）# spanning-tree mode mst
S10（config）# spanning-tree mst configuration
S10（config-mst）# name ggb
S10（config-mst）#revision 99
S10（config-mst）# instance 1 vlan 1,10
S10（config-mst）# instance 2 vlan 20,30
S10（config-mst）#exit
S11（config）# spanning-tree mode mst
S11（config）# spanning-tree mst configuration
S11（config-mst）# name ggb
S11（config-mst）#revision 99

```
S11（config-mst）# instance 1 vlan 1,10
S11（config-mst）# instance 2 vlan 20,30
S11（config）# spanning-tree mst 1 root primary diameter 3        //配置 S11 为 MST 实例 1 的根网桥
S12（config-mst）#exit
S12（config）# spanning-tree mode mst
S12（config）# spanning-tree mst configuration
S12（config-mst）# name ggb
S12（config-mst）#revision 99
S12（config-mst）# instance 1 vlan 1,10
S12（config-mst）# instance 2 vlan 20,30
S12（config-mst）#exit
    S12（config）# spanning-tree mst 2 root primary diameter 3        //配置 S12 为 MST 实例 2 的根网桥
```

（4）实例根桥的配置。

```
S11（config）#spanning-tree mst 1 root primary    //设置交换机为实例 1 的根桥
S12（config）#spanning-tree mst 2 root primary    //设置交换机为实例 2 的根桥
```

经过上面的配置后，甲公司公关部的多生成树如图 6.11 所示。

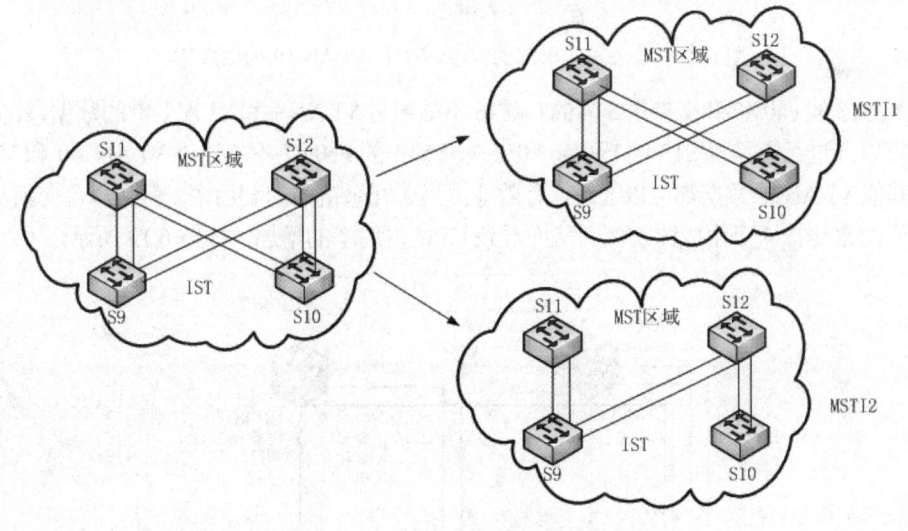

图 6.11 甲公司公关部的多生成树

典型项目之二

项目背景

乙公司在一幢建筑物中，拥有三层楼：一楼是人事部，成员有 99 人；二楼是财务部，成员有 20 人；三楼是服务器中心，成员有 10 人。而人事部根据公司的规定又分成 3 个小部门，每个小部门 33 人，分别由小张、小李和小王负责，为了保证各个小部门的信息安全及网络性能，现在人事部已经部署了 VLAN。为了保证用户的数据安全传输，公司研究和查看了人事部的生成树的链路状态，网络工程师决定对 STP 进行优化，亲自定制生成树和保护生成树，使得生成树会聚时间缩短，加快用户转发数据速度。但是交换机的 CPU 占用率却增加了，为了降低交换机的 CPU 占用率，网络工程师决定使用多生成树协议来实现这个目标。乙公司人事部原有的生成树运行结果如图 6.12 所示。

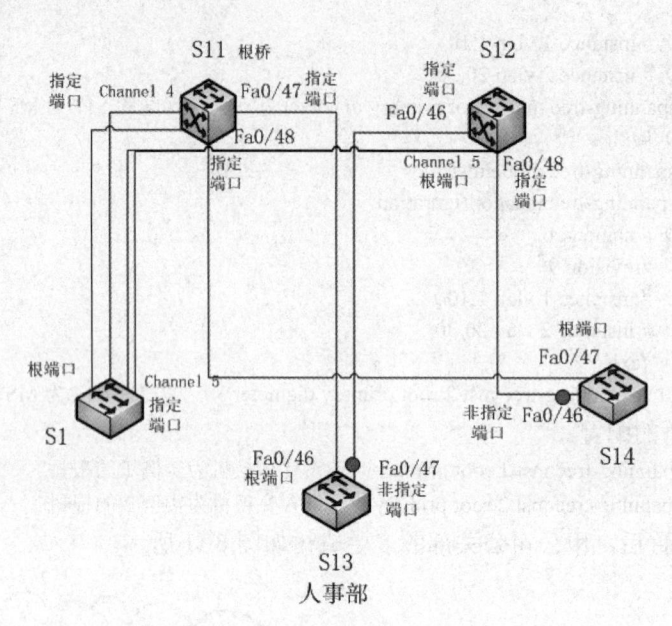

图 6.12　乙公司人事部的 VLAN 1 和 VLAN 10 的生成树

交换机 S13 的 Fa0/47 和交换机 S14 的 Fa0/46 不能通过 VLAN 1 和 VLAN 40 的数据，其他 VLAN 的数据都可以通过；交换机 S13 的 Fa0/46 和交换机 S14 的 Fa0/47 不能通过 VLAN 50 和 VLAN 60 的数据，其他 VLAN 的数据都可以通过，有效地提高了冗余链路的利用率。但是每台交换机需要使用更多的资源来维护 4 个生成树实例，从而导致 CPU 占用率的增加，如图 6.13 所示。

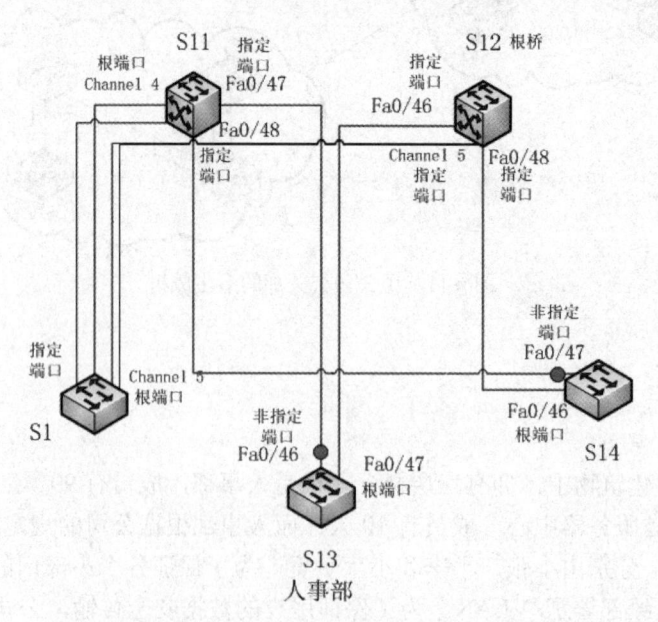

图 6.13　乙公司人事部的 VLAN 50 和 VLAN 60 的生成树

项目实验名称

乙公司人事部的生成树的再次优化。

项目实验要求与环境

利用思科模拟器软件 GNS3，再次优化乙公司人事部的生成树。

项目实验目的

掌握更好地优化生成树的定制和配置。

项目实施步骤

（1）多生成树实例的规划。

VLAN 1 和 10 映射到实例 1，VLAN 20 和 30 映射到实例 2。

（2）根桥的规划。

根桥一般选择在网络的中央，而且由于根桥角色的重要性，宜选择交换机 S11 和 S12；另外，由于目前公关部有 3 个 VLAN，再加上 VLAN 1，共 4 个 VLAN 在用，因此，根桥的规划可如表 6.2 所示。

表 6.2　根桥的规划

交换机	示例 3	示例 4
S11	主根桥	
S12		主根桥

（3）多生成树实例的配置。

S1（config）# spanning-tree mode mst
S1（config）# spanning-tree mst configuration
S1（config-mst）# name rsb
S1（config-mst）#revision 99
S1（config-mst）# instance 3 vlan 1,40
S1（config-mst）# instance 4 vlan 50,60
S1（config-mst）#exit
S11（config）# spanning-tree mode mst
S11（config）# spanning-tree mst configuration
S11（config-mst）# name rsb
S11（config-mst）#revision 99
S11（config-mst）# instance 3 vlan 1,40
S11（config-mst）# instance 4 vlan 50,60
S11（config-mst）#exit
S12（config）# spanning-tree mode mst
S12（config）# spanning-tree mst configuration
S12（config-mst）# name rsb
S12（config-mst）#revision 99
S12（config-mst）# instance 3 vlan 1,40
S12（config-mst）# instance 4 vlan 50,60
S12（config-mst）#exit
S13（config）# spanning-tree mode mst
S13（config）# spanning-tree mst configuration
S13（config-mst）# name rsb
S13（config-mst）#revision 99
S13（config-mst）# instance 3 vlan 1,40
S13（config-mst）# instance 4 vlan 50,60

S13（config-mst）#exit
S14（config）# spanning-tree mode mst
S14（config）# spanning-tree mst configuration
S14（config-mst）# name rsb
S14（config-mst）#revision 99
S14（config-mst）# instance 3 vlan 1,40
S14（config-mst）# instance 4 vlan 50,60
S14（config-mst）#exit

（4）实例根桥的配置。
S11（config）#spanning-tree mst 3 root primary　　//设置交换机为实例3的根桥
S12（config）#spanning-tree mst 4 root primary　　//设置交换机为实例4的根桥
经过上面的配置后，乙公司人事部的多生成树如图6.14所示。

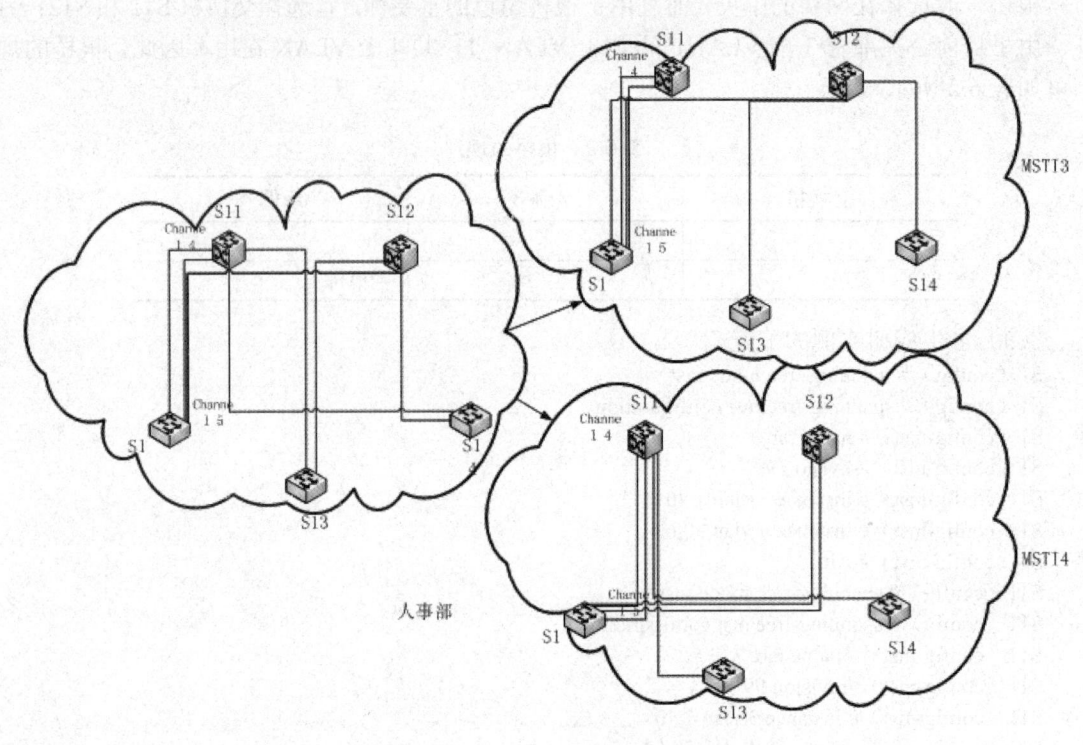

图6.14　乙公司人事部的多生成树

典型项目之三

项目背景

丙公司有一个总公司和两个分公司，总公司和一个分公司在武汉工业园内各自的建筑物里面，另一个分公司在天津有自己的办公楼。

总公司和分公司部门结构：这3个公司都有各自的财务部（20人）、行政部（30人）、生产部（40人）、研发部（30人）、后勤部（10人）和业务部（45人）。公司的网络拓扑结构如图2.7所示。

现在武汉分公司的两台多层交换机之间采用了一种技术：以太信道技术，增加链路的带宽，加快了交换数据的速度，减少了交换数据的延迟。为了保证用户的数据安全传输，公司准备优化武汉分公司的生成树。但是交换机的 CPU 占用率却增加了，为了降低交换机的 CPU 占用率，网络工程师决定使用多生成树协议来实现这个目标。丙公司武汉分公司原有的生成树运行结果如图 6.15 所示。

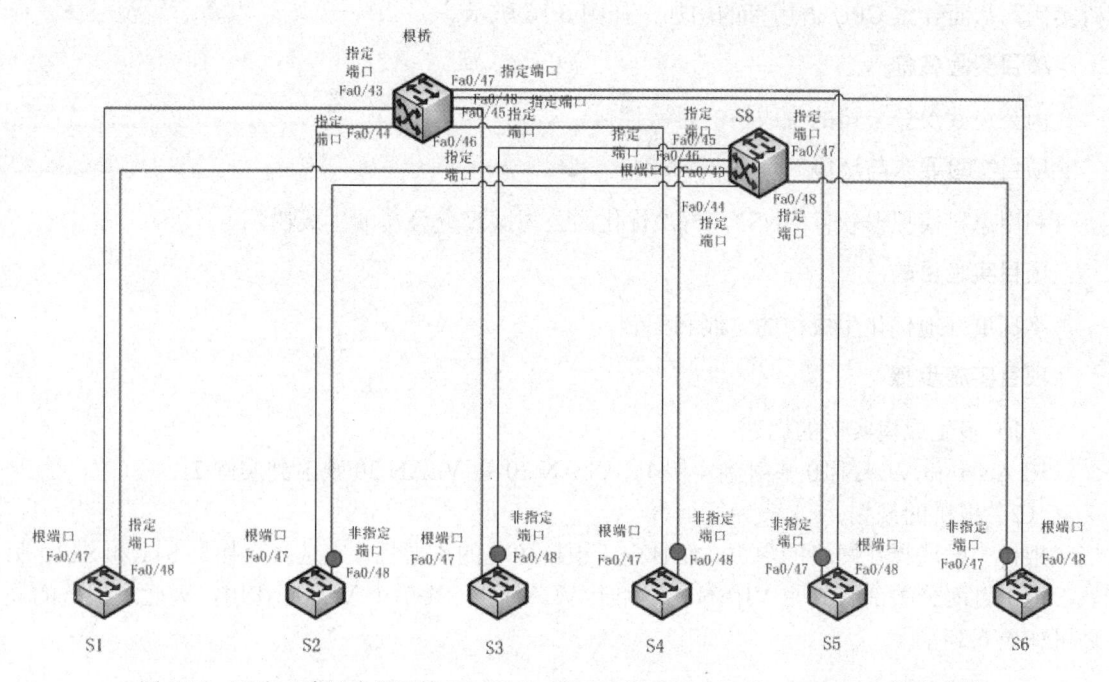

图 6.15　丙公司武汉分公司的 VLAN 1、VLAN 70、VLAN 80、VLAN 90 的生成树

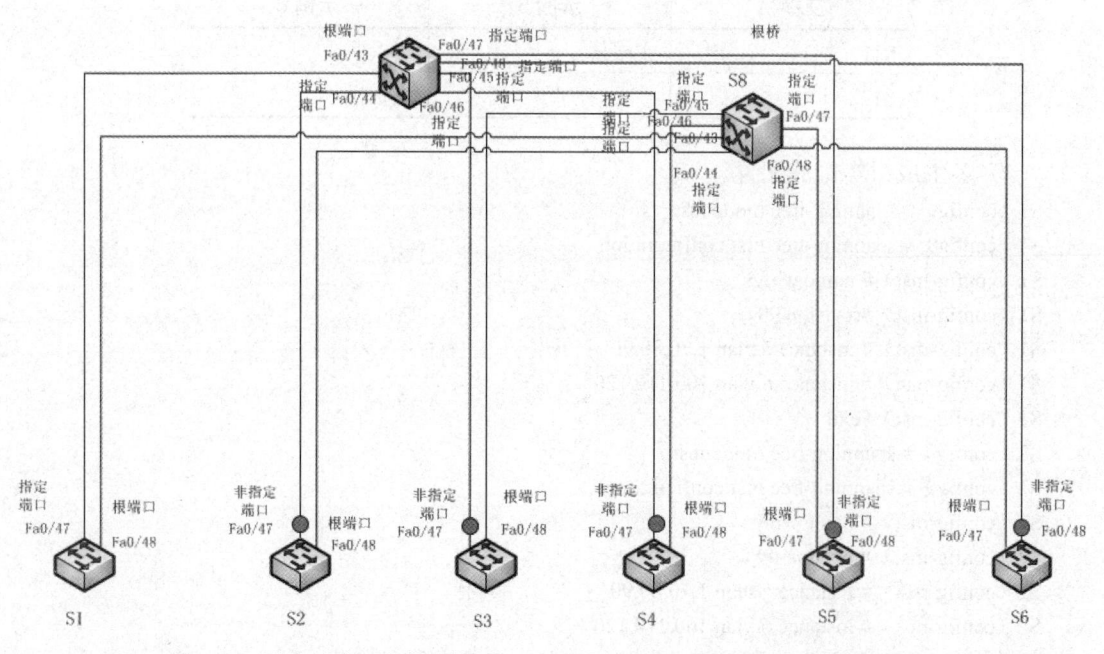

图 6.16　丙公司武汉分公司的 VLAN 100、VLAN 110、VLAN 120 的生成树

交换机 S2～S4 的 Fa0/48 和交换机 S5、S6 的 Fa0/47 不能通过 VLAN 1、VLAN 70、VLAN 80 和 90 的数据，其他 VLAN 的数据都可以通过；交换机 S2～S4 的 Fa0/47 和交换机 S5、S6 的 Fa0/48 不能通过 VLAN 100、VLAN 110 和 VLAN 120 的数据，其他 VLAN 的数据都可以通过，有效地提高了冗余链路的利用率。但是每台交换机需要使用更多的资源来维护 4 个生成树实例，从而导致 CPU 占用率的增加，如图 6.16 所示。

项目实验名称

丙公司武汉分公司的生成树的再次优化。

项目实验要求与环境

利用思科模拟器软件 GNS3，再次优化丙公司武汉分公司的生成树。

项目实验目的

掌握更好地优化生成树的定制和配置。

项目实施步骤

（1）多生成树实例的规划。

VLAN 1 和 VLAN 10 映射到实例 1，VLAN 20 和 VLAN 30 映射到实例 2。

（2）根桥的规划。

根桥一般选择在网络的中央，而且由于根桥角色的重要性，宜选择交换机 S11 和 S12；另外，由于目前公关部有 6 个 VLAN，再加上 VLAN 1，共 7 个 VLAN 在用，因此，根桥的规划可如表 6.3 所示。

表 6.3　根桥的规划

交换机	示例 5	示例 6
S11	主根桥	
S12		主根桥

（3）多生成树实例的配置。

S1（config）# spanning-tree mode mst
S1（config）# spanning-tree mst configuration
S1（config-mst）# name whfgs
S1（config-mst）#revision 99
S1（config-mst）# instance 5 vlan 1,70,80,90
S1（config-mst）# instance 6 vlan 100,110,120
S1（config-mst）#exit
S2（config）# spanning-tree mode mst
S2（config）# spanning-tree mst configuration
S2（config-mst）# name whfgs
S2（config-mst）#revision 99
S2（config-mst）# instance 5 vlan 1,70,80,90
S2（config-mst）# instance 6 vlan 100,110,120
S2（config-mst）#exit

S3（config）# spanning-tree mode mst
S3（config）# spanning-tree mst configuration
S3（config-mst）# name whfgs
S3（config-mst）#revision 99
S3（config-mst）# instance 5 vlan 1,70,80,90
S3（config-mst）# instance 6 vlan 100,110,120
S3（config-mst）#exit
S4（config）# spanning-tree mode mst
S4（config）# spanning-tree mst configuration
S4（config-mst）# name whfgs
S4（config-mst）#revision 99
S4（config-mst）# instance 5 vlan 1,70,80,90
S4（config-mst）# instance 6 vlan 100,110,120
S4（config-mst）#exit
S5（config）# spanning-tree mode mst
S5（config）# spanning-tree mst configuration
S5（config-mst）# name whfgs
S5（config-mst）#revision 99
S5（config-mst）# instance 5 vlan 1,70,80,90
S5（config-mst）# instance 6 vlan 100,110,120
S5（config-mst）#exit
S6（config）# spanning-tree mode mst
S6（config）# spanning-tree mst configuration
S6（config-mst）# name whfgs
S6（config-mst）#revision 99
S6（config-mst）# instance 5 vlan 1,70,80,90
S6（config-mst）# instance 6 vlan 100,110,120
S6（config-mst）#exit
S7（config）# spanning-tree mode mst
S7（config）# spanning-tree mst configuration
S7（config-mst）# name whfgs
S7（config-mst）#revision 99
S7（config-mst）# instance 5 vlan 1,70,80,90
S7（config-mst）# instance 6 vlan 100,110,120
S7（config-mst）#exit
S8（config）# spanning-tree mode mst
S8（config）# spanning-tree mst configuration
S8（config-mst）# name whfgs
S8（config-mst）#revision 99
S8（config-mst）# instance 5 vlan 1,70,80,90
S8（config-mst）# instance 6 vlan 100,110,120
S8（config-mst）#exit

（4）实例根桥的配置。
S7（config）#spanning-tree mst 5 root primary //设置交换机为实例 5 的根桥
S8（config）#spanning-tree mst 6 root primary //设置交换机为实例 6 的根桥

第三部分 巩固练习

理论练习

1. IEEE 哪个标准定义了 RSTP 协议和 MST 协议？
2. 什么情况下 RSTP 认为邻居交换机出现故障？
3. RSTP 端口状态有哪几种？
4. RSTP 使用什么来进行会聚？
5. 什么情况下 RSTP 发送拓扑变更？
6. MST 协议主要解决什么问题？

项目 7 多层交换

项目学习重点

- 多层交换机的工作原理
- 掌握 VLAN 间路由配置
- 掌握在多层交换机上配置 DHCP 和 DHCP 中继

第一部分 理论知识

7.1 多层交换机的工作原理

多层交换是指交换机使用硬件来交换和路由数据包,通过硬件来支持 4~7 层的交换。交换机执行硬件交换,第 3 层引擎(路由处理器)须将有关路由选择、交换、访问列表和 QoS 的信息下载到硬件中,以对数据包进行处理。

7.1.1 多层交换技术简介

Multi-Layer Switching(MLS)是与现有的路由器一道提供第三层交换机的 Cisco 的基于以太网的路由交换技术。

传统路由器主要执行两个主要功能:根据路由表和信息包交换的路由处理计算(MAC 地址重写,再做检查和 TTL 减少量等)。路由器和第三层交换机之间的主要区别是:路由器一般是基于微处理器的软件路由引擎执行数据包交换,而三层交换机通过硬件(应用集成电路 ASIC)执行数据包交换。

MLS 使用 ASIC(Application-Specific Integration Circuit,应用专用集成电路)执行 2 层的重写操作。2 层重写包括重写源与目标 MAC 地址以及写入重新计算后的 CRC(Cyclic Redundancy Check,循环冗余校验)。传统的 MLS 是基于 NetFlow 的交换。3 层交换引擎(路由处理器)和 2 层交换 ASIC 芯片协同工作,建立 3 层条目。3 层条目包括以下 3 种形式:

- 源 IP 地址(S)。
- 源和目标 IP 地址(S/D)。
- 包含 4 层协议信息的完整流信息(FFI)。

例如,工作站 A 向工作站 B 发送数据包,首先将数据包发送给默认网关,即 RSM(Route Switch Modual),MLS-SE 交换机根据数据包所包含的目标 IP 为 B 的 IP,而目标 MAC 为 MLS-RP 模块的 MAC 地址这一特性识别出该数据包为一个 MLS 候选包。交换机由此创建流候选条目,接收包,重写 2 层 MAC 地址和 CRC,转发数据包。交换机将 RSM 转发的数据包视为 enabler 数据包。在看到候选数据包和 enabler 包后，交换机从硬件中创建一个 MLS 条目，以便后续包的转发。

7.1.2 MLS 的需求

MLS 需要 3 个组件在网络中运行。

（1）多层交换路由处理器（MLS-RP）。它相当于网络中的路由器，负责处理每个数据流的第一个数据包，协助 MLS 交换引擎（MLS-SE）在第三层的 CAM（Content-Addressable Memory）中建立捷径条目（Shortcut Entry）。MLS-RP 可以是一个外部的路由器，也可以由三层交换机的路由交换模块（RSM）来实现。

（2）多层交换的交换引擎（MLS-SE）。它是负责处理转发和重写数据包功能的交换实体。

（3）多层交换协议（MLSP）。它是一个轻型协议，用来通过 MLS-RP 对多层交换的交换引擎进行初始化。

多层交换利用专门的内存体系结构：CAM（Content Addressable Memory）和 TCAM（Ternary Content Addressable Memory）。CAM 提供两种结果 0 和 1，TCAM 提供 3 种结果，即 0、1 和无关紧要。CAM 表可以构建准确查找的表（MAC 地址表），TCAM 用于构建最长匹配表（根据 IP 前缀的 IP 路由选择表）。

CAM 表用于存储两层交换表，交换机以二进制方式精确查找 CAM 表，如果没有，就采用默认的 Flood 行为，具体步骤如下：

（1）将用于查找的关键字传递给哈希算法，哈希算法在 CAM 中查找匹配的关键字。

（2）哈希算法返回一个与关键字匹配的指针。

（3）交换机根据指针找到结果，从而避免了顺序搜索整个表。

CAM 表包括目标 VLAN、目标 MAC 地址和目标端口等信息。交换机在 CAM 表中不仅查找精确匹配的条目，还查找与掩码值相匹配的 IP 地址条目。

TCAM 表是一种为快速查找而设计的表，用于最长匹配。通过使用 TCAM，再使用 ACL 就不会影响交换机的性能。TCAM 中每个条目由 Value（模式值）+Mask（掩码值）+Result（结果）组成，这种条目称 VMR 条目。

Value（模式值）指的是要匹配的模式，如 IP 地址、协议端口、DSCP 值

Mask（掩码值）用于决定前缀。

Result（结果值）指的是与模式和掩码匹配时的结果（TCAM 中存储 IP 路由选择表，则结果为返回一个指向硬件邻接关系表中的一个条目的指针，该条目包含下一跳 MAC 重写信息）或根据 ACL 匹配时所采取的 permit 或 deny 措施（TCAM 中存储 ACL）。

TCAM 定义了 3 种匹配方式：

（1）精确匹配区域。存储第 3 层条目的区域，如 IP 邻接关系条目（包含 IP 地址下一跳信息"MAC 地址"），第 2 层交换表和 UDP 扩散表。

（2）最长匹配区域。包含多个 3 层地址条目组，按掩码长度降序排列。相同组内所有条目具有相同的掩码值和关键字长度。条目组可以通过从邻接组中借用地址条目的方法，动态地改变条目组的大小。重新启动系统后，重新配置的协议区域大小才会生效。

（3）首次匹配区域。找到匹配后立即停止查找的区域，如 ACL 条目。常见的 TCAM 协议区域：

- 精确匹配区域。in-adjacency（IP 邻接关系）32 bit，12-switching（第 2 层交换）64 bit，udp-flooding（UDP 扩散）64 bit。
- 最长匹配区域。ip-prefix（IP 前缀）32 bit，ip-mcast（IP 多播）64 bit。
- 首次匹配区域。access-list（访问列表）128 bit。

7.1.3 多层交换的类型

1. 路由缓存 MLS

第一代的 MLS 需要路由处理器（RP）和交换机引擎（SE）协同合作进行。RP 确定分组的目的地，SE 负责分组的交换，交换前会对第一个分组的转发目的地进行 Cache，所以称为路由缓存 MLS。别名为 NetflowLAN 交换、基于流的交换、按需交换、"一次路由，多次交换"。思科基于 IOS 的 catalyst 交换机已经放弃这种体系。

2. 基于拓扑 MLS

第二代的 MLS 使用了 ASIC，并且使用三层的信息来建立一个网络的拓扑数据库（不再像二层那样只去感知一个子网或者是多个 VLAN）。所有的分组都会根据最长匹配原则进行交换。Cisco 对这种技术称为 CEF（Cisco Express Forward）。CEF 包括以下两个组件：三层引擎和硬件（即控制平面和数据平面）都一致地维护这两个组件。

- FIB 转发信息库。CEF 使用 FIB 来实施基于目标 IP Prefix 的交换决策，FIB 类似于路由表，实际上 FIB 是路由表的转发信息的镜像。
- 邻接关系表。ART 被 CEF 用于维护 2 层的编制信息（对于以太网，这些信息就是 MAC 地址），ART 维护所有 FIB 条目对应的 2 层地址。

支持 CEF 的交换机支持如下两种第 3 层的硬件交换方法：

- 集中式交换。在一个专用的 ASIC 上实施转发决策，该 ASIC 是交换机所有接口的枢纽。

supervisor egine 或者是拥有固定端口密度的三层交换机的第 3 层引擎负责路由选择、ACL、QoS 和转发决策。

- 分布式交换。该方式下，接口或者是线路模块独立地作出转发决策。

每个接口或者模块维护一组本地表，由中央交换引擎进行第 3 层转发、路由表和重写表与本地表进行同步。

采用分布式交换的交换机将 FIB 和 ART 的副本保存与接口或者线路模块中，供其进行路由选择和转发数据帧。

7.1.4 多层交换的过程

MLS 遵循 4 个步骤建立第三层交换功能。

1. 发送 MLSP Hello 信息

当路由器激活后，多层路由处理器每 15 秒发送一个 MLSP Hello 包，这些包内含路由器接口所使用的 VLAN 标识和 MAC 地址信息。MLS-SE 通过这些信息掌握具备多层交换能力的路由器的第 2 层属性。如果交换机连接了多个 MLS-RP，MLS-SE 通过为它们的 MAC 地址分配 XTAG 值的方法来区分每个 MLS-RP 的 MAC 地址条目。如果 MLSP 帧从同一个 MLS-RP

得到所有 MAC 地址，MLS-SE 则为其附加相同的 XTAG 值，具体如图 7.1 所示。这些关联的记录都存放在 CAM 中。由于 Hello 包是周期性发送的，所以这种方法可以保证相关值动态地跟踪网络的变化，并可实现一定的淘汰机制。Hello 包是在第 2 层发布的，它使用多播地址 01-00-0C-DD-DD-DD。

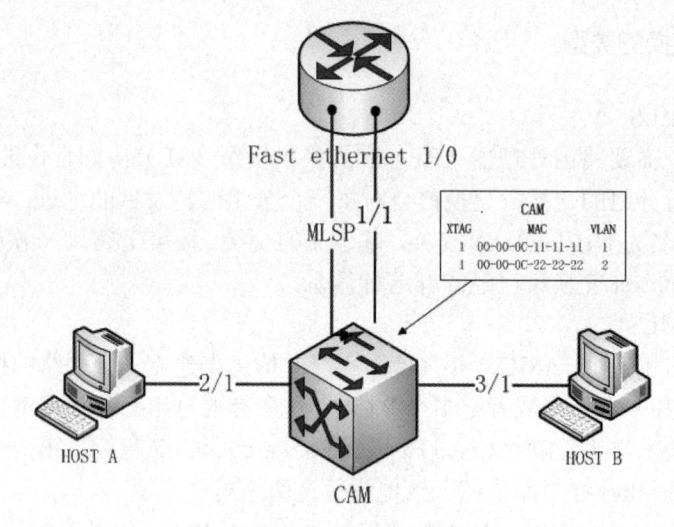

图 7.1　MLS-SE 为其 MAC 地址分配 XTAG 值

2. 标识候选包（Candidate Packet）

在了解具有多层交换能力的路由器的相关地址后，MLS-SE 可以对进入交换机的数据包进行匹配判断。对于一个流中的数据包，如果 MLS 缓存中含有与之匹配的捷径条目，则 MLS-SE 就旁路路由器而直接转发该数据包；如果 MLS 中不含与该数据包相匹配的捷径条目，则 MLS-SE 将它归为候选包，并在缓存中建立部分捷径（Partial Shortcut）。这样的包采用传统的第 2 层交换机处理方式处理，并发往与之相连的路由器接口（网关），具体如图 7.2 所示。

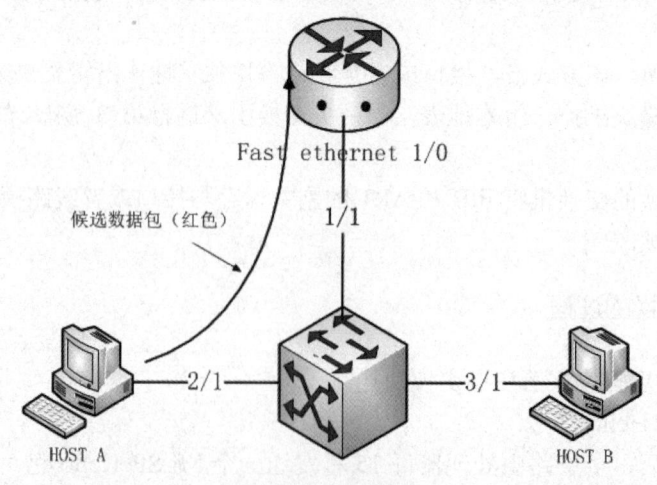

图 7.2　标识候选包

这里要注意，候选包（帧）必须满足两个标准：目标地址经过 MLSP 所列的路由器接口的一个 MAC 地址和不存在捷径条目。

3. 标识使能包（Enable Packet）

路由器收到并以传统的方式转发数据包。通过数据包的目标地址路由表得知，这个包应从 Fast Ethernet1/0 的第 2 个接口转出，并将包封装为 VLAN2 帧，通过 ISL 链路送回。具体过程如图 7.3 所示。

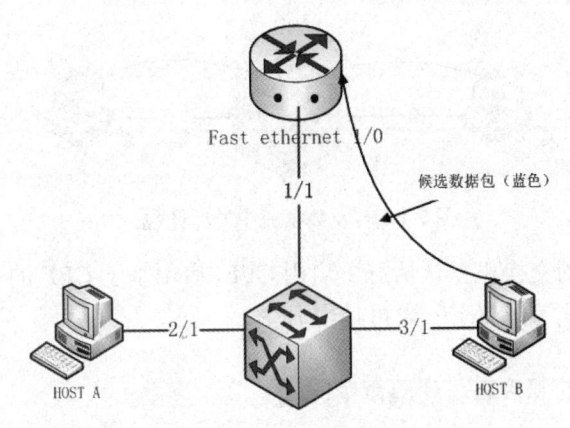

图 7.3 标识使能包

此时，路由器已经重写第二层帧的帧头。同时，路由器不仅改写了 ISL 头的 VLAN 号，而且也修改了两个 MAC 地址域：源 MAC 改为路由器出口的 MAC 地址，目标 MAC 改为主机 B 的 MAC 地址。虽然数据包的 IP 地址未改写，但 IP 包头的生存时间（TTL）值被减 1，故 IP 包头的校验和也需要做相应的修改。

这个修改后的数据包称为使能包（Enable Packet），当这个数据包从路由器送出并穿过交换机到达目的地主机 B 时，要履行下列五个功能：

- 第 2 层交换机根据使能包的目的地 MAC 地址，知道该数据包应该从 PORT3/1 口转发出去。
- MLS-SE 得知使能包的帧头上源地址是通过 Hello 过程建立的地址记录之一。
- MLS-SE 根据使能包目的 IP 地址查询在第二步中建立的部分捷径条目。
- MLS-SE 将与使能包源 MAC 地址相关联的 XTAG 值和部分捷径条目的对应 XTAG 值相比较，如果匹配，则表明这个使能包与第二步中的候选包来自同一个路由器。
- MLS-SE 完成该捷径条目的建立过程，该捷径记录将包含重写数据流中的后续包帧头所需的所有信息。

4. 直接交换（转发）数据流中的后续包

当后续的数据包被主机 A 送出后，MLS-SE 利用数据包中的目标 IP 地址查找在第 3 步建立的完整捷径。地址匹配后，MLS-SE 利用重写引擎修改帧头信息，然后直接转发给主机 B（数据包不发给路由器）。重写操作修改帧头域，其值同第一个被路由器修改的数据包的域值一样。如图 7.4 所示。这里需要解释的是，NFFC（NetFlow Feature Card）是装备在三层交换机中的网络流性能卡，它维护第 3 层交换数据包流的交换表（MLS Cache），作为多层交换的交换引擎部分。

上述这个过程称为"一次路由，多次交换"。交换机利用专业化硬件 ASIC 来处理数据包，速度相当快，可以达到 100Mb/s 甚至 1000Mb/s。

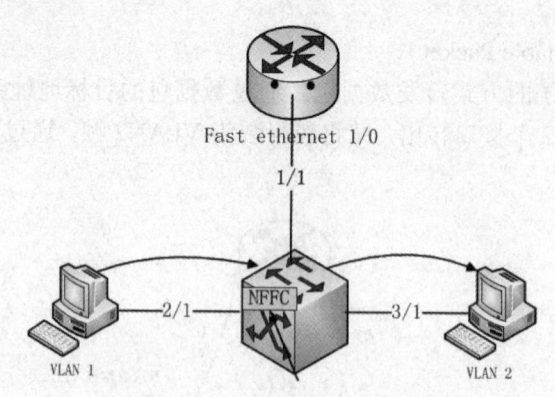

图 7.4 转发数据流中的后续包

基于 CEF 的 MLS 的交换机默认情况下启用 CEF，启用基于 CEF 的 MLS 和基于目标的负载均衡。要查看第 3 层引擎的 CEF 表可使用命令：

show ip cef[detail]

要查看第 3 层引擎的邻接表可使用命令：

show adjacency

CEF 将用 ARP 获得的 MAC 地址来填充邻接关系表，邻接关系表包含邻接节点的 MAC 地址重写信息和目标接口。CEF 表中所有 IP 路由选择条目都对应于一个下一跳地址。当交换机收到目标 IP 非自身，目标 MAC 为交换机自身时，将在 CEF 表中查找目标 IP 所对应的转发 MAC 地址，然后从接口中传出。单条 CEF 条目可能指向多个邻接关系条目。FIB 表将维护该子网的前缀。子网前缀指向一个 glean 邻接关系条目。如果接口配置了 NAT 或收到的数据包中包含 IP 报头选项，则需要对数据包进行特殊处理。

邻接关系处理的特殊情况如下：

（1）Punt（转出）邻接关系条目。需要 3 层引擎进行处理或硬件交换不支持的特性。

（2）drop 邻接关系条目。用于丢弃入站数据包。

（3）Null 邻接关系条目。用于丢弃前往 Null0 接口的数据包，Null0 接口用于过滤来自特定源的 IP 数据包。

不能被硬件交换方式所支持的常见帧类型：

（1）包含 IP 报头选项的数据包。

（2）源自/去往隧道接口的数据包。

（3）使用的以太网封装类型（非 APRA）的数据包。

（4）需要分段的数据包。

7.2 VLAN 间路由

在交换机上划分 VLAN 后，VLAN 间的计算机就无法通信了。VLAN 间的通信需要借助第 3 层设备，可以使用路由器来实现这个功能，如果使用路由器通常会采用单臂路由模式。而实际上，VLAN 间的路由大多是通过三层交换机实现的，三层交换机可以看成是路由器加交换机，但是因为采用了特殊的技术，其数据处理能力比路由器要大得多。VLAN 间路由主要有单臂路由和三层交换两种解决方案。

7.2.1 物理接口和子接口

使用物理接口的传统 VLAN 间路由具有一定的局限性。随着网络中 VLAN 数量的增加，每个 VLAN 配置一个路由器接口的物理方式将受到路由器物理硬件的限制。路由器用于连接不同 VLAN 的物理接口数量有限。因此子接口便是最好的选择。表 7.1 列出了物理接口和子接口的区别。

表 7.1 物理接口和子接口的区别

物理接口	子接口
每个 VLAN 占用一个物理接口	多个 VLAN 占用一个物理接口
无带宽争用	有带宽争用
连接到接入模式交换机端口	连接到中继模式交换机端口
成本高	成本低
连接配置较复杂	连接配置较简单

7.2.2 单臂路由

处于不同 VLAN 的计算机即使它们是在同一交换机上，它们之间的通信也必须使用路由器。可以在每个 VLAN 上都有一个以太网口和路由器连接。采用这种方法，如果要实现 N 个 VLAN 间的通信，则路由器需要 N 个以太网接口，同时也会占用 N 个交换机上的以太网接口。单臂路由提供了一种解决方案。路由器只需要一个以太网接口和交换机连接，交换机的这个接口设置为 Trunk 接口。在路由器上创建多个子接口和不同的 VLAN 连接，子接口是路由器物理接口上的逻辑接口。如图 7.5 所示，当交换机收到 VLAN1 的计算机发送的数据帧后，从它的 Trunk 接口发送数据给路由器，由于该链路是 Trunk 链路，帧中带有 VLAN1 的标签，数据帧到了路由器后，如果数据要转发到 VLAN2 上，路由器将把数据帧的 VLAN1 标签去掉，重新用 VLAN2 的标签进行封装，通过 Trunk 链路发送到交换机上的 Trunk 接口；交换机收到该帧，去掉 VLAN2 标签，发送给 VLAN2 上的计算机，从而实现了 VLAN 间的通信。

单臂路由的缺点：VLAN 之间的通信需要路由器来完成；数据量增大，路由器与交换机之间的通道会成为整个网络的瓶颈

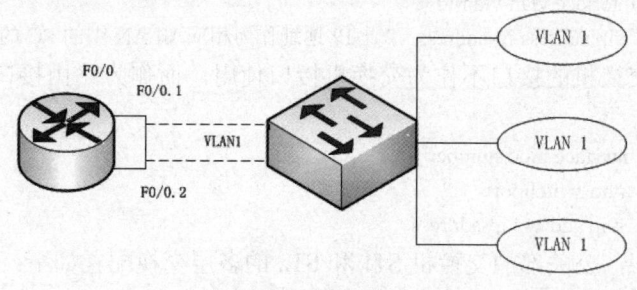

图 7.5 单臂路由示意

单臂路由配置中用到的命令：
Interface fa0/0
no shutdown

```
Interface  F0/0.1    //创建子接口
encapture dot1q 1 {native}    //指明子接口承载哪个 VLAN 的流量、封装类型和 native vlan 的设置
ip address ip-adress
```

7.2.3 多层交换

采用单臂路由实现 VLAN 间的路由时转发速率较慢，在实际工作中多在局域网内部采用三层交换的方式实现 VLAN 间路由。由于三层交换机采用硬件来实现路由，所以其路由数据包的速率是普通路由器的几十倍。从使用者的角度可以把三层交换机看成是二层交换机和路由器的组合，现在 Cisco 主要采用 CEF 的三层交换技术。在 CEF 技术中，交换机利用路由表形成转发信息库（FIB），FIB 和路由表是同步的，关键是它的查询是硬件化，查询速度快得多。除了 FIB，还有邻接表（Adjacency Table），该表和 ARP 表有些类似，主要放置了第二层的封装信息。FIB 和邻接表都是在数据转发之前就已经建立准备好了，这样一有数据要转发，交换机就能直接利用它们进行数据转发和封装，不需要查询路由表和发送 ARP 请求，所以 VLAN 间的路由速率大大提高，如图 7.6 所示。

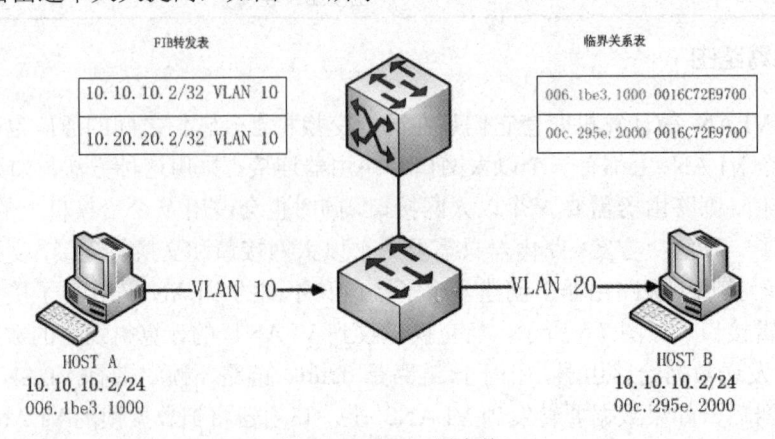

图 7.6 CEF 三层交换

要使三层交换机实现 VLAN 间路由，首先得打开它的路由功能，然后再给每个 VLAN 一个 IP 地址，命令如下：

```
Switch（config）#ip routing
Switch（config）#interface vlan vlan-id
Switch（config-if）#ip address ip-address    //此 IP 地址作为相应 VLAN 中的 PC 的默认网关
```

另外，当多层交换机的接口不作为交换机接口使用，而作为路由接口使用的时候，可以使用以下命令实现：

```
Switch（config）#interface mod/number
Switch（config-if）#no switchport
Switch（config-if）# ip address ip-address
```

根据上面的知识，公关部的交换机 S11 和 S12 的多层交换配置如下：

```
S11(config)#ip routing
S11(config)#interface vlan 10
S11(config-if)#ip address 192.168.10.254 255.255.255.0
S11(config)#interface vlan 20
S11(config-if)#ip address 192.168.20.254 255.255.255.0
```

```
S11(config)#interface vlan 30
S11(config-if)#ip address 192.168.30.254 255.255.255.0
S12(config)#ip routing
S12(config)#interface vlan 10
S12(config-if)#ip address 192.168.10.253 255.255.255.0
S12(config)#interface vlan 20
S12(config-if)#ip address 192.168.20.253 255.255.255.0
S12(config)#interface vlan 30
S12(config-if)#ip address 192.168.30.253 255.255.255.0
```

VLAN 10 中的 PC 有两个默认网关可用：192.168.10.254 和 192.168.10.253。
VLAN 20 中的 PC 有两个默认网关可用：192.168.20.254 和 192.168.20.253。
VLAN 30 中的 PC 有两个默认网关可用：192.168.30.254 和 192.168.30.253。

7.3 多层交换机中的 DHCP 和 DHCP 中继

通常情况下，路由器、服务器和其他关键点主机需要一个特定的 IP 配置，可以由管理员手工分配，但是客户端计算机却不一定需要一个特定的地址，而是在一段地址范围内任意选择一个，因此当一个网络中的主机数目较大时，手工分配 IP 不仅麻烦且容易出错，DHCP 服务的出现大方便了主机 IP 地址的分配。另外，某些情况下，需要为不在同一网段的客户机自动配置 IP 地址、网关等网络信息，通过默认的 DHCP 似乎不能直接实现这个目的，所以需要用到 DHCP 中继代理。它的目的是在 DHCP 服务器和不在同一网络的 DHCP 客户端之间架起一座桥梁，使得 DHCP 客户端的请求数据包可以通过它转发给另一网络内的 DHCP 服务器，以此来实现自动分配 IP 地址等信息的目的。思科多层交换机也可以配置成为一台 DHCP 服务器。

7.3.1 DHCP 原理

（1）寻找 Server。当 DHCP 客户端第一次登录网络的时候，它会向网络广播一个 DHCP Discover 数据包。

（2）提供 IP 租用地址。每个有空闲地址的 DHCP 服务器都发出 DHCP Offer 包响应这个 DHCP Discover 包。

（3）接受 IP 租约。如果客户端收到网络上多台 DHCP 服务器的回应，就会挑选其中一个 DHCP Offer（通常是最先抵达的那个），并且会向网络发送一个 DHCP Request 广播数据包，告诉所有 DHCP 服务器它将指定接受哪一台服务器提供的 IP 地址。同时，客户端还会向网络发送一个 ARP 数据包，查询网络上面有没有其他机器使用该 IP 地址；如果发现该 IP 已经被占用，客户端则会送出一个 DHCP Decline 数据包给 DHCP 服务器，拒绝接受其 DHCP Offer，并重新发送 DHCP Discover 信息。事实上，并不是所有 DHCP 客户端都会无条件接受 DHCP 服务器的 Offer。客户端也可以用 DHCP Request 向服务器提出 DHCP 选择，而这些选择会以不同的号码填写在 DHCP Option Field 中。换句话说，在 DHCP 服务器上面的设定，未必是客户端全都接受，客户端可以保留自己的一些 TCP/IP 设定。

（4）租约确认。当 DHCP 服务器接收到客户端的 DHCP Request 后，会向客户端发出一个 DHCP ACK 回应，以确认 IP 租约的正式生效，也就结束了一个完整的 DHCP 工作过程。

7.3.2 配置 DHCP

DHCP 服务器需要管理员定义一个地址池，地址池定义了将哪些地址分配给主机，命令如下：

Switch（config）#ip dhcp pool name1
Switch（dhcp-config）#network ip-address mask

其中，ip dhcp pool name1 创建了一个名为 name1 的地址池，并且将路由器置于一个特定的 DHCP 配置模式下。在这个模式下，使用 network 声明来定义要租借的地址范围。如果网络上有特殊地址要被排除在外，则返回全局配置模式，使用 ip-address mask 命令。

ip dhcpexcluded-address 命令配置路由器在为客户分配地址时排除一个单独的地址或一段地址。可以使用这个命令来保留那些静态分配给关键主机的地址，命令如下：

Switch（config）#ip dhcp excluded-address ip-address[end-ip-address]

通常，一台 DHCP 服务器被配置为分配多个 IP 地址，可以在 DHCP 配置模式下设置其他的 IP 配置值。IP 客户在没有默认网关的情况下是不能访问其他网络的，可以使用 default-router 命令来设置默认网关，同时还可以配置 DNS 服务器的地址（dns-server）和 WINS 服务器（netbios-name-server）。

7.3.3 DHCP 中继原理

DHCP 客户使用 IP 广播来寻找同一网段上的 DHCP 服务器。当服务器和客户段处在不同网段时，多层交换机是不会转发这样的广播包的。因此可能需要在每个网段上设置一个 DHCP 服务器，虽然 DHCP 只消耗很小的一部分资源，但多个 DHCP 服务器，毕竟要带来管理上的不方便。DHCP 中继的使用使得一个 DHCP 服务器可以同时为多个网段提供 DHCP 服务。

为了让多层交换机可以帮助转发广播请求数据包，可以使用 ip help-address 命令。通过使用该命令，多层交换机可以配置为接受广播请求，然后将其以单播方式转发各指定 IP 地址。

在 DHCP 广播情况下，客户在本地网段广播一个 DHCP 发现分组。网关获得这个分组，如果在网关下配置了帮助地址，就将 DHCP 分组转发到特定地址。

7.3.4 DCHP 中继配置

路由器做单臂路由时的 DHCP 中继配置：
int f0
no ip address
no shutdown
exit
int f0.10   //vlan10
ip help-address ip-address   //DHCP 服务器地址
no shut
exit

多层交换机的 DHCP 中继配置：
int vlan vlan-id
ip help-address ip-address   //DHCP 服务器地址
no shutdown
exit

第二部分　典型项目

典型项目之一

项目实验目的

（1）路由器以太网接口上的子接口。
（2）单臂路由实现 VLAN 间路由的配置。
（3）理解三层交换的概念。
（4）配置三层交换。

项目实验拓扑

实验拓扑结构如图 7.7 所示。

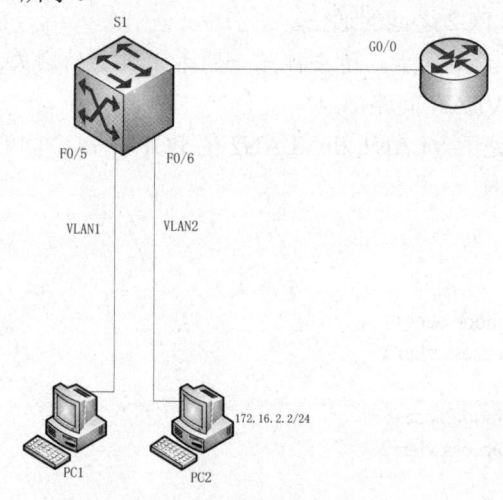

图 7.7　项目一实验拓扑结构

项目实验步骤

（1）单臂路由。

要用 R1 来实现分别处于 VLAN1 和 VLAN2 的 PC1 和 PC2 间的通信。

①在 S1 上划分 VLAN。

S1(config)#vlan 2
S1(config-vlan)#exit
S1(config)#int f0/5
S1(config-if)#switchport mode access
S1(config-if)#switchport access vlan 1
S1(config-if)#int f0/6
S1(config-if)#switchport mode access
S1(config-if)#switchport access vlan 2

②要先把交换机上的以太网接口配置成 Trunk 接口。

S1(config)#int f0/1
S1(config-if)#switch trunk encap dot1q

S1(config-if)#switch mode trunk

③在路由器的物理以太网接口下创建子接口，并定义封装类型。

R1(config)#int g0/0
R1(config-if)#no shutdown
R1(config)#int g0/0.1
R1(config-subif)#encapture dot1q 1 native
//以上是定义该子接口承载哪个 VLAN 流量，由于交换机上的 native vlan 是 VLAN 1，所以这里也要指明该 VLAN 就是 native vlan。实际上默认时 native vlan 就是 vlan 1
R1 (config-subif)#ip address 172.16.1.254 255.255.255.0
//在子接口上配置 IP 地址，这个地址就是 VLAN 1 的网关
R1(config)#int g0/0.2
R1(config-subif)#encapture dot1q 2
R1 (config-subif)#ip address 172.16.2.254 255.255.255.0

④实验调试。

在 PC1 和 PC2 上配置 IP 地址和网关，PC1 的网关指向 17.16.1.254，PC2 的网关指向 17.16.2.254。测试 PC1 和 PC2 之间的通信。

注意：如果计算机有两个网卡，请去掉另一网卡上设置的网关。

（2）三层交换实现 VLAN 间路由。

要用 S1 来实现分别处于 VLAN1 和 VLAN2 的 PC1 和 PC2 间的通信。

①在 S1 上划分 VLAN。

S1(config)#vlan 2
S1(config-vlan)#exit
S1(config)#int f0/5
S1(config-if)#switchport mode access
S1(config-if)#switchport access vlan 1
S1(config-if)#int f0/6
S1(config-if)#switchport mode access
S1(config-if)#switchport access vlan 2

②配置三层交换。

S1(config)#ip routing
//以上开启 S1 的路由功能，这时 S1 就启用了 3 层功能
S1(config)#int vlan 1
S1(config-if)#no shutdown
S1(config-if)#ip address 172.16.1.254 255.255.255.0
S1(config)#int vlan 2
S1(config-if)#no shutdown
S1(config-if)#ip address 172.16.2.254 255.255.255.0
//在 vlan 接口上配置 IP 地址即可，VLAN 1 接口上的地址就是 PC1 的网关了，VLAN 2 接口上的地址就是 PC2 的网关

【提示】要在三层交换机上启用路由功能，还需要启用 CEF（命令为 ip cef)，不过这是默认值。和路由器一样，三层交换机上同样可以运行路由协议。

实验调试：

（1）检查 S1 上的路由表。

S1#show ip route

172.16.0.0/24 is subnetted, 2 subnets

C 172.16.1.0 is directly connected, Vlan1
C 172.16.2.0 is directly connected, Vlan2   //和路由器一样,三层交换机上也有路由表

(2)测试 PC1 和 PC2 间的通信。

在 PC1 和 PC2 上配置 IP 地址和网关,PC1 的网关指向 17.16.1.254,PC2 的网关指向 17.16.2.254。测试 PC1 和 PC2 之间的通信。注意:如果计算机有两个网卡,请去掉另一网卡上设置的网关。

【提示】也可以把 F0/5 和 F0/6 接口作为路由接口使用,这时它们就和路由器的以太网接口一样了,可以在接口上配置 IP 地址。如果 S1 上的全部以太网都这样设置,S1 实际上成了具有 24 个以太网接口的路由器了。但不建议这样做,因为这样做太浪费接口了。

配置示例:
S1(config)#int f0/10
S1(config-if)#no switchport   //该接口不再是交换接口,而是路由接口
S1(config-if)#ip address 10.0.0.254 255.255.255.0

典型项目之二

实验 1:DHCP 基本配置

项目实验目的

通过本实验可以掌握:

(1)DHCP 的工作原理和工作过程。
(2)DHCP 服务器的基本配置和调试。
(3)客户端配置。

项目拓扑结构

拓扑结构如图 7.8 所示。

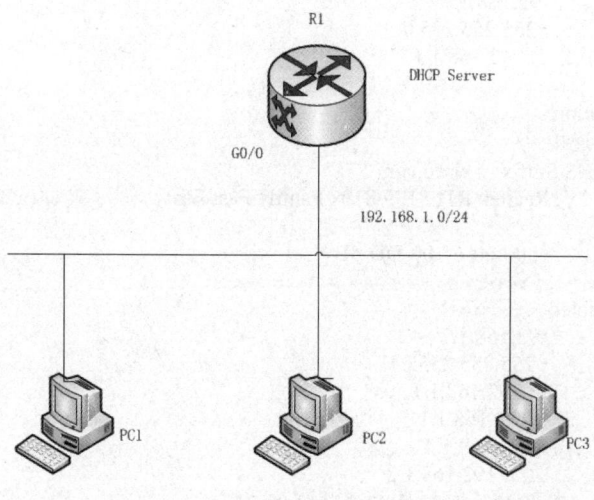

图 7.8 拓扑结构

DHCP 基本配置

项目实验步骤

（1）配置路由器 R1 提供 DHCP 服务。
R1(config)#service dhcp　　//开启 DHCP 服务
R1(config)#no ip dhcp conflict logging　　//关闭 DHCP 冲突日志
R1(config)#ip dhcp pool ccie　　//定义地址池
R1(dhcp-config)#network 192.168.1.0 /24　　//DHCP 服务器要分配的网络和掩码
R1(dhcp-config)#domain-name cisco.com　　//域名
R1(dhcp-config)#default-router 192.168.1.1
//默认网关，这个地址要和相应网络所连接的路由器的以太网地址相同
R1(dhcp-config)#netbios-name-server 192.168.1.2　　//WINS 服务器
R1(dhcp-config)#dns-server 192.168.1.4　　//DNS 服务器
R1(dhcp-config)#option 150 ip 192.168.1.3　　//TFTP 服务器
R1(dhcp-config)#lease infinite　　//定义租期
R1(config)#ip dhcp excluded-address 192.168.1.1 192.168.1.5　　//排除的地址段

（2）设置 Windows 客户端

首先在 Windows 下把 TCP/IP 地址设置为自动获得，如果 DHCP 服务器还提供 DNS、WINS 等，也把它们设置为自动获得。

项目实验调试

（1）在客户端测试。

在"命令提示符"下执行 C:/>ipconfig/renew 可以更新 IP 地址，而执行 C:/>ipconfig/all 可以看到 IP 地址、WINS、DNS、域名是否正确。释放地址用 C:/>ipconfig/release 命令。

```
C:\>ipconfig/renew
Windows IP Configuration
Ethernet adapter 本地连接:
Connection-specific DNS Suffix . : cisco.com
IP Address. . . . . . . . . . . . : 192.168.1.7
Subnet Mask . . . . . . . . . . . : 255.255.255.0
Default Gateway . . . . . . . . . : 192.168.1.1
C:\>ipconfig/all
Windows IP Configuration
Ethernet adapter 本地连接:
Connection-specific DNS Suffix . : cisco.com
Description . . . . . . . . . . . : Realtek RTL8139/810x Family Fast Ethernet NIC
Physical Address. . . . . . . . . : 00-60-67-00-DD-5B
Dhcp Enabled. . . . . . . . . . . : Yes
Autoconfiguration Enabled . . . . : Yes
IP Address. . . . . . . . . . . . : 192.168.1.7
Subnet Mask . . . . . . . . . . . : 255.255.255.0
Default Gateway . . . . . . . . . : 192.168.1.1
DHCP Server . . . . . . . . . . . : 192.168.1.1
DNS Servers . . . . . . . . . . . : 192.168.1.4
Primary WINS Server . . . . . . . : 192.168.1.2
Lease Obtained. . . . . . . . . . : 2007 年 2 月 22 日 13:01:01
Lease Expires . . . . . . . . . . : 2038 年 1 月 19 日 11:14:07
```

（2）show ip dhcp pool 命令。

该命令用来查看 DHCP 地址池的信息。

```
R1#show ip dhcp pool
Pool ccie :
Utilization mark (high/low) : 100 / 0
Subnet size (first/next) : 0 / 0
Total addresses : 254   //地址池中共计 254 个地址
Leased addresses : 2   //已经分配出去两个地址
Pending event : none
1 subnet is currently in the pool :
Current index   IP address range            Leased addresses
192.168.1.8     192.168.1.1 - 192.168.1.254    2
//下一个将要分配的地址、地址池的范围以及分配出去的地址的个数
```

（3）show ip dhcp binding 命令。

该命令用来查看 DHCP 的地址绑定情况。

```
R1#show ip dhcp binding
Bindings from all pools not associated with VRF:
IP address       Client-ID/        Lease expiration     Type
                 Hardware address/
                 User name
192.168.1.6      0063.6973.636f.2d  Infinite            Automatic
192.168.1.7      0100.6067.00dd.5b  Infinite            Automatic
```

以上输出表明 DHCP 服务器自动分配给客户端的 IP 地址以及对应的客户端的硬件地址。

实验 2：DHCP 中继

项目实验目的

通过本实验可以掌握通过 DHCP 中继实现跨网络的 DHCP 服务。

项目拓扑结构

拓扑结构如图 7.9 所示。

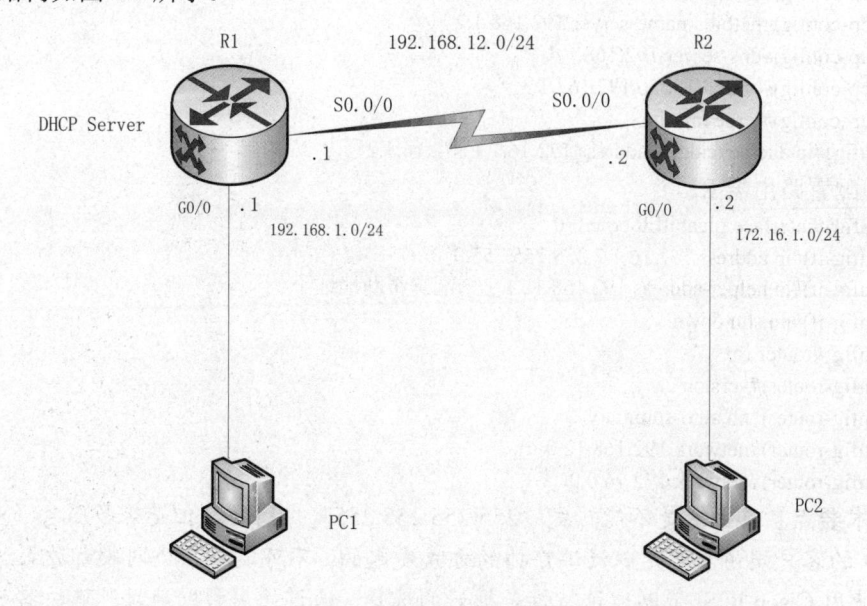

图 7.9 DHCP 中继配置

本实验中，R1 仍然担任 DHCP 服务器的角色，负责向 PC1 所在网络和 PC2 所在网络的主机动态分配 IP 地址，所以 R1 上需要定义两个地址池。整个网络运行 RIPv2 协议，确保网络 IP 的连通性。

项目实验步骤

（1）配置路由器 R1 提供 DHCP 服务

R1(config)#interface gigabitEthernet0/0
R1(config-if)#ip address 192.168.1.1 255.255.255.0
R1(config-if)#no shutdown
R1(config)#router rip
R1(config-router)#version 2
R1(config-router)#no auto-summary
R1(config-router)#network 192.168.1.0
R1(config-router)#network 192.168.12.0
R1(config)#service dhcp
R1(config)#no ip dhcp conflict logging
R1(config)#ip dhcp pool ccie   //定义第一个地址池
R1(dhcp-config)#network 192.168.1.0 /24
R1(dhcp-config)#default-router 192.168.1.1
R1(dhcp-config)#domain-name cisco.com
R1(dhcp-config)#netbios-name-server 192.168.1.2
R1(dhcp-config)#dns-server 192.168.1.4
R1(dhcp-config)#option 150 ip 192.168.1.3
R1(dhcp-config)#lease infinite
R1(config)#ip dhcp excluded-address 192.168.1.1 192.168.1.5
R1(config)#ip dhcp pool ccnp   //定义第二个地址池
R1(dhcp-config)#network 172.16.1.0 255.255.255.0
R1(dhcp-config)#domain-name szpt.net
R1(dhcp-config)#default-router 172.16.1.2
R1(dhcp-config)#netbios-name-server 192.168.1.2
R1(dhcp-config)#dns-server 192.168.1.4
R1(dhcp-config)#option 150 ip 192.168.1.3
R1(dhcp-config)#lease infinite
R1(config)#ip dhcp excluded-address 172.16.1.1 172.16.1.2

（2）配置路由器 R2。

R2(config)#interface gigabitEthernet0/0
R2(config-if)#ip address 172.16.1.2 255.255.255.0
R2(config-if)#ip helper-address 192.168.12.1   //配置帮助地址
R2(config-if)#no shutdown
R2(config)#router rip
R2(config-router)#version 2
R2(config-router)#no auto-summary
R2(config-router)#network 192.168.12.0
R2(config-router)#network 172.16.0.0

【技术要点】 路由器是不能转发 "255.255.255.255" 广播的，但是很多服务（如 DHCP、TFTP 等）的客户端请求都是以泛洪广播的方式发起的，不可能将每个网段都放置这样的服务器，因此使用 Cisco IOS 帮助地址特性是很好的选择。通过使用帮助地址，路由器可以被配置为接受对 UDP 服务的广播请求，然后将之以单点传送的方式发给某个具体的 IP 地址，或者以定向广播的形式向某个网段转发这些请求，这就是中继。

项目实验调试

（1）show ip dhcp binding 命令。

在 PC1 和 PC2 上自动获取 IP 地址后，在 R1 上执行：
R1#show ip dhcp binding
Bindings from all pools not associated with VRF:
IP address Client-ID/ Lease expiration Type
Hardware address/
User name
172.16.1.3 0100.6067.00dd.5b Infinite Automatic
192.168.1.6 0063.6973.636f.2d Infinite Automatic
192.168.1.7 0100.6067.00ef.31 Infinite Automatic

以上输出表明两个地址池都为相应的网络上的主机分配了 IP 地址。

（2）show ip dhcp pool 命令。
R1#show ip dhcp pool
Pool ccie :
Utilization mark (high/low) : 100 / 0
Subnet size (first/next) : 0 / 0
Total addresses : 254
Leased addresses : 2
Pending event : none
1 subnet is currently in the pool :
Current index IP address range Leased addresses
192.168.1.8 192.168.1.1 - 192.168.1.254 2
Pool ccnp :
Utilization mark (high/low) : 100 / 0
Subnet size (first/next) : 0 / 0
Total addresses : 254
Leased addresses : 1
Pending event : none
1 subnet is currently in the pool :
Current index IP address range Leased addresses
172.16.1.4 172.16.1.1 - 172.16.1.254 1

（3）debug ip dhcp server events 命令。

在 PC2 上先执行"ipconfig/release"，再执行"ipconfig/renew"，显示如下：
R1#debug ip dhcp server events
R1#clear ip dhcp binding *
*Feb 22 05:50:24.475: DHCPD: Sending notification of DISCOVER:
*Feb 22 05:50:24.475: DHCPD: htype 1 chaddr 0060.6700.dd5b
*Feb 22 05:50:24.475: DHCPD: circuit id 00000000
*Feb 22 05:50:24.475: DHCPD: Seeing if there is an internally specified pool class:
*Feb 22 05:50:24.475: DHCPD: htype 1 chaddr 0060.6700.dd5b
*Feb 22 05:50:24.475: DHCPD: circuit id 00000000
*Feb 22 05:50:26.475: DHCPD: client requests 172.16.1.4.
*Feb 22 05:50:26.475: DHCPD: Adding binding to radix tree (172.16.1.4)
*Feb 22 05:50:26.475: DHCPD: Adding binding to hash tree
*Feb 22 05:50:26.475: DHCPD: assigned IP address 172.16.1.4 to client 0100.6067.00dd.5b.

```
*Feb 22 05:50:26.519: DHCPD: Sending notification of ASSIGNMENT:
*Feb 22 05:50:26.519: DHCPD: address 172.16.1.4 mask 255.255.255.0
*Feb 22 05:50:26.519: DHCPD: htype 1 chaddr 0060.6700.dd5b
*Feb 22 05:50:26.519: DHCPD: lease time remaining (secs) = 4294967295
```
以上输出显示了 DHCP 动态分配 IP 地址的基本过程。

（4）show ip interface 命令。
```
R2#show ip interface gigabitEthernet0/0
GigabitEthernet0/0 is up, line protocol is up
Internet address is 172.16.1.2/24
Broadcast address is 255.255.255.255
Address determined by setup command
MTU is 1500 bytes
Helper address is 192.168.12.1
……
```
以上输出看到 gigabitEthernet0/0 接口使用了帮助地址 192.168.12.1。

第三部分　巩固练习

理论练习

1. 简述多层交换机的工作原理。
2. 配置单臂路由的步骤主要有哪些？
3. 什么是三层交换机？使用三层交换机实现 VLAN 间的路由有什么好处？
4. VLAN 间的通信要借助第几层的设备？

实践练习

配置并完成以下步骤：拓扑如图 7.10 所示。

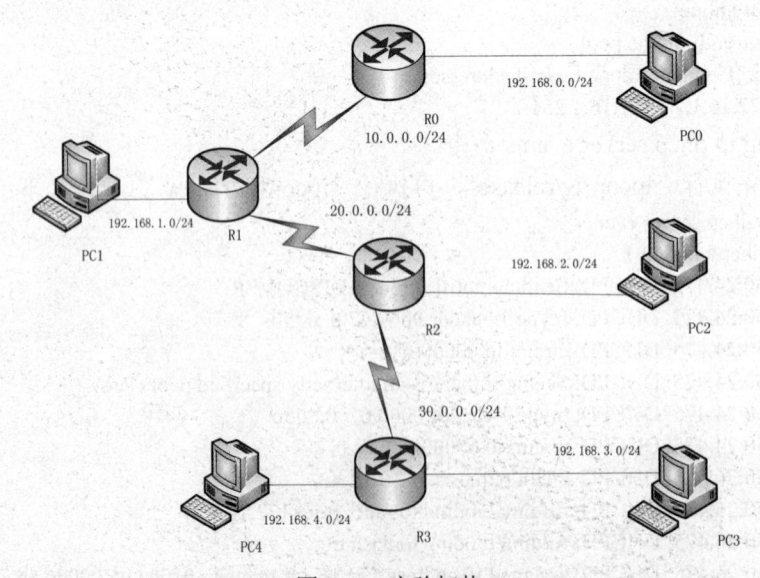

图 7.10　实验拓扑

步骤一：请完成拓扑中各设备的初始化配置。
步骤二：请分别配置 EIGRP、RIP2、OSPF 动态路由，并使其都能联通。
步骤三：调整路由协议的优先级，使网络中强制运行 OSPF 协议。

R0(config)#router eigrp 1
R0(confing-router)#dis
R0(config-router)#distance ei
R0(config-router)#distance eigrp 200 200

项目 8　VLAN 的安全

项目学习重点

- 掌握将 ACL 与 VLAN 技术相结合的 VLAN 访问控制列表来控制 VLAN 内部的安全通信
- 掌握在 VLAN 中实施安全隔离技术的私有 VLAN 来控制 VLAN 内部的安全通信

第一部分　理论知识

8.1　VLAN 访问控制列表

8.1.1　VLAN 访问控制列表简介

VLAN 的安全直接关系到 VLAN 中计算机的通信安全，访问控制列表（ACL）有助于在多层交换的网络中实施访问控制，如果将 ACL 与 VLAN 技术相结合，这将有助于 VLAN 安全。

在 Cisco 的多层交换机中包含三种类型的 ACL：路由器访问控制列表（RACL）、端口访问控制列表（PACL）、VLAN 访问控制列表（VACL）。

与思科基于 IOS 的 route map 类似的是，VACL 的列表内容对配置顺序有要求。VACL 可以控制 VLAN 中的流量或者控制通过交换的方式转发流量，且支持基于以太网类型和 MAC 地址进行流量过滤。Catalyst 交换机支持通过四个 ACL 对数据包进行检查，其中包括输入/输出安全 ACL、输入/输出 QoS ACL。

把多个特性 ACL 中的访问控制条目（ACE）集合在一起的过程称为 ACL 融合，Catalyst 交换机实施融合的方法有两种：与顺序无关的融合和与顺序相关的融合。

- 与顺序无关的融合。ACL 会将一些列有顺序的行文转换成一组与顺序无关的掩码和模式，最终的访问控制条目数量会很大，融合过程也很消耗处理器及内存资源。
- 与顺序相关的融合。ACL 保留了它们的顺序，计算速度更快且消耗更少的处理器和内存资源。这是现在某些 Catalyst 交换机的改进技术。

设备硬件可以支持的 ACL 包括 IP 标准 ACL 和 IP 扩展 ACL，有允许和拒绝两种行为。作为数据包转发过程的一部分，ACL 的条目编程在硬件中，不管是否配置了 ACL，ACL 查找行为都会发生，用于实施安全性目的，且 ACL 能够提供的是线速过滤。

8.1.2　VLAN 访问列表配置

VACL 应用于 VLAN 中的所有流量，可以为 IP 层流量和 MAC 层流量来配置 VACL，用命令 route-map 来配置 VACL，交换机会按映射集的顺序进行检查。当流量与拒绝访问控制条目相匹配时，交换机会按照顺序检查下一个 ACL 或检查下一个映射集；当流量与允许访问控制条目相匹配时，交换机会采取相应的行为。可配置 VACL 的行为有三种：Permit（允许）、Redirect（重定向）、Deny（拒绝）。其中，仅思科 Catalyst 6500 能够支持以下两个特性：

- VACL Capture：捕获。捕获是通过捕获端口转发的数据包实现的。VACL 捕获选项仅能应用在允许访问控制条目中，能够复制特定捕获端口的流量，捕获端口可以是 IDS 检测端口或其他任意以太网端口，将捕获端口划分进一个输出 VLAN 来处理三层交换流量。
- VACL Redirect：重定向。重定向是把符合匹配条件的数据包重定向到指定端口，重定向端口必须属于应用了 VACL 的 VLAN。一般地，管理员可以配置的重定向端口多达 5 个。

VACL 的配置步骤如下：

（1）创建一个扩展 ACL。

（2）定义一个 VACL：

Switch (config)# **vlan access-map** *map_name* [*seq-number*]

（3）定义匹配条件，指定需要被过滤的数据流：

Switch (config-access-map)# **match ip address {acl-number}**
Switch (config-access-map)# **match ipx address {acl-number}**
Switch (config-access-map)# **match mac address {acl-number}**

（4）定义操作，第一个匹配的条件将触发相应的操作：

Switch(config-access-map)# **action {drop | forward [capture] | {redirect type mod/num}**

VACL 可以丢弃、转发数据包，还可以将其重定向到另一个接口。

（5）将映射集应用到 VLAN，命令为：

Switch (config)# **vlan filter** *map_name* **vlan_list** *list*

例如，假设禁止 VLAN 9 内部的主机 192.168.9.7 和内部其他主机通信，可以使用 VACL 实现：

Switch (config)#ip access-list extended local-9
Switch (config-acl)#permit ip host 192.168.9.7 192.168.9.0 0.0.0.255
Switch (config-acl)#exit
Switch (config)#vlan access-map block-9 10
Switch (config-access-map)#match ip address local-9
Switch (config-access-map)#actoin drop
Switch (config-access-map)# vlan access-map block-9 20
Switch (config-access-map)#action forward
Switch (config-access-map)#exit
Switch (config#vlan filter block-9 vlan-list 9

检查 VACL 配置，命令为：

Switch # **show vlan access-map** *map_name*
Switch # **show vlan filter [access-map** *map_name* | *vlan_id*]

8.2 私有 VLAN

通常情况下，数据流在一个 VLAN 内部是不受限制地移动的，特别是广播，VLAN 内部的广播，其他主机都会收得到。如果是较为简易的 VLAN 内部流量的控制，使用 VACL 就可以了。然而，如果是较为复杂的情况，比方说，在人事部的 VLAN 40 内部，主机 C8 和 C9 作为一个团体可以相互通信，主机 C10 和 C11 作为一个团体可以相互通信，主机 C12 和 C13 不能相互通信，也不能和以 C8 为代表的团体主机通信，也不能和以 C10 为代表的团体主机通信，并且以 C8 为代表的团体主机不能和以 C10 为代表的团体主机通信，但是它们都可以和网关 VLAN 40 以及 VLAN 40 内部的 Web 服务器通信，如图 8.1 所示，像这种复杂的 VLAN 内部的安全通信，应用 VACL 就显得有点吃力了。在思科的交换机上，采用私有 VLAN（PVLAN）可以解决这个问题。

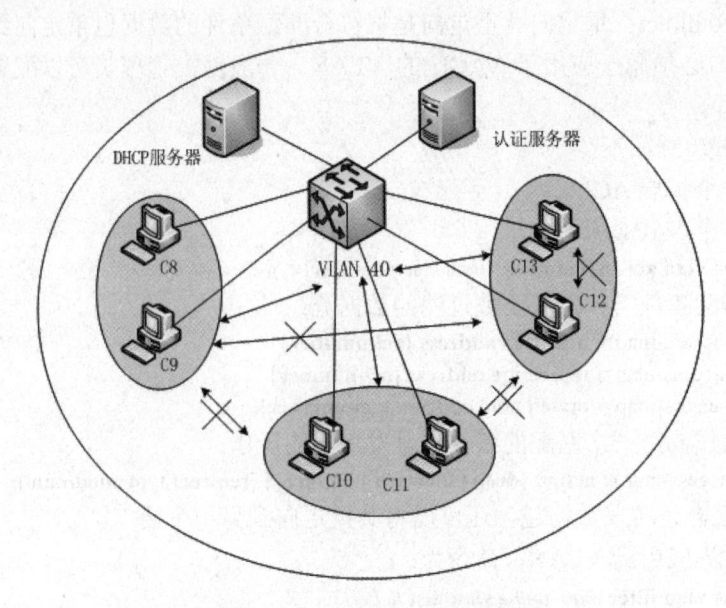

图 8.1　VLAN 40 内部的安全通信

8.2.1　私有 VLAN 的基本思想

将主 VLAN 逻辑关联到辅助 VLAN，再把端口配置成混合模式或者主机模式，辅助 VLAN 可以与 VLAN 中的端口通信，但是不能同其他辅助 VLAN 通信。

8.2.2　辅助 VLAN 的类型

1. 隔离

隔离（Isolated）VLAN 中的交换机端口只能与主 VLAN 通信，不能同其他任何辅助 VLAN 通信。同时，同一个隔离 VLAN 中的主机之间也不能通信。

2. 共用体

共用体（Community）VLAN 中的交换机端口可以相互通信，也能与主 VLAN 通信，但是不能和其他任何辅助 VLAN 通信。

8.2.3　私有 VLAN 中的端口类型

对于使用私有 VLAN 的交换机端口，都必须加入到相应的辅助 VLAN 中去，并且还必须设置成为下列模式之一：
- 主机端口（Host）：主机端口只能与混合端口和同一共用体 VLAN 中的其他端口通信。主机端口是与属于隔离 VLAN 或者共用体 VLAN 的主机相连。
- 混合端口（Promiscuous）：混合端口可以与任何连接到主 VLAN 和私有 VLAN 的端口通信。混合端口通常是与路由器、防火墙或者其他网关设备相连的交换机端口。

8.2.4 私有 VLAN 的配置

私有 VLAN 是一种特殊的 VLAN，VTP 并不通告任何有关私有 VLAN 配置的信息，故而每个私有 VLAN 都必须在其连接的每台交换机上配置。同时，交换机也必须是 VTP 透明模式，确保私有 VLAN 只在本地交换机有意义。

（1）设置交换机为通明模式。
Switch（config）#vtp mode transparent
（2）定义需要隔离的辅助 VLAN。
Switch（config）# vlan vlan-id
Switch（config-vlan）#private-vlan {isolated | community}
（3）定义主 VLAN，并和私有 VLAN 连接起来。
Switch（config）#vlan vlan-id
Switch（config-vlan）#private-vlan primary
Switch（config-vlan）#private-vlan association {secondary-vlan-list |add secondary-vlan-list |remove secondary-vlan-list}

如果已经配置了主 VLAN，可以使用 add 或者 remove 来添加或者删除与其连接的辅助 VLAN。

（4）将端口同主 VLAN 和私有 VLAN 关联起来。
Switch（config-if）#switchport mode private-vlan {host |promiscuous}

如果端口连接的是路由器、防火墙或者 VLAN 网关，就要使用关键字 promiscuous，让其可以和主 VLAN 中混合端口、隔离端口和共用体端口通信；否则就使用关键字 host 来定义隔离或者共用体端口。

对于使用命令 switchport mode private-vlan host 定义的主机端口，还必须将其同主 VLAN 和辅助 VLAN 关联起来：
Switch（config-if）#switchport private-vlan host-asociation private-vlan-id secondary-vlan-id

特别要注意的是交换机的端口与私有 VLAN 关联后，就不必配置静态接入 VLAN 了。此时端口同时属于主 VLAN 和私有 VLAN，但这并不表示端口有多个 VLAN 的功能，只是具备主 VLAN 和辅助 VLAN 之间的单向行为。

（5）把混合端口映射到主 VLAN 和辅助 VLAN。

对于使用命令 switchport mode private-vlan promiscuous 定义的端口，必须把它映射到主 VLAN 和辅助 VLAN。混合端口是被映射的，其他辅助 VLAN 端口是被关联的，是主 VLAN 和辅助 VLAN 之间的双向行为。
Switch（config-if）#switchport private-vlan mapping private-vlan-list secondary-vlan-list | {add secondary-vlan-list}{remove secondary-vlan-list}

（6）将辅助 VLAN 关联到主 VLAN 的 SVI。

当在交换机虚拟接口（SVI）或是配置了 IP 地址的 VLAN 接口上，必须配置私有 VLAN

的映射，才能保证对来自辅助 VLAN 的数据流进行第三层交换。由于主 VLAN 的功能被扩展到辅助 VLAN，这样就不需要为每个辅助 VLAN 提供 SVI。使用下面的接口命令，可以在主 VLAN 的 SVI 接口配置私有 VLAN 映射：

Switch（config）#interface vlan primary-vlan-id
Switch（config-if）#private-vlan mapping {secondary-vlan-list |remove secondary-vlan-list | secondary-vlan-list }

（7）查看 PVLAN 信息。

Switch #show vlan private-vlan

按照上面私有 VLAN 的知识，实现人事部 VLAN 40 中的流量控制策略的命令如下：

S13(config)#vtp mode transparent
S13(config)#vlan 4
S13(config-vlan)#private-vlan community
S13(config-vlan)#vlan 5
S13(config-vlan)#private-vlan community
S13(config-vlan)#vlan 6
S13(config-vlan)#private-vlan isolated
S13(config-vlan)#exit
S13(config)#vlan 40
S13(config-vlan)#private-vlan primary
S13(config-vlan)#private-vlan association 4,5,6
S13(config-vlan)#exit
S13(config)#interface range fa0/1 – fa0/2
S13(config-if-range)# switchport mode private-vlan host
S13(config-if-range)# switchport　private-vlan host-association 40 4
S13(config-if-range)#interface range fa0/3 – fa0/4
S13(config-if-range)# switchport mode private-vlan host
S13(config-if-range)# switchport　private-vlan host-association 40 5
S13(config-if-range)#interface range fa0/5 – fa0/6
S13(config-if-range)# switchport mode private-vlan host
S13(config-if-range)# switchport　private-vlan host-association 40 6
S13(config-if-range)#interface range fa0/7 – fa0/8
S13(config-if-range)#switchport mode private-vlan promiscuous
S13(config-if-range)#switchport private-vlan mapping 40 4,5,6
S13(config-if-range)#exit
S13(config)#ip routing
S13(config)#interface vlan 40
S13(config-if)#ip address 192.168.40.254 255.255.255.0
S13(config-if)#private-vlan mapping 4,5,6

8.3　VLAN 中继链路的安全

交换机链路通常位于两台交换机之间，所以很多人认为它们很安全，其实不然，有一些攻击是针对中继链路或者通过中继链路传输的 VLAN 的访问权的，所以事实上 VLAN 的中继链路是存在安全威胁的。一般情况下，攻击者可以获得对中继链路或者通过中继链路传输的 VLAN 的访问权限，因此，可以采用某种技术来防范它们。

8.3.1 交换机伪造

动态中继协议（DTP）是交换机动态地协商中继链路的用法和封装方式的，它使得交换机的管理较为容易。当交换机的端口采用默认的中继模式 auto 时，如图 8.2 所示，它等待处于模式 auto 或者 on 的另一端交换机请求建立中继链，而无须管理员干预。

```
Switch#show interfaces fastEthernet 0/1 switchport
Name: Fa0/1
Switchport: Enabled
Administrative Mode: dynamic auto
Operational Mode: down
Administrative Trunking Encapsulation: dot1q
Operational Trunking Encapsulation: native
Negotiation of Trunking: On
Access Mode VLAN: 1 (default)
Trunking Native Mode VLAN: 1 (default)
Voice VLAN: none
Administrative private-vlan host-association: none
Administrative private-vlan mapping: none
Administrative private-vlan trunk native VLAN: none
Administrative private-vlan trunk encapsulation: dot1q
Administrative private-vlan trunk normal VLANs: none
Administrative private-vlan trunk private VLANs: none
Operational private-vlan: none
Trunking VLANs Enabled: ALL
Pruning VLANs Enabled: 2-1001
Capture Mode Disabled
Capture VLANs Allowed: ALL
Protected: false
Appliance trust: none
```

图 8.2 交换机的默认端口配置

一个有着良好行为的终端用户绝不会在自己的网卡口使用 DTP，这样终端用户连接的交换机端口就会使用端口接入模式，正常传输终端用户的数据流。然而，恶意的终端用户会在自己的网卡口使用 DTP，尝试同交换机端口建立中继链路，这会让 PC 就像是一台交换机，但实际上它是在欺骗交换机。

当恶意终端用户和交换机建立了中继链路后，它便能够访问允许通过该链路传输的任何 VLAN，同时它还能够把数据流发送到任何 VLAN。图 8.3 说明了这种攻击情形。

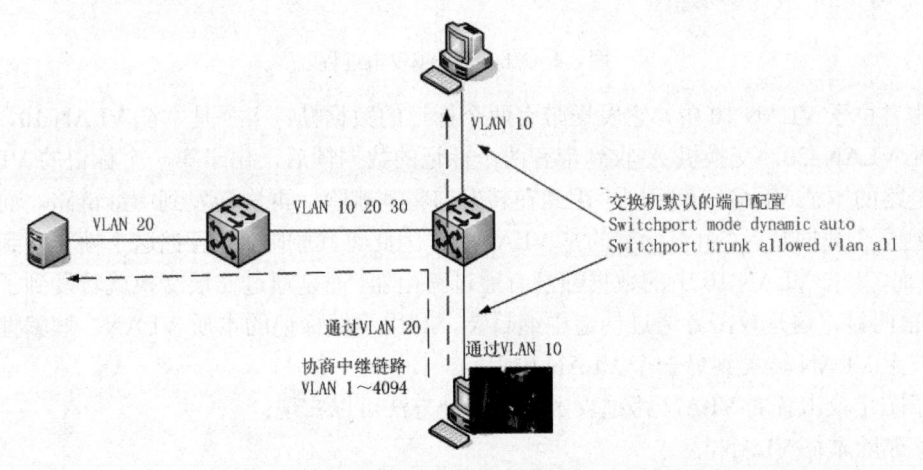

图 8.3 通过交换机伪造获得对中继链路的访问权限

为了有效防止这种攻击，可以将交换机的每个端口配置成可以预料和可以控制的模式。例如，把连接终端用户的交换机端口配置成为接入模式，这样就可以禁用 DTP，终端用户无法发送伪造的数据让交换机端口进行中继：
```
Switch(config)#interface type mod/num
Switch(config-if)#switchport access vlan vlan-id
Switch(config-if)# switchport mode access
```
当然，最为明智的做法莫过于禁用任何可用的交换机端口，避免恶意终端用户发现和利用交换机的活动端口。

8.3.2 VLAN 跨越

VLAN 中继链路还经常受到一种称为 VLAN 跨越的攻击。这种攻击来自接入 VLAN，它通过发送包含伪造的 IEEE 802.1Q 标记的帧，让数据包能够进入其他 VLAN，而根本不用经过路由器。

攻击者符合以下条件就可以发起这种攻击：
- 攻击者与接入层交换机端口相连。
- 该交换机有一条 802.1Q 中继链路。
- 该中继链路的本征 VLAN 是攻击者所在的接入 VLAN。

图 8.4 说明了 VLAN 跨越攻击的基本工作原理。

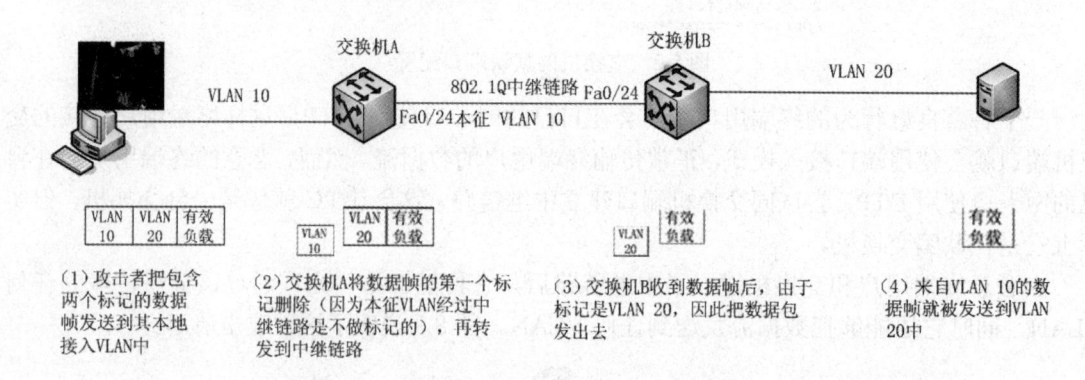

图 8.4 VLAN 跨越攻击过程

攻击者位于 VLAN 10 中，它发送带有两个标记的数据帧：一个是本征 VLAN 10，另一个是非本征 VLAN 20。交换机 A 收到带有两个标记的数据帧后，由于第一个标记的 VLAN 10 与中继链路的本征 VLAN 10 相同，因此在转发前将其删除，再次转发到中继链路。而当交换机 B 收到这个数据帧后，由于标记的是 VLAN 20，因此将其删除，并且把这个帧转发到 VLAN 中去。从而，来自 VLAN 10 中的数据帧没有通过路由器，而是通过二层交换就转发到了 VLAN 20 中。很明显，这是攻击者通过伪造中继封装，利用不做标记的本质 VLAN，欺骗性地将数据帧从一个 VLAN 转发到另一个 VLAN 中。

为了防止攻击者的 VLAN 跨越攻击，有三种方法可以实现：
- 删除本征 VLAN。
- 强制给本征 VLAN 发出的帧打上标记。
- 保证所有接口都不被划分在本征 VLAN 所划分的 VLAN 中。

第一种方法可以采取如下措施：

第 1 步 创建一个伪造的或者不曾使用的 VLAN。
第 2 步 将中继链路两端的本征 VLAN 设置为此 VLAN。
第 3 步 在中继链路两端将本征 VLAN 修剪掉。

例如，如图 8.4 所示，交换机 A 和交换机 B 之间是需要传输 VLAN 10 和 VLAN 20 的一条中继链路，可以考虑创建一个 VLAN 900，把中继链路的本征 VLAN 设置为 VLAN 900，然后再将其从中继链路上删除，这样就可以防范 VLAN 跨越攻击。命令如下：

SwitchA（config）#vlan 900
SwitchA（config-vlan）#name unuse_native
SwitchA（config-vlan）#exit
SwitchA（config）#interface fa0/24
SwitchA（config-if）#switchport trunk encapsulation dot1q
SwitchA（config-if）# switchport trunk native vlan 900
SwitchA（config-if）# switchport trunk allowed vlan remove 900
SwitchA（config-if）# switchport mode trunk
SwitchB（config）#interface fa0/24
SwitchB（config-if）#switchport trunk encapsulation dot1q
SwitchB（config-if）# switchport trunk native vlan 900
SwitchB（config-if）# switchport trunk allowed vlan remove 900
SwitchB（config-if）# switchport mode trunk

第二种方法可以考虑强制交换机对本征 VLAN 进行打标记，因为默认情况下，交换机使用 802.1Q 中继协议，不对本征 VLAN 进行打标记操作。

使用下面的命令实现对本征 VLAN 强行打标，
全局模式下：
Switch（config）# vlan dot1q tag native
接口模式下：
Switch (config-if)#switchport trunk native vlan 10 tag

第三种方法是将所有的接口划分到非本征 VLAN 中去，建议配置前先将所有的接口都关闭，使用时再开启。

第二部分　典型项目

典型项目之一

实验名称

配置 VLAN ACL。

实验目的

（1）了解 VLAN ACL 原理。
（2）掌握交换机 VLAN ACL 的配置方法。

实验要求与环境

Catalyst 3560 系列交换机一台，计算机四台，Console 线一根，直通双绞线四根。

实验拓扑及说明

拓扑结构如图 8.5 所示。

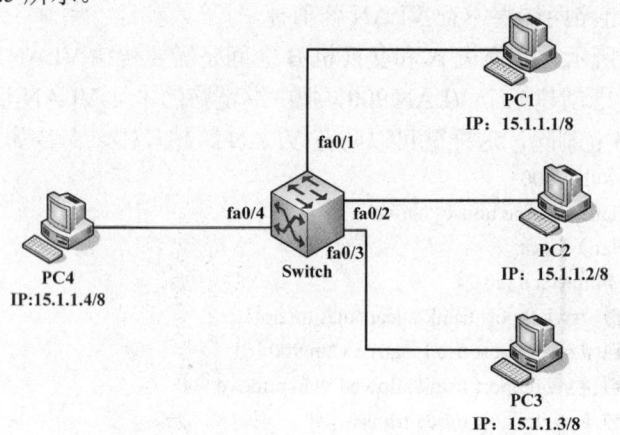

图 8.5 拓扑结构

所有接口在 VLAN1，配置 VLAN ACL，设置 PC4 到 PC1 的为默认动作，设置 PC4 到 PC2 的为丢弃动作，设置 PC4 到 PC3 的为其他流量，不做配置。

计算机 PC1 的 IP 地址为 15.1.1.1/8。
计算机 PC2 的 IP 地址为 15.1.1.2/8。
计算机 PC3 的 IP 地址为 15.1.1.3/8。
计算机 PC4 的 IP 地址为 15.1.1.4/8。

实验步骤

（1）在未配置 VLAN ACL 之前，先测试网络连通性。

在 PC4 上 ping 地址 15.1.1.1，结果为 ping 通，如图 8-6 所示。
在 PC4 上 ping 地址 15.1.1.2，结果为 ping 通，如图 8-7 所示。

图 8.6 ping 15.1.1.1 地址 　　　　图 8.7 ping 15.1.1.2 地址

在 PC4 上 ping 地址 15.1.1.3，结果为 ping 通，如图 8.8 所示。

实验结果证明，在未配置 VLAN ACL 之前，所有通信均为正常。

（2）创建各种 ACL。

创建 ACL 匹配 PC4 和 PC1 间的双向流量（注：因为 VLAN ACL 没有方向，需要在两个方向生效，所写的 ACL 一定要考虑来回两个方向，否则只匹配到单向的流量，另一方向可能被丢掉）。

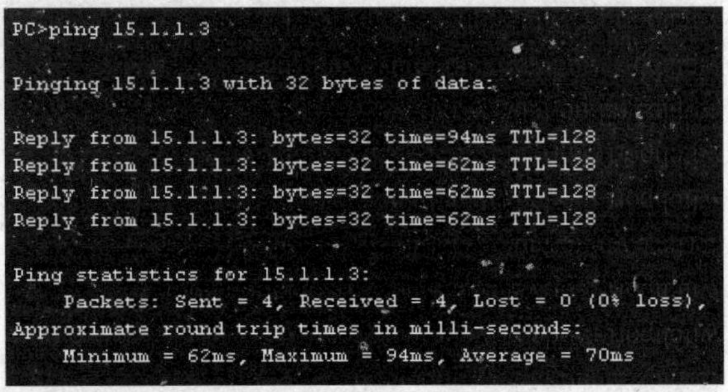

```
PC>ping 15.1.1.3

Pinging 15.1.1.3 with 32 bytes of data:

Reply from 15.1.1.3: bytes=32 time=94ms TTL=128
Reply from 15.1.1.3: bytes=32 time=62ms TTL=128
Reply from 15.1.1.3: bytes=32 time=62ms TTL=128
Reply from 15.1.1.3: bytes=32 time=62ms TTL=128

Ping statistics for 15.1.1.3:
    Packets: Sent = 4, Received = 4, Lost = 0 (0% loss),
Approximate round trip times in milli-seconds:
    Minimum = 62ms, Maximum = 94ms, Average = 70ms
```

图 8.8 ping 15.1.1.3 地址

Switch(config)#access-list 111 permit ip host 15.1.1.4 host 15.1.1.1
Switch(config)#access-list 111 permit ip host 15.1.1.1 host 15.1.1.4

同理，创建 ACL 匹配 PC4 和 PC2 间的双向流量：

Switch(config)#access-list 112 permit ip host 15.1.1.4 host 15.1.1.2
Switch(config)#access-list 112 permit ip host 15.1.1.2 host 15.1.1.4

（3）配置 VLAN ACL。

定义匹配条件，指定需要被过滤的数据流，配置 ACL 111 的流量为默认动作：

Switch(config)#vlan access-map rq 10
Switch(config-access-map)#match ip address 111
Switch(config-access-map)#exit

同理，配置 ACL 112 的流量被明确丢弃：

Switch(config)#vlan access-map rq 20
Switch(config-access-map)#match ip address 112
Switch(config-access-map)#action drop
Switch(config-access-map)#exit

其他的不匹配。

（4）将映射集应用到 VLAN ACL。

将 VLAN ACL 应用于 VLAN 1，也可以应用于多个 VLAN，但不能设置方向。

Switch (config)#vlan filter rq vlan-list 1

（5）测试配置 VLAN ACL 之后的网络连通性。

在 PC4 上 ping 地址 15.1.1.1，结果为 ping 通，如图 8.9 所示。

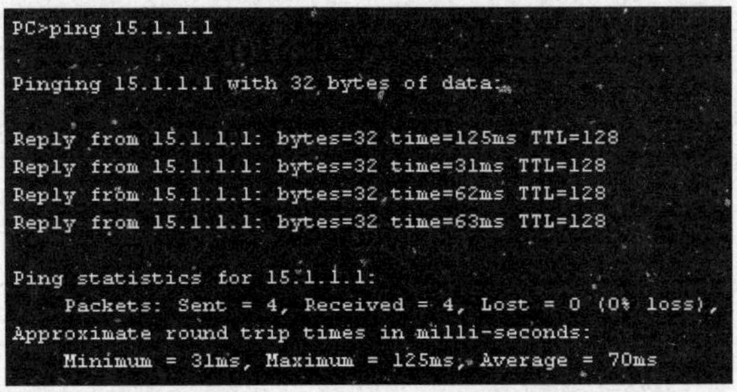

```
PC>ping 15.1.1.1

Pinging 15.1.1.1 with 32 bytes of data:

Reply from 15.1.1.1: bytes=32 time=125ms TTL=128
Reply from 15.1.1.1: bytes=32 time=31ms TTL=128
Reply from 15.1.1.1: bytes=32 time=62ms TTL=128
Reply from 15.1.1.1: bytes=32 time=63ms TTL=128

Ping statistics for 15.1.1.1:
    Packets: Sent = 4, Received = 4, Lost = 0 (0% loss),
Approximate round trip times in milli-seconds:
    Minimum = 31ms, Maximum = 125ms, Average = 70ms
```

图 8.9 ping 15.1.1.1 地址

在 PC4 上 ping 地址 15.1.1.2，结果为 ping 不通，如图 8.10 所示。

在 PC4 上 ping 地址 15.1.1.3，结果为 ping 不通，如图 8.11 所示。

图 8.10　ping 15.1.1.2 地址

图 8.11　ping 15.1.1.3 地址

实验结果证明，PC4 到 PC1 的流量是允许转发（默认动作），而 PC4 到 PC2 的流量被明确丢弃了，PC4 到 PC3 视为其他没有设置的流量，全部被隐含拒绝了。

典型项目之二

实验名称

私有 VLAN 的配置。

实验目的

（1）了解私有 VLAN 原理。
（2）掌握交换机私有 VLAN 的划分方法。
（3）掌握 VLAN 和私有 VLAN 的差异。
（4）掌握私有 VLAN 的应用场景，更好地控制主机之间的互访权限以及主机对共享资源的访问权限。

实验要求与环境

Catalyst 3560 系列交换机一台、计算机四台、服务器一台、Console 线一根、直通双绞线四根、交叉双绞线一根。

表 8.1　实验要求与环境

设备	IP 地址	VLAN	接口号
PC1	192.168.1.1/24	VLAN 101（团体）	
PC2	192.168.1.2/24	VLAN 101（团体）	
PC3	192.168.1.3/24	VLAN 102（隔离）	
PC4	192.168.1.4/24	VLAN 102（隔离）	

续表

设备	IP 地址	VLAN	接口号
Server	192.168.1.111/24		
Switch1	192.168.1.254/24	VLAN 100（主）	Fa0/10
Switch1	192.168.2.254/24	VLAN 103	Fa0/24
Switch2	192.168.2.111/24	VLAN 103	Fa0/24

实验拓扑

拓扑结构如图 8.12 所示。

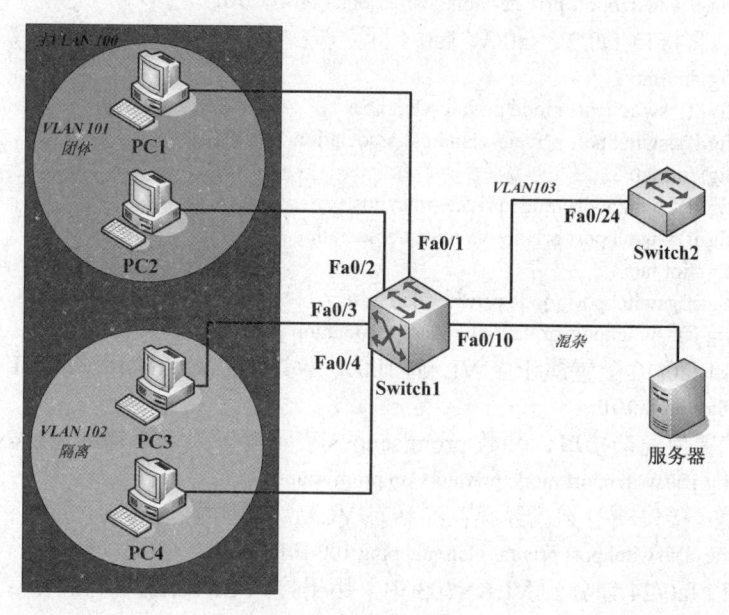

图 8.12 拓扑结构

实验步骤

（1）VTP 设为透明模式。

Switch1 (config)#vtp mode transparent

注意：只有 VTP 模式为透明模式，才能配置 PVLAN。

（2）建立 3 个 VLAN 100、VLAN 101、VLAN 102，并配置为 primary-vlan（主 VLAN）、community-vlan（团体 VLAN）和 isolated-vlan（隔离 VLAN）。

Switch1(config)#vlan 100
Switch1 (config-vlan)#name rq100
Switch1 (config-vlan)#private-vlan primary
Switch1 (config)#vlan 101
Switch1 (config-vlan)#private-vlan community
Switch1 (config)#vlan 102
Switch1 (config-vlan)#private-vlan isolated
Switch1 (config-vlan)#exit

（3）将主 VLAN100 和辅助 VLAN101、VLAN102 建立关联。

```
Switch1 (config)#vlan 100
Switch1 (config-vlan)#private-vlan association 101
Switch1 (config-vlan)#private-vlan association 102
Switch1 (config-vlan)#exit
```
注意：此处可以合并为一条命令 private-vlan association 101-102。

（4）将接口 fa0/1 同主 VLAN 下的私有 VLAN 关联起来。
```
Switch1 (config)#int fa0/1
```
配置接口模式为 host，参数 host 表示只能为一个辅助 VLAN 服务：
```
Switch1 (config-if)#switchport mode private-vlan host
```
本接口属于主 VLAN 100，并关联到辅助 VLAN 101 中：
```
Switch1 (config-if)#switchport private-vlan host-association 100 101
```
（5）同理，将接口 fa0/2、fa0/3、fa0/4 同主 VLAN 下的私有 VLAN 关联起来：
```
Switch1 (config)#int fa0/2
Switch1 (config-if)#switchport mode private-vlan host
Switch1 (config-if)#switchport private-vlan host-association 100 101
Switch1 (config)#int fa0/3
Switch1 (config-if)#switchport mode private-vlan host
Switch1 (config-if)#switchport private-vlan host-association 100 102
Switch1 (config)#int fa0/4
Switch1 (config-if)#switchport mode private-vlan host
Switch1 (config-if)#switchport private-vlan host-association 100 102
```
（6）将接口 fa0/10 配置属于主 VLAN 100，并实现主 VLAN 和辅助 VLAN 间的映射：
```
Switch1 (config)#int fa0/10
```
把本接口配置为混杂接口，参数 promiscuous 表示可以为多个辅助 VLAN 服务：
```
Switch1 (config-if)#switchport mode private-vlan promiscuous
```
将该混杂模式接口映射到已经存在的私有 VLAN 范围内：
```
Switch1 (config-if)#switchport private-vlan mapping 100 101,102
```
（7）将接口 fa0/24 划分到 VLAN103 中，用于接入 Switch2 中：
```
Switch1 (config)#int fa0/24
Switch1 (config-if)#switchport mode access
Switch1 (config-if)#switchport access vlan 103
```
（8）启动三层交换机 switch1 的路由功能，实现 VLAN100 和 VLAN 103 间的通信：
```
Switch1 (config)#ip routing
Switch1 (config)#int vlan 100
Switch1 (config-if)#ip add 192.168.1.254 255.255.255.0
```
将辅助 VLAN 关联到主 VLAN 的 SVI，将辅助 VLAN 映射到 3 层接口，允许 PVLAN 入口流量的三层交换：
```
Switch1 (config-if)#private-vlan mapping 101-102
Switch1 (config-if)#no sh
Switch1 (config)#int vlan 103
Switch1 (config-if)#ip add 192.168.2.254 255.255.255.0
Switch1 (config-if)#no sh
```

实验结果

PC1 能与 PC2 互相通信，PC1、PC2 能与 Server、VLAN 103（Switch2）通信，但 PC1、PC2 与 PC3、PC4 是不能通信的。PC3、PC4 能与 Server、VLAN103（Switch2）通信，但 PC3 和 PC4 不能互相通信。可以用 show vlan private-vlan 命令或者 show run 命令查看 PVLAN 的信息。

典型项目之三

实验名称

VLAN Trunk 的安全配置。

实验目的

（1）了解 VLAN Trunk 存在的安全威胁。
（2）了解防范 VLAN Trunk 安全的原理。
（3）掌握防范交换机 VLAN Trunk 安全的配置方法。

实验要求与环境

Catalyst 3560 系列交换机两台、计算机四台、Console 线一根、直通双绞线四根、交叉双绞线一根。

实验拓扑及说明

拓扑结构如图 8.13 所示。

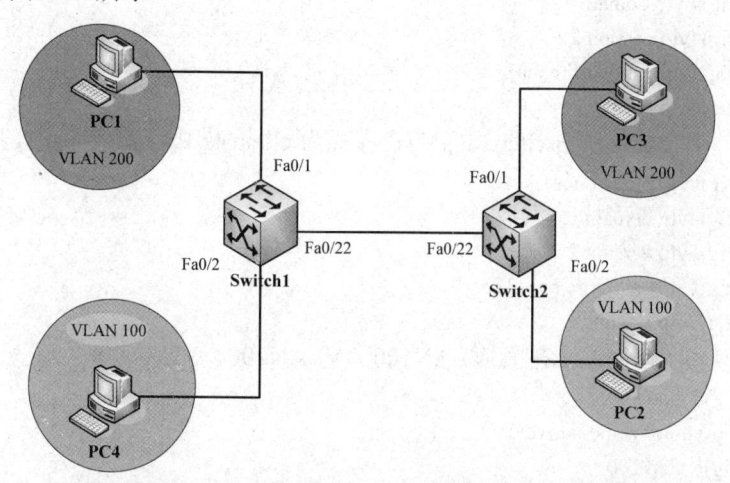

图 8.13　拓扑结构

在 Switch1 和 Switch2 完成 VLAN100、VLAN200 的创建，完成 PC1 和 PC3、PC2 和 PC4 的跨交换机的通信，启用 VTP 协议，配置 VTP 域名为 rq，Switch1 的 VTP 模式为 Server，Switch2 的 VTP 模式为 Client，要保证 Trunk 线路的安全，启用 VTP 密码保护，关闭 Trunk 的 DTP 协议，更改两台交换机上的本征 VLAN（Native VLAN）为 990，如表 8.2 所示。

表 8.2　改变本征 VLAN

设备	VLAN	接口	本征 VLAN
PC1	VLAN 200		VLAN 990
PC2	VLAN 100		VLAN 990
PC3	VLAN 200		VLAN 990
PC4	VLAN 100		VLAN 990

续表

设备	VLAN	接口	本征 VLAN
Switch1	VLAN 200	Fa0/2	VLAN 990
	VLAN 100	Fa0/1	VLAN 990
	Trunk	Fa0/22	VLAN 990
Switch2	VLAN 200	Fa0/2	VLAN 990
	VLAN 100	Fa0/1	VLAN 990
	Trunk	Fa0/22	VLAN 990

实验步骤

（1）配置交换机 Switch1 的 VTP 模式为 server 模式（若未修改过交换机 VTP 的默认模式，此步骤可以省略），VTP 域名为 rq，配置 VTP 版本为 2，配置密码为 haha123，启动 VTP 修剪。

```
Switch1 (config)# vtp mode server
Switch1 (config)# vtp domain rq
Switch1 (config)#vtp version 2
Switch1 (config)#vtp password haha123
Switch1 (config)#vtp pruning
```

（2）同理，配置交换机 Switch2 的 VTP 模式为 client 模式，其他与交换机 Switch1 相同。

```
Switch2 (config)#vtp mode client
Switch2 (config)#vtp domain rq
Switch2 (config)#vtp version 2
Switch2 (config)#vtp password haha123
Switch2 (config)#vtp pruning
```

（3）在交换机 Switch1 上配置 VLAN100、VLAN200、VLAN990。

```
Switch1(config)# vlan 990
Switch1(config-vlan)# name nativevlan
Switch1(config)# vlan 100
Switch1(config-vlan)# name teacherren
Switch1(config)# vlan 200
Switch1(config-vlan)# name student
Switch1(config-vlan)#exit
```

注意：Switch2 上可以通过自动获取这些 VLAN 信息，故不用配置以上命令。

（4）配置交换机 Switch1 上接口的模式，按照表 8.2 所示，将接口划分到相应的 VLAN 中去。

```
Switch1(config)#interface fa0/1
Switch1(config-if)# switchport mode access
Switch1(config-if)# switchport access vlan 100
Switch1(config)#interface fa 0/2
Switch1(config-if)# switchport mode access
Switch1(config-if)# switchport access vlan 200
Switch1(config)#interface fa 0/22
```

Switch1(config-if)#shutdown
Switch1(config-if)#switchport trunk encapsulation dot1q
Switch1(config-if)#switchport trunk native vlan 990
Switch1(config-if)#switchport mode trunk
Switch1(config-if)#switchport nonegotiate
Switch1(config-if)#no shutdown
Switch1(config-if)#exit

注意：命令 switchport trunk native vlan 990 用于更改默认 Native VLAN 为 VLAN 990，接口下使用命令 switchport nonegotiate 将用于彻底关闭收发双方的 DTP 协议，使该接口的状态将永远稳定成 Trunk，使接口的状态达到了最大稳定，有效地避免攻击者的各种探测操作。

（5）同理，配置交换机 Switch2 上的接口。
Switch2(config)#interface fa 0/1
Switch2 (config-if)# switchport mode access
Switch2 (config-if)# switchport access vlan 100
Switch2(config)#interface fa 0/2
Switch2(config-if)# switchport mode access
Switch2(config-if)# switchport access vlan 200
Switch2(config)#interface fa 0/22
Switch2(config-if)#shutdown
Switch2(config-if)#switchport trunk encapsulation dot1q
Switch2(config-if)#switchport mode trunk
Switch2(config-if)#switchport trunk native vlan 990
Switch2(config-if)#switchport nonegotiate
Switch2(config-if)#no shutdown
Switch2(config-if)#exit

（6）在交换机 Switch1 和 Switch2 上，分别从中继链路上删除本征 VLAN990。
Switch1(config)#interface fa 0/22
Switch1（config-if）# switchport trunk allowed vlan remove 900
Switch2(config)#interface fa 0/22
Switch2（config-if）# switchport trunk allowed vlan remove 900

或者使用下面的命令实现对本征 VLAN 强行打标：
Switch1(config)# vlan dot1q tag native
Switch2(config)# vlan dot1q tag native

第三部分　巩固练习

理论练习

1．VACL 行为有几种？是哪几种？
2．试阐述 VLAN 和私有 VLAN 的之间的区别。
3．试阐述 VLAN 中继链路受到安全威胁的原因及解决方法。

项目 9 路由冗余

项目学习重点

- 掌握 3 种提供路由器冗余的协议，包括 HSRP、VRRP 和 GLBP
- 掌握在思科的某些交换机上用于运行活动、备份硬件模块对的方法

第一部分 理论知识

9.1 热备份路由器协议

路由器热备份网络系统的高可靠性日益成为设计整个系统的关键因素之一，依赖于内部网或因特网服务执行关键业务通信的企业和消费者。要实现其网络和运用能够正常运行时间达到百分百，运用 Cisco 公司的热备份路由协议（Hot Standby Router Protocol，HSRP）能满足客户需要，为网络提供冗余性，如图 9.1 所示。

9.1.1 热备份概念

HSRP 主要是提供了这样一种机制，它的设计目的主要在于支持 IP 传输失败情况下的不中断服务。具体说，就是对于运行 IP 协议的 Cisco 路由器组来说，HSRP 能够使一台路由器在同组的另一台路由器出现故障时自动接管其路由功能。也就是说，当一台路由器出现故障时，HSRP 能够保证子网上的用户不间断地访问网络资源，不受故障路由器的影响。它主要用于多接入、多播和广播局域网（如以太网）。

9.1.2 HSRP 备份的组成

虚拟的路由器——此协议中所涉及的多路由器都映射为一个虚拟的路由器。本协议保证同时有且只有一个路由器在代表虚拟路由器进行包的发送。而终端则是把数据包发向该虚拟路由器。这个转发包的路由器被称为活跃路由器。如果这个活跃路由器在某个时候由于某种原因而无法工作的话，则备份的路由器将被选择来代替原来的活跃路由器。本协议为活跃路由器和备份路由器的定义提供了一种机制。在协议所涉及的路由器上使用 IP 地址，如果这个活跃路由器失效，则备份路由器马上代替活跃路由器工作而不会在对主机的连通性上产生大的中断。

备份组——在使用 HSRP 时，一组路由器的工作将一致地表现为局域网上通往主机的一个虚拟路由器的工作。这组路由器就称为一个 HSRP 组或备份组。这个组中将选出一个路由器来负责转发由主机发给虚拟路由器的数据包。这个路由器就是活跃路由器。另一台路由器将被选为备份路由器。在活跃路由器失效的情况下，备份路由器将承担活跃路由器的包的转发功

能。即使可以任意制定运行 HSRP 的路由器的数量，但只有活跃路由器才能转发发送给虚拟路由器的数据包。

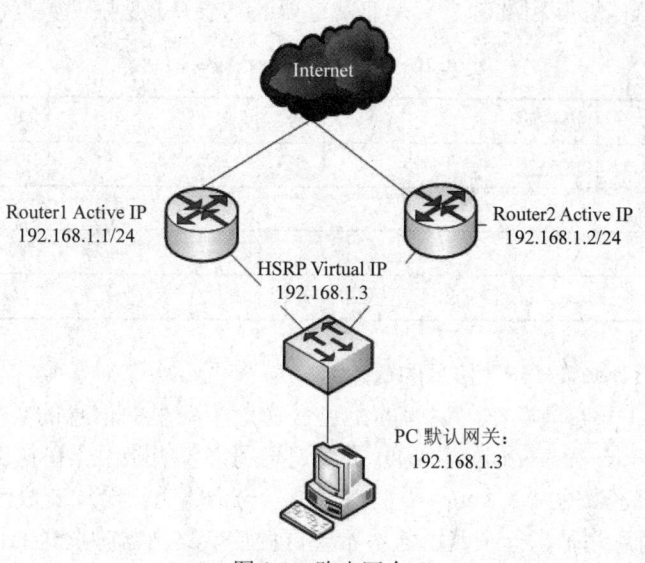

图 9.1 路由冗余

活跃路由器——转发发送到虚拟路由器的数据包。在 HSRP 组中，只有活跃路由器转发发送到虚拟路由器的数据包；组中有最高备份优先级的路由器变成活跃路由器；如果活跃路由器失效，备份路由器自动承担活跃路由器的功能；参与 HSRP 组的路由器通过基于 UDP 的多点广播 hello 数据包相互通信；通过多个 HSRP 组可实现一定程度上的负载均衡。

9.1.3 HSRP 的工作原理

HSRP 协议利用一个优先级方案来决定哪个配置了 HSRP 协议的路由器成为默认的活跃路由器。如果一个路由器的优先级设置得比所有其他路由器的优先级高，则该路由器称为活跃路由器。路由器的默认优先级是 90，所以如果只设置一个路由器的优先级高于 90，优先级高的端口配置占先权，则该路由器将称为主动路由器。当在预先设定的一段时间内活跃路由器不能发送 hello 消息时，优先级最高的备份路由器变为活跃路由器，完成转发数据的任务。

HSRP 组中的路由器互相交换 3 种类型的组播包：

hello 包：Hello 消息包的作用是使一台路由器向组内的其他路由器传递其优先级和状态信息。默认情况下，一台 HSRP 路由器每隔 3s 发一次 hello 包。

coup 包：当一台备份路由器转变为活跃路由器时，它发出一个 coup 消息。

resign 包：当一台活跃路由器将要关机或者它接收到来自其他具有更高优先级路由器发出的 hello 包时，这台活跃路由器就发出一个 resign 消息，表示其退出活动状态。

HSRP 允许两个或多个配置 HSRP 的路由器使用一个虚拟路由器的 MAC 地址和 IP 地址。为了使网络可靠性更高，网络中活跃路由器和备份路由器可以在完成 HSRP 选择过程后发送一次 HSRP 消息包。如果活跃路由器失效，则备份路由器将取代它作为新的活跃路由器工作；而当备份路由器失效或者它变成了活跃路由器时，另一个路由器将被选为备份路由器。

1. HSRP 数据包格式

在 HSRP 数据包的格式里，路由器使用其真 IP 地址作为源地址，而不使用虚拟地址。这对于使 HSRP 路由器能够互相准确定义是非常重要的。表 9.1 是帧的数据部分的格式。

表 9.1　HSRP 数据包格式

版本号	操作码	状态说明	呼叫时间
等待时间	优先级	组	保留
认证码			
认证码			
虚拟 IP 地址			

（1）版本号：1 byte，HSRP 信息的版本号。

（2）操作码：1 byte，操作码说明的是包含在这个包里的信息的类型，可能的值有：0——hello、1——coup、2——resign。hello 类型消息用来表明路由器正在工作，并且有能力成为活跃路由器或者备份路由器；coup 类型消息是当一个路由器希望变成活跃路由器时发送的信息；resign 类型消息则是当一个路由器不希望再做活跃路由器时发送的信息。

（3）状态说明：1 byte，在备份组中的每个路由器都在运行着一个状态机制。状态域描述的是发送消息的路由器的当前状态。可能的状态值有：0——initial（初始状态）、1——learn（学习状态）、2——listen（监听状态）、4——speak（会话状态）、8——standby（等待状态）、16——active（活动状态）。

（4）呼叫时间（hellotime）：1 byte，这个域在 hello 消息中是非常有意义的。它包含了路由器发送 hello 消息的大约间隔时间，用 s（秒）来表示。如果路由器上没有配置 hellotime，那么它将会向活跃路由器发送 hello 消息学习。而如果 hellotime 没有被设置而且 hello 消息已经被授权，则只能通过学习来获取 hellotime。发送 hello 消息的路由器必须装在 hello 消息中的 hellotime 域中使用的 hellotime 值。如果没有从活跃路由器发过来的 hello 消息中学习到 hellotime，并且也没有手工配置 hellotime，那么将把它的值默认为 3s。

（5）等待时间（holdtime）：1 byte，只在 hello 消息中有效。标明了当前的 hello 消息的有效期，时间也是用 s 来表示。如果一个路由器发送 hello 消息，接受者会认为在一个 holdtime 时间内这个 hello 消息是有效的。holdtime 的值必须比 hellotime 的值大而且至少是 hellotime 值的 3 倍。如果一个路由器上没有配置 holdtime 值，则它将向由活跃路由器发来的 hello 消息学习到一个 holdtime 值。如果 hello 消息是被认证及授权过的，则 holdtime 值就只能通过学习来得到了。同 hellotime 一样，一个路由器必须装入那个在 hello 消息中的 holdtime 域所定义的 holdtime 值。一个状态为活跃路由器不能向其他路由器学习 hellotime 和 holdtime 值，尽管它也许会继续使用从前一任活跃路由器那里学到的 hellotime 和 holdtime 值。另外，它也可能会使用手工配置的值。而活跃路由器也不能使用一个配置的时间或一个学习来的时间值。如果它没有学习到，而且也没有配置 holdtime，则它会使用 9 s 作为默认值。

（6）优先级：1 byte，这个域用来选择活跃路由器和备份路由器。当把两个路由器的优先级进行比较时，优先级数值高的将获胜。

（7）组：1 byte，这个域定义了备份组。在令牌环网络中，它的值为 0~2，而在其他网络介质中，它的值为 0~255 之间的数。

（8）认证码：8 byte，这个域包含了 8 个用作 password 的文本字符。

（9）虚拟 IP 地址：4byte，虚拟 IP 地址将在组中使用。如果一台路由器本身没有配置虚拟 IP 地址，那么它可以从活跃路由器那里发来的 hello 消息中学到。而如果路由器没有设置这个虚拟 IP 地址，而且 hello 消息已经被授权，则只能通过学习来获取这个地址。

2. 状态

备份组中的每一台路由器都通过执行一个简单的状态机制参与到这个协议中来工作。运行时，可能会根据状态机制对不同功能的规定而在内部产生不同的操作过程。所有的路由器都从初始状态开始。在任何情况下，配置了 HSRP 的路由器只能处于以下几种状态中的一种：

（1）initial（初始状态）：HSRP 启动时的状态，HSRP 还没有运行，一般是在改变配置或端口刚刚启动时进入该状态。

（2）learn（学习状态）：在该状态下，路由器还没有决定虚拟 IP 地址，也没有看到认证的、来自活跃路由器的 hello 报文。路由器仍在等待活跃路由器发来的 hello 报文。

（3）listen（监听状态）：路由器已经得到了虚拟 IP 地址，但是它既不是活跃路由器也不是备份路由器。它一直监听从活跃路由器和备份路由器发来的 hello 报文。

（4）speak（会话状态）：路由器周期性地发送 hello 消息，并且积极地参与到活跃路由器或备份路由器的选拔中。只有在它已经有了虚拟 IP 地址的前提下，它才能进入到这个状态。

（5）standby（备份状态）：这个状态下的路由器作为下一个活跃路由器的候选者，周期性地发送 hello 消息。除了极短暂的情况外，每个组中最多只能有一个处于备份状态的路由器。

（6）active（激活状态）：路由器的当前状态为把数据包转发到组的虚拟 MAC 地址。路由器周期性地发送 hello 消息。除了极短暂的情况外，每个组中最多只能有一个处于激活状态的路由器。

3. 时钟

每台路由器都要维护 3 个时钟：一个激活时钟、一个备份时钟和一个 hello 时钟。

激活时钟是用来监视活跃路由器的，在任何时候，只要路由器发现了从活跃路由器发过来的被认证过的 hello 消息，激活时钟就开始计时，直至到达 hello 消息中所设定的 holdtime 值为止。

备份时钟用于监视备份路由器。该时钟也是在路由器发现了从活跃路由器发过来的 hello 消息，随时开始计时，直至到达 hello 消息中所设定的 holdtime 值为止。

hello 时钟在每一个 hellotime 时间段终止一次。如果路由器是处于会话、备份或激活状态下，它会在 hello 时钟停止时产生一个 hello 消息。hello 消息是不稳定的。

4. 事件

下面是在 HSRP 有限的状态机制下所发生的事件：

（1）在端口上配置 HSRP。

（2）在一个端口上禁用 HSRP，或这个端口被禁用。

（3）活时钟期满。活时钟从路由器收到从活跃路由器发送来的最后一个 hello 消息开始计时，时长为 hello 消息中所设定的 holdtime 值。

（4）备份时钟期满。备份时钟从路由器收到从活跃路由器发送来的最后一个 hello 消息开始计时，时长为 hello 消息中所设定的 holdtime 值。

（5）hello 时钟期满。用于发送 hello 消息的周期性时钟期满。

（6）收到一个发自一台处于对话状态路由器的高优先级 hello 消息。

（7）收到一个发自活跃路由器的高优先级的 hello 消息。

（8）收到一个来自活跃路由器的低优先级的 hello 消息。

（9）收到一个来自活跃路由器的 resign 消息。

（10）收到一个来自一台高优先级路由器的 coup 消息。

（11）收到一个来自备份路由器的高优先级的 hello 消息。

（12）收到一个来自备份路由器的低优先级的 hello 消息。

5. 操作

下面说明状态机制中所要采取的一系列操作。

（1）启动活时钟。从活跃路由器接收到 hello 消息，活时钟要在 hello 消息中的 holdtime 域中设定；否则，活时钟将使用路由器当前的 holdtime 值启动。

（2）启动备份时钟。从备份路由器接收到认证过的 hello 消息，备份时钟将在 hello 消息中的 holdtime 域中设定；否则，备份时钟将使用路由器当前的 holdtime 值启动。

（3）终止活时钟。活时钟被终止。

（4）终止备份时钟。备份时钟被终止。

（5）学习参数。该动作是在接收到一个来自活跃路由器确认的消息时发生。如果这个组没有手工配置虚 IP 地址，它就会从消息中学到一个虚 IP 地址。路由器也可能从消息中学习 hellotime 和 holdtime 值。

（6）发送 hello 消息。路由器以它当前的状态、hellotime 和 holdtime 值来发送 hello 消息。

（7）发送 coup 消息。路由器发送 coup 消息包给活跃路由器，通知它发现了一个更高优先级的路由器。

（8）发送 resign 消息。路由器发送 resign 消息来允许其他路由器成为活跃路由器。

（9）发送无偿 ARP 消息。路由器通过广播 ARP 应答包来把组的虚 IP 地址和虚 MAC 地址广播出去。如同 ARP 包一样，这个包使用虚拟 MAC 地址作为链路层包头中的源 MAC 地址。

9.1.4 利用 HSRP 设计出高性价比的网络解决方案

在实际的 IP 网络工程设计中，网络工程师要根据用户的实际情况，合理利用 HSRP，设计出高性价比的网络解决方案。一台高端路由器（如 Cisco 7507），其价格可能等于几台甚至几十台中端路由器（如 Cisco 3640）。高端路由器的可靠之处主要在于以下两个方面：引擎具有备份；电源具有备份。如果高端路由器的主引擎出现故障，虽然能够自动启用备份引擎，但是备份引擎的启动过程需要几分钟的时间，其引擎之间的热切换速度远远小于 HSRP 热备份组之间路由器的切换速度。所以，在实际的 IP 网络设计中，主路由器一般可以采用两台中端路由器（如 Cisco 3640）作为一个热备份组，就能实现很高的网络稳定性。在用户资金不是很充裕的情况下，甚至可以采用两台低端路由器（如 Cisco 2620）作为热备份主路由器，也能实现比较高的网络稳定性。在一些特定的情况下，还可以综合利用 HSRP 的多元热备份方案以及端口跟踪、负载共享等技术，用最低的价格为用户设计出高可靠性的网络解决方案。

9.2 虚拟路由器冗余协议

在网络中，一般给终端设备指定一个或者多个默认网关（Default Gateway）。如果作为默认网关的 3 层设备损坏，那么使用该网关主机的通信必然要中断。即便配置了多个默认网关，如不重新启动终端设备，也不能切换到新的网关。采用虚拟路由冗余协议（Virtual Router Redundancy Protocol，VRRP）可以有效地避免静态指定网关的缺陷。

9.2.1 VRRP 简介

VRRP 是虚拟路由器冗余协议。为了理解 VRRP，首先需要确定下列术语：

（1）VRRP 路由器。运行 VRRP 协议的路由器。该路由器可以是一个或多个虚拟路由器。

（2）虚拟路由器。一个由 VRRP 协议管理的抽象对象，作为一个共享 LAN 内主机的默认路由器。它由一个虚拟路由器标识符（VRID）和一 LAN 中一组关联 IP 地址组成。一个 VRRP 路由器可以备份一个或多个虚拟路由器。

（3）IP 地址所有者。将局域网的接口地址作为虚拟路由器的 IP 地址的路由器。当运行时，该路由器将响应寻址到该 IP 地址的数据包。

（4）主虚拟路由器。该 VRRP 路由器将承担下列任务：转发那些寻址到与虚拟路由器关联的 IP 地址的数据包，应答对该 IP 地址的 ARP 请求。注意，如果存在 IP 地址所有者，那么该所有者总是主虚拟路由器。

（5）备份虚拟路由器。一组可用的 VRRP 路由器，当主虚拟路由器失效后将承担主虚拟路由器的转发功能。

VRRP 是一种选择协议，它可以把一个虚拟路由器的责任动态分配到局域网上的 VRRP 路由器中的一台。控制虚拟路由器 IP 地址的 VRRP 路由器称为主路由器，它负责转发数据包到这些虚拟 IP 地址。一旦主路由器不可用，这种选择过程就提供了动态的故障转移机制，这就允许虚拟路由器的 IP 地址可以作为终端主机的默认第一跳路由器。使用 VRRP 的好处是有更高的默认路径的可用性，而无需在每个终端主机上配置动态路由或路由发现协议。VRRP 包封装在 IP 包中发送。

9.2.2 主要特点

（1）IP 地址备份，这是 VRRP 的主要功能。可以在网络中提供多个虚拟路由器选举的负载均衡以及在单一的网络中支持多重逻辑 IP 子网络。

（2）最优路径指示。从 VRRP 组内多个路由器的路由中，保证主路由器收敛到现成可用最优先的路由器。

（3）最小化不必要的服务中断。在主路由器正常工作期间，不触发其他低优先级别路由器选择主路由器的服务。

（4）广泛的安全性。它可在多种不同的交互环境中采用不同的安全策略，它只需极少的配置和开销就可以进行严格的验证。

（5）在可扩展网络有效地工作。

9.2.3 VRRP 的工作原理

一个 VRRP 路由器有唯一的标识——VRID，范围为 0～255。该路由器对外表现为唯一的虚拟 MAC 地址，地址的格式为 00-00-5E-00-01-[VRID]。主控路由器负责对 ARP 请求用该 MAC 地址做应答。这样，无论如何切换，保证给终端设备的是唯一一致的 IP 地址和 MAC 地址，减少了切换对终端设备的影响。

VRRP 控制报文只有一种——VRRP 通告（Advertisement）。它使用 IP 多播数据包进行封装，组地址为 224.0.0.18，发布范围只限于同一局域网内。这保证了 VRID 在不同网络中可以重复使用。为了减少网络带宽消耗，只有主控路由器才可以周期性地发送 VRRP 通告报文。备份路由器在连续 3 个通告间隔内收不到 VRRP 或收到优先级为 0 的通告后启动新一轮的 VRRP 选举。

在 VRRP 路由器组中，按优先级选举主控路由器，VRRP 协议中优先级范围是 0～255。若 VRRP 路由器的 IP 地址和虚拟路由器的接口 IP 地址相同，则称该虚拟路由器作 VRRP 组中的 IP 地址所有者；IP 地址所有者自动具有最高优先级——255。优先级 0 一般用在 IP 地址所有者主动放弃主控者角色时使用。可配置的优先级范围为 1～254。优先级的配置原则可以依据链路的速度和成本、路由器性能和可靠性以及其他管理策略设定。主控路由器的选举中，高优先级的虚拟路由器获胜，因此，如果在 VRRP 组中有 IP 地址所有者，则它总是作为主控路由的角色出现。对于相同优先级的候选路由器，按照 IP 地址大小顺序选举。VRRP 还提供了优先级抢占策略，如果配置了该策略，高优先级的备份路由器便会剥夺当前低优先级的主控路由器而成为新的主控路由器。

为了保证 VRRP 协议的安全性，提供了两种安全认证措施，即明文认证和 IP 头认证。明文认证方式要求：在加入一个 VRRP 路由器组时，必须同时提供相同的 VRID 和明文密码。适合于避免在局域网内的配置错误，但不能防止通过网络监听方式获得密码。IP 头认证的方式提供了更高的安全性，能够防止报文重放和修改等攻击。

VRRP 把在同一个广播域中的多个路由器接口编为一组，形成一个虚拟路由器，并为其分配一个 IP 地址，作为虚拟路由器的接口地址。虚拟路由器的接口地址既可以是其中一个路由器接口的地址，也可以是第三方地址。

如果使用路由器的接口地址作为 VRRP 虚拟地址，则拥有这个 IP 地址的路由器作为主用路由器，其他路由器作为备份。如果采用第三方地址，则优先级高的路由器成为主用路由器；如果两路由器优先级相同，则谁先发 VRRP 报文，谁就成为主用路由器。

只有当这个 VRRP 组中所有的路由器都不能正常工作时，该域中的主机才不能与外界通信。

但是，又有这样一个问题出现，如果 VRRP 组中主用路由器的上行链路断开，它的状态是不会改变的，还是 Master，此时该域中的主机路由还是走此路由器，但因为其上行链路断开，导致该域的主机无法正常与外界通信。因此，在 VRRP 中增加上行链路状态检测，来解决此问题。

配置一个 VRRP 组跟踪某个 track 的链路状态，如果该接口状态从 up 变为 down，则主动降低优先级；相反如果从 down 变为 up，则主动升高优先级，以加快 VRRP 的主备竞选。

还可以将这些路由器编为多个组，使它们互为备份，域中的主机使用不同的 IP 地址作为网关，这样可以实现数据的负载均衡。

9.2.4 VRRP 应用实例

一组 VRRP 路由器协同工作，共同构成一台虚拟路由器。该虚拟路由器对外表现为一个具有唯一固定 IP 地址和 MAC 地址的逻辑路由器。同一 VRRP 组的路由器有两种角色，即主控路由器和备份路由器。一个 VRRP 组中有且只有一台主控路由器、一台或多台备份路由器。VRRP 协议使用选择策略选出一台作为主控路由器，负责 ARP 响应和转发 IP 数据包，组中的其他路由器作为备份路由器的角色，处于待命状态。当主控路由器发生故障时，备份路由器能在几秒钟的时延后升级为主控路由器，由于切换迅速且无改变 IP 地址和 MAC 地址，所以，对网络用户而言一切都是透明的。

VRRP 的目标就是让网络中的主机使用单一的默认路由器地址，并当主控路由器发生故障后通过其他备份路由器继续保持通信。通过两台或多台支持 VRRP 的路由交换机实现路由冗余，当发生故障时，路由功能的运行自动跳转到备用的路由器上进行，用户端不需要更换任何配置，通过路由器的配置，还可以实现路由上下行分离，达到路由线路的负载均衡。在大型路由网络中，根据需要选择合适的路由技术进行规划对网络稳定运行是很有益的。

9.3 网关负载均衡协议

网关负载均衡协议（Gateway Load Balancing Protocol，GLBP）最早在 Cisco IOS 12.2（14）S 和 12.2（15）T 版本中出现。GLBP 是 HSRP 的扩展，通过自动地在资源之间分配流量，实现热备份、负载均衡和配置简化等目标。GLBP 不仅提供冗余网关，还在各网关之间提供负载均衡，而 HSRP、VRRP 都必须选定一个活跃路由器，而备份路由器则处于闲置状态。

GLBP 可以绑定多个 MAC 地址到虚拟 IP 地址，从而允许客户端选择不同的路由器作为其默认网关，而网产地址仍使用相同的虚拟 IP 地址，从而实现一定的冗余，如图 9.2 所示。

9.3.1 工作原理

优先级最高的路由器成为活跃路由器，称为活动虚拟网关（Active Virtual Gateway），其他非 AVG 路由器提供冗余。某路由器被推举为 AVG 后，和 HSRP 不同的工作开始了，AVG 分配虚拟的 MAC 地址给其他 GLBP 组成员。所有的 GLBP 组中的路由器都转发包，但是各路由器只负责转发与自己的虚拟 MAC 地址相关的数据包。

每个 GLBP 组中最多有 4 个虚拟 MAC 地址，非 AVG 路由器由 AV 序分配虚拟 MAC 地址，非 AVG 路由器也称为活动虚拟转发者（Active Virtual Forwarder，AVF）。

AVF 分为两类，即主虚拟转发者（Primary Virtual Forwarder）和次虚拟转发者（Secondary Virtual Forwarder）。直接由 AVG 分配虚拟 MAC 地址的路由器称为主虚拟转发者，后续不知道 AVG 真实 IP 地址的组成员，只能使用 hellos 包来识别其身份，然后被分配虚拟 MAC 地址，此类被称为次虚拟转发者。

如果 AVG 失效，则推举就会发生，决定由哪个 AVF 替代 AVG 来分配 MAC 地址，推举机制依赖于优先级。最多可配置 924 个 GLBP 组，不同的用户组可以配置成使用不同的组 AVG

作为其他网关。

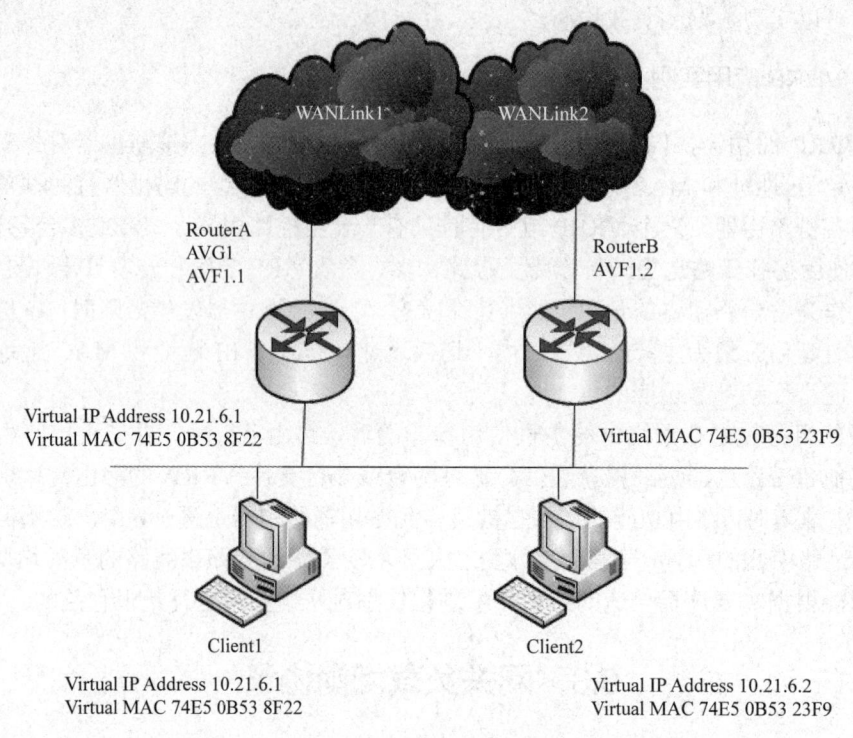

```
RouterA                          RouterB
AVG1                             AVF1.2
AVF1.1
```

Virtual IP Address 10.21.6.1   Virtual MAC 74E5 0B53 23F9
Virtual MAC 74E5 0B53 8F22

Client1   Client2

Virtual IP Address 10.21.6.1   Virtual IP Address 10.21.6.2
Virtual MAC 74E5 0B53 8F22   Virtual MAC 74E5 0B53 23F9

图 9.2　GLBP 工作原理

　　HSRP 和 VRRP 能实现网关冗余，然而，如果要实现负载平衡，需要创建多个组，并让客户端指向不同的网关。GLBP 也是 Cisco 的专有协议，不仅提供冗余网关功能，还在各网关之间提供负载均衡。GLBP 也是由多个路由器组成一个组，虚拟一个网关出来。GLBP 选举出一个 AVG，AVG 不是负责转发数据的。AVG 分配最多 4 个 MAC 地址给一个虚拟网关，并在计算机进行 ARP 请求时，用不同的 MAC 进行响应，这样计算机实际就把数据发送给不同的路由器了，从而实现负载平衡。在 GLBP 中，真正负责转发数据的是 AVF，GLBP 会控制 GLBP 组中哪个路由器是哪个 MAC 地址的活跃路由器。

　　AVG 的选举和 HSRP 中活跃路由器的选举非常类似，优先级最高的路由器成为 AVG，次之的为 Backup AVG，其余的为监听状态。一个 GLBP 组只能有一个 AVG 和一个 Backup AVG，主 AVG 失败，备份 AVG 顶上。一台路由器可以同时是 AVG 和 AVF。AVF 是某些 MAC 的活跃路由器，也就是说，如果计算机把数据发往这个 MAC，它将接收。当某一 MAC 的活跃路由器有故障时，其他 AVF 将成为这一 MAC 的新的活跃路由器，从而实现冗余功能 GLBP 的负载平衡策略。可以根据不同主机，简单地轮询，或者根据路由器的权重平衡，默认是轮询方式。

　　默认情况下 GLBP 冗余群组中的多个网关（最多 4 台）每 3 秒钟互相使用 UDP 协议往组播地址 224.0.0.92 的 3222 端口发送 hello 信息，以实现相互的协调工作，共同响应客户端的 ARP 请求。每个网关都拥有一个唯一的虚拟 MAC 地址，因此网络流量将在所有的网关之间分配。一个名为有效虚拟网关 AVG 的控制器负责为群组中的每个设备分配一个唯一的虚拟 MAC 地址，以及代表该群组响应 ARP 请求。群组的其他成员都是 AVG 的备份，它们还充当有效虚拟转发器 AVF，负责转发那些被 AVG 用协议确定与它们的虚拟 MAC 地址的匹配关系的流量。如图 9.2 所示，路由器 A 被推举为 AVG 同时又是 AVF，路由器 B 是 AVF，GLBP 组 1 的虚拟 IP 地址是 9.21.6.1，这两个路由器分别有虚拟 MAC 地址 74E5 0B53 8F22 和 74E5 0B53 23P9。当服务器把网关设为 9.21.6.1 时，服务器首先会发送 ARP 包以获得 9.21.6.1 的 MAC 地址，这时 AVG 会动态分配两台路由器中优先级高的那台的虚拟 MAC 地址给服务器。而当路由器 A 发生问题时，路由器 B 会成为 AVG，同时承担转发到 MAC 地址 74E5 0B53 8F22 的数据包，这样保证了网络不中断，并且只要为不同 IP 地址的服务器对 9.21.8.9 发出的 ARP 请求分配不同的虚拟 MAC 地址，也就实现了流量的负载均衡。

9.3.2 负载均衡的分类

1. 基于客户端的负载均衡

这种模式指的是在网络的客户端运行特定的程序，该程序通过定期或不定期地收集服务器群的运行参数，即 CPU 占用情况、磁盘 IO、内存等动态信息，再根据某种选择策略，找到可以提供服务的最佳服务器，将本地的应用请求发向它。如果负载信息采集程序发现服务器失效，则找到其他可替代的服务器作为服务选择。整个过程对于应用程序来说是完全透明的，所有的工作都在运行时处理。因此这也是一种动态的负载均衡技术。

但这种技术存在通用性的问题。因为每一个客户端都要安装这个特殊的采集程序；并且，为了保证应用层的透明运行，需要针对每一个应用程序加以修改，通过动态链接库或者嵌入的方法，将客户端的访问请求先经过采集程序再发往服务器，以重定向的过程进行。对于每一个应用几乎要对代码进行重新开发，工作量比较大。

所以，这种技术仅在特殊的应用场合才使用到，比如在执行某些专有任务的时候，需要分布式的计算能力，而对应用的开发没有太多要求。另外，在采用 Java 构架模型中，常常使用这种模式实现分布式的负载均衡，因为 Java 应用都基于虚拟机进行，可以在应用层和虚拟机之间设计一个中间层，处理负载均衡的工作。

2. 应用服务器的负载均衡技术

如果将客户端的负载均衡层移植到某一个中间平台，形成三层结构，则客户端应用可以不需要做特殊的修改，透明地通过中间层应用服务器将请求均衡到相应的服务节点。比较常见的实现手段就是反向代理技术。

普通代理方式是代理内部网络用户访问 Internet 上服务器的连接请求，客户端指定代理服务器，并将本来要直接发送到 Internet 上服务器的连接请求发送给代理服务器处理。反向代理（Reverse Proxy）方式是指以代理服务器来接受 Internet 上的连接请求，然后将请求转发给内部网络上的服务器，并将从服务器上得到的结果返回给 Internet 上请求连接的客户端，此时代理服务器对外就表现为一个服务器。反向代理负载均衡技术就是把来自 Internet 上的连接请求以反向代理的方式动态地转发给内部网络上的多台服务器进行处理，从而达到负载均衡的目的。

反向代理负载均衡能以软件方式来实现，如 apache mod_proxy、netscape proxy 等，也可以在高速缓存器、负载均衡器等硬件设备上实现。反向代理负载均衡可以将优化的负载均衡策略和代理服务器的高速缓存技术结合在一起，提升静态网页的访问速度，提供有益的性能；由于网络外部用户不能直接访问真实的服务器，因此还具备额外的安全性。

反向代理服务器本身虽然可以达到很高效率，但是针对每一次代理，代理服务器就必须维护两个连接，一个对外的连接，一个对内的连接，因此对于特别高的连接请求，代理服务器的负载也就非常之大。反向代理能够执行针对应用协议而优化的负载均衡策略，每次仅访问最空闲的内部服务器来提供服务。但是随着并发连接数量的增加，代理服务器本身的负载也变得非常大，最后反向代理服务器本身会成为整个架构体系的瓶颈。

3. 基于域名系统的负载均衡

NCSA 的可扩展 Web 是最早使用动态 DNS 轮询技术的 Web 系统。在 DNS 中为多个 IP 地址配置同一个域名，因而查询这个域名的客户机将得到这多个 IP 地址中的某一个，从而使得不同的客户访问不同的服务器，达到负载均衡的目的。在很多知名的 Web 站点都使用了这个技术，包括早期的 Yahoo 站点、163 等。动态 DNS 轮询实现起来简单，无需复杂的配置和管理，一般支持 Bind8.2 以上的类 UNIX 系统都能够运行，因此广为使用。

DNS 负载均衡是一种简单而有效的方法，但仍存在不少问题。

首先域名服务器无法知道服务节点是否有效，如果服务节点失效，域名系统依然会将域名解析到该节点上，造成用户访问失效。

其次，在于 DNS 的数据刷新时间 TTL（Time to LIVE）标志，一旦超过设定的 TTL，其他 DNS 服务器就需要和这个服务器交互，以重新获得地址数据，就有可能获得不同的 IP 地址。因此为了使地址能随机分配，就应使 TTL 尽量短，不同地方的 DNS 服务器能更新对应的地址，达到随机获得地址目的。然而将 TTL 设置得过短，将使 DNS 流量大增，而造成额外的网络问题。

最后，它不能区分服务器的差异，也不能反映服务器的当前运行状态。当使用 DNS 负载均衡的时候，必须尽量保证不同的客户计算机能均匀获得不同的地址。例如，用户 A 可能只是浏览几个网页，而用户 B 可能进行大量的下载，由于域名系统没有合适的负载策略，仅仅是简单的轮流均衡，很容易将用户 A 的请求发往负载轻的站点，而将用户 B 的请求发往负载已经很重的站点。因此，在动态平衡特性上，动态 DNS 轮询的效果并不理想。

4. 高层协议内容交换技术

除了上述的几种负载均衡方式外，还有在协议内部支持负载均衡能力的技术，即 URL 交换或 7 层交换，提供了一种对访问流量的高层控制方式。Web 内容交换技术检查所有的 HTTP 报头，根据报头内的信息来执行负载均衡的决策。例如，可以根据这些信息来确定如何为个人主页和图像数据等内容提供服务，常见的有 HTTP 协议中的重定向能力等。

HTTP 运行于 TCP 连接的最高层。客户端通过恒定的端口号 80 的 TCP 服务直接连接到服务器，然后通过 TCP 连接向服务器端发送一个 HTTP 请求。协议交换根据内容策略来控制负载，而不是根据 TCP 端口号，所以不会造成访问流量的滞留。

由于负载均衡设备要把进入的请求分配给多个服务器，因此，它只能在 TCP 连接时建立，且 HTTP 请求通过后才能确定如何进行负载的平衡。当一个网站的点击率达到每秒上百甚至上千次时，TCP 连接、HTTP 报头信息的分析以及进程的延时将会变得很大，有可能成为系统的性能瓶颈，因此要尽可能提高这几个部分的性能。

在 HTTP 请求和报头中有很多对负载均衡有用的信息，可以从这些信息中获知客户端所请求的 URL 和网页，利用这个信息，负载均衡设备就可以将所有的图像请求引导到一个图像服务器，或者根据 URL 的数据库查询内容调用 CGI 程序，将请求引导到一个专用的高性能数据库服务器。

如果网络管理员熟悉内容交换技术，他可以根据 HTTP 报头的 cookie 字段来使用 Web 内容交换技术改善对特定客户的服务，如果能从 HTTP 请求中找到一些规律，还可以充分利用它作出各种决策。除了 TCP 连接表的问题外，如何查找合适的 HTTP 报头信息以及作出负载平衡决策的过程，是影响 Web 内容交换技术性能的重要问题。如果 Web 服务器已经为图像服务、SSL 对话、数据库事务服务之类的特殊功能进行了优化，那么，采用这个层次的流量控制将可以提高网络的性能。

5. 网络地址转换（Network Address Translation，NAT）

大型的网络一般都是由大量专用技术设备组成的，如包括防火墙、路由器、第 3 层和第 4 层交换机、负载均衡设备、缓冲服务器和 Web 服务器等。如何将这些技术设备有机地组合在一起，是一个直接影响到网络性能的关键性问题。现在许多交换机提供第 4 层交换功能，对外提供一个一致的 IP 地址，并映射为多个内部 IP 地址，对每次 TCP 和 UDP 连接请求，根据其端口号，按照既定的策略动态选择一个内部地址，将数据包转发到该地址上，达到负载均衡的目的。很多硬件厂商将这种技术集成在他们的交换机中，作为他们第 4 层交换的一种功能来实现，一般采用随机选择、根据服务器的连接数量或者响应时间进行选择的负载均衡策略来分配负载。由于地址转换相对来讲比较接近网络的低层，因此就有可能将它集成在硬件设备中，通常这样的硬件设备是局域网交换机。

当前局域网交换机第 4 层交换技术，就是按照 IP 地址和 TCP 端口进行虚拟连接的交换，直接将数据包发送到目的计算机的相应端口。通过交换机将来自外部的初始连接请求，分别与内部的多个地址相联系，此后就能对这些已经建立的虚拟连接进行交换。因此，一些具备第 4 层交换能力的局域网交换机，就能作为一个硬件负载均衡器，完成服务器的负载均衡。

由于第 4 层交换基于硬件芯片，因此其性能非常优秀，尤其是对于网络传输速度和交换速度远远超过普通的数据包转发。然而，正因为它是使用硬件实现的，因此也不够灵活，仅仅能够处理几种最标准的应用协议的负载均衡，如 HTTP。当前负载均衡主要用于解决服务器的处理能力不足的问题，因此并不能充分发挥交换机带来的高网络带宽的优点。

使用基于操作系统的第 4 层交换技术因此孕育而生。通过开放源代码的 Linux，将第 4 层交换的核心功能做在系统的核心层，能够在相对高效、稳定的核心空间进行 IP 包的数据处理工作，其效率不比采用专有 OS 的硬件交换机差多少。同时又可以在核心层或者用户层增加基于交换核心的负载均衡策略支持，因此在灵活性上远远高于硬件系统，而且造价方面有更好的优势。

第二部分　典型项目

典型项目之一　网关冗余和负载平衡

实验 1　HSRP

实验目的

通过本实验，读者可以掌握以下技能：

（1）理解 HSRP 的工作原理。
（2）掌握 HSRP 的配置。

实验拓扑

拓扑结构如图 9.3 所示。

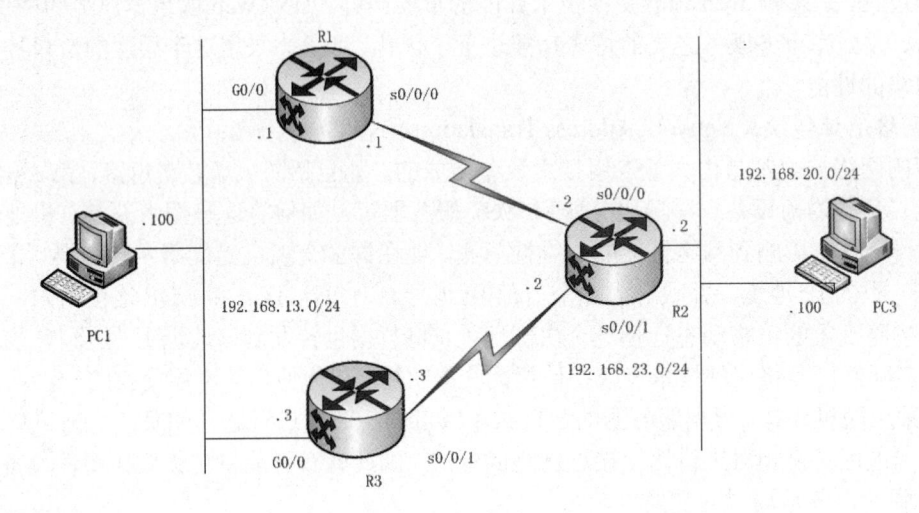

图 9.3　实验拓扑结构

实验步骤

（1）配置 IP 地址、路由协议等。
R1(config)#interface GigabitEthernet0/0
R1(config-if)#ip address 192.168.13.1 255.255.255.0
R1(config)#interface Serial0/0/0
R1(config-if)#ip address 192.168.12.1 255.255.255.0
R1(config)#router rip
R1(config-router)#network 192.168.12.0
R1(config-router)#network 192.168.13.0
R1(config-router)#passive-interface GigabitEthernet0/0
//之所以把 g0/0 接口设为被动接口，是为防止从该接口发送 RIP 信息给 R3
R2(config)#interface GigabitEthernet0/0
R2(config-if)#ip address 192.168.20.2 255.255.255.0
R2(config)#interface Serial0/0/0
R2(config-if)#clock rate 128000
R2(config-if)#ip address 192.168.12.2 255.255.255.0
R2(config)#interface Serial0/0/1
R2(config-if)#clock rate 128000
R2(config-if)#ip address 192.168.23.2 255.255.255.0
R2(config)#router rip
R2(config-router)#network 192.168.12.0
R2(config-router)#network 192.168.23.0
R2(config-router)#network 192.168.20.0
R2(config-router)#passive-interface GigabitEthernet0/0

R3(config)#interface GigabitEthernet0/0
R3(config-if)#ip address 192.168.13.3 255.255.255.0
R3(config)#interface Serial0/0/1
R3(config-if)#ip address 192.168.23.3 255.255.255.0
R3(config)#router rip
R3(config-router)#network 192.168.23.0
R3(config-router)#network 192.168.13.0
R3(config-router)#passive-interface GigabitEthernet0/0

（2）配置 HSRP。

R1(config)#interface g0/0
R1(config-if)#standby 1 ip 192.168.13.254
//启用 HSRP 功能，并设置虚拟 IP 地址，1 为 standby 的组号。相同组号的路由器属于同一个 HSRP 组，所有属于同一个 HSRP 组的路由器的虚拟地址必须一致
R1(config-if)#standby 1 priority 120
//配置 HSRP 的优先级，如果不设置该项，默认优先级为 100，该值为活跃路由器的优先权越高
R1(config-if)#standby 1 preempt
//该设置允许该路由器在优先级是最高时成为活跃路由器。如果不设置，即使该路由器权值再高，也不会成为活跃路由器
R1(config-if)#standby 1 timers 3 10
//其中 3 为 hello time，表示路由器每间隔多长时间发送 hello 信息。10 为 hold time，表示在多长时间内同组的其他路由器没有收到活跃路由器的信息，则认为活跃路由器故障
该设置的默认值分别为 3 秒和 10 秒。如果要更改默认值，所有同 HSRP 组的路由器的该项设置必须一致
R1(config-if)#standby 1 authentication md5 key-string cisco
//以上是配置认证密码，防止非法设备加入到 HSRP 组中，同一个组的密码必须一致
R2(config)#interface g0/0
R2(config-if)#standby 1 ip 192.168.13.254
R2(config-if)#standby 1 preempt
R2(config-if)#standby 1 timers 3 10
R2(config-if)#standby 1 authentication md5 key-string cisco
//R2 上没有配置优先级，默认为 100

（3）检查、测试 HSRP。

R1#show standby brief
P indicates configured to preempt.
|
Interface Grp Pri P State Active Standby Virtual IP
Gi0/0 1 120 P Active local 192.168.13.3 192.168.13.254
//以上表明 R1 就是活跃路由器，备份路由器为 192.168.13.3
R3#show standby brief
P indicates configured to preempt.
|
Interface Grp Pri P State Active Standby Virtual IP
Gi0/0 1 100 P Standby 192.168.13.1 local 192.168.13.254
//以上表明 R3 是备份路由器，活跃路由器为 192.168.13.1

在 PC1 上配置 IP 地址 192.168.13.100/24，网关指向 192.168.13.254；在 PC3 上配置 IP 地址 192.168.20.100/24，网关指向 192.168.20.254。注意：去掉另一网卡的网关。在 PC1 上连续

ping PC3 上，在 R1 上关闭 g0/0 接口，观察 PC1 上 ping 的结果。代码如下：
C:\>ping -t 192.168.20.100
Reply from 192.168.20.100: bytes=32 time=9ms TTL=254
Reply from 192.168.20.100: bytes=32 time=9ms TTL=254
Reply from 192.168.20.100: bytes=32 time=9ms TTL=254
Request timed out.
Reply from 192.168.20.100: bytes=32 time=9ms TTL=254
Reply from 192.168.20.100: bytes=32 time=9ms TTL=254
Reply from 192.168.20.100: bytes=32 time=11ms TTL=254
Reply from 192.168.20.100: bytes=32 time=9ms TTL=254
//以上可以看到，R1 故障时，R3 很快就替代了 R1，计算机的通信只受到短暂的影响
R3#show standby brief
P indicates configured to preempt.
|
Interface Grp Pri P State Active Standby Virtual IP
Gi0/0 1 100 P Active local unknown 192.168.13.254
//以上表明 R3 成为了活跃路由器

（4）配置端口跟踪。

按照以上步骤的配置，如果 R1 的 s0/0/0 接口出现问题，R1 将没有到达 PC3 所在网段的路由。然而 R1 和 R3 之间的以太网仍然没有问题，HSRP 的 hello 包正常发送和接收。因此 R1 仍然是虚拟网关 192.168.13.254 的活跃路由器，PC1 的数据会发送给 R1，这样会造成 PC1 无法 ping 通 PC3。可以配置端口跟踪解决这个问题，端口跟踪使得 R1 发现 s0/0/0 上的链路出现问题后，把自己的优先级（设为 120）减去一个数字（如 30），成为 90。由于 R3 的优先级为默认值 100，R3 就成为活跃路由器。配置如下：
R1(config)#int g0/0
R1(config-if)#standby 1 track s0/0/0 30
//以上表明跟踪的是 s0/0/0 接口，如果该接口故障，优先级降低 30。降低的值应该选取合适的值，使得其他路由器能成为活跃路由器。按照步骤 3 测试 HSRP 的端口跟踪是否生效

（5）配置多个 HSRP 组。

之前的步骤已经虚拟了 192.168.13.254 网关，对于这个网关只能有一个活跃路由器，于是这个路由器将承担全部的数据流量。可以再创建一个 HSRP 组，虚拟出另一个网关 192.168.13.253，这时 R3 是活跃路由器，让一部分计算机指向这个网关。这样就能做到负载平衡。以下是有两个 HSRP 组的完整配置。

R1 上：
interface GigabitEthernet0/0
standby 1 ip 192.168.13.254
standby 1 priority 120
standby 1 preempt
standby 1 authentication md5 key-string cisco
standby 1 track Serial0/0/0 30
standby 2 ip 192.168.13.253
standby 2 preempt

standby 2 authentication md5 key-string cisco

R3 上：

interface GigabitEthernet0/0

standby 1 ip 192.168.13.254

standby 1 preempt

standby 1 authentication md5 key-string cisco

standby 2 ip 192.168.13.253

standby 2 priority 120

standby 2 preempt

standby 2 authentication md5 key-string cisco

standby 2 track Serial0/0/0 30

【技术要点】这里是创建了两个 HSRP 组，第一个组的 IP 地址为 192.168.13.254，活跃路由器为 R1，一部分计算机的网关指向 192.168.13.254。第二个组的 IP 地址为 192.168.13.253，活跃路由器为 R2，另一部分计算机的网关指向 192.168.13.253。这样，如果网络全部正常时，一部分数据是 R1 转发的，另一部分数据是 R2 转发的，实现了负载平衡。如果一个路由器出现问题，则另一个路由器就成为两个 HSRP 组的活跃路由器，承担全部的数据转发功能。

通过这种方式实现负载平衡，需要计算机在设置网关时有所不同，如果计算机的 IP 地址是 DHCP 分配的，就不太方便。

【技术要点】HSRP 实际上在局域网用得较多，由于局域网内大多使用 3 层交换机，所以这时 HSRP 是在交换机上配置的。

实验 2　VRRP

实验目的

通过本实验，读者可以掌握以下技能：

（1）理解 VRRP 的工作原理。

（2）掌握 VRRP 的配置。

实验拓扑

拓扑结构如图 9.3 所示。

实验步骤

VRRP 的配置和 HSRP 的配置非常相似，此处不再赘述重复的步骤。

（1）配置 IP 地址、路由协议等，参见实验 1。

（2）配置多个 VRRP 组，并跟踪接口。

R1 上：

R1(config)#track 100 interface Serial0/0/0 line-protocol

R1(config)#interface GigabitEthernet0/0

R1(config-if)#vrrp 1 ip 192.168.13.254

R1(config-if)#vrrp 1 priority 120

R1(config-if)#vrrp 1 preempt

R1(config-if)#vrrp 1 authentication md5 key-string cisco

R1(config-if)#vrrp 1 track 100 decrement 30

R1(config-if)#vrrp 2 ip 192.168.13.253
R1(config-if)#vrrp 2 preempt
R1(config-if)#vrrp 2 authentication md5 key-string cisco
//VRRP 的端口跟踪和 HSRP 有些不同，需要在全局配置模式下先定义跟踪目标，再配置 VRRP 中跟踪该目标，这里定义了目标 100 是 s0/0/0 接口

R3 上：
R3config)#track 100 interface Serial0/0/0 line-protocol
R3(config)#interface GigabitEthernet0/0
R3(config-if)#vrrp 1 ip 192.168.13.254
R3(config-if)#vrrp 1 preempt
R3(config-if)#vrrp 1 authentication md5 key-string cisco
R3(config-if)#vrrp 2 ip 192.168.13.253
R3(config-if)#vrrp 2 priority 120
R3(config-if)#vrrp 2 preempt
R3(config-if)#vrrp 2 authentication md5 key-string cisco
R3(config-if)#vrrp 2 track 100 decrement 30
R1#show vrrp brief
Interface Grp Pri Time Own Pre State Master addr Group addr
Gi0/0 1 120 3531 Y Master 192.168.13.1 192.168.13.254
Gi0/0 2 100 3609 Y Backup 192.168.13.3 192.168.13.253
//以上表明 R1 是 192.168.13.254 虚拟网关的主路由器，是 192.168.13.253 虚拟网关的备份路由器
R3#show vrrp brief
Interface Grp Pri Time Own Pre State Master addr Group addr
Gi0/0 1 100 3609 Y Backup 192.168.13.1 192.168.13.254
Gi0/0 2 120 3531 Y Master 192.168.13.3 192.168.13.253
//以上表明 R3 是 192.168.13.253 虚拟网关的主路由器，是 192.168.13.254 虚拟网关的备份路由器
（3）检查、测试 HSRP，请参见实验 1。

实验 3　GLBP

实验目的

通过本实验，读者可以掌握以下技能：
（1）理解 GLBP 的工作原理。
（2）掌握 GLBP 的配置。

实验拓扑

拓扑结构如图 9.3 所示。

实验步骤

（1）配置 IP 地址、路由协议等。
R1(config)#interface GigabitEthernet0/0
R1(config-if)#ip address 192.168.1.1 255.255.255.0
R1(config)#interface GigabitEthernet0/1
R1(config-if)#ip address 192.168.2.1 255.255.255.0
R1(config)#router rip

R1(config-router)#network 192.168.1.0
R1(config-router)#network 192.168.2.0
R1(config-router)#passive-interface GigabitEthernet0/0
R2(config)#interface GigabitEthernet0/0
R2(config-if)#ip address 192.168.1.2 255.255.255.0
R2(config)#interface GigabitEthernet0/1
R2(config-if)#ip address 192.168.2.2 255.255.255.0
R2(config)#router rip
R2(config-router)#network 192.168.1.0
R2(config-router)#network 192.168.2.0
R2(config-router)#passive-interface GigabitEthernet0/0
R3(config)#interface GigabitEthernet0/0
R3(config-if)#ip address 192.168.1.3 255.255.255.0
R3(config)#interface GigabitEthernet0/1
R3(config-if)#ip address 192.168.2.3 255.255.255.0
R3(config)#router rip
R3(config-router)#network 192.168.1.0
R3(config-router)#network 192.168.2.0
R3(config-router)#passive-interface GigabitEthernet0/0
R4(config)#interface Loopback0
R4(config-if)#ip address 4.4.4.4 255.0.0.0
R4(config)#interface GigabitEthernet0/1
R4(config-if)#ip address 192.168.2.4 255.255.255.0
R4(config)#router rip
R4(config-router)#network 4.0.0.0
R4(config-router)#network 192.168.2.0

（2）配置 GLBP。

R1(config)#interface GigabitEthernet0/0
R1(config-if)#glbp 1 ip 192.168.1.254
//和 HSRP 类似，创建 GLBP 组，虚拟网关的 IP 为 192.168.1.254
R1(config-if)#glbp 1 priority 200
//配置优先级，优先级高的路由器成为 AVG，默认为 100
R1(config-if)#glbp 1 preempt
//配置 AVG 抢占，否则即使优先级再高，也不会成为 AVG
R1(config-if)#glbp 1 authentication md5 key-string cisco
//以上是配置认证，防止非法设备接入
R2(config)#interface GigabitEthernet0/0
R2(config-if)#glbp 1 ip 192.168.1.254
R2(config-if)#glbp 1 priority 180
R2(config-if)#glbp 1 preempt
R2(config-if)#glbp 1 authentication md5 key-string cisco
R3(config)#interface GigabitEthernet0/0
R3(config-if)#glbp 1 ip 192.168.1.254
R3(config-if)#glbp 1 priority 160
R3(config-if)#glbp 1 preempt
R3(config-if)#glbp 1 authentication md5 key-string cisco

（3）查看 GLBP 信息。
R1#show glbp
GigabitEthernet0/0 - Group 1
State is Active
4 state changes, last state change 00:18:16
Virtual IP address is 192.168.1.254
//以上是虚拟的网关 IP 地址
HELLO time 3 sec, hold time 10 sec
Next HELLO sent in 1.896 secs
Redirect time 600 sec, forwarder time-out 14400 sec
Authentication MD5, key-string "cisco"
Preemption enabled, min delay 0 sec
Active is local
//以上说明 R1 是活跃 AVG
Standby is 192.168.1.2, priority 180 (expires in 9.892 sec)
//以上说明 R2 是备份 AVG
Priority 200 (configured)
Weighting 100 (default 100), thresholds: lower 1, upper 100
Load balancing: round-robin
Group members:
  0019.5535.b548 (192.168.1.3) authenticated
  0019.5535.b828 (192.168.1.1) local
  0019.5566.6320 (192.168.1.2) authenticated
//以上显示 GLBP 组中的成员
There are 3 forwarders (1 active)
Forwarder 1
State is Listen
4 state changes, last state change 00:17:08
MAC address is 0007.b400.0101 (learnt)
//这是虚拟网关的其中一个 MAC
Owner ID is 0019.5535.b548
Redirection enabled, 599.984 sec remaining (maximum 600 sec)
Time to live: 14399.984 sec (maximum 14400 sec)
Preemption enabled, min delay 30 sec
Active is 192.168.1.3 (primary), weighting 100 (expires in 9.984 sec)
Client selection count: 1
Forwarder 2
State is Active
3 state changes, last state change 00:18:28
MAC address is 0007.b400.0102 (default)
//以上说明 R1 是 0007.b400.0102 的活跃路由器，也就是说如果计算机把数据发往
0007.b400.0102，将由 R1 接收数据，再进行转发
Owner ID is 0019.5535.b828
Redirection enabled
Preemption enabled, min delay 30 sec
Active is local, weighting 100
Client selection count: 1
Forwarder 3
State is Listen
2 state changes, last state change 00:18:06

MAC address is 0007.b400.0103 (learnt)
Owner ID is 0019.5566.6320
Redirection enabled, 597.980 sec remaining (maximum 600 sec)
Time to live: 14397.980 sec (maximum 14400 sec)
Preemption enabled, min delay 30 sec
Active is 192.168.1.2 (primary), weighting 100 (expires in 7.980 sec

通过查看，可以知道：

R1：0007.b400.0102 的活跃路由器

R2：0007.b400.0103 的活跃路由器

R3：0007.b400.0101 的活跃路由器

（4）检查 GLBP 的负载平衡功能。

在 PC1 上配置 IP 地址，网关指向 192.168.1.254，并进行以下操作：

```
C:\>ping 4.4.4.4
C:\>arp -a
Interface: 192.168.1.100 --- 0x10006
Internet Address Physical Address Type
192.168.1.254 00-07-b4-00-01-01 dynamic
```

以上表明 PC1 的 ARP 请求获得网关（192.168.1.254）的 MAC 地址为 00-07-b4-00-01-01。

```
C:\>arp -d
```
//删除 ARP 缓冲表
```
C:\>ping 4.4.4.4
C:\>arp -a
Interface: 192.168.1.100 --- 0x10006
Internet Address Physical Address Type
192.168.1.254 00-07-b4-00-01-02 dynamic
```

以上表明 PC1 的再次 ARP 请求获得网关（192.168.1.254）的 MAC 为 00-07-b4-00-01-02 了，也就是说 GLBP 响应 ARP 请求时，每次会用不同的 MAC 响应，从而实现负载平衡。

【提示】默认时 GLBP 的负载平衡策略是轮询方式，可以在接口下使用 "glbp 1 load-balancing" 命令修改，有以下选项：

- host-dependent：根据不同主机的源 MAC 地址进行平衡。
- round-robin：轮询方式，即每响应一次 ARP 请求，轮换一个地址。
- weighted：根据路由器的权重分配，权重高的被分配的可能性大。

（5）检查 GLBP 的冗余功能。

首先在 PC1 上用 "arp -a" 命令确认 192.168.1.254 的 MAC 地址是什么，从而确定当前究竟是哪个路由器在实际转发数据。这里 192.168.1.254 的 MAC 地址为 00-07-b4-00-01-02，从步骤 3 得知是 R1 在转发数据。

在 PC1 上连续 ping 4.4.4.4，并在 R1 上关闭 g0/0 接口，观察 PC1 的通信情况：

```
C:\ >ping -t 4.4.4.4
Reply from 4.4.4.4: bytes=32 time<1ms TTL=254
Reply from 4.4.4.4: bytes=32 time<1ms TTL=254
Request timed out.
Request timed out.
Reply from 4.4.4.4: bytes=32 time<1ms TTL=254
Reply from 4.4.4.4: bytes=32 time<1ms TTL=254
```

//可以看到在 R1 故障后，其他路由器很快接替了它的工作，计算机的通信只受到短暂的影响。因此 GLBP 不仅有负载平衡的能力，还有冗余的能力。可以使用"show glbp"命令查看谁是 00-07-b4-00-01-02 这个 MAC 的新的活跃路由器。

典型项目之二　HSRP、VRRP、GLBP 实现网关冗余

网络拓扑结构如图 9.4 所示。

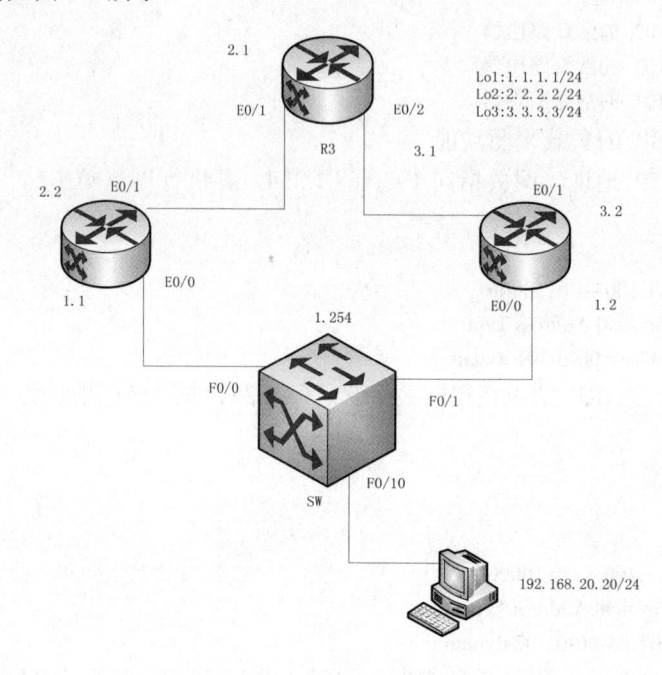

图 9.4　实验拓扑结构

实验目的

（1）分别用 HSRP、VRRP、GLBP 实现网关冗余。

（2）Sniffer 分析 3 种协议包结构。

实验环境要求

（1）3 台 Cisco 3640 + NE-4E 模块，该配置拥有 4 个 Ethernet。

（2）1 台 Cisco 3640+NE-16ESW。

（3）R3 Lo1、lo2、lo3、Sniffer PC 用来测试。

地址分配见表 9.2。

表 9.2　地址分配表

设备名称	接口	IP 地址	描述
R1	E0/0	192.168.1.1/24	TO SW-F0/0
	E0/1	192.168.1.1/24	TO R3-E0/1
R2	E0/0	192.168.1.2/24	TO SW-F0/1
	E0/1	192.168.3.2/24	TO R3-E0/2

设备名称	接口	IP 地址	描述
R3	E0/1	192.168.2.1/24	TO R1-E0/1
	E0/2	192.168.3.1/24	TO R2-E0/1
SW	F0/0	—	TO R1-E0/0
	F0/1	—	TO R2-E0/0
	F0/10	—	TO Sniffer
Sniffer	NIC	192.168.20.20/24	TO SW-F0/10

实验步骤

1. IP 地址设置

R1 (config)   #int e0/0
R1 (config-if)   #ip add 192.168.1.1 255.255.255.0
R1 (config-if)   #no sh
R1 (config)   #int e0/1
R1 (config-if)   #ip add 192.168.2.2 255.255.255.0
R1 (config-if)   #no sh
R2 (config)   #int e0/0
R2 (config-if)   #ip add 192.168.1.2 255.255.255.0
R2 (config-if)   #no sh
R2 (config)   #int e0/1
R2 (config-if)   #ip add 192.168.3.2 255.255.255.0
R2 (config-if)   #no sh

R3 (config)   #int e0/1
R3 (config-if)   #ip add 192.168.2.1 255.255.255.0
R3 (config-if)   #no sh
R3 (config)   #int e0/2
R3 (config-if)   #ip add 192.168.3.1 255.255.255.0
R3 (config-if)   #no sh

2. 路由

R1 (config)   #router ospf 1
R1 (config-router)   #net 192.168.1.1 0.0.0.0 a 10
R1 (config-router)   #net 192.168.2.2 0.0.0.0 a 0
R2 (config)   #router ospf 1
R2 (config-router)   #net 192.168.1.2 0.0.0.0 a 10
R2 (config-router)   #net 192.168.3.2 0.0.0.0 a 0
R3 (config)   #router ospf 1
R3 (config-router)   #net 0.0.0.0 255.255.255.255 a 0

3. HSRP

R1(config-if)# int e0/0
R1(config-if)# standby 10 mac-address   0000.1111.2222
//手动更改 virtual address，默认值为 0000.0c07.acXX

R1(config-if)# standby 10 desciption test
//描述
R1(config-if)# standby 10 ip 192.168.1.254
//加入备份组 10
R1(config-if)# standby 10 priority 200
//设置优先级 200，默认值为 100
R1(config-if)# standby 10 preempt
//设置占先权，缺点没有启用
R1(config-if)# standby 10 authentication md5 key-string zhaogang
//设置认证，md5
R1(config-if)# standby 10 name zg
//设置备份组名称
R1(config-if)# standby 10 track Ethernet0/1 100
//设置占端口跟踪 e0/1
R2(config-if)# int e0/0
R2(config-if)# standby 10 mac-address   0000.1111.2222
R1(config-if)# standby 10 ip 192.168.1.254
R2(config-if)# standby 10 priority 200
R2(config-if)# standby 10 preempt
R2(config-if)# standby 10 authentication md5 key-string zhaogang
R2(config-if)# standby 10 name zg
R2(config-if)# standby 10 track Ethernet0/1 100

4．VRRP

R1(config)# track 1 int e0/1 line-protocol
//定义跟踪组 1，跟踪 int e0/1 状态
R1(config-if)# vrrp 1 description test
//描述
R1(config-if)# vrrp 1 ip 192.168.1.254
//加入备份组 1
R1(config-if)# vrrp 1 timers advertise 2
//设置通告时间
R1(config-if)# vrrp 1 timers learn
//设置向 master 学习时间
R1(config-if)# vrrp 1 priority 200
//设置优先级 200
R1(config-if)# vrrp 1 authentication md5 key-string zhaogang
//设置认证 md5 类型
R1(config-if)# vrrp 1 track 1 decrement 100
//跟踪接口

R2(config)# track 1 int e0/1 line-protocol
R2(config-if)# vrrp 1 description test
R2(config-if)# vrrp 1 ip 192.168.1.254
R2(config-if)# vrrp 1 timers advertise 2
R2(config-if)# vrrp 1 timers learn
master learn timer set
R2(config-if)# vrrp 1 priority 150
R2(config-if)# vrrp 1 authentication md5 key-string zhaogang
R1(config-if)# vrrp 1 track 1 decrement 100

图 9.5 所示是为 HSRP 的实验环境拓扑。

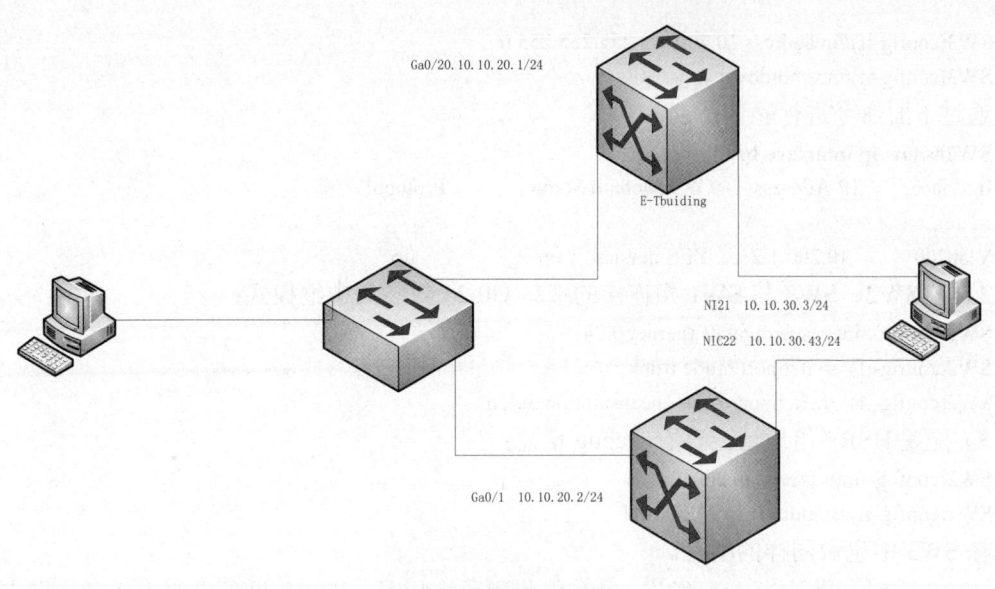

图 9.5 实验拓扑结构

图 9.5 中右边为拥有冗余网关的子网 VLAN200（10.200.1.0/24），其网关为 10.200.1.1；VLAN200 通过二层交换机（本例是选用 Cisco 2950）同两台三层交换机（本例中选用 Cisco 3560G-24TS）直接相连接，此两台 Cisco 3560 交换机即为内部网络的网关（其中一台为活动网关，另一台为备份路由器），IP 地址分别为 SW2：10.200.1.2、SW3：10.200.1.3；对于网络内部而言，它们所知道的网关仅一个地址，即 10.200.1.1，实际情况无需透明。HSRP 的所有冗余网关都分配到同一个 HSRP 组（Group），这个组的 IP 地址即为公司内部所知道的网关 10.200.1.1，这两台 Cisco 3560 与 SW1 相连接口地址分别为 10.200.1.2 和 10.200.1.3。HSRP 组 IP 地址配置命令为：

standby*group* **ip***ip address*
 interface vlan 100
 ip address 10.200.1.2 255.255.255.0
 no shutdown
 <u>**standby 1 ip 10.200.1.1**</u>　　　!建立 HSRP 组 1，配置 IP 地址为 10.200.1.1

（1）HSRP 路由器的选举。

HSPR 选举基于优先级。HSRP 的优先级为 0～255，默认为 100。当路由器的优先级相同时，HSRP 接口 IP 地址最高的三层交换机成为活动网关。本实验中如果 SW2 和 SW3 优先级相同，则 SW3 将成为活动网关，SW2 为备用网关。HSRP 的优先级是可以配置的，命令为：

standby*group***priority***priority*

若要使 SW2 为活动网关，则可输入命令：

SW2(config-if)#standby 1 priority 150

（2）HSRP 基本配置。

1）首先在三层交换机 SW2、SW3 上配置建立 VLAN200 并配置其 IP 地址：

SW2(config)#interface vlan 200
SW2(config-if)#ip address 10.200.1.2 255.255.255.0
SW2(config-if)#no shutdown
SW3(config)#interface vlan 200

SW3(config-if)#ip address 10.200.1.3 255.255.255.0
SW3(config-if)#no shutdown
通过下面命令进行验证：
SW2#show ip interface brief
Interface   IP-Address   OK? Method Status   Protocol
…………………
Vlan200   10.200.1.2   YES manual   up   up

2）将 SW2、SW3 与 SW1 相连接的接口 G0/24 封装为中继模式：
SW2(config)#interface gigabitEthernet 0/24
SW2(config-if)#switchport mode trunk
SW2(config-if)# switchport trunk encapsulation dot1q

3）配置 HSRP 组地址，查看 Debug 信息：
SW2(config)#interface vlan 200
SW2(config-if)#standby 1 ip 10.200.1.1
在 SW3 中也做同样的配置。

HSRP 定时（默认为 3s）发送 hello 包监测网络状况。HSRP 设备要成为活动状态需经历禁用（Down）、初始化（Init）、监听（Listen）、发言（Speak）、备用（Standby）、活动（Active），在 SW3 上用 **debug standby** 命令查看 HSRP 所经历的状态：

SW3#06:19:53: HSRP: Vl200 API Software interface coming up
06:19:53: HSRP: Vl200 Interface UP
06:19:53: HSRP: Vl200 Starting minimum interface delay (1 secs)
06:19:54: HSRP: Vl200 Interface min delay expired
06:19:54: HSRP: Vl200 Grp 1 Init: a/HSRP enabled
06:19:54: HSRP: Vl200 Grp 1 *Init -> Listen*
06:19:54: HSRP: Vl200 Grp 1 Redundancy "hsrp-Vl200-1" state Init -> Backup
06:20:04: HSRP: Vl200 Grp 1 Listen: c/Active timer expired (unknown)
06:20:04: HSRP: Vl200 Grp 1 *Listen -> Speak*
06:20:04: HSRP: Vl200 Grp 1 Redundancy "hsrp-Vl200-1" state Backup -> Speak
06:20:04: HSRP: Vl200 Grp 1 Hello   out 10.200.1.3 Speak   pri 100 vIP 10.200.1.1
06:20:07: HSRP: Vl200 Grp 1 Hello   out 10.200.1.3 Speak   pri 100 vIP 10.200.1.1
06:20:10: HSRP: Vl200 Grp 1 Hello   out 10.200.1.3 Speak   pri 100 vIP 10.200.1.1
06:20:13: HSRP: Vl200 Grp 1 Hello   out 10.200.1.3 Speak   pri 100 vIP 10.200.1.1
//以上 4 行证实默认情况下 HSRP 每 3 秒钟发送一次 hello 包
06:20:14: HSRP: Vl200 Grp 1 Speak: d/Standby timer expired (unknown)
06:20:14: HSRP: Vl200 Grp 1 Standby router is local
06:20:14: HSRP: Vl200 Grp 1 *Speak -> Standby*
06:20:14: HSRP: Vl200 Grp 1 Redundancy "hsrp-Vl200-1" state Speak -> Standby
06:20:14: HSRP: Vl200 Grp 1 Hello   out 10.200.1.3 Standby pri 100 vIP 10.200.1.1
06:20:14: HSRP: Vl200 Grp 1 Standby: c/Active timer expired (unknown)
06:20:14: HSRP: Vl200 Grp 1 Active router is local
06:20:14: HSRP: Vl200 Grp 1 Standby router is unknown, was local
06:20:14: HSRP: Vl200 Grp 1 *Standby -> Active*
06:20:14: %HSRP-6-STATECHANGE: Vlan200 Grp 1 state Standby -> Active
06:20:14: HSRP: Vl200 Grp 1 Redundancy "hsrp-Vl200-1" state Standby -> Active

在 SW2 和 SW3 未进行优先级（Priority）配置的情况下，SW3 已经成为了活动状态，这是因为其 HSRP 接口的 IP 地址 10.200.1.3 高于 SW2 的 HSRP 接口的 IP 地址 10.200.1.2。

用 show standby 命令查看 SW2、SW3 中的 HSRP 配置：

SW2#show standby
Vlan200 - Group 1
　State is ***Standby***
　　36 state changes, last state change 00:00:17
　Virtual IP address is 10.200.1.1
　Active virtual MAC address is **0000.0c07.ac01**　　!该 MAC 为此 HSRP 虚拟的 MAC 地址
　　Local virtual MAC address is 0000.0c07.ac01 (v1 default)
　Hello time 3 sec, hold time 10 sec
　　Next hello sent in 0.626 secs
　Preemption disabled
　Active router is 10.200.1.3, priority 100 (expires in 8.641 sec)
　Standby router is local
　Priority 100 (default 100)
IP redundancy name is "hsrp-Vl200-1" (default)

SW3#show standby
Vlan200 - Group 1
　State is ***Active***
　　14 state changes, last state change 00:01:20
　Virtual IP address is 10.200.1.1
　Active virtual MAC address is ***0000.0c07.ac01***
　　Local virtual MAC address is 0000.0c07.ac01 (v1 default)
　Hello time 3 sec, hold time 10 sec
　　Next hello sent in 0.164 secs
　Preemption disabled
　Active router is local
　Standby router is 10.200.1.2, priority 100 (expires in 9.144 sec)
　Priority 100 (default 100)
　IP redundancy name is "hsrp-Vl200-1" (default)

4）配置 VLAN200 中一台计算机进行测试，分配 IP 地址为 10.200.1.4/24，设置网关为 10.200.1.1。

在此计算机上用"arp -a"命令可以发现 IP 地址 10.200.1.1 对应的 MAC 地址变为 00-00-0c-07-ac-01，这是 HSRP 特定的虚拟的 MAC 地址。

C:\Documents and Settings\nic>**arp -a**
Interface: 10.200.1.4 on Interface 0x2000003
　Internet Address　　Physical Address　　Type
　10.200.1.1　　　　 00-00-0c-07-ac-01　　dynamic

然后用"**ping 10.200.1.1**"测试能通，说明 HSRP 组正确配置。

（3）深入探讨 HSRP。

1）配置 HSRP 接口优先级。接下来在 SW2 中配置 HSRP 优先级为 150：
SW2(config-if)#standby 1 priority 150
在经过一段时间的等待后，SW2 状态变为 Active，SW3 为 Standby：

SW3#show standby
Vlan200 - Group 1
　State is ***Standby***　　　　　　　//**SW3** 状态变为 **Standby**
　　25 state changes, last state change 00:00:06
　　Virtual IP address is 10.200.1.1
　　Active virtual MAC address is 0000.0c07.ac01
　　　Local virtual MAC address is 0000.0c07.ac01 (v1 default)
　　Hello time 3 sec, hold time 10 sec
　　　Next hello sent in 2.539 secs
　　Preemption disabled
　　Active router is 10.200.1.2, priority 150 (expires in 7.543 sec)
　　Standby router is local
　　　Priority 100 (default 100)
　　IP redundancy name is "hsrp-Vl200-1" (default)

用"**ping 10.200.1.1 -t**"命令持续 ping 网关地址，以检测链路连通性。
然后物理断开处于 Active 状态的 SW2，观察 ping 的情况：
Reply from 10.200.1.1: bytes=32 time<10ms TTL=255
Request timed out.
Request timed out.
Request timed out.
Request timed out.
Request timed out.
Request timed out.
Request timed out.
Reply from 10.200.1.1: bytes=32 time<10ms TTL=255
Reply from 10.200.1.1: bytes=32 time

可以发现在短暂的网络中断后链路又恢复正常，说明 HSRP 起到了备份网关的作用，网络中断的时间开销应该是 hello 包检测到网络状态变化、保持定时器时间、SW3 从 Standby 状态变为 Active 状态的时间的总和。

Hello 时间和保持定时器时间可以修改，命令是：
standby*group***timers　[msec]***hello* **[msec]** *holdtime*

2）track 跟踪接口的配置。HSRP 可以通过跟踪某个接口的状态动态调整优先级。所用命令为：
stanby*group* **track***type mod/num* **[decrement***value***]**

如在 SW3 配置跟踪 G0/24 接口，若接口失效，则优先级降低 60，若接口恢复，则优先级增加 60：
SW3(config-if)#stanby 1 track GigabitEthernet0/24　60

用 debug standby 命令查看，并且断开 SW3 的 GigabitEthernet0/24 接口：
SW3(config)#
06:34:40: HSRP: Vl200 Grp 1 Hello　out 10.200.1.3 Active　pri 150 vIP 10.200.1.1
06:34:41: HSRP: Vl200 Grp 1 Hello　in　10.200.1.2 Standby pri 100 vIP 10.200.1.1
06:34:43: HSRP: Vl200 Grp 1 Track 1 object changed, state ***Up -> Down***
06:34:43: HSRP: Vl200 Grp 1 Priority ***150 -> 90***
06:34:43: HSRP: Vl200 Grp 1 Hello　out 10.200.1.3 Active　pri 90 vIP 10.200.1.1

可见 SW3 的 HSRP 接口优先级降低到 90。

另外，可以运用 HSRP 技术实现负载均衡，原理是：建立两个 HSRP 组，在 group1（10.200.1.1）中，SW2 为高优先级，配置 preempt，SW3 为低优先级，在 group2（10.200.1.10）中 SW3 为高优先级，配置 preempt，SW2 为低优先级；让一半用户配置网关为 10.200.1.1，另一半用户配置网关为 10.200.1.10。这样 HSRP 拥有两个虚拟 MAC 地址，一半数据流经 SW2，一半数据流经 SW3，起到负载均衡的作用。以下是配置：

SW3 配置：
interface Vlan200
  ip address 10.200.1.3 255.255.255.0
  standby 1 ip 10.200.1.1
  standby 1 priority 150
  standby 1 preempt
  standby 2 ip 10.200.1.10

SW2 配置：
interface Vlan200
  ip address 10.200.1.2 255.255.255.0
  standby 1 ip 10.200.1.1
  standby 2 ip 10.200.1.10
  standby 2 priority 150
  standby 2 preempt

查看 HSRP：

SW2#show standby
Vlan200 - *Group 1*
  State is *Standby*
    54 state changes, last state change 12:08:58
  Virtual IP address is *10.200.1.1*
  Active virtual MAC address is *0000.0c07.ac01*
    Local virtual MAC address is 0000.0c07.ac01 (v1 default)
  Hello time 3 sec, hold time 10 sec
    Next hello sent in 2.069 secs
  Preemption disabled
  Active router is 10.200.1.3, priority 150 (expires in 8.197 sec)
  Standby router is local
  Priority 100 (default 100)
  IP redundancy name is "hsrp-Vl200-1" (default)
Vlan200 - *Group 2*
  State is *Active*
    2 state changes, last state change 00:00:44
  Virtual IP address is *10.200.1.10*
  Active virtual MAC address is *0000.0c07.ac02*
    Local virtual MAC address is 0000.0c07.ac02 (v1 default)
  Hello time 3 sec, hold time 10 sec
    Next hello sent in 0.131 secs
  Preemption enabled
  Active router is local

Standby router is 10.200.1.3, priority 100 (expires in 7.098 sec)
Priority 150 (configured 150)

SW2#show standby vlan 200 brief
P indicates configured to preempt.

Interface	Grp	Prio	P	State	Active	Standby	Virtual IP
Vl200	1	100		Standby	10.200.1.3	local	10.200.1.1
Vl200	2	150	P	Active	local	10.200.1.3	10.200.1.10

SW2#

SW3# show standby vlan 200 brief
P indicates configured to preempt.

Interface	Grp	Prio	P	State	Active	Standby	Virtual IP
Vl200	1	150	P	Active	local	10.200.1.2	10.200.1.1
Vl200	2	100		Standby	10.200.1.2	local	10.200.1.10

5. GLBP

R1(config-if)# glbp 1 ip 192.168.1.254
R1(config-if)# glbp 1 priority 200
R1(config-if)# glbp 1 preempt delay minimum 1
//设置抢占的最小延迟 1s
R1(config-if)# glbp 1 weighting 200 lower 120 up 200
//设置 GLBP 加权最大值 200，阈值最小 120，最大 200
//当 GLBP 组成员加权值小于最小阈值时，放弃 AVF（活动转发器）角色
R1(config-if)# glbp 1 weighting track 1 decrement 100
R1(config-if)# glbp 1 forwarder preempt delay minimum 2
//转发最小延迟 2s
R2(config-if)# glbp 1 ip 192.168.1.254
R2(config-if)# glbp 1 priority 150
R2(config-if)# glbp 1 preempt delay minimum 1
//设置抢占的最小延迟 1s
R2(config-if)# glbp 1 weighting 200 120 up 200
//设置 GLBP 加权最大值 200，阈值最小 120，最大 200
//当 GLBP 组成员加权值小于最小阈值时，放弃 AVF（活动转发器）角色
R2(config-if)# glbp 1 weighting track 1 decrement 100
R2(config-if)# glbp 1 forwarder preempt delay minimum 2
//转发最小延迟 2s

第三部分　巩固练习

理论练习

1. 冗余设计的意义是什么？
2. 冗余设计有哪些实现目标？

3．如果备用组没有配置优先级，那么如何确定哪个路由器处于活动状态？
4．能否同时运行 NAT 和 HSRP？
5．GLBP 与 HSRP 之间有何差异？

实践练习

拓扑结构如图 9.6 所示。

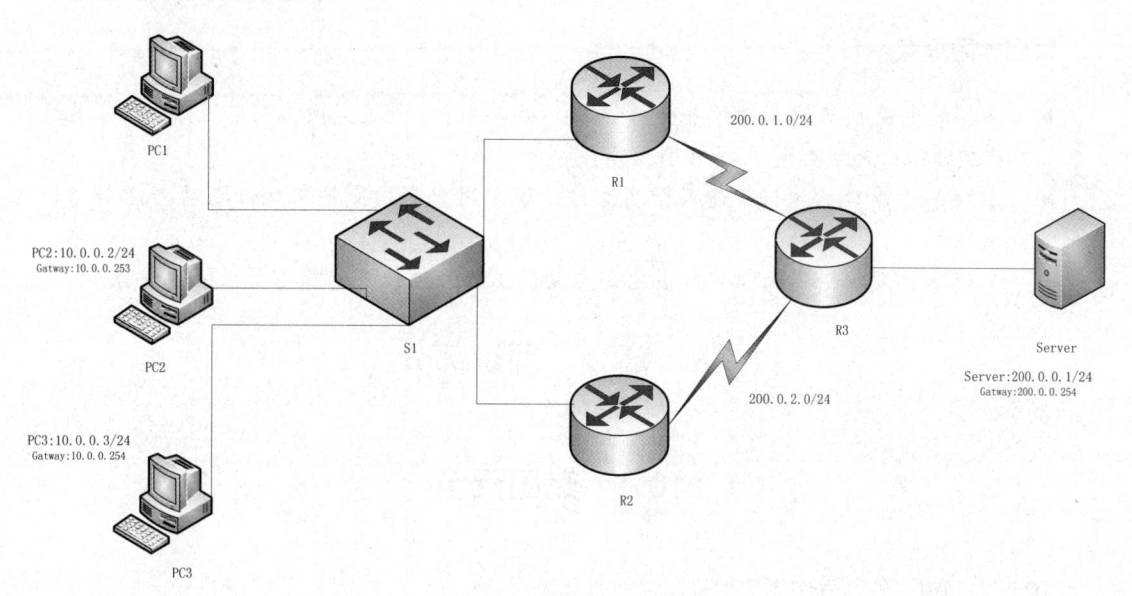

图 9.6　实验拓扑结构

要求：配置两个 VRRP 组——VRRP 1 和 VRRP 2。在 VRRP 1 中，路由器 R1 为主虚拟路由器，R2 为备用虚拟路由器；在 VRRP 2 中，路由器 R1 为备用虚拟路由器，路由器 R1 为主虚拟路由器。在两个路由器都正常工作的时候，PC1 和 PC2 通过 R1 访问远端，PC3 通过 R2 访问远端。

项目 10 交换机的接入安全

项目学习重点

- 掌握思科交换机所支持的安全特性——端口安全,通过交换机端口限定 MAC 地址或限定 MAC 地址数量来提供接入服务
- 掌握基于端口的认证概念及配置方法,规定用户需向交换机认证之后才能与交换机通信
- 掌握网络设备受到的欺骗攻击安全威胁的工作原理以及防御这类攻击的方法

第一部分 理论部分

10.1 端口安全

10.1.1 端口安全特性

端口安全是思科交换机所支持的安全特性,它可以在交换机端口上限定具体的 MAC 地址,为特定的 MAC 地址提供接入服务,或限定端口接入设备的 MAC 地址数量,以限制非授权计算机或者超过允许数量的计算机来连接交换机,交换机端口仅为授权地址的数据帧提供接入服务。

端口安全特性叫做粘性学习(Sticky Learning),在接口上配置了这个特性后,接口会将自动学习到的地址转换为粘性安全(Sticky Secure)地址,这个配置会自动添加到交换机运行配置中。

另外,交换机端口可以配置端口安全特性,以限制 MAC 地址泛洪攻击,并将遭到攻击的端口进行锁定,同时可以设置 SNMP Trap 消息,通告违规行为。

10.1.2 端口安全配置命令

端口安全配置命令如下:

(1)首先需要启用端口安全,命令为:

SWITCH(config)#**switchport port-security**

(2)在交换机端口启用了端口安全后,默认情况下允许一个 MAC 地址接入端口,接入端口的 MAC 地址的最大数量可以进行设置,命令为:

SWITCH(config-if)#**switchport port-security maximum** *value*

这个命令没有限制端口接入具体的 MAC 地址是多少,一般端口学到的 MAC 地址也不会

老化，可以配置命令 switchport port-security aging time 来设置一个老化时间。在交换机端口上配置允许接入的具体 MAC 地址，命令为：

SWITCH(config-if)#**switchport port-security mac-address** *mac-address*

如果这个配置时的 MAC 地址数量少于端口最大接入的 MAC 地址数量，那么交换机端口可以继续学习 MAC 地址。

（3）当交换机端口连接数量超过配置的最大的 MAC 地址数量时或者端口收到非授权 MAC 地址发来的数据帧时，配置交换机端口采取违规行为，命令为：

SWITCH(config-if)#**switchport port-security violation {shutdown | restrict | protect}**

①shutdown。这是违规行为的默认模式。将端口设置为 errdisable 状态，即关闭端口，必须手工重启或通过 errdisable recovery 恢复。

②restrict。端口处于 up 状态，丢弃非授权 MAC 地址发来的数据帧，发送 SNMP Trap 消息和系统日志消息。

③protect。端口处于 up 状态，丢弃非授权 MAC 地址发来的数据帧，但不创建日志记录。

配置好以后，可用检查端口安全特性，命令为：

SWITCH#**show port-security**

也可以检查端口安全配置，命令为：

SWITCH#**show port-security** [**interface** *type mod/num*] [**address**]

其中，interface 参数用来查看特定的接口的输出信息，address 参数用来查看 MAC 地址表安全信息的。

配置粘性 MAC 地址可以帮助将自动学习的 MAC 地址以静态的形式存入运行配置文件中，命令为：

SWITCH(config-if)#**switchport port-security mac-address sticky**

为防止交换机在端口上转发单播或组播泛洪流量，配置限制在端口下的未知目 MAC 地址的单播或组播泛洪流量，命令为：

SWITCH(config-if)#**switchport block {unicast | multicast}**

10.2 基于端口的认证

思科交换机支持基于端口的认证，它使用了 AAA 认证与端口安全相结合的方式，且基于标准的 IEEE 802.1x。用户需要向交换机认证之后才能与交换机通信，也就是说，用户使用交换机端口必须先通过认证。

10.2.1 工作原理

基于端口的认证必须要求通信的双方，即交换机与计算机都支持 IEEE 802.1x 标准，且要使用 EAPOL（可扩展认证协议）。通常如果交换机配置了 IEEE 802.1x 标准，但是计算机未支持，那么交换机端口不会转发任何数据流给计算机；相反，如果计算机支持 IEEE 802.1x 标准，但是交换机未支持，那么双方将以常规方式通信。

在交换机启动时，支持 IEEE 802.1x 标准的交换机端口是处于未授权状态的，计算机需要支持 IEEE 802.1x 标准并建立与交换机端口之间的 IEEE 802.1x 通信，只有与 IEEE 802.1x 标准相关的数据才能通过该端口，当数据传输完毕后，计算机要通知交换机返回初始状态，授权结束。这个过程中如果出现通信中断的情况，计算机必须重新认证才能继续之前的通信。

10.2.2 配置 IEEE 802.1x 标准

对于 IEEE 802.1x 标准而言，支持一台或多台 RADIUS 服务器处理认证，首先要配置 RADIUS 认证方法。

在交换机上启用 AAA，命令为：
SWITCH(config)#**aaa new-model**
其中 new-model 指定使用方法列表。

配置外部 RADIUS 服务器及其共享密码，该密码用于加密认证会话，命令为：
SWITCH(config)#**radius-server host** {*hostname | ip-address*} [**key** *string*]
如果需定义多台 RADIUS 服务器，则重复此命令。

配置交换机上定义的 RADIUS 服务器，用于进行 IEEE 802.1x 认证，命令为：
SWITCH(config)#**aaa authentication dot1x default group radius**
配置在交换机上启用 IEEE 802.1x，命令如下：
SWITCH(config)#**dot1x system-auth-control**
配置使用 IEEE 802.1x 的交换机端口，命令如下：
SWITCH(config)#**interface** *type mod/num*
SWITCH(config-if)#**dot1x port-control** {**force-authorized** | **force-unauthorized** | **auto**}

- force-authorized：启用 IEEE 802.1x 时交换机端口的默认状态。端口对连接的计算机进行授权，不需要进行认证；
- force-unauthorized：端口不对连接的计算机进行授权；
- auto：当计算机支持 IEEE 802.1x 时，交换机端口使用 IEEE 802.1x 交换消息从"未授权"切换到"已授权"。

配置允许多台计算机连接到同一个交换机端口，命令如下：
SWITCH(config-if)# **dot1x host-mode multi-host**
查看基于端口认证的交换机端口上 IEEE 802.1x 的运行状态，命令如下：
SWITCH#**show dot1x all**

10.3 防欺骗攻击

欺骗攻击是网络设备受到的安全威胁之一。黑客机通过假扮设备，发送伪造信息来欺骗受害机，截获网络数据，然后重定向部分或全部数据，所有受害机的流量都将经过黑客机后再被转发。

Cisco Catalyst 集成了几种安全功能，来保证网络的安全。这些安全功能包括端口安全、DHCP 侦听、源 IP 地址防护等（端口安全见 10.1）。

10.3.1 DHCP 侦听

1. DHCP 欺骗攻击

DHCP 协议为网络中的计算机提供动态 IP 地址、网关等的配置。在 DHCP 攻击中，攻击者通常冒充 DHCP 服务器对发出 DHCP 请求的客户端作出应答，这个应答往往会先与合法

DHCP 服务器作出。攻击者在应答消息中提供 IP 地址、网关、DNS 服务器地址等，这些信息都是伪造的，一旦伪造的网关地址为攻击者的 IP 地址，那么受害的客户端会将发往网关的数据都发送给攻击机。另一种 DHCP 攻击是对合法的 DHCP 服务器做 DoS 攻击，耗尽服务器中的可用 IP 地址，这样正常的客户端请求就得不到响应了。

2. DHCP 侦听

DHCP 侦听（DHCP Snooping）可以防御这类攻击，它决定由哪个交换机的端口来应答 DHCP 请求。DHCP 侦听是基于端口的安全机制，如图 10.1 所示，它将端口定义为可信和不可信两种：可信端口可以发送 DHCP 消息，它连着 DHCP 服务器；不可信端口只能发送请求消息，它连着客户机。如果有一台 DHCP 服务器连到不可信端口上，那么当该 DHCP 服务器发送 DHCP 消息时，该端口就会被关闭。

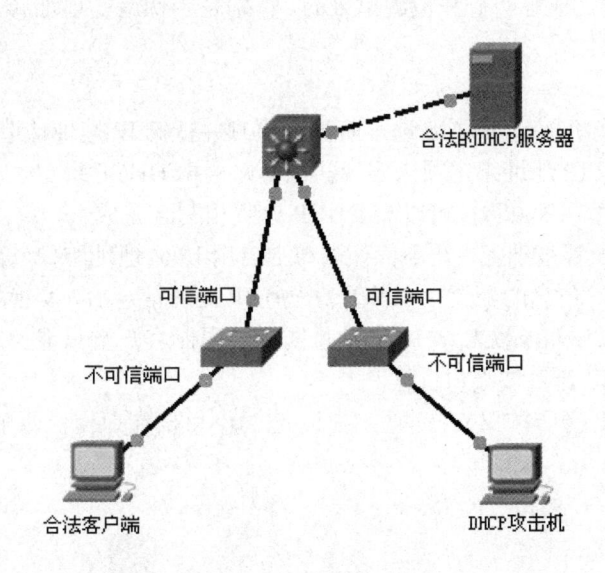

图 10.1　DHCP 侦听

交换机中没有明确配置为可信端口的端口都为不可信端口，交换机也为这些不可信端口建立了 DHCP 绑定表，记录了客户机的 IP、MAC、租用时间、绑定类型、VLAN ID、端口 ID 等信息，这些信息也是交换机过滤 DHCP 流量的依据。

3. DHCP 侦听配置命令

首先要启用 DHCP 侦听特性，命令为：

SWITCH(config)#**ip dhcp snooping**

配置要启用的 DHCP 探测的 VLAN 编号，命令为：

SWITCH(config)#**ip dhcp snooping vlan** *vlan-id*

配置将已知的 DHCP 服务器所在的端口指定为可信端口，命令为：

SWITCH(config)# **interface** *type mod/num*

SWITCH(config-if)#**ip dhcp snooping trust**

配置限制不可信端口上的 DHCP 分组速率，即每秒可以接收的 DHCP 数据包的数量，命令为：

SWITCH(config-if)#**ip dhcp snooping limit rate** *rate*

配置启用 DHCP 中继代理信息选项，在转发的 DHCP 请求数据包中包含发出该消息的交换机源端口信息，默认为开启状态，命令为：

SWITCH(config)#[no] ip dhcp snooping information option

查看 DHCP 侦听状态，命令为：

SWITCH#show ip dhcp snooping [binding]

10.3.2 IP 源防护

1. 源 IP 地址欺骗攻击

IP 地址用于标注网络中的设备所在的位置，IP 地址欺骗攻击是攻击者冒充合法的主机进行提权，或者伪造随机地址发动 DoS 攻击，甚至伪造不存在的 IP 地址，使得返回的数据无法到达发送方。这种攻击是很难防御和检测出来的，特别是当伪造的地址属于攻击对象所在的子网或者同一 VLAN 中时。

2. IP 源防护原理

Cisco Catalyst 交换机能使用源 IP 地址防护来检测并抵御 IP 地址伪造攻击，这是基于端口的，它可以通过静态源 IP 地址绑定项来实现，也可以根据 DHCP 绑定表动态维护每个端口的 VLAN ACL，也就是说，IP 源防护可以与 DHCP 侦听相配合完成。

在 DHCP 侦听的配置基础上，在不信任端口上启用 IP 源地址防护，客户端从 DHCP 服务器获取合法的 IP 地址等信息的配置，或者手动配置 IP 地址信息后，交换机的这个端口会生成基于端口的 VLAN ACL（PVACL），IP 源地址防护会限制客户端只能使用绑定表中配置的源 IP 地址，否则会使其 IP 流量被端口过滤。

如图 10.2 所示，IP 源防护仅支持两层端口，它为不可信端口提供两个级别的 IP 流量安全性过滤，具体如下：

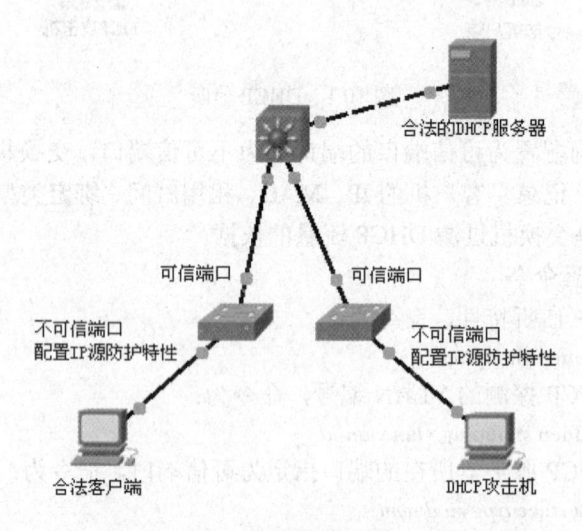

图 10.2 IP 源防护

（1）源 IP 地址过滤。过滤根据源 IP 地址进行，让源 IP 地址与 IP 源绑定条目相匹配的 IP 流量通过。

1）当端口启用 IP 过滤机制但尚未绑定任何 IP 源地址时，端口会有默认的 PVACL 来过滤

IP 流量。

2）当端口上禁用 IP 过滤机制时，端口会移除所有 IP 源过滤 PVACL。

3）当端口上修改 IP 源绑定条目时，PVACL 会重新计算并应用。

（2）源 IP 和 MAC 地址过滤。过滤根据源 IP 地址和 MAC 地址进行，让源 IP 和 MAC 地址都与 IP 源绑定条目相匹配的 IP 流量通过。

3. IP 源防护配置

在配置源 IP 地址防护之前，首先要配置启用 DHCP 侦听，若希望源 IP 地址防护能检测伪造的 MAC 地址，则需要配置启用端口安全性。

在配置启用 DHCP 侦听后（步骤参见 10.3.1），配置启用 IP 源防护且使用源 IP 过滤，命令为：

SWITCH(config)# **interface** *type mod/num*
SWITCH(config-if)#ip verify source vlan dhcp-snooping

配置启用 IP 源防护且使用源 IP 和源 MAC 地址过滤，命令为：

SWITCH(config-if)#**ip verify source vlan dhcp-snooping port-security**

配置对违规数据限速，命令为：

SWITCH(config-if)#**switchport port-security limit rate** *invalid-source-mac N*

配置静态的源 IP 地址绑定，命令为：

SWITCH(config)#**ip source binging** *ip-address* **ip vlan** *vlan-id* **interface** *type mod/num*

配置在接口上启用源 IP 地址防护，命令为：

SWITCH(config)# **interface** *type mod/num*
SWITCH(config-if)#**ip verify source [port-security]**

ip verify source 用于检查源 IP 地址，port-security 用于检查 MAC 地址。

查看源 IP 地址防护的状态，命令为：

SWITCH#**show ip verify source** [**interface** *type mod/num*]

查看源 IP 地址绑定数据库中的信息，命令为：

SWITCH#**show ip source binging** [*ip-address*] [*mac-address*] [**dhcp-snooping** | **static**] [**interface** *type mod*|*num*] [**vlan** *vlan-id*]

第二部分　典型项目

典型项目之一

实验名称

端口安全配置

实验目的

（1）了解基于端口的安全特性的原理。

（2）掌握基于端口的安全的配置方法。

实验要求与环境

Catalyst 3560 系列交换机一台，计算机两台，Console 线一根，直通双绞线两根。

实验拓扑及说明

拓扑结构如图 10.3 所示。

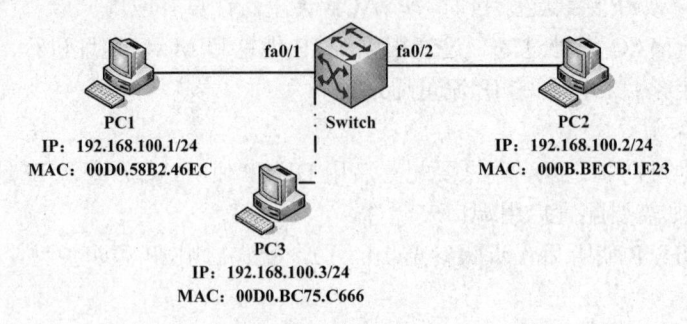

图 10.3 拓扑结构

计算机 PC1 的 IP 地址为 192.168.100.1/24
计算机 PC2 的 IP 地址为 192.168.100.2/24
计算机 PC3 的 IP 地址为 192.168.100.3/24

实验步骤

（1）查看当前计算机 PC1 和 PC2 的 MAC 地址。

计算机 PC1 的 MAC 地址为 00D0.58B2.46EC。

计算机 PC2 的 MAC 地址为 000B.BECB.1E23。

计算机 PC3 的 MAC 地址为 00D0.BC75.C666。

（2）配置交换机接口 fa0/1 的端口安全。

```
Switch(config)#int fa0/1
Switch(config-if)#switchport mode access
Switch(config-if)#switchport port-security
Switch(config-if)#switchport port-security maximum 1
Switch(config-if)#switchport port-security mac-address 00D0.58B2.46EC
Switch(config-if)#switchport port-security violation shutdown
```

注：将接口静态配置成 access 模式后，才能启用 port-security，允许最大地址数量为 1，默认值也为 1，定义的最大地址数量值不能比已学到的 MAC 地址少，否则无效。手工静态指定的安全 MAC 地址为 00D0.58B2.46EC，将违规后采取的动作配置为关闭接口。

（3）同理，配置交换机接口 fa0/2 的端口安全。

```
Switch(config)#int fa0/2
Switch(config-if)#switchport mode access
Switch(config-if)#switchport port-security
Switch(config-if)#switchport port-security maximum 2
Switch(config-if)#switchport port-security mac-address sticky
Switch(config-if)#switchport port-security violation shutdown
```

注：启用 port-security，允许最大地址数量为 2，指定安全 MAC 地址的方式为 sticky，在违规后采取动作为关闭接口。

（4）查看交换机配置的接口状态。

查看交换机配置的接口 fa0/1、fa0/2 的状态：

```
Switch#sh run int f0/1
……
```

```
interface FastEthernet0/1
switchport mode access
switchport port-security
switchport port-security mac-address 00D0.58B2.46EC
```
查看交换机配置的接口 fa0/1、fa0/2 的状态：
```
Switch#sh run int f0/2
……
interface FastEthernet0/2
switchport mode access
switchport port-security maximum 2
switchport port-security
switchport port-security mac-address sticky
switchport port-security mac-address sticky 000B.BECB.1E23   //MAC 地址被载入配置中
```
（5）测试端口安全。

在 PC1 的命令提示符中使用 ping 192.168.100.2 命令，结果可以 ping 通。这是因为 PC1 的 MAC 地址 00D0.58B2.46EC 访问 PC2，交换机接口 fa0/1 判断 00D0.58B2.46EC 是安全的 MAC 地址，允许 PC1 和 PC2 之间的通信。

将 PC1 计算机的连接到交换机 fa0/1 的网线拔下，连接 PC3 和交换机的 fa0/1 接口，在 PC3 的命令提示符中使用 ping 192.168.100.2 命令，结果不能 ping 通，此时发现交换机接口 fa0/1 关闭了。交换机上会显示以下错误信息：

```
%PM-4-ERR_DISABLE: psecure-violation error detected on Fa0/1, putting Fa0/1 in err-disable state
%PORT_SECURITY-2-PSECURE_VIOLATION: Security violation occurred, caused by MAC address 00D0.BC75.C666 on port FastEthernet0/1.
%LINK-3-UPDOWN: Interface FastEthernet0/1, changed state to administratively down
%LINEPROTO-5-UPDOWN: Line protocol on Interface FastEthernet0/1, changed state to down
```

这是因为交换机的 fa0/1 允许的最大 MAC 地址数量为 1，且该接口的关联 MAC 地址为 PC1 的 MAC 地址，当该接口收到地址为 00D0.BC75.C666 的 PC3 发来的数据包时，触发了违规条件。

此时也可以用命令 show interface fa0/1，查看发现交换机的接口为 err-disabled 状态，如图 10.4 所示。

```
Switch#sh int fa0/1
FastEthernet0/1 is down, line protocol is down (err-disabled)
```

图 10.4 接口 fa0/1 为 err-disabled 状态

（6）配置端口安全 MAC 地址老化时间。

1）配置对接口动态学习到的 MAC 地址的老化时间：
```
Switch(config)#int f0/1
```
配置 Port Security MAC 地址老化时间为 2 分钟：
```
Switch(config-if)#switchport port-security aging time 2
```
并且相应 MAC 在 2 分钟没有流量的情况下被删除。
```
Switch(config-if)#switchport port-security aging type inactivity
```
2）配置手工静态指定的 MAC 地址的老化时间：
```
Switch(config)#int f0/1
```
配置手工静态指定的 MAC 地址在 1 分钟没有流量的情况下被删除：
```
Switch(config-if)#switchport port-security aging static
```

典型项目之二

实验名称

基于端口的安全认证

实验目的

（1）了解基于端口的安全认证的原理。
（2）掌握基于端口的 IEEE 802.1x 认证配置方法。

实验要求与环境

Catalyst 3560 交换机一台，ACS 服务器一台，Cisco ACS 软件，计算机两台，Console 线一根，直通双绞线三根。

实验拓扑及说明

拓扑结构如图 10.5 所示。

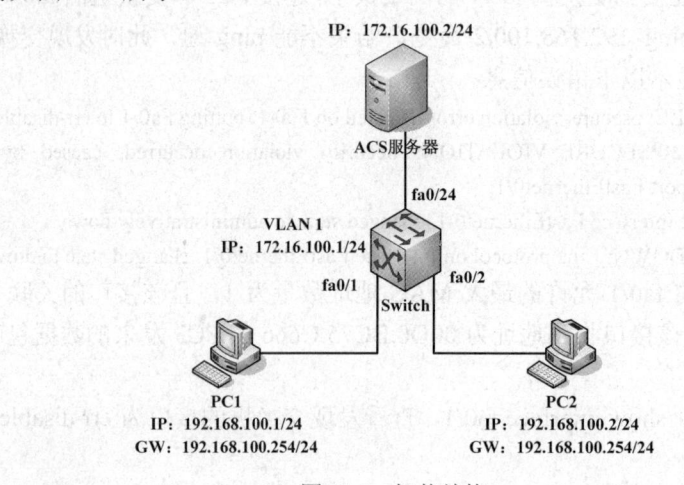

图 10.5 拓扑结构

实验步骤

（1）安装和配置 ACS 服务器及 Cisco ACS 软件，配置 ACS 服务器与 Catalyst 3560 交换机的通信（配置过程略）。

（2）配置交换机的 VLAN 1 的 IP。交换机使用此 IP 与 ACS 服务器进行通信，并使用 ping 命令确认是否能够 ping 通 ACS 服务器。

Switch(config)#interface vlan 1

此处 VLAN 1 的 IP 地址为 ACS 软件中 AAA client 的地址：

Switch(config-if)#ip address 172.16.100.1 255.255.255.0
Switch(config-if)#no shutdown
Switch(config-if)#exit

（3）在交换机上创建 VLAN。

Switch(config)#vlan 100
Switch(config-vlan)#name teacherren
Switch(config-vlan)#exit

```
Switch(config)#vlan 200
Switch(config-vlan)#name student
Switch(config-vlan)#exit
```

（4）配置交换机的 AAA。

```
Switch(config)#aaa new-model //启用 AAA，
Switch(config)#radius-server vsa send //向 Radius 服务器发送 Cisco 私有属性集
Switch(config)#aaa authentication login default none //  配置对 login 不进行认证
Switch(config)#aaa authentication dot1x default group radius //配置用 Radius 服务器进行设置 DOT1X
Switch(config)#aaa authorization network default group radius //配置用 Radius 服务器进行授权
Switch(config)#dot1x system-auth-control //启用 DOT1X 的认证控制
Switch(config)#radius-server host 172.16.100.2 key haha123 //配置 Radius 服务器和通信密钥
```

（5）配置交换机接口。

```
Switch(config)#interface range fastEthernet 0/1 - 2
Switch(config-if-range)#switchport mode access
Switch(config-if-range)#dot1x port-control auto
Switch(config-if-range)#exit
```

（6）配置客户端的网卡，启用 IEEE 802.1x 的验证（过程略）。

典型项目之三

实验名称

DHCP Snooping 防护

实验目的

（1）了解欺骗攻击的原理。
（2）了解防范欺骗攻击的原理。
（3）掌握防欺骗攻击的配置方法。

实验要求与环境

Catalyst 3560 交换机一台，Cisco 2811 系列路由器两台，计算机一台，Console 线一根，直通双绞线三根。

实验拓扑及说明

拓扑结构如图 10.6 所示。

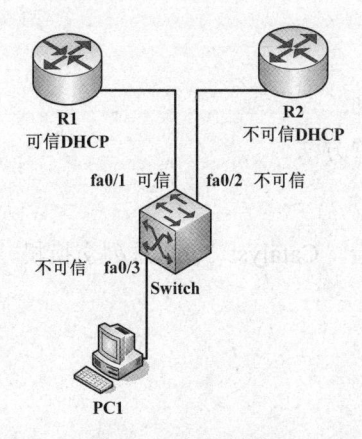

图 10.6　拓扑结构

实验步骤

（1）开启 DHCP 侦听特性及 DHCP 探测的 VLAN 编号：

Switch(config)#ip dhcp snooping

Switch(config)#ip dhcp snooping vlan 100 //指定 VLAN

（2）指定可信（Trusted）接口，一般选用 Trunk 接口，连接到真实 DHCP 服务器的接口：

Switch(config)#int fa0/1

Switch(config-if)#ip dhcp snooping trust

（3）在配置受信任的 DHCP 服务器的路由器上，设置：

R1(config)#ip dhcp relay information trust-all

（4）静态绑定一个条目：

Switch(config)#ip dhcp snooping binding 0001.9650.B5CD vlan 200 192.168.100.1 interface f0/4

注：DHCP Snooping 会在接入的交换机上建立一个 DHCP 绑定表，为每一个分配的 IP 建立表项，包括客户端的 MAC、所在 VLAN 编号、IP、端口号，可静态添加表项。

（5）配置启用 DHCP 中继代理信息选项，默认已开启：

Switch(config)#ip dhcp snooping information option

（6）配置限制不可信接口的 DHCP 分组速率，限定每秒可以接收的 DHCP 请求包的数量：

Switch(config)#int fa0/2

Switch(config-if)#ip dhcp snooping limit rate 100

（7）查看动态的绑定项：

Switch#show ip dhcp snooping binding

Switch#show ip dhcp snooping database

（8）查看动态和静态绑定项：

Switch#show ip source binding

典型项目之四

实验名称

IP 源防护

实验目的

（1）了解 IP 欺骗的原理。

（2）了解 IP 源防护的原理。

（3）掌握 IP 源防护的配置方法。

实验要求与环境

Cisco 2811 系列路由器三台，Catalyst 3560 系列交换机一台，Console 线一根，直通双绞线三根。

实验拓扑及说明

拓扑结构如图 10.7 所示。

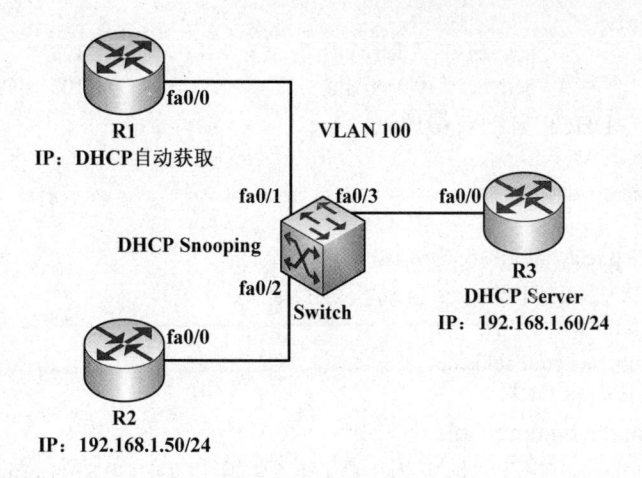

图 10.7　拓扑结构

交换机 Switch 的接口 fa0/1、fa0/2、fa0/3 都属于 VLAN100。

R1 接口 fa0/0 的 IP 地址：192.168.1.4/24（为自动获取）。

R2 接口 fa0/0 的 IP 地址：192.168.1.50/24（为静态配置）。

R3 接口 fa0/0 的 IP 地址：192.168.1.60/24（为静态配置）。

实验步骤

（1）配置交换机，将 R1 的接口 fa0/0、R2 的接口 fa0/0、R3 的接口 fa0/0 划到同一 VLAN 100：

```
Switch(config)#int range f0/1-3
Switch(config-if-range)#switchport mode access
Switch(config-if-range)#switchport access vlan 100
```

（2）测试 R2 到 R3 的连通性，因 R2 与 R3 的接口 fa0/0 在同一 VLAN 100，所以通信正常（步骤略）。

（3）在交换机上配置源 IP 防护（IP Source Guard）。

1）首先，在 Switch 上开启 DHCP Snooping：

```
Switch(config)#ip dhcp snooping
Switch(config)#ip dhcp snooping vlan 100
```

将 DHCP Server 的接口设置为 trust 接口

```
Switch(config)#int f0/3
Switch(config-if)#ip dhcp snooping trust
```

2）在接口下开启基于 IP 的源 IP 防护（IP Source Guard）：

```
Switch(config)#int range f0/1-2
Switch(config-if-range)# ip verify source
```

（4）查看结果。

1）查看 IP source binding table，在交换机的特权模式下使用命令 show ip source binding，发现在初始状态下，IP source binding table 是空的。

2）查看自动生成的 ACL：

```
Switch#sh ip verify source
Interface    Filter-type   Filter-mode   IP-address    Mac-address        Vlan
---------    -----------   -----------   ----------    -----------        ----
```

Fa0/1	ip	active	deny-all		100
Fa0/2	ip	active	deny-all		100

（5）在 R1 开启 DHCP 自动获得地址：

R1(config)#int f0/0
R1(config-if)#ip address dhcp
R3(config)#int f0/0
R3(config-if)#ip dhcp relay information trusted

（6）查看 R1 的从 DHCP Server 自动获得的地址：

R1#sh protocols fa0/0
FastEthernet0/0 is up, line protocol is up
Internet address is 192.168.1.4/24

（7）查看 IP source binding table。

因 R1 从 DHCP Server 获得的地址为 192.168.1.4，所以 DHCP Snooping 将该地址记录在 IP source binding table 中：

```
Switch#show ip source binding
MacAddress          IpAddress       Lease(sec)    Type              VLAN    Interface
------------------  --------------  ------------  ----------------  ------  ----------------
00:0c:85:41:dd:01   192.168.1.4     86348         dhcp-snooping     100     FastEthernet0/1
Total number of bindings: 1
```

（8）查看自动生成的 ACL。

因 R1 从 DHCP Server 获得的地址被 DHCP Snooping 记录在 IP source binding table 中，所以自动被 ACL 允许通过：

```
Switch#sh ip verify source
Interface   Filter-type   Filter-mode   IP-address     Mac-address   Vlan
----------  ------------  ------------  -------------  ------------  -----
Fa0/1       ip            active        192.168.1.4                  100
Fa0/2       ip            active        deny-all                     100
```

（9）测试 R1 到 R3 的连通性。

因 R1 的地址自动被 ACL 允许通过，所以 R1 到 R3 通信正常：

R1#ping 192.168.1.60
Type escape sequence to abort. Sending 5, 100-byte ICMP Echos to 192.168.1.60, timeout is 2 seconds:
!!!!!
Success rate is 100 percent (5/5), round-trip min/avg/max = 1/1/4 ms

（10）测试 R2 到 R3 的连通性（步骤略）。

发现 R2 与 R3 通信失败，这是因为 IP source binding table 中没有记录 R2 从 DHCP 自动获得的地址，这表示 R2 的地址默认被拒绝。

（11）手动添加 IP source binding table。

添加 R2 的 IP 地址到 IP source binding table 中：

Switch(config)#ip source binding 0060.471B.4001 vlan 100 192.168.1.50 interface f0/2

在这里，手动添加包括指定 MAC 地址、所在 VLAN ID、IP 地址、接口编号。

查看 IP source binding table：

```
Switch#show ip source binding
MacAddress          IpAddress       Lease(sec)    Type              VLAN    Interface
------------------  --------------  ------------  ----------------  ------  ----------------
```

```
00:0c:85:41:dd:01    192.168.1.4     86235      dhcp-snooping   100    FastEthernet0/1
00:E0:F9:6B:32:01    192.168.1.50    infinite   static          100    FastEthernet0/2
Total number of bindings: 2
```

（12）查看自动生成的 ACL。

自动 ACL 已经允许 IP source binding table 表中的地址通过，

```
Switch#sh ip verify source
Interface  Filter-type  Filter-mode  IP-address      Mac-address   Vlan
---------  -----------  -----------  --------------  -----------   ----
Fa0/1      ip           active       192.168.1.4                   100
Fa0/2      ip           active       192.168.1.50                  100
```

（13）测试 R2 到 R3 的连通性：

R2#ping 192.168.1.60 Type escape sequence to abort. Sending 5, 100-byte ICMP Echos to 192.168.1.60, timeout is 2 seconds:

!!!!!

Success rate is 100 percent (5/5), round-trip min/avg/max = 1/1/4 ms

（14）开启基于 IP 与 MAC 的 IP Source Guard：

Switch(config)#int f0/1

开启 port-security：

Switch(config-if)#switchport port-security

开启基于 IP 与 MAC 的 IP Source Guard：

Switch(config-if)#ip verify source port-security

（15）查看 IP source binding table：

```
Switch#sh ip source binding
MacAddress           IpAddress       Lease(sec)  Type            VLAN   Interface
------------------   -------------   ----------  --------------  -----  ------------------
00:0c:85:41:dd:01    192.168.1.4     86136       dhcp-snooping   100    FastEthernet0/1
00:E0:F9:6B:32:01    192.168.1.50    infinite    static          100    FastEthernet0/2
Total number of bindings: 2
```

（16）查看自动生成的 ACL。

仅当数据包的 IP 和 MAC 同时匹配时，数据包才能被允许通过：

```
Switch#show ip verify source
Interface  Filter-type  Filter-mode  IP-address      Mac-address         Vlan
---------  -----------  -----------  --------------  -----------------   ----
Fa0/1      ip-mac       active       192.168.1.4     00:0c:85:41:dd:01   100
Fa0/2      ip           active       192.168.1.50                        100
```

（17）测试 R1 到 R3 的连通性（步骤略），发现 R1 到 R3 可以互相通信。

第三部分　巩固练习

完成典型项目之二中的实验，并查看交换机的 VLAN 配置在认证前和认证成功后有什么变化，并分析原因。

项目 11 OSPF

项目学习重点

- 掌握 OSPF 多区域的配置
- 掌握 OSPF 特殊区域的配置
- 掌握 OSPF 路由过滤的配置

第一部分 理论知识

11.1 OSPF 简介

开放最短路径优先协议（Open Shortest Path First，OSPF）是 IETF 组织开发的一个基于链路状态的内部网关协议（Interior Gateway Protocol，IGP）。目前支持 IPv4 协议使用的是 OSPF Version 2（RFC 2328），其高级版本 OSPF Version 3（RFC 2740）支持 IPv6 协议，本章介绍的内容主要针对 OSPF V2。

OSPF 具有以下特点：

（1）适应范围广。支持各种规模的网络，最多可支持几百台路由器。

（2）快速收敛。在网络的拓扑结构发生变化后立即发送更新报文，使这一变化在自治系统中同步。

（3）无自环。由于 OSPF 根据收集到的链路状态用最短路径树算法计算路由，从算法本身保证了不会生成自环路由。

（4）区域划分。允许自治系统的网络被划分成区域来管理，区域间传送的路由信息被进一步抽象，从而减少了占用的网络带宽。

（5）等价路由。支持到同一目的地址的多条等价路由。

（6）路由分级。使用 4 类不同的路由，按优先顺序来说分别是区域内路由、区域间路由、第一类外部路由、第二类外部路由。

（7）支持验证。支持基于接口的报文验证，以保证报文交互的安全性。

（8）组播发送。在某些类型的链路上以组播地址发送协议报文，减少对其他设备的干扰。

OSPF 的设计原理属于链路状态协议，运行了链路状态协议的路由器和运行 DV 协议的路由器相比得知的网络信息更多，每一台路由器都有网络的拓扑信息，因此链路状态路由器能做出更精确的路由决定。运行 OSPF 的路由器能对网络发生的变化做出快速响应，当网络发生变化时发送触发式更新，并且每隔 30 分钟传送周期性更新。

运行 OSPF 的路由器包含 3 张表：

（1）邻居表（Neighbor Table）。也称为邻接数据库（Adjacency Database），存储了邻居路由器的信息。

（2）拓扑表（Topology Table）。一般称为链路状态数据库（Link State DataBase，LSDB），包含了同一个自治区域内的所有路由器及拓扑信息。

（3）路由表（Routing Table）。也叫 forwarding database，包含了到达目标网络的最佳路径信息。

OSPF 的运行过程简单描述如下：

运行 OSPF 的路由器根据自己周围的网络拓扑结构生成 LSA（Link State Advertisement，链路状态通告），并通过更新报文将 LSA 发送给网络中的其他 OSPF 路由器。当路由器收集到其他路由器通告的 LSA，所有的 LSA 放在一起便组成了 LSDB。LSA 是对路由器周围网络拓扑结构的描述，LSDB 则是对整个自治系统的网络拓扑结构的描述。路由器将 LSDB 转换成一张带权的有向图，这张图便是对整个网络拓扑结构的真实反映，各个路由器得到的有向图是完全相同的。每台路由器根据有向图，使用 SPF 算法计算出一棵以自己为根的最短路径树，这棵树给出了到自治系统中各节点的路由。

运行 OSPF 的路由器对网络进行层次化结构设计，通过将自治系统划分成不同的区域（Area），区域是从逻辑上将路由器划分为不同的组，每个组用区域号（Area ID）来标识。区域的边界是路由器，而不是链路，每个运行 OSPF 的接口必须指明属于哪一个区域。OSPF 的层次包含两层：

①传输区域（Transit Area）或骨干区域（Backbone Area）或（Area 0）。

②常规区域（Regular Area）或非骨干区域（Nonbackbone Area）。

层次划分后路由器类型：

①区域边界路由器（Area Border Router，ABR）。可以同时属于两个或两个以上的区域，但其中一个必须是骨干区域。图 11.1 中路由器 C、E、G 都是 ABR。

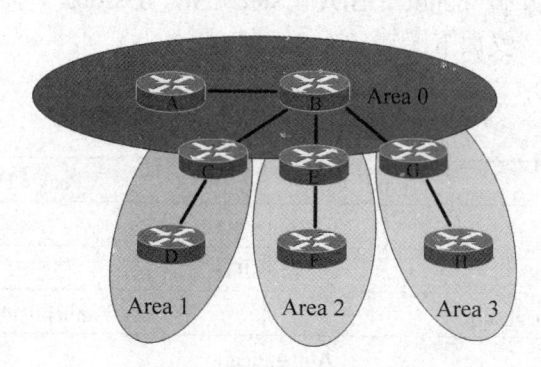

图 11.1 OSPF 区域层次划分

②骨干路由器（Backbone Router）。至少有一个接口属于骨干区域。在图 11.1 中，所有的 ABR 以及路由器 A、B 都是骨干路由器。

③ASBR（Autonomous System Border Router，自治系统边界路由器）。位于 OSPF 自主系统和非 OSPF 网络之间。运行两种不同路由协议并将重分布到其他路由协议的路由器称为 ASBR；在运行 OSPF 网络内，将 7 类 LSA 转换为 5 类 LSA 的路由器也可以称为 ASBR。

OSPF 层次划分后的特点如下：
①减少路由条目。
②本地的拓扑变化只会影响本地区域。
③使某些 LSA 只在一个区域类泛洪。

在运行 OSPF 链路状态协议的网络中，所有的路由器都保持有 LSDB，随着网络的增长，整个网络的路由条目越多，LSDB 就越大，这给网络的扩展带来不利影响。引入区域的概念可以缓解这个问题：在某一个区域里的路由器只保持有该区域中所有路由器或链路的详细信息和其他区域的汇总信息。

以图 11.1 中的网络拓扑为例，使用 OSPF 的层次化结构设计后，Area 1 中的 D 路由器上的路由条目传递给其他区域时，在 C 路由器传递给骨干区域 Area 0 过程中会进行域间汇总，使得路由条目减少。同理，当 Area 1 中 D 路由器上的某条链路出现故障后，这条链路的变化信息只在本地区域传递。由于汇总路由条目在所有明细路由条目全部消失后才被取消，这时 Area 2 和 Area 3 收到 Area 1 中的路由条目仍然不变，避免了局部的变动影响整个网络——这对网络的稳定性是不利的。此外，运行 OSPF 的路由器会传递多种 LSA，其中部分 LSA 规定只在本地区域内传播，减少了网络内不必要的 LSA 泛洪。

11.2 OSPF 报文

OSPF 报文由 IP 报文直接封装，OSPF 报文转发采用组播方式。在封装了 OSPF 的 IP 协议报文中，协议号为 89，组播地址为 224.0.0.5/6，OSPF 的封装结构见表 11.1。

表 11.1 OSPF 报文封装

二层协议封装	IP 报文	OSPF 报文

OSPF 有 5 种报文类型：hello、DBD、LSR、LSU、LSAck，它们具有相同的报文头，如表 11.2 所示，其各字段含义如下：

表 11.2 OSPF 报文头格式

0	7	15	31
Version	Type	\multicolumn{2}{c}{Packet Length}
\multicolumn{4}{c}{Router ID}
\multicolumn{4}{c}{Area ID}
\multicolumn{2}{c}{Checksum}	\multicolumn{2}{c}{Authentication Type}
\multicolumn{4}{c}{Authentication}
\multicolumn{4}{c}{Authentication}

- Version：OSPF 的版本号。对于 OSPFv2 来说，其值为 2。
- Type：OSPF 报文的类型。分别对应 OSPF 的 5 种报文类型，1 表示当前报文为 hello，2 表示当前报文为 DBD，3 表示当前报文为 LSR，4 表示当前报文为 LSU，5 表示当前报文为 LSAck。

- Packet Length：OSPF 报文的总长度，包括报文头在内，单位为字节。
- Router ID：标识发送 OSPF 报文的源路由器，其产生按照优先级从高到低的 R-ID 的选举方式分别为：①手工指定；②最大的 loopback 地址；③最大的物理接口地址。
- Area ID：发送 OSPF 报文路由器所在的区域 ID。
- Checksum：对整个报文的校验和。
- AuType：验证类型。可分为不验证、简单（明文）口令验证和 MD5 验证，其值分别为 0、1、2。
- Authentication：其数值根据验证类型而定。当验证类型为 0 时未作定义，类型为 1 时此字段为密码信息，类型为 2 时此字段包括 Key ID、MD5 验证数据长度和序列号的信息。

11.2.1 Hello 报文

Hello 报文是 OSPF 中最常用的一种报文，周期性地发送给邻居路由器用来维持邻居关系以及 DR/BDR 的选举，内容包括一些定时器的数值、DR、BDR 以及自己已知的邻居。Hello 报文格式如表 11.3 所示，主要字段解释如下：

表 11.3 Hello 报文格式

0	7	15	31
Version	1	Packet Length	
Router ID			
Area ID			
Checksum		Authentication Type	
Authentication			
Authentication			
Network Mask			
Hello Interval		Options	Rtr Pri
RouterDeadInterval			
Designated Router			
Backup Designated Router			
Neighbor			
...			
Neighbor			

- Network Mask：发送 Hello 报文的接口所在网络的掩码，如果相邻两台路由器的网络掩码不同，则不能建立邻居关系。
- HelloInterval：发送 Hello 报文的时间间隔。如果相邻两台路由器的 Hello 间隔时间不同，则不能建立邻居关系。
- Rtr Pri：路由器优先级。如果设置为 0，则该路由器接口不能成为 DR/BDR。

- **RouterDeadInterval**：失效时间。如果在此时间内未收到邻居发来的 Hello 报文，则认为邻居失效。如果相邻两台路由器的失效时间不同，则不能建立邻居关系。
- **Designated Router**：指定路由器接口的 IP 地址。
- **Backup Designated Router**：备份指定路由器的接口的 IP 地址。
- **Neighbor**：邻居路由器的 Router ID。

11.2.2 DBD 报文

两台路由器进行数据库同步时，用 DBD 报文来描述自己的 LSDB，内容包括 LSDB 中每一条 LSA 的 Header（LSA 的 Header 可以唯一标识一条 LSA）。LSA Header 只占一条 LSA 的整个数据量的一小部分，这样可以减少路由器之间的协议报文流量，对端路由器根据 LSA Header 就可以判断出是否已有这条 LSA。DBD 报文格式如表 11.4 所示，主要字段含义如下：

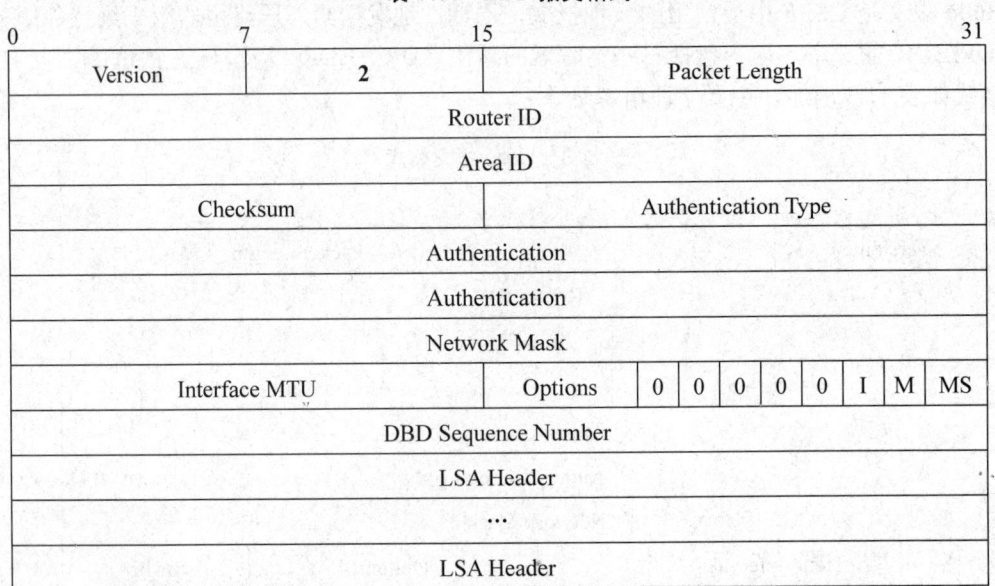

表 11.4 DBD 报文格式

0	7	15	31
Version	2	Packet Length	
Router ID			
Area ID			
Checksum		Authentication Type	
Authentication			
Authentication			
Network Mask			
Interface MTU		Options	0 0 0 0 0 I M MS
DBD Sequence Number			
LSA Header			
...			
LSA Header			

- **Interface MTU**：在不分片的情况下，此接口最大可发出的 IP 报文长度。
- **I（Initial）**：当发送连续多个 DBD 报文时，如果这是第一个 DBD 报文，则置为 1，否则置为 0。
- **M（More）**：当连续发送多个 DBD 报文时，如果这是最后一个 DBD 报文，则置为 0。否则置为 1，表示后面还有其他的 DBD 报文。
- **MS（Master/Slave）**：当两台 OSPF 路由器交换 DBD 报文时，首先需要确定双方的主（Master）从（Slave）关系，Router ID 大的一方会成为 Master。当值为 1 时表示发送方为 Master。
- **DBD Sequence Number**：DBD 报文序列号，由 Master 方规定起始序列号，每发送一个 DBD 报文序列号加 1，Slave 方使用 Master 的序列号作为确认。主、从双方利用序列号来保证 DBD 报文传输的可靠性和完整性。

11.2.3 LSR 报文

两台路由器互相交换过 DBD 报文后,知道对端的路由器有哪些 LSA 是本地的 LSDB 所缺少的,这时需要发送 LSR 报文向对方请求所需的 LSA。内容包括所需要的 LSA 的摘要。LSR 报文格式如表 11.5 所示,主要字段含义如下:

表 11.5 LSR 报文格式

0	31
……报文头部分省略	
LS type	
Link State ID	
Advertising Router	
…	

- LS type:LSA 的类型号,如 Type1 表示 Router LSA。
- Link State ID:链路状态标识,根据 LSA 的类型而定。
- Advertising Router:产生此 LSA 的路由器的 Router ID。

11.2.4 LSU 报文

LSU 报文用来向对端路由器发送所需要的 LSA,内容是多条 LSA(全部内容)的集合。LSU 报文格式如表 11.6 所示,主要字段含义如下:

表 11.6 LSU 报文格式

0	31
……报文头部分省略	
Number of LSAs	
LSA	
…	
LSA	

- Number of LSAs:该报文包含的 LSA 的数量。
- LSAs:该报文包含的所有 LSA。

11.2.5 LSAck 报文

LSAck 报文用来对接收到的 LSU 报文进行确认,内容是需要确认的 LSA 的 Header。一个 LSAck 报文可对多个 LSA 进行确认。报文格式如表 11.7 所示,其字段含义如下:

表 11.7　LSAck 报文格式

0	31
……报文头部分省略	
Number of LSAs	
LSA Header	
...	
LSA Header	

- LSA Headers：该报文包含的 LSA 头部。

11.3　OSPF 邻居和邻接关系

11.3.1　OSPF 网络类型

在正式学习 OSPF 协议前，首先回顾学习过的接口网络类型。对于不同的网络类型，路由器采用 OSPF 协议时建立连接过程是有所区别的。

（1）P2P（Point-to-Point，点到点）。当链路层协议是 PPP、HDLC 时，OSPF 默认为网络类型是 P2P。在该类型的网络中，以组播形式（224.0.0.5）发送协议报文。

（2）Broadcast（广播）。当链路层协议是 Ethernet、FDDI 时，OSPF 默认为网络类型是 Broadcast。在该类型的网络中，通常以组播形式（224.0.0.5 和 224.0.0.6）发送协议报文。

（3）NBMA（Non-Broadcast Multi-Access，非广播多点可达网络）。帧中继默认就是该类型，当链路层协议是帧中继、ATM 或 X.25 时，OSPF 默认为网络类型是 NBMA。在该类型的网络中，以单播形式发送协议报文。

此外，还有一种 P2MP（Point-to-MultiPoint，点到多点）类型，没有一种链路层协议会被默认为是 P2MP 类型。在实际的应用中，可以将此种网络类型看成特殊的 P2P 类型，可以在接口模式下使用以下命令修改 OSPF 网络类型：

Router(config-if#)ip　ospf　network　<网络类型>

11.3.2　OSPF 建立邻居

OSPF 路由器之间交互路由信息之前必须建立邻居（Neighbors）和邻接（Adjacency）关系。

同一个网段上的路由器可以成为邻居。邻居是通过 Hello 报文来选择的，Hello 报文使用 IP 多播方式在每个端口定期发送。路由器一旦在其相邻路由器的 Hello 报文中发现它们自己，则它们就成为邻居关系了，在这种方式中，需要通信的双方确认。邻居的协商只在主地址（Primary Address）间协商。

两个路由器之间如果不满足下列条件，则它们就不能成为邻居：

（1）Area-ID。两个路由器必须有共同的网段上，它们的端口必须属于该网段上的同一个区，当然这些端口必须属于同一个子网。

（2）验证（Authentication OSPF）。允许给每一个区域配置一个密码来进行互相验证。路由器必须交换相同的密码，才能成为邻居。

（3）Hello Interval 和 Dead Interval。OSPF 协议在每个网段上交换 Hello 报文，这是 Keeplive 的一种形式，路由器用它来确认该网段上存在哪些路由器，并且选定一个指定路由器 DR（Designated Router）。Hello Interval 定义了路由器上 OSPF 端口上发送 Hello 报文时间间隔长度（秒为单位）。Dead Interval 是指邻居路由器宣布其状态为 DOWN 之前，没有收到其 Hello 报文的时间。一般接口默认 Hello/ Dead Interval 为 10/40s，而在多路访问接口速率不大于 T1（1.544Mbits）接口下默认为 30/120s。

OSPF 协议需要两个邻居路由器的这些时间间隔相同，如果这些时间间隔不同，这些路由器就不能成为邻居路由器。可在路由器的端口模式下设置这些定时器：

ip ospf hello-interval <seconds>

ip ospf dead-interval <seconds>

（4）Stub 区标记。两个路由器为了成为邻居还可以在 Hello 报文中通过协商 Stub 区的标记来达到。Stub 区的定义会影响邻居选择的过程。

为了巩固前面所提到的 OSPF 有关知识以及进一步理解 OSPF 邻居关系建立的过程，通过对两台路由器进行抓包来进行说明，R1 和 R2 通过串口直连，R1 的直连地址为 192.168.0.1/24，R2 的直连地址为 192.168.0.2/24，其 OSPF 协议捕获报文截图如图 11.2 至图 11.4 所示。

图 11.2　OSPF 路由建邻居-1

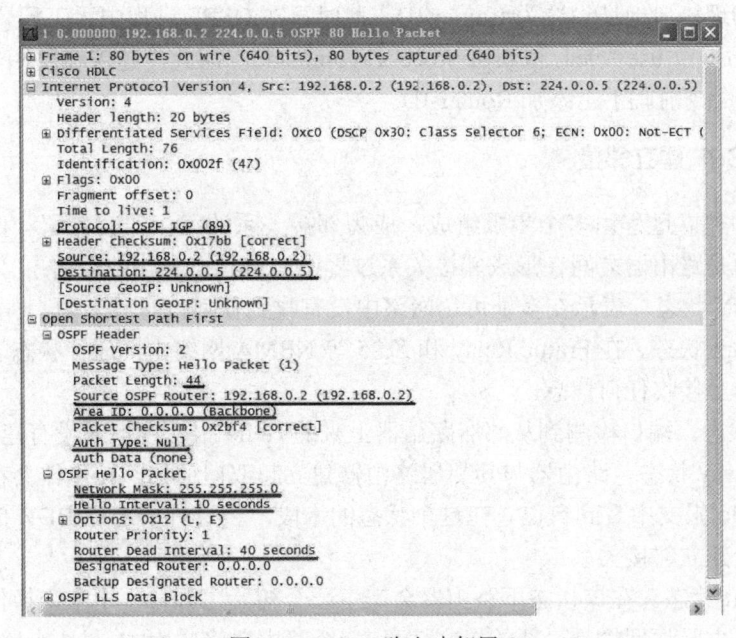

图 11.3　OSPF 路由建邻居-2

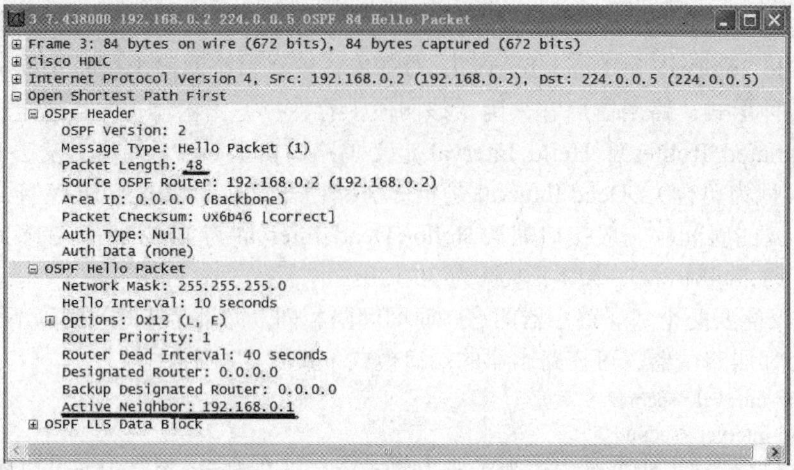

```
3 7.438000 192.168.0.2 224.0.0.5 OSPF 84 Hello Packet
⊞ Frame 3: 84 bytes on wire (672 bits), 84 bytes captured (672 bits)
⊞ Cisco HDLC
⊞ Internet Protocol Version 4, Src: 192.168.0.2 (192.168.0.2), Dst: 224.0.0.5 (224.0.0.5)
⊟ Open Shortest Path First
  ⊟ OSPF Header
      OSPF Version: 2
      Message Type: Hello Packet (1)
      Packet Length: 48
      Source OSPF Router: 192.168.0.2 (192.168.0.2)
      Area ID: 0.0.0.0 (Backbone)
      Packet Checksum: 0x6b46 [correct]
      Auth Type: Null
      Auth Data (none)
  ⊟ OSPF Hello Packet
      Network Mask: 255.255.255.0
      Hello Interval: 10 seconds
    ⊞ Options: 0x12 (L, E)
      Router Priority: 1
      Router Dead Interval: 40 seconds
      Designated Router: 0.0.0.0
      Backup Designated Router: 0.0.0.0
      Active Neighbor: 192.168.0.1
  ⊞ OSPF LLS Data Block
```

图 11.4 OSPF 路由建邻居-3

图 11.3 和图 11.4 分别是图 11.2 中第 1、3 行 Hello 报文的详细分析，路由器 R2 从相邻路由器发出的 Hello 分组中看到自己的 Router-ID，又发送了一条 Hello 报文，就进入了双向通信状态（建立邻居）。图 11.3 中红色下划线标记了除 Stub 区标记外的其他邻居建立条件，可以自主进行实验。

通过对比图 11.3 和图 11.4 可以看到，当 R2 收到了来自 R1（192.168.0.2）的 Hello 报文后，R2 发出的第 2 个 Hello 报文多出 4 个字节的 Active Neighbour 选项。值得注意的是，图 11.3 中的 IPv4 报文中的 Source 后面跟的是接口地址，而 Source OSPF Router 后面跟的是 Router-ID，这说明 Router-ID 在进行 Hello 报文交互时路由器就已经产生了，回看介绍 OSPF 报文头部字段时提到的 Router-ID 的选举方式，由于没有手工设置 Router-ID 和环回接口，会自动将最大的物理接口地址设置为 Router-ID。此时再在 OSPF 进程中手工配置 Router-ID，路由器会提示 Reload or use "clear ip ospf process" command。因此，建议在路由器采用 OSPF 进程使用 network 命令前就手工添加 Router-ID。

11.3.3 OSPF 建立邻接

邻接关系的建立过程由多个步骤组成，成为邻接关系的路由器会保留一份精确的链路状态数据库。下面是路由器之间在形成邻接关系过程中端口状态变化的总结：

（1）DOWN 状态。表示在多址可达网络中没有收到任何信息。

（2）Attempt 状态。在 Frame Relay 和 X.25 等 NBMA 网络中，这种状态表示路由器没有从其邻居路由器上接收任何信息。

（3）Init 状态。端口检测到从邻居路由器上来的 Hello 报文，但还没有建立起双向通信。

（4）Two-way 状态。路由器与其邻居路由器建立起双向通信，路由器会在其邻居路由器发送过来的 Hello 报文中看到自己。在这个状态的末段，将进行 DR 和 BDR 的选择，邻居路由器间决定是否建立邻接关系。

（5）Exstart 状态。在该状态下路由器会产生一个初始序列号，用来交换信息报文，这个序列号能确保路由器收到的是最新的报文信息，一个路由器将成为主，另一个路由器则成为辅，主路由器会获得辅路由器的信息。

（6）Exchange 状态。路由器通过发送 DBD 报文（DataBase Description Packects）来建立它们的整个链路状态数据库。在这个状态过程中，报文会通过泛洪（Fooding）到路由器的其他端口上。

（7）Loading 状态。在这个状态中，路由器将结束信息的交换，路由器会建立一个链路状态请求列表（Link-state Request List）和一个链路状态转发列表（Link-state Retransmission List）。所有的不完整的或废弃的信息都将放到请求列表中，所有的更新报文将被送到转发列表中，直到该报文得到回应。

（8）Full 状态。在这个状态过程中，邻接关系已经形成，邻居路由器完全邻接，邻接路由器具有相同的链路状态数据库。

本章 OSPF 简介时介绍了 OSPF 有 5 种报文类型，在介绍邻居关系时，详细分析了 Hello 报文包含的字段及作用，而在此又接触到 DBD 报文。DBD 包含有关 LSDB 中的 LSA 条目的摘要信息，LSA 条目是关于链路或网络的，LSA 在后面会有详细介绍，这里可以将它理解为含链路状态的详细路由信息。

DBD 报文在 OSPF 中起到的作用就像书的目录一样；对于交互路由信息的两台路由器而言，虽然最终的目的是获得整网的详细路由信息，这里详细的路由信息就像书本中的正文。而在交互详细路由信息之前，只需要和其他路由器沟通路由的大概信息就行了，而实现这一目的使用 DBD 报文就足够。

交互过 DBD 报文后，将收到的信息同 LSDB 中的信息进行比较，如果 DBD 有更新的链路状态条目，则向对方发送一个 LSR 请求所需要的路由完整信息，便进入了加载状态。

对方使用 LSU 分组进行响应，该 LSU 中包含有关被请求的条目的完整信息，路由器收到 LSU 后发送 LSAck，并将新的链路状态条目加入到 LSDB 中。交互完所需的全部 LSA 之后，相邻路由器便处于同步和完全邻接状态，即 Full 状态。此时，区域内的所有路由器的 LSDB 都相同。可以在特权模式下使用该命令查看 LSDB：

show ip ospf database

还是介绍邻居状态时拓扑，在 R1 和 R2 上各自开启环回口，并通告进路由，图 11.5 所示为形成邻接关系过程抓包截图。

图 11.5 OSPF 形成邻接抓包截图

11.3.4 DR/BDR

1. DR/BDR 概述

学习完建立邻接后对 OSPF 的运行过程有了大致了解。在 OSPF 网络类型中介绍了 3 种网络类型，即 P2P、Broadcast、NBMA。在 Broadcast 和 NBMA 网络环境中，默认是需要选举 DR/BDR 的，来观察图 11.6 所示的拓扑。

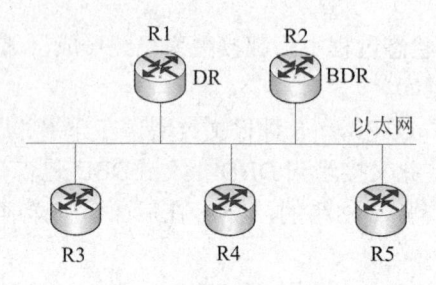

图 11.6 DR/BDR 的选举

图 11.6 中 R1~R5 之间使用以太网连接，按照邻接关系建立的思路，R1 与 R2、R3、R4、R5 之间要进行交互，R2 与 R3、R4、R5 之间也要进行交互。即网络中有 n 台路由器，则该网络中需要建立 n(n–1)/2 个邻接关系，而且当网络中任何一台路由器的路由成生变化，该网络中的路由器需要多次传递，造成了带宽资源的浪费。为解决这一问题，OSPF 协议定义了指定路由器 DR（Designated Router），所有路由器都只将信息发送给 DR，由 DR 将网络链路状态发送出去。

而一旦 DR 由于某种故障而失效，则网络中的路由器必须重新选举 DR，再与新的 DR 同步。由于 DR 选举所需时间较长，在此时间内网络的任何变动其他路由器不能获知，对于网络通信而言是不利的。为了缩短这个过程，OSPF 提出了 BDR（Backup Designated Router，备份指定路由器）的概念。

BDR 实际上是对 DR 的一个备份，在选举 DR 的同时也选举出 BDR，BDR 也和本网段内的所有路由器建立邻接关系并交换路由信息。当 DR 失效后，BDR 会立即成为 DR。由于不需要重新选举，并且邻接关系事先已建立，所以这个过程是非常短暂的。当然这时还需要再重新选举出一个新的 BDR，虽然一样需要较长的时间，但并不会影响路由的计算。

DR 和 BDR 之外的路由器（称为 DROther）之间将不再建立邻接关系，也不再交换任何路由信息。这样就减少了 Broadcast 和 NBMA 网络上各路由器之间邻接关系的数量。

2. DR/BDR 选举过程

DR 和 BDR 是由同一网段中所有的路由器根据路由器优先级、Router ID 通过 Hello 报文选举出来的，只有优先级大于 0 的路由器才具有选取资格，默认优先级为 1。

进行 DR/BDR 选举时每台路由器将自己选出的 DR 写入 Hello 报文中，发给网段上的每台运行 OSPF 协议的路由器。当处于同一网段的两台路由器同时宣布自己是 DR 时，路由器优先级高者胜出。如果优先级相等，则 Router ID 大者胜出。如果一台路由器的优先级为 0，则它不会被选举为 DR 或 BDR。

需要注意的是，DR 是某个网段中的概念，是针对路由器的接口而言。某台路由器在一个接口上可能是 DR，在另一个接口上有可能是 BDR，或者是 DROther。

路由器的优先级可以影响一个选取过程，但是当 DR/BDR 已经选取完毕，就算一台具有更高优先级的路由器变为有效，也不会替换该网段中已经选取的 DR/BDR 成为新的 DR/BDR。

DR 并不一定就是路由器优先级最高的路由器接口；同理，BDR 也并不一定就是路由器优先级次高的路由器接口。

11.4 LSA 和链路状态数据库

11.4.1 LSA 类型

LSA 是 LSDB 的基本元素，单个 LSA 是数据库记录。OSPF 中对路由信息的描述都是封装在 LSA 中发布出去，它们一道描述了 OSPF 网络的拓扑。LSA 有以下几种类型：

（1）1 类（路由器 LSA）：由每个路由器产生，描述路由器的链路状态和开销，在其始发的区域内传播。

（2）2 类（网络 LSA）：由 DR 产生，描述本网段所有路由器的链路状态，在其始发的区域内传播。

（3）3 类（汇总 LSA）：由 ABR（Area Border Router，区域边界路由器）产生，描述区域内某个网段的路由，并通告给其他区域。

（4）4 类（汇总 LSA）：由 ABR 产生，描述到 ASBR（Autonomous System Boundary Router，自治系统边界路由器）的路由，通告给相关区域。

（5）5 类（自治系统外部 LSA）：由 ASBR 产生，描述到 AS（Autonomous System，自治系统）外部的路由，通告到所有的区域（除了 Stub 区域和 NSSA 区域）。

（6）6 类（多播 OSPF LSA）：用于 OSPF 多播应用中。

（7）7 类（用于 NSSA 的 LSA）：由 NSSA（Not-So-Stubby Area）区域内的 ASBR 产生，描述到 AS 外部的路由，仅在 NSSA 区域内传播，NSSA 将在后面进行介绍。

（8）8 类（BGP 的外部属性 LSA）：用于互联 OSPF 和 BGP。

（9）9、10、11 类（不透明 LSA）：这是一个被提议的 LSA 类别，由标准的 LSA 头部后面跟随特殊应用的信息组成，可以直接由 OSPF 协议使用，或者由其他应用分发信息到整个 OSPF 域间接使用。Opaque LSA 分为 Type 9、Type10、Type11 三种类型，泛洪区域不同；其中，9 类 LSA 仅在本地网络或子网范围内进行泛洪，10 类 LSA 仅在当前区域范围内进行泛洪，11 类 LSA 在整个自治系统范围内进行泛洪。1～5 类 LSA 将在本节详细介绍，而 7 类 LSA 将在后面介绍。

11.4.2 虚链路的使用

为了方便学习 LSA 的各种类型，搭建网络如图 11.7 所示。网络中 R1～R5 各自起环回口（1.1.1.1/24～5.5.5.5/24），R1-R2 中间链路使用 12.12.12.x/24（x 为路由名字，如 R1 即为 1），R2-R3 中间使用链路 23.23.23.x/24，依此类推。如图 11.7 所示，R1、R2、R3 相关接口在 Area 0；R1、R4 相关接口在 Area 14；R4、R5 相关接口在 Area 45。每台路由器使用 Router-ID 命令将其环回口地址作为 Router-ID，将环回口通告进路由，R1 的环回口通告进 Area 0，R4 的环回口通告进 Area 14，OSPF 采用两层组成的分层结构，如果有多个区域，则其中一个必为

Area 0，即骨干区域；其他区域都与 Area 0 直接相连，且 Area 0 必须是连续的。OSPF 要求所有非骨干区域都将路由通告给骨干区域，以便通过骨干区域将路由通告给其他区域。

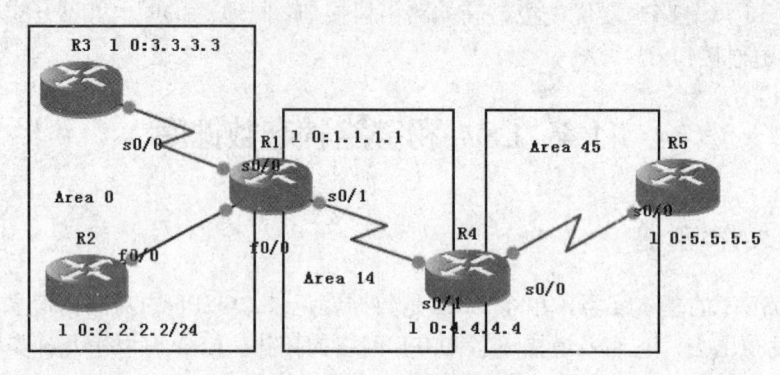

图 11.7　虚链路的使用

图 11.7 所示的网络结构设计是不符合层次化结构设计的，但实际上可能会出现这种情况。此时可以通过虚链路来解决。虚链路不能穿过多个区域，也不能穿越末节区域（后面会进行介绍），而只能穿越标准的非骨干区域。如果需要使用虚链路穿越两个非骨干区域连接到骨干区域，需要将两条虚链路，一个非骨干区域一条。

在配置虚链路前，此拓扑中的 R2 应该能学习到哪几条路由？以下为执行 show ip route 命令后的显示：

```
         1.0.0.0/32 is subnetted, 1 subnets
O        1.1.1.1 [110/11] via 12.12.12.1, 00:50:13, FastEthernet0/0
         2.0.0.0/24 is subnetted, 1 subnets
C        2.2.2.0 is directly connected, Loopback0
         3.0.0.0/32 is subnetted, 1 subnets
O        3.3.3.3 [110/75] via 12.12.12.1, 00:50:13, FastEthernet0/0
         4.0.0.0/32 is subnetted, 1 subnets
O IA     4.4.4.4 [110/75] via 12.12.12.1, 00:47:07, FastEthernet0/0
         12.0.0.0/24 is subnetted, 1 subnets
C        12.12.12.0 is directly connected, FastEthernet0/0
         13.0.0.0/24 is subnetted, 1 subnets
O        13.13.13.0 [110/74] via 12.12.12.1, 00:50:13, FastEthernet0/0
         14.0.0.0/24 is subnetted, 1 subnets
O IA     14.14.14.0 [110/74] via 12.12.12.1, 00:50:13, FastEthernet0/0
```

在此拓扑中，想让所有路由学习到全网路由，可以在 R1 与 R4 路由器之间配置虚链路，在路由进程下配置，命令如下：

area <area ID> virtual-link <Router-ID> <参数>

这里 R1 的配置为 area 14 virtual-link 4.4.4.4，R4 的配置为 area 14 virtual-link 1.1.1.1。可以使用 show ip ospf virtual-links 命令查看虚链路运行情况。

思考：配置虚链路命令后的参数应该包含哪些内容？

11.4.3　1 类 LSA：路由器 LSA

接上节案例，图 11.8 和图 11.9 所示为 R1～R3 链路的 1 类 LSA 抓包截图，标识类型为 Router-LSA，即 1 类 LSA。这种 LSA 通告给当前区域内所有路由器，1 类 LSA 描述了与路由器直接相连的所有链路的状态。注意观察"LS sequence Number"。

```
32 43.203000 13.13.13.3 224.0.0.5 OSPF 100 LS Update
⊞ Frame 32: 100 bytes on wire (800 bits), 100 bytes captured (800 bits)
⊞ Cisco HDLC
⊞ Internet Protocol Version 4, Src: 13.13.13.3 (13.13.13.3), Dst: 224.0.0.5 (224.0.0.5)
⊟ Open Shortest Path First
  ⊞ OSPF Header
  ⊟ LS Update Packet
      Number of LSAs: 1
    ⊟ LS Type: Router-LSA
        LS Age: 1 seconds
        Do Not Age: False
      ⊞ Options: 0x22 (DC, E)
        Link-State Advertisement Type: Router-LSA (1)
        Link State ID: 3.3.3.3
        Advertising Router: 3.3.3.3 (3.3.3.3)
        LS Sequence Number: 0x8000000d
        LS Checksum: 0x2e5c
        Length: 48
      ⊞ Flags: 0x00
        Number of Links: 2
      ⊞ Type: Stub      ID: 13.13.13.0   Data: 255.255.255.0   Metric: 64
      ⊞ Type: Stub      ID: 3.3.3.3      Data: 255.255.255.255 Metric: 1
```

图 11.8　1 类 LSA 截图（R3）

```
72 68.802000 13.13.13.1 224.0.0.5 OSPF 136 LS Update
⊞ Frame 72: 136 bytes on wire (1088 bits), 136 bytes captured (1088 bits)
⊞ Cisco HDLC
⊞ Internet Protocol Version 4, Src: 13.13.13.1 (13.13.13.1), Dst: 224.0.0.5 (224.0.0.5)
⊟ Open Shortest Path First
  ⊞ OSPF Header
  ⊟ LS Update Packet
      Number of LSAs: 1
    ⊟ LS Type: Router-LSA
        LS Age: 1 seconds
        Do Not Age: False
      ⊞ Options: 0x22 (DC, E)
        Link-State Advertisement Type: Router-LSA (1)
        Link State ID: 1.1.1.1
        Advertising Router: 1.1.1.1 (1.1.1.1)
        LS Sequence Number: 0x80000017
        LS Checksum: 0x47dc
        Length: 84
      ⊞ Flags: 0x01 (B)
        Number of Links: 5
      ⊞ Type: Virtual   ID: 4.4.4.4      Data: 14.14.14.1      Metric: 64
      ⊞ Type: PTP       ID: 3.3.3.3      Data: 13.13.13.1      Metric: 64
      ⊞ Type: Stub      ID: 13.13.13.0   Data: 255.255.255.0   Metric: 64
      ⊞ Type: Transit   ID: 12.12.12.2   Data: 12.12.12.1      Metric: 10
      ⊞ Type: Stub      ID: 1.1.1.1      Data: 255.255.255.255 Metric: 1
```

图 11.9　1 类 LSA 截图（R1）

其中链路状态 ID（Link-State ID）字段：使用通告路由器的 ID 来标识。从图 11.10 可以看出：1 类 LSA 的链路有 4 种类型，"【】"内为链路 ID 的内容：

（1）到另一条路由器的点到点连接：PTP　【邻居路由器的 Router-ID】。
（2）到中转网络（DR）的连接：Transit　【DR 的接口地址】。
（3）到末节网络的连接：Stub　【IP 网络/子网号】。
（4）虚链路：Virture　【邻居路由器的 Router-ID】。

具体内容可以参看图 11.10，在路由器中可以使用 show ip ospf database router 命令查看 1 类 LSA 详细信息。

11.4.4　2 类 LSA：网络 LSA

2 类 LSA 是为区域中的每个中转的 Broadcast 或 NBMA 网络生成的。中转网络至少与两台 OSPF 路由器直接相连，在上面的案例中，R1 与 R2 之间使用的以太网接口就属于中转网络。

2 类 LSA 列出了构成中转网络的所有路由器和链路的子网掩码。

```
Number of Links: 5
 Type: Virtual     ID: 4.4.4.4       Data: 14.14.14.1    Metric: 64
    Neighboring router's Router ID: 4.4.4.4
    Link Data: 14.14.14.1
    Link Type: 4 - Virtual link
    Number of TOS metrics: 0
    TOS 0 metric: 64
 Type: PTP         ID: 3.3.3.3       Data: 13.13.13.1    Metric: 64
    Neighboring router's Router ID: 3.3.3.3
    Link Data: 13.13.13.1
    Link Type: 1 - Point-to-point connection to another router
    Number of TOS metrics: 0
    TOS 0 metric: 64
 Type: Stub        ID: 13.13.13.0    Data: 255.255.255.0  Metric: 64
    IP network/subnet number: 13.13.13.0
    Link Data: 255.255.255.0
    Link Type: 3 - Connection to a stub network
    Number of TOS metrics: 0
    TOS 0 metric: 64
 Type: Transit     ID: 12.12.12.1    Data: 12.12.12.1    Metric: 10
    IP address of Designated Router: 12.12.12.1
    Link Data: 12.12.12.1
    Link Type: 2 - Connection to a transit network
    Number of TOS metrics: 0
    TOS 0 metric: 10
 Type: Stub        ID: 1.1.1.1       Data: 255.255.255.255 Metric: 1
    IP network/subnet number: 1.1.1.1
    Link Data: 255.255.255.255
    Link Type: 3 - Connection to a stub network
    Number of TOS metrics: 0
    TOS 0 metric: 1
```

图 11.10　1 类 LSA 的 4 种链路类型（图 11.10 的扩展）

由于本案例使用的拓扑中中转网络内路由器并不多，不利于对 2 类 LSA 功用的理解。这里可以想象：将 R1 到 R2 之间链路多加一台交换机，该链路内的路由器又连接了若干子网的路由器，而交换机接口又连接了多台路由器。如果没有 2 类 LSA，此时仅由 1 类 LSA 来描述网络拓扑可以吗？答案是肯定的。但是，仅用 1 类 LSA 来描述网络结构显然太过繁琐，这里一条 2 类 LSA 就能解决这个问题。这里，可以将它理解成为网络中的节点，而该节点又由许多类似的子节点构成。介绍到这里，能理解为何在建邻居时要求子网掩码相同了么？

中转链路的 DR 负责通告网络 LSA，网络 LSA 随后泛洪到区域内所有的路由器。2 类 LSA 不会跨越区域边界进行传播，其链路状态 ID 为通告它的 DR 的 IP 接口地址。图 11.11 为 2 类 LSA 详细内容截图。

```
35 35.075000 12.12.12.2 224.0.0.5 OSPF 94 LS Update
 Frame 35: 94 bytes on wire (752 bits), 94 bytes captured (752 bits)
 Ethernet II, Src: c0:01:0c:64:00:00 (c0:01:0c:64:00:00), Dst: IPv4mcast_00:00:05 (01:00:5e:00:00:05)
 Internet Protocol Version 4, Src: 12.12.12.2 (12.12.12.2), Dst: 224.0.0.5 (224.0.0.5)
 Open Shortest Path First
   OSPF Header
   LS Update Packet
     Number of LSAs: 1
    LS Type: Network-LSA
       LS Age: 1 seconds
       Do Not Age: False
       Options: 0x22 (DC, E)
       Link-State Advertisement Type: Network-LSA (2)
       Link State ID: 12.12.12.2
       Advertising Router: 2.2.2.2 (2.2.2.2)
       LS Sequence Number: 0x80000001
       LS Checksum: 0x14eb
       Length: 32
       Netmask: 255.255.255.0
       Attached Router: 2.2.2.2
       Attached Router: 1.1.1.1
```

图 11.11　2 类 LSA 截图

11.4.5　3、4 类 LSA：汇总 LSA

3、4 类 LSA 都是由 ABR 生成。其中 3 类 LSA 是将区域内的网络通告给 OSPF 自治系统中的其他区域。学习过 1、2 类 LSA 后知道，1、2 类 LSA 是描述区域内网络信息的，但是 1、2 类 LSA 只通告给本区域内的路由器，而对于其他区域而言，要得知本区域的网络信息必须借助 3 类 LSA。3 类 LSA 通过 ABR 泛洪到相邻区域后，如要继续对其他区域泛洪，则 ABR 会重新生成 3 类 LSA。

OSPF 默认情况下不会对连续的子网进行自动汇总，而 ABR 总是将汇总 LSA 泛洪到其他区域，而不管其是否为汇总路由。故需要人工指定汇总，OSPF 路由汇总将在后面介绍。接以上案例，图 11.12 所示为 R4-R5 链路间 3 类汇总 LSA。

4 类 LSA 在本案例中是不存在的，回看前面 4 类 LSA 的描述，仅当区域中有 ASBR 时，ABR 才会生成 4 类 LSA。4 类 LSA 是由 ABR 生成，但是描述的内容是前往 ASBR 的路由。为了理解 4 类 LSA，在本案例中，在 R5 通告一条静态路由：ip route 192.168.0.0 255.255.0.0 null 0，然后使用 redistribute static subnets 将静态路由重分布到 OSPF 中。图 11.13 所示为 R1-R4 链路 4 类 LSA 截图。

同 3 类 LSA 泛洪类似，当 4 类 LSA 经过不同 ABR 时，ABR 会重新生成 4 类 LSA。

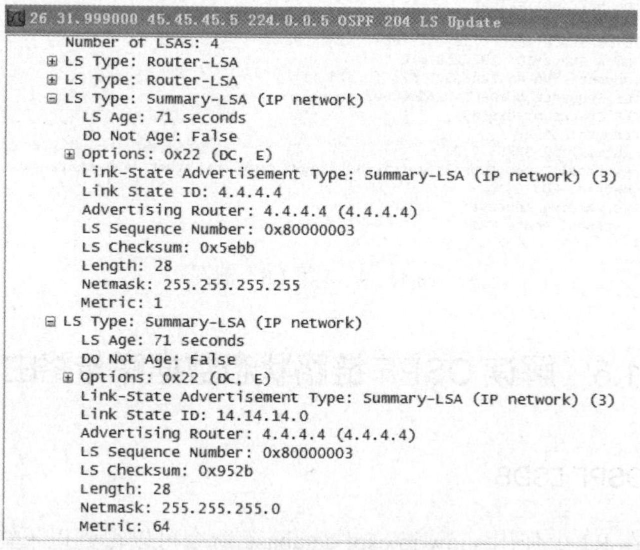

图 11.12　3 类 LSA 截图

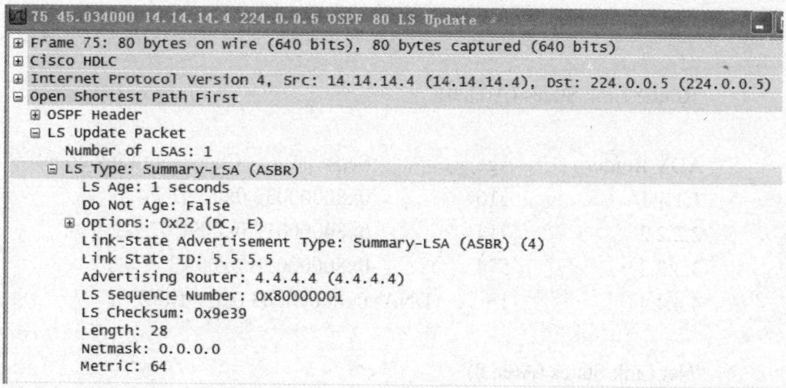

图 11.13　4 类 LSA 截图

11.4.6 5 类 LSA：外部 LSA

接 3、4 类 LSA 网络拓扑案例，5 类 LSA 描述了前往 OSPF 自治区域外的网络的路由，即 R5 的静态路由，R5 作为 ASBR 发送并通过 ABR 扩散到整个 OSPF 自治系统。

本案例采用的是静态路由重分布的方式产生的默认路由，但 ASBR 也可能注入其他路由协议，此时外部路由条目可能较多。在向 OSPF 自治系统通告外部路由时默认是不进行自动汇总的，外部的 LSA 也可能导致问题，网络管理员应该对其进行处理。图 11.14 所示为 5 类 LSA 截图。

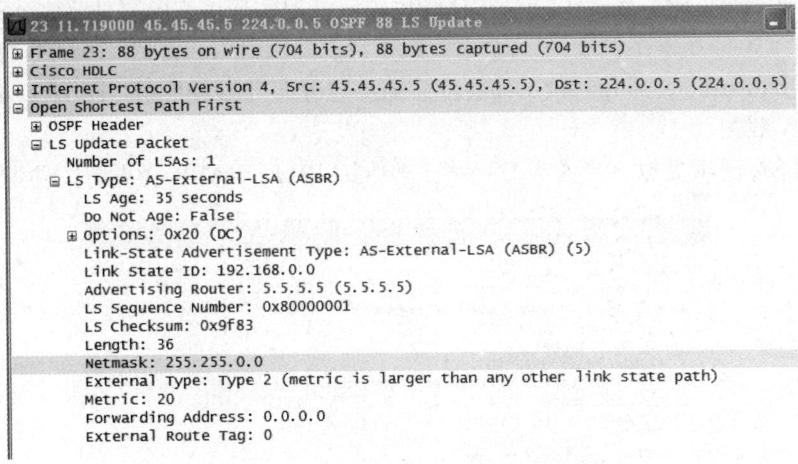

```
23 11.719000 45.45.45.5 224.0.0.5 OSPF 88 LS Update
⊞ Frame 23: 88 bytes on wire (704 bits), 88 bytes captured (704 bits)
⊞ Cisco HDLC
⊞ Internet Protocol Version 4, Src: 45.45.45.5 (45.45.45.5), Dst: 224.0.0.5 (224.0.0.5)
⊟ Open Shortest Path First
   ⊞ OSPF Header
   ⊟ LS Update Packet
        Number of LSAs: 1
      ⊟ LS Type: AS-External-LSA (ASBR)
           LS Age: 35 seconds
           Do Not Age: False
         ⊞ Options: 0x20 (DC)
           Link-State Advertisement Type: AS-External-LSA (ASBR) (5)
           Link State ID: 192.168.0.0
           Advertising Router: 5.5.5.5 (5.5.5.5)
           LS Sequence Number: 0x80000001
           LS Checksum: 0x9f83
           Length: 36
           Netmask: 255.255.0.0
           External Type: Type 2 (metric is larger than any other link state path)
           Metric: 20
           Forwarding Address: 0.0.0.0
           External Route Tag: 0
```

图 11.14 5 类 LSA 截图

11.5 解读 OSPF 链路状态数据库与路由表

11.5.1 解读 OSPF LSDB

接上节案例，在 R1 上使用 show ip ospf database 命令可以得到以下输出：

R1#show ip ospf database

OSPF Router with ID (1.1.1.1) (Process ID 110)

Router Link States (Area 0)

Link ID	ADV Router	Age	Seq#	Checksum	Link count
1.1.1.1	1.1.1.1	516	0x80000032	0x0011F7	5
2.2.2.2	2.2.2.2	714	0x80000012	0x009C07	2
3.3.3.3	3.3.3.3	574	0x8000001B	0x00A35C	3
4.4.4.4	4.4.4.4	1 (DNA)	0x80000003	0x009EFD	1

Net Link States (Area 0)

Link ID	ADV Router	Age	Seq#	Checksum
12.12.12.2	2.2.2.2	714	0x8000000C	0x00FDF6

Summary Net Link States (Area 0)

Link ID	ADV Router	Age	Seq#	Checksum
4.4.4.4	1.1.1.1	516	0x80000003	0x003BAA
4.4.4.4	4.4.4.4	10 (DNA)	0x80000001	0x0062B9
5.5.5.5	4.4.4.4	1 (DNA)	0x80000001	0x00B621
14.14.14.0	1.1.1.1	17	0x80000004	0x00EDDD
14.14.14.0	4.4.4.4	10 (DNA)	0x80000001	0x009929
45.45.45.0	4.4.4.4	1 (DNA)	0x80000001	0x00392C

Summary ASB Link States (Area 0)

Link ID	ADV Router	Age	Seq#	Checksum
5.5.5.5	4.4.4.4	1 (DNA)	0x80000001	0x009E39

Router Link States (Area 14)

Link ID	ADV Router	Age	Seq#	Checksum	Link count
1.1.1.1	1.1.1.1	517	0x80000026	0x009A72	2
4.4.4.4	4.4.4.4	363	0x80000028	0x00E5F4	3

Summary Net Link States (Area 14)

Link ID	ADV Router	Age	Seq#	Checksum
1.1.1.1	1.1.1.1	17	0x80000004	0x0041EF
2.2.2.2	1.1.1.1	17	0x80000004	0x0077AB
3.3.3.3	1.1.1.1	17	0x80000004	0x006781
5.5.5.5	4.4.4.4	1629	0x80000002	0x00B422
12.12.12.0	1.1.1.1	17	0x80000004	0x0018EF
13.13.13.0	1.1.1.1	17	0x80000004	0x0012BC
45.45.45.0	4.4.4.4	1870	0x80000002	0x00372D

Summary ASB Link States (Area 14)

Link ID	ADV Router	Age	Seq#	Checksum
5.5.5.5	4.4.4.4	1629	0x80000002	0x009C3A

Type-5 AS External Link States

Link ID	ADV Router	Age	Seq#	Checksum	Tag
192.168.0.0	5.5.5.5	1864	0x80000002	0x009D84	0

查看 OSPF 数据库，包含以下几项：
- Link ID：标识每个 LSA。

- ADV Router：通告 LSA 的路由器。
- Age：最长寿命计数器，单位为秒，最长寿命为 3600 秒。
- Seq：LSA 序列号，由 8 位十六进制数表示，初始值为 0x80000001，每当 LSA 更新加 1。
- Checksum：LSA 校验和，确保 LSA 被可靠接收。
- Link Count：只用于 1 类 LSA，指直接连接的链路总数。点到点串行链路计数加 2，其他所有链路计数加 1。注意，计数和 LSA 的类型不一样，1 类 LSA4 种链路类型中包含虚链路，但这里不包含，只计点到点网络、中转网络、末节网络。

从该数据库中可以看到，它包含了两个区域（R1 是连接 Area 0 和 Area 14 的 ABR），而从显示中可以看到，Area 0 有 1、2、3、4 类 LSA，Area 14 有 1、3、4 类 LSA，而 5 类 LSA 不属于任何区域。

11.5.2 解读 OSPF 路由表

在 R1 使用 show ip route 命令，得到以下输出：

```
Gateway of last resort is not set

     1.0.0.0/24 is subnetted, 1 subnets
C       1.1.1.0 is directly connected, Loopback0
     2.0.0.0/32 is subnetted, 1 subnets
O       2.2.2.2 [110/11] via 12.12.12.2, 01:56:21, FastEthernet0/0
     3.0.0.0/32 is subnetted, 1 subnets
O       3.3.3.3 [110/65] via 13.13.13.3, 01:56:21, Serial0/0
     4.0.0.0/32 is subnetted, 1 subnets
O       4.4.4.4 [110/65] via 14.14.14.4, 01:56:21, Serial0/1
     5.0.0.0/32 is subnetted, 1 subnets
O IA    5.5.5.5 [110/129] via 14.14.14.4, 01:44:35, Serial0/1
     12.0.0.0/24 is subnetted, 1 subnets
C       12.12.12.0 is directly connected, FastEthernet0/0
     13.0.0.0/24 is subnetted, 1 subnets
C       13.13.13.0 is directly connected, Serial0/0
     14.0.0.0/24 is subnetted, 1 subnets
C       14.14.14.0 is directly connected, Serial0/1
     45.0.0.0/24 is subnetted, 1 subnets
O IA    45.45.45.0 [110/128] via 14.14.14.4, 01:44:45, Serial0/1
O E2 192.168.0.0/16 [110/20] via 14.14.14.4, 01:44:30, Serial0/1
```

路由标识符含义如下：

- O：路由器所在区域内的网络路由。以路由器 LSA 和网络 LSA 的方式被通告。
- O IA：位于路由器所在区域之外但在 OSPF 自治系统内的网络，以汇总 LSA 的方式被通告。
- O E2：位于当前自治系统之外的网络（默认）。

路由器对 LSDB 运行 SPF 算法以建立 SPF 树，并根据 SPF 树来确定最佳路径。计算最佳路径的步骤如下：

所有路由器都计算前往其所在区域中每个目的地的最佳路径，并将它们加入到路由表中，即 1、2 类 LSA。

所有路由器都计算前往互联网络中其他区域的最佳路径，即 3、4 类 LSA。

除末节区域内的路由器外，所有路由器都计算前往外部自治系统中目标网络的最佳路径。其中 1 类外部路由（E1）和 2 类外部路由（E2）取决于配置。

对于 E2 外部路由，其开销总是只包含外部开销；而 E1 外部路由，开销为外部路由加上分组经过的每条链路的内部开销。当只有一台 ASBR 将外部路由通告到自治系统时，可以使用 E2，而当有多个 ASBR 将同一条外部路由通告到同一个自治系统时，应使用这种类型。

11.5.3 维护路由信息

在运行链路状态路由协议 OSPF 的环境中，所有路由器的链路状态拓扑数据库必须保持同步，而当链路状态发生变化时，路由器通过扩散将这种信息通知给网络中的其他路由器。LSU 提供了 LSA 扩散机制。OSPF 只要求建立了邻接关系的路由器保持同步，从而简化了同步问题。

在多路访问网络中，扩散过程如下：

① 路由器发现链路的状态发生变化后，将一个 LSU 报文发送到 224.0.0.6，该 LSU 包含更新后的 LSA 条目，且 LSA 的序列号被加 1。该多播地址表示所有的 DR 和 BDR；在 P2P 链路上，将 LSU 发送到 224.0.0.5。LSU 报文可能包含多个不同的 LSA。注意，在发往 DR 和 BDR 的报文使用地址为 224.0.0.6，而发往链路上所有其他路由器的组播地址为 224.0.0.5。

② DR 收到 LSU 后，对其进行处理和确认，并使用 OSPF 的 224.0.0.5 将该 LSU 扩散到网络中的其他路由器。收到 LSU 后，每台路由器都用 LSAck 来响应 DR。为确保扩散过程是可靠的，必须分别确认每个 LSA。

③ 连接到其他网络的路由器将 LSU 扩散到该网络。如果该网络是多路访问网络，则将 LSU 转发给 DR；如果该网络是点到点网络，则将 LSU 转发给邻接路由器。随后，DR 以多播方式将 LSU 发送给该网络中的其他路由器。

④ 路由器收到包含变化后的 LSA 的 LSU 后，据此更新 LSDB。经过 SPF 运算后，必要时则更新路由表。

为了确保 LSDB 同步，每隔 30 分钟发送 DBD（扩散），而不是完整的链路状态条目。每个链路状态条目都有定时器，指出何时发送 LSA 刷新更新。这种间隔被称为 LSA 刷新时间。每当记录被扩散时，其序列号都加 1。链路状态序列号字段长 32 位，第一个合法序列号为 0x80000001，最后一个序列号为 0x7FFFFFFF（这里不要理会 8 比 7 大）。收到新的 LSA 更新后，路由器都将重置 LSA 记录的年龄。如果 1 小时内未被刷新，LSA 将从数据库中被删除。

满足以下条件时，LSA 将被视为更新的：
- 序列号更大。
- 如果序列号相同，则校验和更大。
- 年龄等于 maxage，表明 LSA 被抑制。
- LS 年龄小得多。

只要每隔 30 分钟被刷新一次，LSA 将在数据库中待很长时间。当序列号用完会回到最初的值（实际情况下很少发生），此时 LSA 将提早作废，重新使用序列号 0x80000001。LSA 抓包截图如图 11.15 所示。

```
⊞ OSPF Header
⊟ LS Update Packet
     Number of LSAs: 1
  ⊟ LS Type: Router-LSA
     LS Age: 5 seconds
     Do Not Age: False
  ⊟ Options: 0x22 (DC, E)
       0... .... = DN: DN-bit is NOT set
       .0.. .... = O: O-bit is NOT set
       ..1. .... = DC: Demand Circuits are supported
       ...0 .... = L: The packet does NOT contain LLS data block
       .... 0... = NP: NSSA is NOT supported
       .... .0.. = MC: NOT Multicast Capable
       .... ..1. = E: External Routing Capability
       .... ...0 = MT: NO Multi-Topology Routing
     Link-State Advertisement Type: Router-LSA (1)
     Link State ID: 10.1.1.1
     Advertising Router: 10.1.1.1 (10.1.1.1)
     LS Sequence Number: 0x8000020d
     LS Checksum: 0x52f0
     Length: 48
  ⊞ Flags: 0x00
     Number of Links: 2
  ⊞ Type: Stub       ID: 192.168.0.0    Data: 255.255.255.0   Metric: 64
  ⊞ Type: Stub       ID: 10.1.1.1       Data: 255.255.255.255 Metric: 1
```

图 11.15 LSA 抓包截图

11.6 OSPF 路由汇总

前面在介绍 3 类 LSA 和 5 类 LSA 均介绍要进行路由手工汇总。不同于其他路由协议，OSPF 只能在 ABR 和 ASBR 上进行汇总。如果有多个 ASBR 或一个区域有多个 ABR，不正确的汇总配置可能导致次优路由选择。如果在两台不同的路由器对重叠的地址范围进行汇总，可能导致数据被发往错误的目的地。

OSPF 是一种无类路由协议，它的路由信息中包含了子网掩码信息，因此支持在同一个主类网络中使用多个子网掩码，而且 OSPF 汇总路由可以有不同的子网掩码。对于多个子网汇总，应尽可能减少汇总后的地址数，如出现以下子网块：

O   172.16.0.0   255.255.255.0
O   172.16.1.0   255.255.255.0
O   172.16.2.0   255.255.255.0
O   172.16.3.0   255.255.255.0
O   172.16.4.0   255.255.255.0
O   172.16.5.0   255.255.255.0

可以被汇总为：

IA 172.16.0.0 255.255.252.0
IA 172.16.4.0 255.255.254.0

11.6.1 在 ABR 上配置区域间 OSPF 路由汇总

使用命令 area <Area-ID> range <address mask> [advertise | not-advertise]进行汇总。其中加 advertise 表示将地址范围状态设置为通告，并生成 3 类 LSA；其中加 not-advertise 表示将地址范围设置为不通告。这样将不生成 3 类 LSA，对外部隐藏各个子网。

使用该命令进行路由汇总时要注意：

● 仅当区域内至少有一个子网位于汇总地址范围内时，才会生成汇总路由，即命令生效。

汇总路由的度量值为汇总地址范围内所有子网的最小开销。
- ABR 只能汇总与之相连的区域内的路由。
- 为避免路由环路，使用手工配置汇总时，会在本地路由器自动创建一条指向 null 0 的路由。

如图 11.16 所示，对于 R1 和 R2，此时可以配置以下命令，通告 Area 0 和 Area 1 的汇总路由：

R1 (config) #router ospf 110
R1 (config-router)#network 172.16.0.1 0.0.0.0 area 1
R1 (config-router)#network 172.16.64.1 0.0.0.0 area 0
R1 (config-router)#area 0 range 172.16.0.0 255.255.224.0
R1 (config-router)#area 0 range 172.16.64.0 255.255.224.0

R2 (config) #router ospf 110
R2 (config-router)#network 172.16.32.1 0.0.0.0 area 2
R2 (config-router)#network 172.16.95.1 0.0.0.0 area 0
R2 (config-router)#area 2 range 172.16.32.0 255.255.224.0
R2 (config-router)#area 0 range 172.16.64.0 255.255.224.0

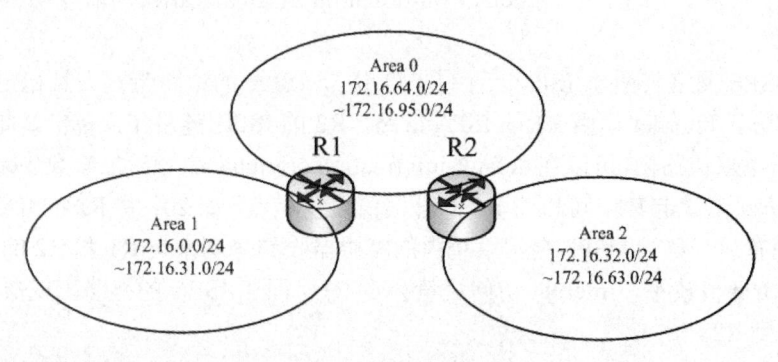

图 11.16 ABR 配置路由汇总

11.6.2 在 ASBR 上配置外部 OSPF 路由汇总

使用配置命令 summary-address <ip address> <mask> [not-advertise] [tag <tag>]来指示 ASBR 或 ABR 对外部路由进行汇总。

如图 11.17 所示，在 ASBR 的路由器 R1 上进行以下配置：
R1 (config) #router ospf 110
R1 (config-router)#network 172.16.32.1 0.0.0.0 area 1
R1 (config-router)#summary-address 172.16.0.0 255.255.224.0

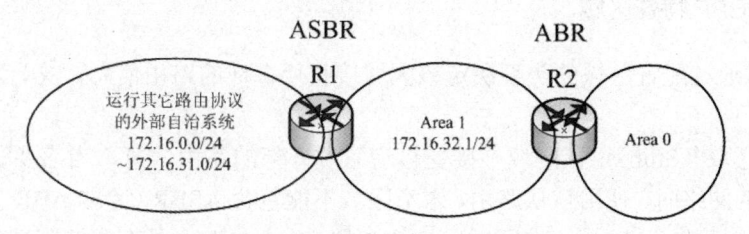

图 11.17 ASBR 配置路由汇总

在 NSSA 区域中，ABR 可在根据表示外部路由的 7 类 LSA 创建 5 类汇总 LSA 时汇总外部路由。

11.7 OSPF 默认路由和特殊区域

11.7.1 OSPF 默认路由

从 OSPF 自治系统前往外部网络或 Internet，可以创建一条前往外部所有网络的静态路由、将路由重分布到 OSPF 或创建一条默认路由。使用默认路由的解决方案可扩展性最强，还可缩小路由表的规模以及减少占用的资源和 CPU 周期。当外部网络出现故障时，不必重新运行 SPF 算法。

默认情况下，OSPF 路由器不会生成默认路由并将其注入到 OSPF 域中，要让 OSPF 生成默认路由，必须使用命令 default-information originate。对于已经配置 0.0.0.0 默认路由的路由器，使用 default-information originate 命令可以将默认路由通知到 OSPF 区域；而不管发出通告的路由器是否有默认路由，使用 default-information originate always 命令都将默认路由通告进 OSPF 区域。

当一个 OSPF 网络与两家 ISP 相连（图 11.18），ISPA 的链路带宽大且稳定，想让 OSPF 自治系统默认访问 Internet 使用 R1 的 ISPA 链路，R2 的 ISPB 链路作为备份。此时已在 R1 和 R2 均配置了一条默认路由，可以在 default-information originate 命令后加参数 metric <开销值>。想让 Internet 访问流量走 R1，可以将 R1 的开销值设置小点，如 20；将 R2 的开销值设置大点，如 50。这样配置后，尽管 OSPF 自治系统内的路由器收到分别来自 R1 和 R2 的默认路由。但由于 R1 的 metric 值较小，Internet 访问流量会走 R1，而当 ISPA 的链路出现故障后，默认路由会自动切换到 R2。

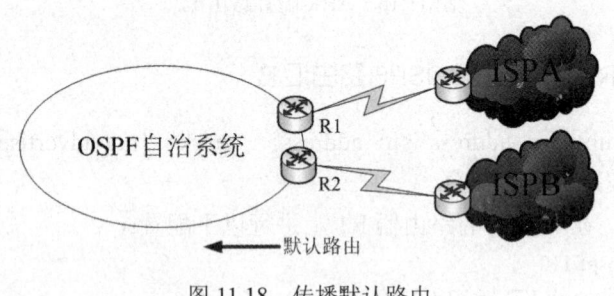

图 11.18 传播默认路由

11.7.2 OSPF 特殊区域

OSPF 可以通过配置区域的类型决定该区域接收什么样的路由信息，以下为特殊区域总结（表 11.8）：

- 末节区域（Stub）：该区域不接受自治系统外部的路由信息，当需要访问到自治系统外部的网络时，使用默认路由，末节区域不能包含 ASBR（除非 ABR 同时为 ASBR）。
- 次末节区域（NSSA）：该区域定义了 7 类 LSA。NSSA 具有末节区域的优点，不接受有关自治系统外部的路由信息,使用默认路由前往外部网络。与末节区域不同的是,NSSA 可以包含 ASBR。
- 绝对末节区域(Totally Stub):Cisco 专用区域,除了具有末节区域特性外,该区域也不接受来自区域自治系统中其他区域的汇总路由。
- 绝对末节 NSSA(Totally NSSA):Cisco 专用区域,除了具有 NSSA 区域特性外,也不接受来自自治系统其他区域的汇总路由。

表 11.8 OSPF 特殊区域对比

区域类型	区域内可接受路由类型	是否可包含 ASBR	Cisco 专用
Stub	1、2、3 类 LSA	否	否
NSSA	1、2、3、7 类 LSA	否	否
Totally Stub	1、2 类 LSA 及默认路由	是	是
Totally NSSA	1、2、7 类 LSA 及默认路由	是	是

在配置末节区域或绝对末节区域时要注意:
- 必须将区域内所有路由器都配置为末节路由器(包含 ABR 和内部路由器),才能形成邻居。
- 区域不会被用作虚链路中转区域。
- 区域中没有 ASBR。
- 不是骨干区域。

11.7.3 配置末节区域

本案例拓扑结构如图 11.19 所示。

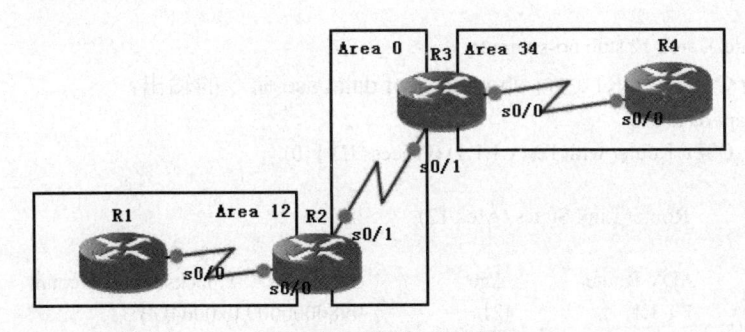

图 11.19 案例拓扑结构

在本案例中,R1 设置环回接口 l0:1.1.1.1,R1-R2 链路为 12.12.12.x/24(x 为路由器编号),其余路由器基本配置以此类推。按该拓扑进行 OSPF 基本配置后,现将 Area 12 配置为末节区域。
末节区域的配置命令十分简单,在路由进程中输入以下命令:
area <Area ID> stub
R1 配置:
OSPF 基本配置省略……
R1(config-router)#area 12 stub
R2 配置省略……

默认情况下 ABR 通告一条开销为 1 的默认路由，使用 area <Area ID> default-cost <cost> 可以修改默认路由的开销。以下为 R1 上完成配置后 show ip route 命令输出：

…………省略
O*IA 0.0.0.0/0 [110/65] via 12.12.12.2, 00:01:26, Serial0/0

可以观察到 R1 上被通告了一条前往 R2 的默认路由。

以下为 R1 上使用 show ip ospf dadabase 命令的输出：

R1#show ip ospf database

OSPF Router with ID (1.1.1.1) (Process ID 110)

Router Link States (Area 12)

Link ID	ADV Router	Age	Seq#	Checksum	Link count
1.1.1.1	1.1.1.1	302	0x80000009	0x0064CB	3
2.2.2.2	2.2.2.2	303	0x80000008	0x000720	3

Summary Net Link States (Area 12)

Link ID	ADV Router	Age	Seq#	Checksum
0.0.0.0	2.2.2.2	308	0x80000001	0x0075C0
3.3.3.3	2.2.2.2	308	0x80000002	0x006B7D
4.4.4.4	2.2.2.2	308	0x80000002	0x00BFE4
23.23.23.0	2.2.2.2	308	0x80000002	0x00AC04
34.34.34.0	2.2.2.2	308	0x80000004	0x009DAF

11.7.4 配置绝对末节区域

承接上节案例，绝对末节区域的配置和末节区域的配置大体相似，所不同的是需在连接其他区域的路由器即 ABR 上使用 area <Area ID> stub 命令配置时跟 no-summary 参数。即在 R2 上配置：

R2(config-router)#area 12 stub no-summary

配置完该命令后，在 R1 运行 show ip ospf database 命令的输出：

R1#show ip ospf database

OSPF Router with ID (1.1.1.1) (Process ID 110)

Router Link States (Area 12)

Link ID	ADV Router	Age	Seq#	Checksum	Link count
1.1.1.1	1.1.1.1	421	0x80000009	0x0064CB	3
2.2.2.2	2.2.2.2	422	0x80000008	0x000720	3

Summary Net Link States (Area 12)

Link ID	ADV Router	Age	Seq#	Checksum
0.0.0.0	2.2.2.2	12	0x80000002	0x0073C1

可以观察到在 R1 的 Area 12 的 LSDB 中，只剩下了一条默认路由的 3 类 LSA。

11.7.5 配置 NSSA/Totally NSSA

由于 Stub 区域内除 ABR 外不能有 ASBR，NSSA 作为 Stub 的扩展，允许将有限的外部路由注入到末节区域中。

将路由重分布到 NSSA 中时，将创建一条特殊的 LSA——7 类 LSA。这种 LSA 仅出现在 NSSA 区域中，它是由 NSSA 中的 ASBR 生成的，而当 7 类 LSA 通过 NSSA 的 ABR 向其他区域传播时，该 ABR 会将 7 类 LSA 转换为 5 类 LSA。同 5 类 LSA 进入区域一样，NSSA 的 ASBR 也应该注意路由汇总问题。

NSSA 内的路由器设置 N 位，以指出它们支持 7 类 LSA。在建立邻接关系时，将检查这些可选位；要建立邻接关系，这些可选位必须匹配。

使用以下命令配置 NSSA：

area <Area-ID> nssa [no-redistribution] [default-information-originate] [metric <metric-value>] [metric-type <type-value>]

- no-redistribution 参数：当路由器为 NSSA ABR，希望重分布只将路由导入到标准区域，而不将其导入到 NSSA 区域。
- default-information-originate 参数：生成默认的 7 类 LSA 并将其通告给 NSSA 区域，该参数适用于 NSSA ABR 和 NSSA ASBR。
- metric <metric-value> 参数：生成的默认路由的度量值，取值范围为 0～167712。
- metric <metric-type> 参数：1 或 2，用法类似于 E1 和 E2。
- no summary 参数：配置成绝对末节 NSSA，不会将汇总路由通告给它。

为了验证 NSSA 配置效果，在 R1 上配置一条静态路由，然后将其重分布到 OSPF 中，在 R1 和 R2 上配置：R1(config-router)#Area 12 nssa，在 R2 上使用 show ip ospf database 可以看到：

……其他省略

    Type-7 AS External Link States (Area 12)

Link ID   ADV Router   Age Seq#   Checksum Tag
100.100.100.0 1.1.1.1   1155 0x80000002 0x004719 0

使用 show ip route 命令可以看到：

  100.0.0.0/24 is subnetted, 1 subnets
O N2 100.100.100.0 [110/20] via 12.12.12.1, 00:51:57, Serial0/0 //7 类 LSA 形成路由

其 LSA 抓包详细信息如图 11.20 所示。

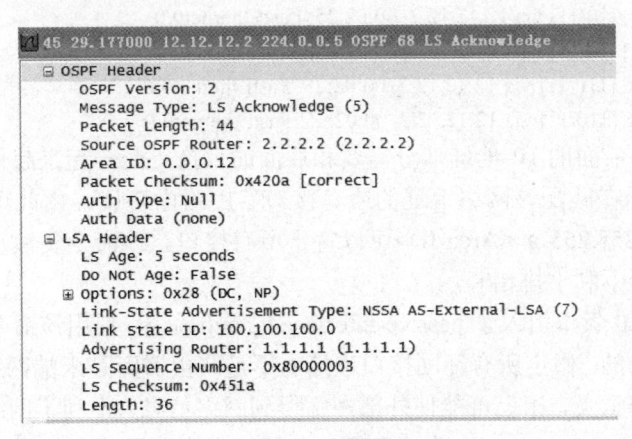

图 11.20 7 类 LSA

11.8 OSPF 配置加强

11.8.1 network 与 passive-interface

路由器配置命令 passive-interface 禁止通过指定的路由器接口向外发送路由更新。该命令可以用于除 BGP 外的所有基于 IP 的路由协议。

使用 network 命令指定了 OSPF 将试图通过哪些接口建立邻接关系以及把哪些网络通告给 OSPF 邻居。将接口设置为被动模式只是禁止通过该接口建立邻接关系，但路由器仍会将相关网络通告给 OSPF 其他邻居。

为了进一步了解 network 与 passive 命令的用法，网络拓扑如图 11.21 所示。首先在 R1、R2 上宣告直连接口，在 R2 上使用 network 172.8.0.0 0.0.255.255 a 0 命令后，在 R1 上使用 show ip route 命令可以看到以下显示：

```
    172.8.0.0/32 is subnetted, 1 subnets
O      172.8.0.1 [110/11] via 12.12.12.2, 00:00:12, FastEthernet0/0
```

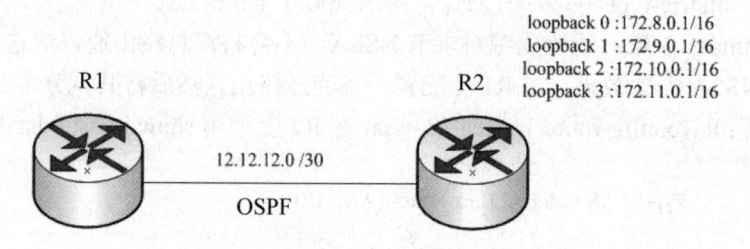

图 11.21 network 与 passive-interface 用法

此时环回接口被自动设置为 /32 的路由，在实验环境下，经常会使用环回接口表示连接的网络，如果要通告真实的掩码，可以通过在接口修改 OSPF 网络类型实现。

如果要让 R1 学习到 R2 的所有环回接口路由，可以使用 network 172.8.0.0 0.0.252.255 a 0，这样就使 R1 学习到了 R2 的 4 个环回接口路由：

```
O      172.8.0.0/16 [110/11] via 12.12.12.2, 00:02:25, FastEthernet0/0
O      172.9.0.0/16 [110/11] via 12.12.12.2, 00:02:25, FastEthernet0/0
O      172.10.0.0/16 [110/11] via 12.12.12.2, 00:02:25, FastEthernet0/0
O      172.11.0.0/16 [110/11] via 12.12.12.2, 00:02:25, FastEthernet0/0
```

Network 命令中前面的 IP 地址部分需要和后面的反掩码配合起来起作用，和网络地址的算法有点类似，表示在匹配该网络地址的所有接口启用路由协议。由此可以得出，如果使用 network 0.0.0.0 255.255.255 a <Area-ID>可以宣告所有接口。该命令要慎重使用，否则会影响 show run 的可读性，不利于排错。

在 Cisco IOS 12.0 版本引入了 passice-interface default 命令，使用该命令可以将所有接口的默认状态设置为被动的。假定所有环回接口连接的不是路由器而是末端网络，此时向该接口发送路由信息没有任何意义，相反可能使外部网络得到网络信息，不利于网络安全。此时可以在路由进程中使用 passive-interface 命令。注意，使用该命令后只是不向该接口通告路由信息，而相邻路由器仍能学习到该接口网络路由。

11.8.2 OSPF 配置身份验证

通过对邻居进行身份验证，可以避免路由器受到伪造的路由更新。通过配置 OSPF 邻居身份验证，可以让路由器根据预定义的密码参与路由选择。默认情况下，OSPF 使用的验证方法为 null，即不进行验证。配置验证后，该接口相邻路由器的接口密钥不匹配则不能形成邻居。OSPF 支持两种身份验证方法：明文身份验证和 MD5 身份验证。

1. 接口模式下配置简单身份验证

```
Ip ospf authentication-key <password>       //定义密钥
Ip ospf authentication [message-digest | null]   //定义是否为 MD5 加密验证，默认为明文验证
```

配置完后，可以使用 show ip ospf interface、show ip route、show ip ospf neighbor 命令进行验证的查看。

2. 虚链路上配置 OSPF 验证

对于连接到 Area 0 的虚链路可以使用 Area 0 authentication 给整个区域 0 配置简单密码身份验证，然后使用命令 area <虚链路穿过区域的 Area-ID> vitual-link <连接虚链路对端路由器的 Router-ID> authentication-key <password>。

11.8.3 修改 OSPF 路由开销

在运行 OSPF 的路由器中，默认是根据带宽的倒数来计量接口的 OSPF 度量值。使用 100Mb/s 作为分子，即 10^8。如 T1 的接口带宽默认为 1.544Mb/s，其开销值为 10^8 除以 1544000，即 64。

端口开销值可以在接口模式下进行修改，使用 ip ospf cost、bandwidth 命令对其进行修改。另外，假如现有的网络接口带宽都十分大，如接口速率为千兆甚至万兆。而对于 OSPF 来讲开销值最小值为 1，故此时该千兆接口、万兆接口的开销值和百兆接口开销值均为 1。为了更精确地表示链路开销，此时可以在路由进程模式下使用 aoto-cost reference-bandwidth 命令修改参考带宽值，单位为 Mb/s，该值取值范围为 1~4294967，默认为 100。如果要修改整个网络的参考带宽，需要在所有路由器上进行配置，命令本地有效。

观察图 11.22，R1、R2、R3 均运行 OSPF，并能学习到图中所有接口路由，此时 R1 学习到 R3 的环回口路由为 43，即 10+30+3；同理，R2 学习到的 R1 的环回接口路由为 21。这里 OSPF 计算 metric 值是取数据流量的出接口即路由流量的入接口。以 R1 学习到 R3 的环回口路由为例，将 R1 直连链路接口修改为 10 后，将接口开销 10 通告到 R2，此时 R2 就知道到达 R1 的链路所需开销为 10；同理，R2 将到达 R3 方向的链路出口开销修改为 30 后，R3 就知道到达 R2 的链路开销为 30，R3 知道本地环回口的开销，故 R1 学习到 R3 环回口路由的开销为 43。

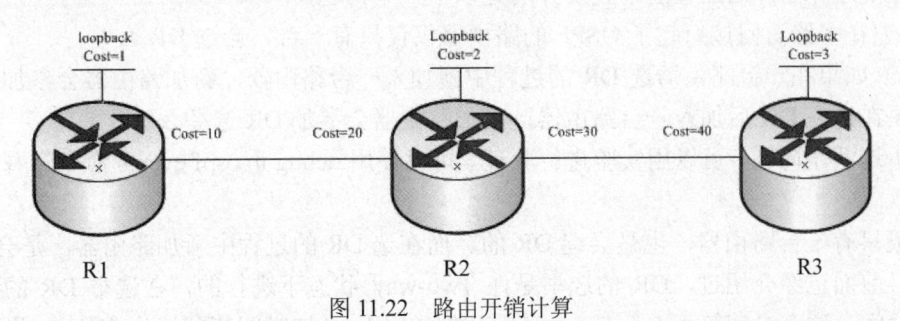

图 11.22　路由开销计算

第二部分　典型项目

典型项目之一　帧中继网络配置 OSPF

实验要求与环境

建议内存大于 1GB 的计算机；计算机上已安装并设置好 GNS3；计算机上存有 GNS3 可用路由器 IOS 文件。

实验目的

掌握帧中继网络配置 OSPF 方法，加深对 OSPF 邻居、邻接建立的理解。

实验拓扑

拓扑结构如图 11.23 所示。

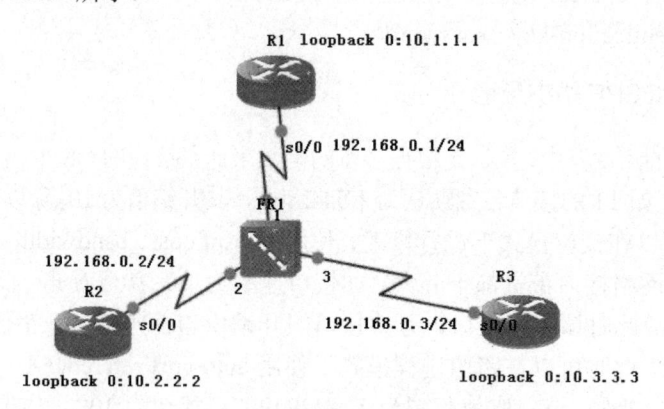

图 11.23　帧中继链路启用 OSPF 拓扑

实验步骤

在该拓扑中，将 R1、R2、R3 采用帧中继封装，R1 作为本部分别和分部的 R2、R3 相连。R1、R2、R3 各自有一个环回口代表本地网络，现在要在该网络运行 OSPF 协议，该如何配置？

帧中继的网络类型属于 NBMA 网络，默认是会选 DR/BDR 的。如果选 DR/BDR，按照前面介绍的选举方式，和优先级与 Router ID 有关，对于该网络拓扑，明显是作为总部的 R1 被选为 DR 较好。在开始配置前，先要弄清楚以下几个问题：

（1）在多路访问接口起了 OSPF 的路由器仅仅只有一台，会选 DR 么？

（2）如果在一台路由器选 DR 的过程中新加入一台路由器，新加路由器会参加 DR 选举么？如果在选完 DR 后加入一台路由器，新加路由器会参加 DR 选举么？

对于这两个问题，可以用实验进行验证。可以使用 debug ip ospf events 命令查看详细选举过程。

如果只有一台路由器，也是会选 DR 的。而在选 DR 的过程中新加路由器，是会参与 DR 选举的。前面已经介绍过，DR 的选举是在 Two-way 状态下进行的，在选举 DR 的过程中存在等待时间，这个时间等于 DeadInterval，而在 Broadcast 该时间值默认为 40s，如果在选举过程中一台路由器加入选举，该值会重新计算。这也是为什么在以太网中 OSPF 等待时间较长。要搞清楚以上两个问题，否则在实验过程中很多现象无法理解，接着完成以上实验。

R1 配置如下：
R1(config-if)#ip add 192.168.0.1 255.255.255.0
R1(config-if)#encapsulation frame-relay
R1(config-if)#no frame-relay inverse-arp   //关闭逆向 ARP 解析
R1(config-if)#frame-relay map ip 192.168.0.2 102　broadcast //使其支持广播
R1(config-if)#frame-relay map ip 192.168.0.3 103　b
R1(config)# interface loopback 0   //配置环回接口
R1(config-if)#ip add 10.1.1.1 255.255.255.0

R2 配置如下：
R2(config-if)#ip add 192.168.0.2 255.255.255.0
R2(config-if)#encapsulation frame-relay
R2(config-if)#no frame-relay inverse-arp
R2(config-if)#frame-relay map ip 192.168.0.1 201　b
R2(config-if)#ip ospf priority 0   //不参与 DR 选举
R2(config)# interface l 0
R2(config-if)#ip add 10.2.2.2 255.255.255.0

R3 配置省略…

使用 R1 验证和 R2、R3 的连通性后，依次在 R1、R2、R3 起 OSPF：

R1 配置如下：
R1(config)#router ospf 110
R1(config-router)#network192.168.0.0 0.0.0.255 a 0
R1(config-router)#network 10.1.1.0 0.0.0.255 a 0

R2、R3 配置省略……

配置完成后，使用 show ip ospf neighbor 命令查看邻居表，发现并没有起邻居。使用 Show ip ospf interface s0/0 命令查看接口，发现接口的网络类型为 NBMA，而不受追加的 Broadcast 影响。在介绍 OSPF 网络类型时已提到，OSPF 在 NBMA 网络中只支持单播，而 OSPF 起邻居使用的是组播报文，故无法形成邻居关系。

R1#sho ip ospf interface s0/0
Serial0/0 is up, line protocol is down
Internet Address 192.168.0.1/24, Area 0
Process ID 10, Router ID 10.1.1.1, Network Type **NON_BROADCAST,** Cost: 64

可以通过以下两种方式来解决：

解决思路一：
手工配置邻居，采用单播数据包与邻居联系，建立邻居关系。
R1(config)#router ospf 110
R1(config-router)#nei 192.168.1.2
R1(config-router)#nei 192.168.1.3
R2(config)#router ospf 110
R2(config-router)#nei 192.168.1.1

R3 配置省略……

配置了 neighbor 命令的路由器使用抓包捕获其报文，路由器之间没有使用组播地址进行通信，而是采用的单播。

解决思路二：

NBMA 网络不支持 OSPF 的组播，但是 P2P 和 Broadcast 网络类型支持组播，而 Broadcast 会选举 DR，P2P 不会选举。对于本案例，如果采用 P2P，那么 R1 的接口又该如何呢？还记得 OSPF 网络类型时的 P2MP 么？这里就可以将 R1 的接口模式下将 OSPF 网络类型配置为 P2MP 就可以了，Broadcast 类型可以自行实验。

R1(config-if)#ip ospf network point-to-multipoint
R2(config-if)#ip ospf network point-to-point
R3(config-if)#ip ospf network point-to-point

配置完成后，使用 show ip ospf neighbor 命令查看，发现还是没起邻居，什么原因呢？回看 OSPF 邻居这节，分析起邻居的必要条件，使用 show ip ospf interface s0/0 命令查看：

R1#show ip ospf inter s0/0
Serial0/0 is up, line protocol is up
Internet Address 192.168.0.1/24, Area 0
Process ID 110, Router ID 192.168.0.1, Network Type POINT_TO_MULTIPOINT, Cost: 64
Transmit Delay is 1 sec, State POINT_TO_MULTIPOINT
Timer intervals configured, Hello 30, Dead 120, Wait 120, Retransmit 5

找到原因了么？解决之后所有路由器均能学到全网路由。

扩展问题：如果启用 EIGRP 或 RIP，所有路由器能学习到所有路由么？如何解决？

典型项目之二　OSPF 虚链路的配置

实验要求与环境

同上。

实验目的

熟悉 OSPF 虚链路的应用场景及配置方法。

实验拓扑图

拓扑结构如图 11.24 所示。

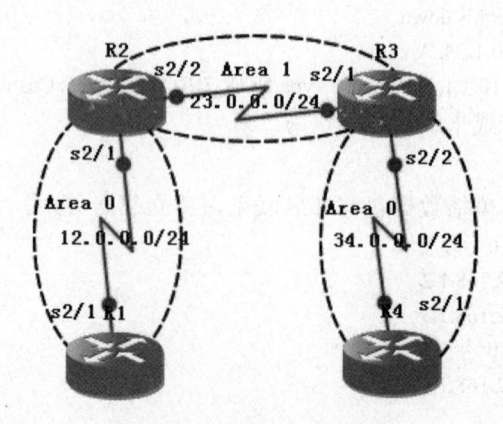

图 11.24　OSPF 虚链路实验

实验步骤

在路由器上进行 OSPF 初始配置：

R1：
R1(config-line)#int s2/1
R1(config-if)#ip add 12.0.0.1 255.255.255.0
R1(config-if)#no sh
R1(config-if)#int lo 0
R1(config-if)#ip add 1.1.1.1 255.255.255.0
R1(config-if)#router os 1
R1(config-router)#router-id 1.1.1.1
R1(config-router)#net 1.1.1.1 0.0.0.0 a 0
R1(config-router)#net 12.0.0.1 0.0.0.0 a 0

R2：
R2(config-line)#int s2/1
R2(config-if)#ip add 12.0.0.2 255.255.255.0
R2(config-if)#no sh
R2(config-if)#int s2/2
R2(config-if)#ip add 23.0.0.2 255.255.255.0
R2(config-if)#no sh
R2(config-if)#int lo 0
R2(config-if)#ip add 2.2.2.2 255.255.255.0
R2(config-if)#router os 1
R2(config-router)#router-id 2.2.2.2
R2(config-router)#net 2.2.2.2 0.0.0.0 a 0
R2(config-router)#net 12.0.0.2 0.0.0.0 a 0
R2(config-router)#net 23.0.0.2 0.0.0.0 a 1

R3：
R3(config-line)#int s2/1
R3(config-if)#ip add 23.0.0.3 255.255.255.0
R3(config-if)#no sh
R3(config-if)#int s2/2
R3(config-if)#ip add 34.0.0.3 255.255.255.0
R3(config-if)#no sh
R3(config-if)#int lo 0
R3(config-if)#ip add 3.3.3.3 255.255.255.0
R3(config-if)#router os 1
R3(config-router)#router-id 3.3.3.3
R3(config-router)#net 3.3.3.3 0.0.0.0 a 0
R3(config-router)#net 23.0.0.3 0.0.0.0 a 1
R3(config-router)#net 34.0.0.3 0.0.0.0 a 0

R4：
R4(config-line)#int s2/1
R4(config-if)#ip add 34.0.0.4 255.255.255.0
R4(config-if)#no sh
R4(config-if)#int lo 0

R4(config-if)#ip add 4.4.4.4 255.255.255.0
R4(config-if)#router os 1
R4(config-router)#router-id 4.4.4.4
R4(config-router)#net 4.4.4.4 0.0.0.0 a 0
R4(config-router)#net 34.0.0.4 0.0.0.0 a 0

配置完成后，在 R1 上查看路由表信息：

R1(config-router)#do sh ip rout
Codes: C - connected, S - static, R - RIP, M - mobile, B - BGP
       D - EIGRP, EX - EIGRP external, O - OSPF, IA - OSPF inter area
       N1 - OSPF NSSA external type 1, N2 - OSPF NSSA external type 2
       E1 - OSPF external type 1, E2 - OSPF external type 2
       i - IS-IS, su - IS-IS summary, L1 - IS-IS level-1, L2 - IS-IS level-2
       ia - IS-IS inter area, * - candidate default, U - per-user static route
       o - ODR, P - periodic downloaded static route

Gateway of last resort is not set

     1.0.0.0/24 is subnetted, 1 subnets
C   1.1.1.0 is directly connected, Loopback0
     2.0.0.0/32 is subnetted, 1 subnets
O   2.2.2.2 [110/65] via 12.0.0.2, 00:06:09, Serial2/1
     23.0.0.0/24 is subnetted, 1 subnets
O IA   23.0.0.0 [110/128] via 12.0.0.2, 00:06:09, Serial2/1
     12.0.0.0/24 is subnetted, 1 subnets
C   12.0.0.0 is directly connected, Serial2/1

以上输出表明，R1 不能获知分割开的 Area 0 的路由信息，需要将 Area 0 连在一起。在 R2 和 R3 上配置虚链路：

R2(config-router)#area 1 virtual-link 3.3.3.3
R3(config-router)#area 1 virtual-link 2.2.2.2

配置完虚链路后，在 R1 上查看路由表：

R1(config-router)#do sh ip rout
Codes: C - connected, S - static, R - RIP, M - mobile, B - BGP
       D - EIGRP, EX - EIGRP external, O - OSPF, IA - OSPF inter area
       N1 - OSPF NSSA external type 1, N2 - OSPF NSSA external type 2
       E1 - OSPF external type 1, E2 - OSPF external type 2
       i - IS-IS, su - IS-IS summary, L1 - IS-IS level-1, L2 - IS-IS level-2
       ia - IS-IS inter area, * - candidate default, U - per-user static route
       o - ODR, P - periodic downloaded static route

Gateway of last resort is not set

     34.0.0.0/24 is subnetted, 1 subnets
O   34.0.0.0 [110/192] via 12.0.0.2, 00:05:54, Serial2/1
     1.0.0.0/24 is subnetted, 1 subnets
C   1.1.1.0 is directly connected, Loopback0
     2.0.0.0/32 is subnetted, 1 subnets
O   2.2.2.2 [110/65] via 12.0.0.2, 00:05:54, Serial2/1
     3.0.0.0/32 is subnetted, 1 subnets
O   3.3.3.3 [110/129] via 12.0.0.2, 00:05:54, Serial2/1
     4.0.0.0/32 is subnetted, 1 subnets
O   4.4.4.4 [110/193] via 12.0.0.2, 00:05:54, Serial2/1
     23.0.0.0/24 is subnetted, 1 subnets

```
O IA     23.0.0.0 [110/128] via 12.0.0.2, 00:05:54, Serial2/1
         12.0.0.0/24 is subnetted, 1 subnets
C        12.0.0.0 is directly connected, Serial2/1
```

以上输出表明，可以通过虚链路将分割开的区域连在一起，在 R2 上查看虚链路的配置：

```
R2(config-router)#do sh ip os v
Virtual Link OSPF_VL0 to router 3.3.3.3 is up//虚链路已成功建立
  Run as demand circuit
  DoNotAge LSA allowed.
  Transit area 1, via interface Serial2/2, Cost of using 64
  Transmit Delay is 1 sec, State POINT_TO_POINT,
  Timer intervals configured, Hello 10, Dead 40, Wait 40, Retransmit 5
    Hello due in 00:00:09
    Adjacency State FULL (Hello suppressed)//状态已经 Full
    Index 2/3, retransmission queue length 0, number of retransmission 1
    First 0x0(0)/0x0(0) Next 0x0(0)/0x0(0)
    Last retransmission scan length is 1, maximum is 1
    Last retransmission scan time is 0 msec, maximum is 0 msec
```

典型项目之三　多区域 OSPF 配置

实验要求与环境

同上。

实验目的

学会如何配置多区域的 OSPF，配置自治系统内的路由汇聚，让 OSPF 到达不同的 AS 自治系统内，配置不同 AS 自治系统的路由汇聚。

实验拓扑图

拓扑结构如图 11.25 所示。

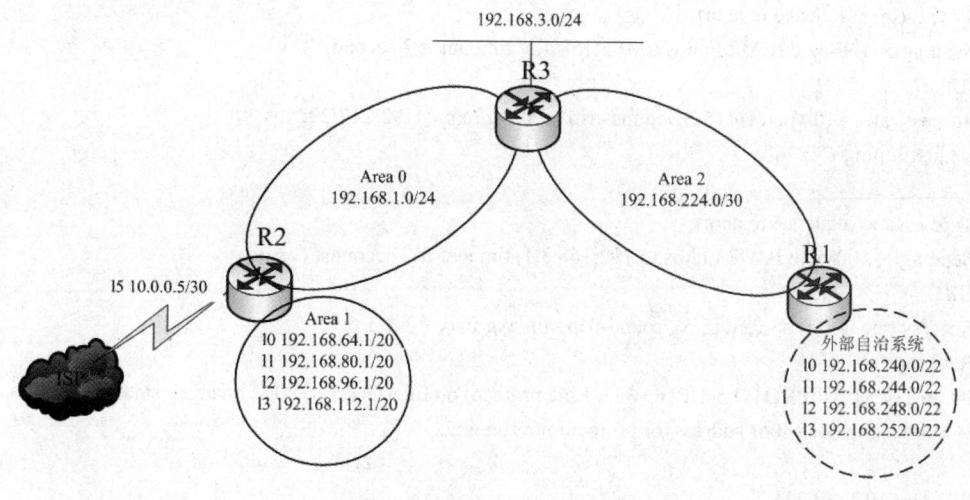

图 11.25　多区域 OSPF 配置

实验步骤

下面对各路由进行基本配置。

R3：
R3(config) #int lo 0
R3(config-if) #ip add 192.168.3.1 255.255.255.0
R3(config-if) #int s0/0
R3(config-if) #no shut
R3(config-if) #ip add 192.168.1.3 255.255.255.0
R3(config-if) #int s0/1
R3(config-if) #no shut
R3(config-if) #ip add 192.168.224.1 255.255.255.252
R2：
R2(config) #int s0/0
R2(config-if) #no shut
R2(config-if) #ip add 192.168.1.1 255.255.255.0
R2(config-if) #int lo 0
R2(config-if) #ip add 192.168.64.1 255.255.240.0
R2(config-if) #int lo 1
R2(config-if) #ip add 192.168.80.1 255.255.240.0
R2(config-if) #int lo 2
R2(config-if) #ip add 192.168.96.1 255.255.240.0
R2(config-if) #int lo 3
R2(config-if) #ip add 192.168.112.1 255.255.240.0
R1：
R1 (config)#int s0/0
R1 (config-if)#no shut
R1 (config-if)#ip add 192.168.224.2 255.255.255.252
//测试各网段的联通性
R3#ping 192.168.1.3
Type escape sequence to abort.
Sending 5, 100-byte ICMP Echos to 192.168.1.3, timeout is 2 seconds:
!!!!!
Success rate is 100 percent (5/5), round-trip min/avg/max = 192/212/292 ms
sanjose3#ping 192.168.3.1

Type escape sequence to abort.
Sending 5, 100-byte ICMP Echos to 192.168.3.1, timeout is 2 seconds:
!!!!!
Success rate is 100 percent (5/5), round-trip min/avg/max = 1/1/1 ms
R3#ping 1
00:06:11: %LINEPROTO-5-UPDOWN: Line protocol on Interface Serial0/1, changed state to up92
% Unrecognized host or address, or protocol not running.

R3#ping 192.168.224.2

Type escape sequence to abort.
Sending 5, 100-byte ICMP Echos to 192.168.224.2, timeout is 2 seconds:
!!!!!

Success rate is 100 percent (5/5), round-trip min/avg/max = 28/63/72 ms
//配置各路由器的多区域的 OSPF

R3：

R3(config)#router ospf 1
R3(config-router)#network 192.168.3.0   0.0.0.255 area 0
R3 (config-router)#network 192.168.1.0   0.0.0.255 area 0
R3(config-router)#network 192.168.224.0 0.0.0.3 area 2

R2：

R2 (config)#router ospf 2
R2 (config-router)#network 192.168.1.0 0.0.0.255 area 0
R2 (config-router)#network 192.168.64.0 0.0.63.255 area 1

R1：

R1 (config)#router ospf 3
R1 (config-router)#network 192.168.224.0 0.0.0.3 area 2
//查看各路由器路由表
R3#show ip route
00:07:21: %OSPF-5-ADJCHG: Process 1, Nbr 192.168.224.2 on Serial0/1 from LOADING to FULL, Loading Done
Codes: C - connected, S - static, I - IGRP, R - RIP, M - mobile, B - BGP
       D - EIGRP, EX - EIGRP external, O - OSPF, IA - OSPF inter area
       N1 - OSPF NSSA external type 1, N2 - OSPF NSSA external type 2
       E1 - OSPF external type 1, E2 - OSPF external type 2, E - EGP
       i - IS-IS, L1 - IS-IS level-1, L2 - IS-IS level-2, ia - IS-IS inter area
       * - candidate default, U - per-user static route, o - ODR
       P - periodic downloaded static route

Gateway of last resort is not set

       192.168.224.0/30 is subnetted, 1 subnets
C   192.168.224.0 is directly connected, Serial0/1
       192.168.64.0/32 is subnetted, 1 subnets
O IA   192.168.64.1 [110/65] via 192.168.1.1, 00:00:02, Serial0/0
       192.168.80.0/32 is subnetted, 1 subnets
O IA   192.168.80.1 [110/65] via 192.168.1.1, 00:00:02, Serial0/0
       192.168.96.0/32 is subnetted, 1 subnets
O IA   192.168.96.1 [110/65] via 192.168.1.1, 00:00:02, Serial0/0
       192.168.112.0/32 is subnetted, 1 subnets
O IA   192.168.112.1 [110/65] via 192.168.1.1, 00:00:02, Serial0/0
C   192.168.1.0/24 is directly connected, Serial0/0
C   192.168.3.0/24 is directly connected, Loopback0

R2#show ip route ospf
       192.168.224.0/30 is subnetted, 1 subnets
O IA   192.168.224.0 [110/128] via 192.168.1.3, 00:12:18, Serial0/0
       192.168.3.0/32 is subnetted, 1 subnets
O   192.168.3.1 [110/65] via 192.168.1.3, 00:12:18, Serial0/0

R1#show ip route ospf
         192.168.64.0/32 is subnetted, 1 subnets
O IA   192.168.64.1 [110/129] via 192.168.224.1, 00:12:31, Serial0/0
         192.168.80.0/32 is subnetted, 1 subnets
O IA   192.168.80.1 [110/129] via 192.168.224.1, 00:12:31, Serial0/0
         192.168.96.0/32 is subnetted, 1 subnets
O IA   192.168.96.1 [110/129] via 192.168.224.1, 00:12:31, Serial0/0
         192.168.112.0/32 is subnetted, 1 subnets
O IA   192.168.112.1 [110/129] via 192.168.224.1, 00:12:31, Serial0/0
O IA 192.168.1.0/24 [110/128] via 192.168.224.1, 00:12:31, Serial0/0
         192.168.3.0/32 is subnetted, 1 subnets
O IA   192.168.3.1 [110/65] via 192.168.224.1, 00:12:31, Serial0/0

配置 R2 的路由汇聚：
R2 (config)#router ospf 1
R2(config-router)#area 1 range 192.168.64.0 255.255.192.0

在 3 台路由器上进行查看：
R3#show ip route ospf
O E2 192.168.224.0/22 [110/20] via 192.168.224.2, 00:05:53, Serial0/1
O E2 192.168.240.0/20 [110/20] via 192.168.224.2, 00:04:03, Serial0/1
O IA 192.168.64.0/18 [110/65] via 192.168.1.1, 00:05:53, Serial0/0
R2#show ip route ospf
         192.168.224.0/30 is subnetted, 1 subnets
O IA   192.168.224.0 [110/128] via 192.168.1.3, 00:10:01, Serial0/0
         192.168.3.0/32 is subnetted, 1 subnets
O   192.168.3.1 [110/65] via 192.168.1.3, 00:10:01, Serial0/0
O E2 192.168.224.0/22 [110/20] via 192.168.1.3, 00:06:14, Serial0/0
O E2 192.168.240.0/20 [110/20] via 192.168.1.3, 00:04:29, Serial0/0
192.168.64.0/18 is a summary, 00:10:01, Null0
R1#show ip route ospf
O IA 192.168.1.0/24 [110/128] via 192.168.224.1, 00:06:48, Serial0/0
         192.168.3.0/32 is subnetted, 1 subnets
O IA   192.168.3.1 [110/65] via 192.168.224.1, 00:06:48, Serial0/0
O   192.168.240.0/20 is a summary, 00:04:58, Null0
O IA 192.168.64.0/18 [110/129] via 192.168.224.1, 00:06:48, Serial0/0

在 R1 配置 OSPF 的路由条目可以到达外部自治系统，配置静态路由并发布到 OSPF：
R1 (config) #router ospf 1
R1 (config-router)#ip route 192.168.240.0 255.255.252.0 null 0
R1 (config-router)#ip route 192.168.244.0 255.255.252.0 null 0
R1 (config-router)#ip route 192.168.248.0 255.255.252.0 null 0
R1 (config-router)#ip route 192.168.252.0 255.255.252.0 null 0

用 OSPF 发布静态路由：
R1 (config) #router ospf 1
R1 (config-router)#redistribute static subnets

在 R2、R3 上进行查看：
R3#show ip route ospf
O E2 192.168.224.0/22 [110/20] via 192.168.224.2, 00:10:07, Serial0/1

O E2 192.168.240.0/22 [110/20] via 192.168.224.2, 00:00:23, Serial0/1
O IA 192.168.64.0/18 [110/65] via 192.168.1.1, 00:10:07, Serial0/0
O E2 192.168.248.0/22 [110/20] via 192.168.224.2, 00:00:23, Serial0/1
O E2 192.168.252.0/22 [110/20] via 192.168.224.2, 00:00:23, Serial0/1
R2#show ip route ospf
　　　192.168.224.0/30 is subnetted, 1 subnets
O IA 　　192.168.224.0 [110/128] via 192.168.1.3, 00:14:25, Serial0/0
　　　192.168.3.0/32 is subnetted, 1 subnets
O 　　　192.168.3.1 [110/65] via 192.168.1.3, 00:14:25, Serial0/0
O E2 192.168.224.0/22 [110/20] via 192.168.1.3, 00:10:37, Serial0/0
O E2 192.168.240.0/22 [110/20] via 192.168.1.3, 00:00:56, Serial0/0
O 　　192.168.64.0/18 is a summary, 00:14:25, Null0
O E2 192.168.248.0/22 [110/20] via 192.168.1.3, 00:00:56, Serial0/0
O E2 192.168.252.0/22 [110/20] via 192.168.1.3, 00:00:56, Serial0/0

在 R1 上做不同 AS（自治系统之间的）路由汇聚：
R1 (config) #router ospf 1
R1 (config-router)#summary-add 192.168.240.0 255.255.240.0
在 R3 上进行查看：
R3#show ip route ospf
O E2 192.168.224.0/22 [110/20] via 192.168.224.2, 00:12:28, Serial0/1
O E2 192.168.240.0/20 [110/20] via 192.168.224.2, 00:00:06, Serial0/1
O IA 192.168.64.0/18 [110/65] via 192.168.1.1, 00:12:28, Serial0/0
sanjose1#show ip route ospf
　　　192.168.224.0/30 is subnetted, 1 subnets
O IA 　　192.168.224.0 [110/128] via 192.168.1.3, 00:16:23, Serial0/0
　　　192.168.3.0/32 is subnetted, 1 subnets
O 　　　192.168.3.1 [110/65] via 192.168.1.3, 00:16:23, Serial0/0
O E2 192.168.224.0/22 [110/20] via 192.168.1.3, 00:12:35, Serial0/0
O E2 192.168.240.0/20 [110/20] via 192.168.1.3, 00:00:19, Serial0/0
192.168.64.0/18 is a summary, 00:16:23, Null0

第三部分　巩固练习

理论练习

1．请简述 ABR、ASBR 的功能。
2．在点对点链路、NBMA 及广播三种网络类型中，OSPF 是如何建立邻居关系的？
3．请试述 ABR、ASBR 上可存在的 LSA 类型。
4．OSPF 在何种情况下会选举 DR/BDR？如何选举？
5．OSPF 有哪几种特殊区域？其特点是什么？
6．对于 OSPF 网络，在 LSDB 中可能出现不同的路由器具有相同的 ROUTER-ID 么？请解释何为链路状态路由协议。

项目 12 路由控制

项目学习重点

- 掌握路由协议之间的重分发
- 掌握基于策略的路由运行的环境和配置方法

第一部分 理论部分

12.1 基本路由重分发

12.1.1 路由重分发概述

一个可管理的网络通常只使用一种路由协议，但是由于各种各样的原因，使得网络中同时存在多种协议——可能是原有的协议不再适应网络需要、可能对路由协议支持比较单一、可能是管理原因。比如：原有的网络并不复杂，使用 RIP 协议就能满足需求，但随着网络规模的扩大，运行 RIP 协议的路由器的定期更新产生的网络流量使网络性能下降，需要更换扩展性更好的协议。再比如：企业原来采购的是 Cisco 设备，网络中运行了 EIGRP 协议，而后采购的设备是华为或锐捷的设备，不支持 EIGRP。

当然，作为最终解决方案，运行一种协议的网络还是大多数情况，路由重分发较常见的是应用于网络协议替换的过渡阶段。在替换过程中，对于某些对网络依存度较高的单位或企业，网络中断 1 分钟都是难以忍受的，这时就需要用到路由重分发。

网络中同时运行多种路由协议时，不同协议之间的网络相互访问常见的做法是配置默认路由。但默认路由也有可能不是较好的解决策略，比如网络设计中可能不允许默认路由，又比如去往目标网络可能有多条路径，这时路由器需要知道目标网络中的网络信息，就需要路由重分发。

事实上，除了以上所提及的情况，需要配置路由重分发的情况还有很多，如网络中有基于 UNIX 主机的路由器只能运行 RIP，企业使用不同路由协议的分部之间使用 VPN 连接网络等。

路由重分发本质上就是通过一种路由协议的路由获得传播到使用另一种路由协议的传播域中，如图 12.1 所示。路由重分发获得的路由可以是通过路由协议、直连网络，也可以是静态路由。在开始介绍路由重分发应用之前，请思考：不同路由协议学习对方路由要考虑哪些问题？

以上拓扑中，R2 上连接协议 A 的接口只将协议 A 路由更新传递给该区域的协议 A 邻居协议，运行协议 B 的接口同样如此，即没有使用重分发，此时称路由器 A 执行夜航路由

（ships-in-the-night）。

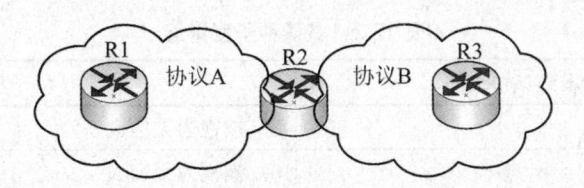

图 12.1 路由重分发

执行路由重分发时，一定是在运行多个协议的路由器上进行配置，以上拓扑中必须是在 R2 上。协议 A 中的路由器学习协议 B 中的路由，R1 是不能直接从 R3 直接学习得到的，必须借助 R2。在 OSPF 中，称 R2 为 ASBR，即自治系统边界路由器。当协议 A 被重分发到协议 B 中时，R2 不会修改协议 A 中的原有的路由信息；同理，逆向的路由重分发也是如此。

值得注意的是，路由必须要位于路由表才能被重分发。假定协议 A 和协议 B 分别是 OSPF 和 RIP，运行协议 B 的区域中同时运行了协议 EIGRP，由于 EIGRP 的管理距离小于 RIP，运行 RIP 协议区域中的路由器只将 EIGRP 路由放入路由表中。此时将 RIP 重分布到 OSPF 中，R1 将学习不到 RIP 路由。

实施路由重分发前，应注意以下几个问题：

（1）管理距离（AD）。管理距离用来度量路由协议的可信度。根据管理距离，以可信度从高到低的次序排列每种路由协议。当多种路由协议提供了前往目的地的路由信息时，路由器首先根据管理距离来决定采用哪种路由协议路由。路由协议默认管理距离见表 12.1。

表 12.1 路由协议默认管理距离

路由来源	管理距离
直连接口	0
静态路由	1
EIGRP 汇总路由	5
外部 BGP	20
内部 EIGRP	90
IGRP	100
OSPF	110
RIP	120
外部 EIGRP	170
内部 BGP	200
未知	255

（2）度量值（metric）。衡量路由器到目标网络的最佳路径的计量标准。不同协议使用的度量值是不同的，RIP 是"跳数"，EIGRP 默认是"带宽和延迟"，OSPF 是"链路开销"。

（3）默认（种子）度量值。路由重分发时，给重分发而来的路由指定的默认度量值。该值可以通过 default-metric 命令修改，也可以通过 redistribute 命令后的 metric <metric-value> 进行修改。默认种子度量值见表 12.2。

表 12.2 默认种子度量值

将路由重分发到该协议中	默认种子度量值
RIP	0，被视为无穷大
EIGRP/（IGRP）	0，被视为无穷大
OSPF	BGP 路由为 1，其他路由为 20
BGP	被设置为 IGP 度量值

配置重分发的方法随路由协议组合而异。除了 IGRP 和 EIGRP 进程有相同的自治系统号时它们之间自动进行重分发，其余所有协议之间都必须手工配置重分发（支持 IPv6 的 OSPFv3 和 RIPng 不在讨论范围内）。下列重分发配置步骤适用于所有路由协议组合，但实现这些步骤的命令可能有所不同。

① 确定需要配置重分发的路由器。

② 确定哪种路由协议为核心协议，通常为 EIGRP 和 OSPF。

③ 确定哪种路由协议是边缘协议，确定是否需要将边缘协议中的所有路由都传播到核心协议，考虑减少路由数量的方法。

④ 选择一种方法将需要的边缘协议路由注入到核心协议。在网络边界上使用汇总路由以简化重分发，从而减少核心路由器的路由表的新条目数量。

⑤ 规划边缘-核心重分发后，考虑如何将核心路由信息注入到边缘协议中。

12.1.2 重分发到 EIGRP

将路由重分发到 EIGRP，可以在路由配置模式下使用配置命令 redistribute <protocol> [<process-id>] [match <route-type>] [metric <metric-value>] [route-map <map-tag>]。参数解释如下：

- Protocol。使用重分发时路由的源协议——rip、eigrp、bgp、ospf、connected、static、isis 等。
- process-id。对于 EIGRP 和 BGP，该值为自治系统号；对于 OSPF，该值为 OSPF 进程 ID；对于 RIP 和 IS-IS，不需要该参数。
- route-type。将 OSPF 路由重分发到另一种路由协议时使用的参数。它是用于将 OSPF 路由重分发到其他路由域的准则。它可以为下列值之一：internal（自治系统的内部路由）、external 1（自治系统的 1 类外部路由）、external 2（自治系统的 2 类外部路由）。
- metric-value。重分发路由的 EIGRP 种子度量值，依次为带宽、延迟、可靠性、负载、传输单元。如果没有配置该值，默认为 0，即无穷大。当重分发静态路由和直连路由时，默认度量值与相关的静态接口或直连接口相同，可以不指定度量值。
- map-tag。指定路由映射表的标识符，重分发通过查询它过滤从源路由协议导入到 EIGRP 路由协议的路由，后面章节会介绍。

通过以下案例，学习将其他协议重分发到 EIGRP。该拓扑中 R1、R2 运行了 OSPF，R2、

R3 运行了 EIGRP，如图 12.2 所示。

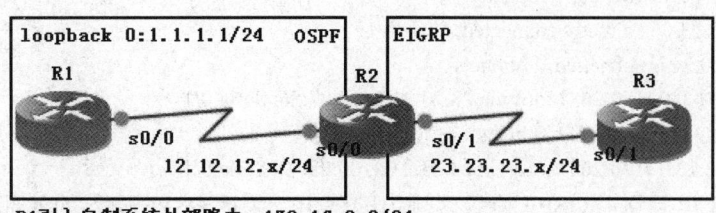

图 12.2 重分发到 EIGRP

在该拓扑中，R1 将配置一条静态路由 172.16.0.0/24 指向 loopback 1 接口，同时在 OSPF 中通告了环回接口 loopback 0。配置路由重分发到 EIGRP，使 R3 能学习到 R1 的环回接口和静态路由。

路由重分发前，配置如下：
R1(config)#inter l 0
R1(config-if)#ip add 1.1.1.1 255.255.255.0   //配置环回接口 loopback 0 的地址
R1(config-if)#exit
R1(config)#ip route 172.16.0.0 255.255.255.0 loopback 0
R1(config)#inter s0/0
R1(config-if)#ip add 12.12.12.1 255.255.255.0
R1(config-if)#router ospf 110
R1(config-router)#router-id 1.1.1.1
R1(config-router)#redistribute static subnets   //OSPF 引入静态路由，后面会介绍
R1(config-router)#network 12.12.12.0 0.0.0.255 a 0
R1(config-router)#network 1.1.1.0 0.0.0.255 a 0
R2(config-if)#inter s0/0
R2(config-if)#ip add 12.12.12.2 255.255.255.0
R2(config-if)#no sh
R2(config-if)#exit
R2(config)#router ospf 110
R1(config-router)#router-id 2.2.2.2
R2(config-router)#network 12.12.12.0 0.0.0.255 a 0
R2(config-if)#router eigrp 90
R2(config-router)#no auto-summary
R2(config-router)#network 23.23.23.0 0.0.0.255
R3(config-if)#ip add 23.23.23.3 255.255.255.0
R3(config-if)#router eigrp 90
R3(config-router)#no auto-summary
R3(config-router)#network 23.23.23.0 0.0.0.255

在 R2 上配置路由重分发：
R2(config) #router eigrp 90
R2(config-router)#redistribute ospf 110 metric 1544 2000 255 1 1500   //注意：在配置默认度量值时，第 1 个数字表示带宽，单位为 kb/s；第 2 个数字表示延迟，单位为 10 微秒；第 3 个数字表示可靠性，255 表示可靠性最大；第 4 个数字表示负载，1 为最低；第 5 个数字为 MTU

配置完成后，在 R3 上使用 show ip route 命令查看路由表：

D EX   1.1.1.1 [170/2681856] via 23.23.23.2, 00:08:42, Serial0/1
        23.0.0.0/24 is subnetted, 1 subnets
C   23.23.23.0 is directly connected, Serial0/1
        172.16.0.0/24 is subnetted, 1 subnets
D EX   172.16.0.0 [170/2681856] via 23.23.23.2, 00:07:56, Serial0/1
        12.0.0.0/24 is subnetted, 1 subnets
D EX   12.12.12.0 [170/2681856] via 23.23.23.2, 00:08:42, Serial0/1

可以看到 R3 学习到了 OSPF 协议区域内的路由，包括 OSPF 引入的外部路由。路由条目前为 D EX 表明该路由条目是外部路由，其管理距离被设置为 170，比内部路由（路由条目前为 D）大。

观察完后，在 R2 将 redistribute ospf 110 metric 1544 2000 255 1 1500 语句 no 掉，一定要 no 掉，否则下面实验不能完成。然后重复使用上列重分发语句后面跟参数 match internal。然后使用 show ip route 命令观察 R3 路由表。会发现 D EX 172.16.0.0/24 [170/2681856] via 23.23.23.2, 00:08:42, Serial0/1 这条路由没有重分发进 EIGRP。而如果仅跟参数 match external 2，那么仅将上述路由重分发进 EIGRP。由于 ASBR 引入外部路由，其类型默认为 E2，如何设置成 E1 将在下节介绍。当然，也可以跟参数 match nssa-external，或者 internal、external（1、2）、nssa-external 等参数混合搭配使用。redistribute 命令后的"match <metric-value>"参数为 OSPF 重分布进其他路由协议提供了灵活的控制手段。

12.1.3 重分发到 OSPF

路由重分发到 OSPF 使用命令 redistribute <protocol> [<process-id>] [metric <metric-value>] [metric-type <type-value>] [route-map <map-tag>] [subnets] [tag <tag-value>]。对比 EIGRP 重分发不同的参数使用，重分发到 OSPF 参数解释如下：

- metric-value。指定重分发而来的路由的种子度量值，与 EIGRP 不同的是，OSPF 不是使用的 0，而是 20 的开销（BGP 除外，BGP 默认度量值为 1）。在 OSPF 不同进程间重分发时，区域内路由的度量值和区域间路由的度量值保持不变。
- type-value。指定通告到 OSPF 路由选择区域的外部路由的外部链路类型，取值为 1 或 2，默认值为 2。
- subnets。指定应该同时重分发子网路由。如果没有指定 subnets 关键字，则只重分发主类网络的路由。
- tag-value。一个 32 位的十进制值，附加到每条外部路由上。OSPF 本身不使用该参数，它用于在自治系统边界路由器（ASBR）之间交换信息。

接重分发到 EIGRP 案例，再添加一条静态路由：ip route 192.168.0.0 255.255.255.0 loopback 0。使用 show ip route 命令观察 R2 可以看到，R2 也学习到新添加的 192.168.0.0/24 这条静态路由。

然后，将 OSPF 引入外部路由 redistribute static subnets 命令 no 掉，改用 redistribute static。输入后会弹出提示"% Only classful networks will be redistributed"。此时观察 R2，R2 仅能学习到 192.168.0.0/24 这条路由。通过引入静态路由的加与不加 subnets 的实验，对 subnets 参数有了更直观的认识，对于其他路由协议重分发到 OSPF 也是一样。此时，如果在 R2 上将 EIGRP 重分发到 OSPF 不带 subnets 参数，R1 能学到路由么？

还是重分发静态路由，在 subnets 参数后带 metric-type 1，在 R2 上查看路由表：

```
         1.0.0.0/32 is subnetted, 1 subnets
O           1.1.1.1 [110/65] via 12.12.12.1, 00:05:12, Serial0/0
         23.0.0.0/24 is subnetted, 1 subnets
C           23.23.23.0 is directly connected, Serial0/1
         172.16.0.0/24 is subnetted, 1 subnets
O E1        172.16.0.0 [110/84] via 12.12.12.1, 00:03:02, Serial0/0
         12.0.0.0/24 is subnetted, 1 subnets
C           12.12.12.0 is directly connected, Serial0/0
O E1 192.168.0.0/24 [110/84] via 12.12.12.1, 00:03:02, Serial0/0
```

此时，两条静态路由标识为 O E1，路由开销值由 20 变为 84。

修改默认度量值除了在 redistribute 命令后跟 metric <metric-value>外，还可以在路由进程中使用 default-metric <metric-value>命令。

在 R2 上 OSPF 路由进程中使用命令 default-metric 40，然后进行路由重分发 redistribute eigrp 90 subnets。此时，R1 上查看路由表：

```
……其他显示省略
         23.0.0.0/24 is subnetted, 1 subnets
O E2     23.23.23.0 [110/40] via 12.12.12.2, 00:03:03, Serial0/0
```

可以看到，其开销值变为 40。

重新进行路由重分发，使用命令 redistribute eigrp 90 subnets metric 50 metric-type 1，再次观察 R1 路由表：

```
……其他显示省略
         23.0.0.0/24 is subnetted, 1 subnets
O E1     23.23.23.0 [110/114] via 12.12.12.2, 00:00:18, Serial0/0
```

开销值变为 114，此时生效的是 redistribute 命令中的 metric 50 还是 default-metric 40？

从实验结果可以得知，default-metric 相当于重分发中的全局 metric 配置命令，而 redistribute 后跟的 metric 值是具体某个协议重分发时的配置，当使用这两个命令都配置了默认度量值时，后者优先于前者，不配置 metric 则为 20（BGP 除外）。

思考：在 R2 上配置环回接口 loopback 0:2.2.2.2/24，此时分别在 OSPF 和 EIGRP 中使用重分发直连路由命令 redistribute connected，后面分别要跟哪些参数才能让 OSPF 和 EIGRP 中的 R1 和 R3 都能学习到该条路由？

12.1.4 重分发到 RIP

重分发到 RIP 使用的命令及参数和 EIGRP 大体相同，redistribute <protocol> [<process-id>] [match <route-type>] [metric <metric-value>] [route-map <map-tag>]。

其他参数在介绍 EIGRP 和 OSPF 重分发时大体已经介绍过，在配置重分发到 RIP 时要注意 metric-value。如果没有在 redistribute 命令中指定 metric-value 或没有使用 default-metric 命令定义默认度量值；除静态路由和直连路由外，将其他协议重分发到 RIP 中其默认值为 0，被视为无穷大。

延续 EIGRP 案例的地址配置，R1 和 R2 之间使用 12.12.12.x/24，依此类推。R1、R2、R3 之间运行 RIP，R3、R4 之间运行 OSPF，在 R4 上开启环回接口，如图 12.3 所示。

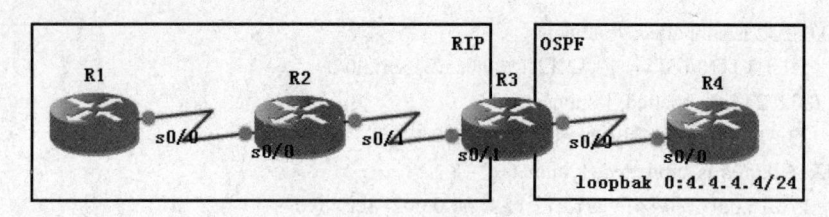

图 12.3　重分发到 RIP

配置接口地址和路由协议：

R3 配置：

R3(config)#interface S0/0
R3(config-if)p address 34.34.34.3 255.255.255.0
R3(config-if)interface S0/1
R3(config-if)ip address 23.23.23.3 255.255.255.0
R3(configif)router ospf 110
R3(config-router)router-id 3.3.3.3
R3(config-router)network 34.34.34.0 0.0.0.255 a 0
R3(config)router rip
R3(config-router)version 2
R3(config-router)network 23.0.0.0
R3(config-router) network 34.0.0.0
R3(config-router)no auto-summary

R1、R2、R4 配置省略。

使用 redistribute ospf 110 metric 5 将 OSPF 路由重分布到 RIP 中，此时观察 R1 路由表：

```
         34.0.0.0/24 is subnetted, 1 subnets
R        34.34.34.0 [120/6] via 12.12.12.2, 00:00:07, Serial0/0
         4.0.0.0/32 is subnetted, 1 subnets
R        4.4.4.4 [120/6] via 12.12.12.2, 00:00:08, Serial0/0
         23.0.0.0/24 is subnetted, 1 subnets
R        23.23.23.0 [120/1] via 12.12.12.2, 00:00:08, Serial0/0
         12.0.0.0/24 is subnetted, 1 subnets
C        12.12.12.0 is directly connected, Serial0/0
```

可以看到，在 R3 上使用重分发命令将 OSPF 的两条路由使用 metric 参数将其配置为 5，路由到达相邻路由器 R2 的跳数仍为 5，到达 R1 时跳数变为 6，这一点需要注意。

12.2　基于策略的路由

回顾学过的路由协议，不管是基于跳数的 RIP，还是基于链路开销的 OSPF 以及带宽、延迟（默认）的 EIGRP，所有这些协议都是基于目标网络来选择路径的。而在实际应用中，基于目标网络的选择路径方式可能满足不了需求，故而引入了基于策略的路由（Policy-Based Routing，PBR）。通过 PBR 可以根据源地址、协议类型或应用类型让数据选择不同的路径，以下是 PBR 的典型应用：

（1）基于信源的中转提供商选择。ISP 和其他组织可以使用 PBR 将不同用户产生的数据流量通过不同 Internet 连接穿越策略路由器，如将 VIP 客户流量选择较好的路径发送数据。

（2）服务质量（Qoality of Service，QoS）：可以在网络外围路由器设置 IP 报文头部字段中的优先级或 QoS 值，然后在网络的核心或骨干中利用队列机制对数据流进行优先排序，从而对不同的数据流提供 QoS。如为语音流量提供 QoS。这种设置可以改善网络的性能，因为它避免了除网络外围外的网络核心和骨干设备中一一显式地对数据流进行分类。

（3）节约成本。组织可以让与特定活动相关的大量数据流在短时间内使用一条高带宽、高成本链路，同时提供一条低成本、低带宽的链路为对网络较低要求的数据流提供基本连接性。

（4）负载均衡。除路由协议提供的基于目的地的路由提供的负载均衡外，还可以根据数据流的特征在多条路径之间分配数据流。

12.2.1 配置 PBR

配置 PBR，需要配置一个包含 match 和 set 的路由映射表，然后将该路由映射表应用于接口。配置步骤如下：

（1）选择要使用的路径控制工具。路径控制工具操纵路由表或绕过路由表，PBR 使用命令 route-map。

（2）在路由映射表中，使用 match 制定要操纵哪些数据流。

（3）在路由映射表中，使用 set 制定对匹配的数据流应采取的措施。

（4）（可选）启用快速交换 PBR 或 CEF 交换 PBR（IOS release 12.0 版本前只支持进程转发）。快速交换 PBR 必须手工启用，在接口使用命令 ip route-cache policy。而启用快速交换 PBR 和 CEF 后，将自动启用 CEF 交换 PBR（数据包转发速度最快）。

（5）将路由映射表应用于入站数据流或当前路由器生成的数据流。

（6）验证路径控制结果。

PBR 的路由映射表语句使用命令：route-map <route-map name> permit|deny <seq-value>，其中 permit 或 deny 使用原理如下：

- 如果路由映射表语句被标记为 deny，将通过正常转发渠道发送满足匹配条件的数据，即执行基于目标网络的路由，而不进行策略路由。
- 原理同上一条，当没有找到匹配语句时，将按正常渠道转发。
- 只有当映射表语句被标记为 permit，且满足匹配条件时，set 命令才会起作用。
- 如果对于与指定语句不匹配的分组不想进行正常转发而要丢弃,可在路由映射表的最后配置一条 set 语句，将其路由到空接口（null 0）。

1. match 命令

策略路由是使用 Match 定义感兴趣流量，如果不定义则指所有流量，其策略路由基本流程如图 12.4 所示。Match 可跟地址 ip address 使用命令 match ip address <access-list-number>|<name>（尽管 ip address 后还可跟 prefix-list <prefix-list-name>，但 prefix-list 只能应用于控制路由信息而不能控制数据，故在策略路由中不介绍 prefix-list）；还可以通过定义数据包长度 match lengh <min> <max>（第 3 层长度）实现。

2. set 命令

（1）set ip next-hop 命令。

set ip next-hop <ip-address……ip-address>命令提供了 IP 地址列表,用于指定前往分组目的地路径中的相邻下一跳路由器。如使用多个 IP 地址，则与当前处于 up 状态的直连接口相关联的第一个 IP 地址用于路由数据。

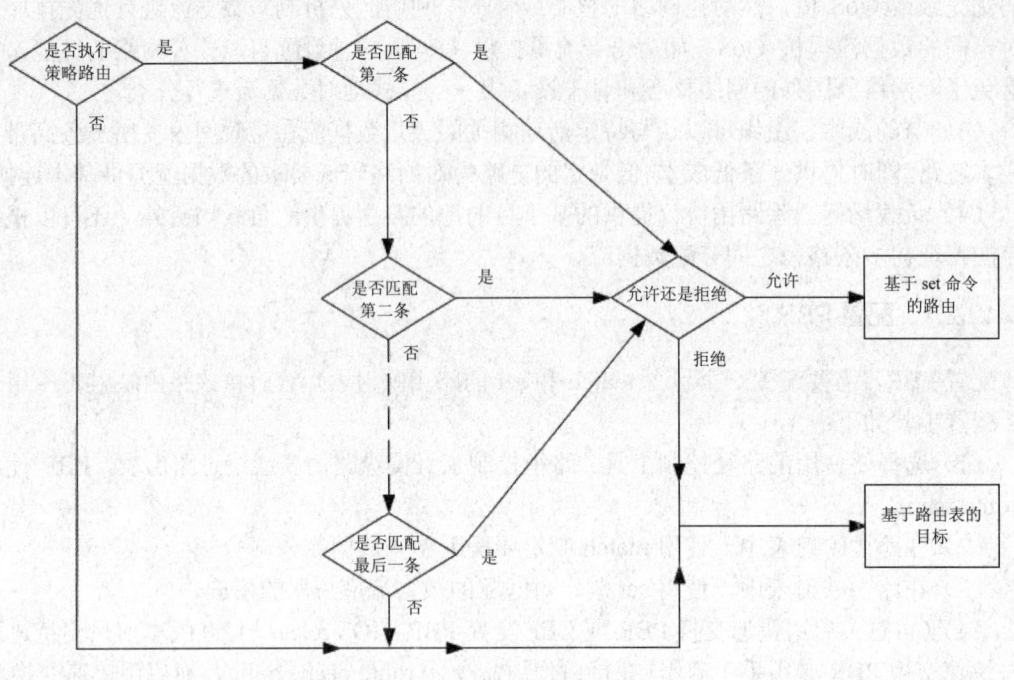

图 12.4 策略路由基本流程

注意：使用该命令时不会检查路由表是否存在前往目的地址的显式路由，只检查路由表以确定是否可以到达下一跳地址。

（2）set interface 命令。

set interface <type number……type number>命令提供了一个接口列表，将通过这些接口路由分组。如果指定了多个接口，第一个状态为 up 的接口将用于转发数据。

注意：如果在路由表中没有到目标地址的显式路由，set interface 命令将无效，且被忽略（如广播或目的地未知）。路由表中的默认路由不被视为前往未知目标地址的显式路由。

（3）set ip default next-hop 命令。

set ip default next-hop <ip-address……ip-address>提供了一个默认下一跳 IP 地址列表。如果指定多个 IP 地址，处理方式同 set ip next-hoop。

注意：仅当路由表中没有到目标地址的显式路由时，才将分组路由到 set ip default next-hop 命令指定的下一跳地址。路由表中的默认路由不被视为前往未知目标地址的显式路由。

（4）set ip default interface 命令。

set ip default interface <type number……type number>命令和使用默认下一跳的用法基本相同。

（5）set ip tos 命令。

set ip tos [number| name]用于设置 IP 报文头部字段的 tos 字段的一些位。

tos 字段长 8 位，其中 5 位用于设置服务类别（CoS），3 位用于设置 IP 优先级。CoS 位用于设置延迟、吞吐量、可靠性和开销。

set ip tos 用于设置 5 个 CoS 位，取值范围为 0～15（只用到 4 位，1 位保留）。可以为数字或是名称，它们是对应关系。

（6）set ip precedence 命令。

set ip precedence [number | name]用于设置 IP 报文头部字段中的 IP 优先级位（Tos 字段中的 3 位），常用于 QoS 中，VoIP 是其典型应用。3 位的 IP 优先级可提供 8 个可能的 IP 优先级值：0～7。表 12.3 所列为 ip precedence 设置。

表 12.3 ip precedence 设置

参数 number|name	描述
0|routine	普通
1|priority	优先
2|immediate	立即
3|flash	火速
4|flash-override	最优先
5|critical	紧急
6|internet	互联网控制
7|network	网络控制

3. 接口调用 PBR

使用 ip policy routemap <map-tag>命令在接口上指定用于 PBR 的路由映射表，map-tag 为用于 PBR 的路由映射表的名称，必须与 route-map 命令指定的路由映射表名称相同。

基于策略的路由是在接收分组的接口上配置的，当前路由器生成的分组通常不受 PBR 的影响。本地策略路由让当前路由器生成的分组可不使用路由表进行路由。指定本地策略路由的映射表，可使用全局配置命令 ip local policy route-map <map-tag>。

另外，当在接口使用命令 ip route-cache policy 启用快速交换 PBR 时，不支持命令 set ip default next-hop 和 set default interface。

12.2.2 PBR 应用案例

如图 12.5 所示，在该案例中企业使用路由器 R1 向企业网通告一条默认路由使企业网内能访问 Inernet，通过 s0/0 和 s0/1 连接了两家 ISP。企业网内来自 10.1.0.0 和 10.2.0.0 的数据流来到路由器 R1 时既可以前往 ISP-A 也可以前往 ISP-B。企业希望 ISPA 和 ISPB 能收到大致相同的流量，如果路由表没有前往目的地的具体路由，则来子网 10.1.0.0 的数据流都将被转发到 ISP-A，来自子网 10.2.0.0 的数据流都将被转发到 ISP-B，其他地址不能访问 Internet。

路由器 R1 的配置：

R1(config)#access-list 1 permit 10.1.0.0 0.0.0.255
R1(config)#access-list 2 permit 10.2.0.0 0.0.0.255

R1(config) #route-map equal-access permit 10
R1(config-route-map)#match ip address 1
R1(config-route-map)#set ip default next-hop 12.12.12.2

R1(config) #route-map equal-access permit 20

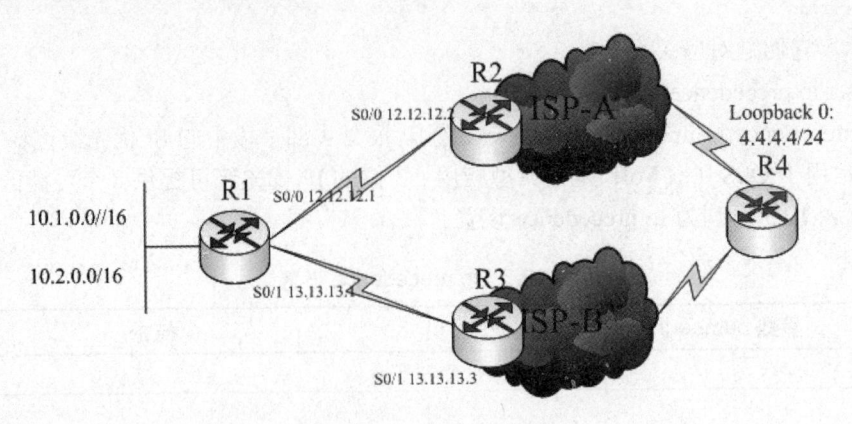

图 12.5　PBR 应用案例

R1(config-route-map)#match ip address 2
R1(config-route-map)#set ip default next-hop 12.12.12.3

R1(config) #route-map equal-access permit 30
R1(config-route-map)#set default interface null0

R1(config) #interface fa0/0
R1(config-if) #ip policy route-map equal-access

配置完成后，可以使用 show ip policy 和 show route-map 命令查看策略配置。使用 debug ip policy 命令查看策略执行情况。

12.3　高级路由重分发

12.3.1　路由映射表与路由控制

上节介绍了路由映射表在策略路由中的应用，和访问控制列表一样，路由映射表的结尾也有一条隐式的 deny any 语句。该语句的结果取决于路由映射表的用途。

路由映射表的 match 命令用于指定匹配的条件（对于策略路由即定义感兴趣流量），而 set 语句用于指定满足措施为 permit 的条件时应采取的操作；如果不指定 match,则表示任意匹配，即所有都匹配。

单条 match 语句可包含多个条件，但只要有一个条件为真，就认为与 match 语句匹配，可以理解为逻辑或运算。而 route-map 语句可能包含多条 match 语句，仅当 route-map 语句中所有的 match 语句都为真时，才认为与该 route-map 语句匹配，可以理解为逻辑与运算。

在 match ip address 命令中，上节仅介绍了标准访问控制列表的用法。而在此命令后，还可跟扩展 ACL 和命名 ACL 以及下面将提到的前缀列表。看以下路由映射表演示：

Route-map demo permit 10
Match x y z
Match a
Set b c

Route-map demo permit 20
Match d
Set e
Route-map demo permit 30

解读为：

If{x or y or z} and (a) match} then {set b and c}
Else if q matches then set r
Else set nothing

1. match 命令与路由控制

策略路由中介绍了 ip address 与 length，而在控制路由更新中，match 后可跟以下条件：

- Interface <type number>：匹配其下一跳为指定接口之一的路由。
- Ip next-hop <access-list-number | access-list-number-name…>：匹配其下一跳路由器地址（获得访问列表之一允许）的路由，可跟多个 ACL。
- Ip route-source < access-list-number | access-list-number-name…>：匹配路由器或介入服务器通告（获得访问列表之一允许）的路由，可跟多个 ACL。
- Metric <metric-value>：匹配指定度量值的路由。
- Route-type [external | internal | level-1 | level-2 | local]：匹配指定类型的路由。
- Tag <tag-value>：匹配标记。

此外，还有与 BGP 相关的参数，在此不进行介绍。

2. set 命令与路由控制

在路由控制中，set 命令可跟以下参数：

- Metric <matric-vlaue>：设置路由协议的度量值。
- Metric-type <type-1 | type-2 | internal | external>：设置路由协议的度量类型。
- Level <stub-area | backbone>：将路由导入到那种类型的区域，用于 OSPF。
- Tag <tag-value>：设置 tag 值。

12.3.2 路由映射表用于重分发

在介绍路由重分发时，在自治系统边界路由器可以对其进行配置相关参数，set 后跟的参数功能相似。但在其条件控制方面，对比路由映射表就有所欠缺；而使用路由映射表，为所有的路由器提供了灵活的控制手段。

在自治系统边界路由器使用 redistribute 命令进行重分发时也可跟 route-map <map-tag>，指定要使用的路由映射表。其使用方式与策略路由类似，首先定义 route-map，然后在接口应用。请看以下案例：

Router ospf 110
Redistribute rip route-map OSPF-TO-RIP subnets

Route-map OSPF-TO-RIP permit 10
Match ip address 1 2
Set metric 300
Set metric-type type-1

Route-map OSPF-TO-RIP deny 20
Match ip address 3

Route-map OSPF-TO-RIP permit 30
Set metric 3000
Set metric-type type-2

Access-list 1 permit 10.1.0.0 0.0.255.255
Access-list 2 permit 172.16.1.0 0.0.0.255
Access-list 3 permit 10.0.0.0 0.255.255.255

该路由映射表中序列号为 10 的语句查找与访问列表 1 或 2 匹配的 IP 地址。路由 10.1.0.0/26 和 172.16.1.0、24 与这些列表匹配。如果匹配，路由器将该路由重分发到 OSPF，将其开销值设置为 500，类型为外部 1 类。

如果不与序列号为 10 的语句匹配，将检查序列号为 20 的语句。如果路由与 Access-list 3 匹配，则不将它重分发到 OSPF，此时 route-map 指定的措施为 deny。

如果不与序列号为 20 的语句匹配，将检查序列号 30 的语句。该语句没有定义 match 条件，其他所有路由都被重分发到 OSPF，且开销值被设置为 3000，度量值为外部 2 类。

注意： 决定是否重分发路由时，根据 route-map 命令是 deny 还是 permit，而不是 route-map 指定的 ACL 包含的 deny 或 permit，AL 只用于匹配路由。

12.3.3 标记、路由映射表和重分发的结合

Tag 的使用为网络管理提供了一种灵活的控制方式。路由被打上 tag 对路由信息是不会产生影响的，其目的是为了后续的对带有 tag 标记的路由信息进行设置。如图 12.6 所示的案例，基本配置如图中所示。其中，R3 在 RIP 中通告了 1 个环回口，R4 在 EIGRP 中也通告了 1 个环回口，R2 将环回口通告进了 EIGRP。

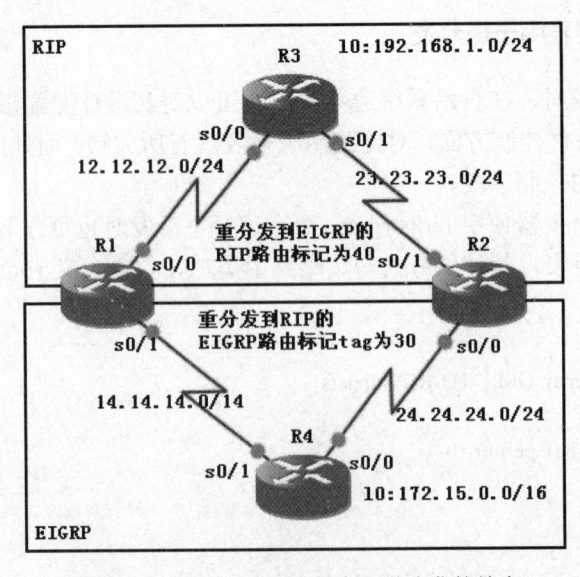

图 12.6 标记、路由映射表和重分发的结合

在本案例中，为了提供冗余备份，RIP 区域和 EIGRP 区域之间的路由器 R1 和 R2 分别做了重分布。虽然提供了冗余，但也产生了问题：R1 将 EIGRP 重分发给 RIP 学习到 EIGRP 的路由后，R2 通过 RIP 得知该路由又将其重分发到 EIGRP。如果不处理，就会形成路由反馈循环。

通过 tag 解决这一问题的思路是：在 R1 将 EIGRP 路由重分发到 RIP 中时，将其打上 tag 标记 40；将 RIP 路由重分布到 EIGRP 中时，打上 tag 标记 30。而在重分发时，首先检验是否来自源协议（协议本身）的路由。如果是，则销毁掉，如果不是，进行重分发，并打上标记标识为重分发进本协议的路由。

R1 配置如下（R2 配置类似）：

```
interface Serial0/0
 ip address 12.12.12.1 255.255.255.0
 clock rate 2000000
!
interface Serial0/1
 ip address 14.14.14.1 255.255.255.0
 clock rate 2000000
!
router eigrp 90
 redistribute rip metric 1544 1000 255 1 1500 route-map TO-EIGRP
 network 14.14.14.0 0.0.0.255
 auto-summary
!
router rip
 version 2
 redistribute eigrp 90 metric 5 route-map TO-RIP
 network 12.0.0.0
 no auto-summary
!
route-map TO-RIP deny 10
 match tag 30
!
route-map TO-RIP permit 20
 set tag 40
!
route-map TO-EIGRP deny 10
 match tag 40
!
route-map TO-EIGRP permit 20
 set tag 30
!
```

此时在 R3 上查看来自 R4 的明细路由 172.15.0.0：

```
R3#show ip route 172.15.0.0
Routing entry for 172.15.0.0/16
   Known via "rip", distance 120, metric 5
```

Tag 40
Redistributing via rip
Last update from 12.12.12.1 on Serial0/0, 00:00:01 ago
Routing Descriptor Blocks:
* 12.12.12.1, from 12.12.12.1, 00:00:01 ago, via Serial0/0
    Route metric is 5, traffic share count is 1
    Route tag 40

可以看到，来自 RIP 协议区域的路由被打上了标记 tag 40，R1 和 R2 不会将其重分发到 RIP 中。

12.3.4 前缀列表在路由重分发的应用

Match 后可跟访问控制列表和前缀列表（prefix-list），ACL 在此不再赘述。相对于 ACL，前缀列表对路由条目的控制更为灵活，使用也更方便，它提供了灵活的 IP 地址与子网掩码表达方式。前缀列表的定义使用命令 ip prefix-list <list-name> [seq <seq-value>] [deny | permit] network/len [ge <ge-value>] [le <le-value>]，具体参数解释如下：

- list-name。创建的前缀列表表名，区分大小写。
- seq-value。代表前缀列表语句的 32 位序号，用于确定过滤语句被处理的次序，默认以 5,10,15 递增。
- deny | permit。发现一条匹配条目时采取的行动。
- network/len。进行匹配的前缀和前缀长度。
- ge-value。ge 可以理解为大于等于（greater equal），代表要进行匹配的前缀长度的范围。如果只规定了"ge"属性，该范围被认为是从"len"到"ge-value"。
- le-value。le 可以理解为小于等于（less equal），代表要进行匹配的前缀长度的范围。如果只规定了"le"属性，该范围被认为是"len"到"le-value"。

通过以下几个例子来理解 prefix-list 的用法：

- ip prefix-list LIST-1 seq 8 permit 192.168.1.0/24

该语句严格定义了前缀及前缀长度，即 192.168.1.0/24，使用 8 作为 Seq-value 可以方便以后添加，可以不定义，在使用 ip prefix-list 定义第一条语句时默认为 5。此时再在 LIST-1 中添加，则 seq-value 默认加 5。

- ip prefix-list LIST-1 permit 0.0.0.0/0

该语句接上条语句继续定义 LIST-1，指定匹配网段 0.0.0.0 和子网掩码 0.0.0.0，即默认路由（在输入上条语句后再输入该语句，则该语句 Seq-value 为 12）。

- ip prefix-list LIST-2 seq 10 permit 10.1.0.0/16 le 32

该语句指定前缀 10.1.0.0 前面的 16 位必须匹配（10.1），此外，子网掩码小于等于 32 位。

- ip prefix-list LIST-3 permit 0.0.0.0/0 le 32

该语句意味着 0 位需要匹配，子网掩码需要小于等于 32 位。所有网段的子网掩码都小于于 32 位，并且一位都不用匹配，该语句等于 permit any。

- ip prefix-list LIST-4 permit 20.0.0.0/10 ge 23 le 25

该语句表示网段 20.0.0.0 的前 10 位必须匹配，并且子网掩码必须在 23～25 位之间。

- ip prefix-list LIST-5 permit 0.0.0.0/0 ge 1

该语句表示除默认路由外的所有路由。
- ip prefix-list LIST-6 seq 10 permit 0.0.0.0/1 ge 8 le 8
  ip prefix-list LIST-6 seq 15 permit 128.0.0.0/2 ge 16 le 16
  ip prefix-list LIST-6 seq 20 permit 192.0.0.0/3 ge 24 le 24

该语句定义配置了 A、B、C 三类地址。

使用前缀列表控制部分路由被重分发，如图 12.7 所示。

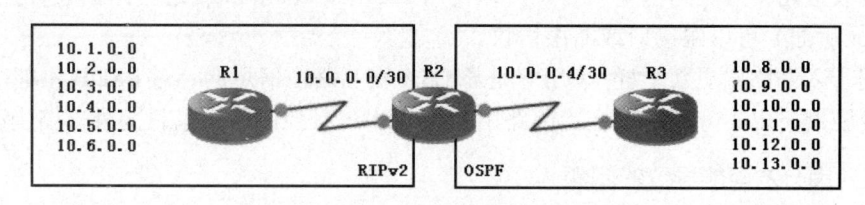

图 12.7　前缀列表应用于路由重分发

要求 R1 连接的网络 10.1.0.0～10.3.0.0 内主机被 OSPF 区域内所有网络都能访问（其他网络主机不能被访问）；要求 R3 连接的 10.8.0.0～10.11.0.0 内主机被 OSPF 区域内所有网络都能访问（其他网络主机不能被访问）。通过 ACL 也能实现上述功能，但实现太过繁琐，而通过前缀列表在 R2 进行以下配置即可：

```
router rip
 version 2
 redistribute ospf 110 metric 5 route-map TO-RIP
 network 10.0.0.0
 no auto-summary
!
route-map TO-RIP permit 10
 match ip address prefix-list FOR-RIP
!
route-map TO-OSPF permit 10
 match ip address prefix-list FOR-OSPF
!
ip prefix-list TO-RIP permit 10.0.0.0/14
ip prefix-list TO-RIP permit 10.0.0.0/14
!
```

可以使用 show ip prefix-list [detail | summary] <prefix-list-name> [network/length]命令查看前缀列表信息。

12.3.5　使用分发列表控制路由更新

前面介绍了路由映射表在路由重分发时的应用，重分发的英文是 redistribute，所针对的对象是自治系统边界路由器，那么对于非自治系统边界路由器是否存在对路由的控制手段呢？使用分发列表 distribute-list 即可实现该目的。distribute-list 后应用于入站路由更新和出站路由更新，使用命令如下：

1. 应用于入站路由更新

Distribute-list <access-list-number> | name> [route-map <map-tag>] in [interface-name]

分发列表应用于入站路由更新时，可以使用 ACL 或 route-map 进行路由条目控制，而应用范围（in 后面）只能跟接口。

对于大多数路由协议可使要过滤掉的路由加入其数据库，但对于 OSPF 路由器而言，其 LSDB 必须同步，该命令只能控制路由进入本地路由表，而不能控制路由进入 LSDB。

2. 应用于出站路由更新

Distribute-list [<access-list-number> | <name>]　　[route-map <map-tag>] out [interface-name | routing-process | autonomous-system-number <routing-process parameter>]

分发列表应用于入站路由更新时，可以使用 ACL 或 route-map 进行路由条目控制，而应用范围（out 后面）可以跟接口或路由协议。

同应用于入站路由更新一样，OSPF 是靠 LSA 交互路由信息的，对 LSDB 不能产生影响；对于该命令应用于出站方向，仅在当前路由器为 ASBR 且控制路由条目为外部路由时有效。

12.3.6　重分发可能导致的问题

1. 单点重分发可能导致的问题

单点重分发指只在一台路由器上进行不同路由协议之间的重分发，单点重分发主要分为以下两种：

（1）单点单向重分发。只将一种路由协议的路由信息重分发给另一种路由协议；在另一种协议使用一条默认或静态路由，使网络中的设备能全部可达。

（2）单点双向重分发。在两个路由进程之间相互重分发给对方。

（3）单点单向重分发和单点双向重分发都是安全的，因为不同协议之间只有一条通道，不能形成环路，但是仍可能导致次优路由问题。

观察图 12.8，在该网络环境中，EIGRP 中的 10.0.0.0 路由由于是外部路由，其管理距离为 170，重分发进 OSPF 后，虽然 OSPF 将其标识为 E2 的路由（默认），但其管理距离为 110。此时 R2 从 R1 通过 OSPF 学习到 10.0.0.0 路由，和原来由 EIGRP 学习到得 10.0.0.0（管理距离 170）相比较，OSPF 学习到该路由条目的管理距离更低，故而 R2 将由 OSPF 学习到得 10.0.0.0 路由放入路由表。

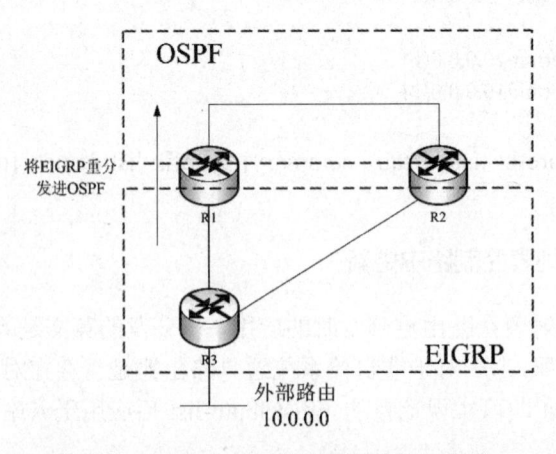

图 12.8　单点单向重分发可能导致的次优路由

重分发完后，R2 将发往 10.0.0.0 的数据发向 R1，而不是最优路径 R3，从而导致了次优路由问题。

2. 多点重分发可能导致的问题

多点重分发分为多点单向重分发和多点双向重分发，即使是多点单向重分发也可能导致问题，而多点双向重分发更容易发生问题。还是接上节网络拓扑，此时 R2 也向 OSPF 区域重分发 EIGRP。此时网络可能产生路由环路，最差情况也是次优路由。

根据网络设计的不同，可考虑使用下列技术进行重分发：

（1）将一条默认路由（或多条静态路由）从核心自治系统重分发到边缘自治系统中，并将边缘路由协议的路由重分发到核心路由协议。

（2）将路由从核心自治系统重分发到边缘自治系统中，通过过滤避免不合适的路由。

（3）在不同协议自治系统之间相互重分发，修改重分发而来的路由的管理距离，使得存在多条前往相同目的地的路由时，不会选择重分发而来的路由。

12.3.7 使用管理距离的重分发

在某些情况下，路由相信的路由协议提供的路由更糟，但是由于管理距离更小，因此选择了次优路径。一种确保某种路由协议提供了路由被选中的方法是，给其他路由协议提供的路由指定较大的管理距离，使用命令 distance <administrative-distance> [<address wildcard-mask>] [ip-standard-list] [ip-extended-list]。

Distance 后还可跟协议，请看以下命令：

Router eigrp 90
Distance eigrp 80 150
Distance 100 192.168.1.0 0.0.0.255
Distance 115 17.16.1.1 255.255.255
Distance 125 0.0.0.0 255.255.255.255

其中，Router eigrp 80 150 将 EIGRP 中的内部路由和外部路由分别设置为 80 和 150；Distance 100 192.168.1.0 0.0.0.255 将从 192.168.1.0/24 网络中的路由器学习的路由管理距离都设置为 100；Distance 115 17.16.1.1 255.255.255 将从 17.16.1.1 地址的路由器所学得的所有路由管理距离设置 115；Distance 125 0.0.0.0 255.255.255.255 将从任意路由器学习来的路由管理距离设置为 125。

对于 OSPF，还可跟 external、inter-area 和 intra-area。例如：

Router ospf 110
Distance ospf external 105 inter-area 101 intra-area 103

该命令将 OSPF 自治系统外部路由设置为 105；将区域内路由设置为 101，区域间路由设置为 103。

修改管理距离命令 distance <administrative-distance> [<address wildcard-mask>]后还可跟 [access-list number|name]，表示修改匹配 ACL 的路由更新,确定修改哪些路由更新的管理距离，例如：

Access-list 1 permit 172.15.0.0
Access-list 1 permit 172.16.1.0
Router ospf 110
Distance 105 192.168.0.0 0.255.255 1

该命令将修改地址 192.168 开头的路由器学习来的 172.16.0.0 和 172.16.1.0 的路由，将其管理距离设置为 105。

第二部分 典型项目

典型项目之一 PBR 应用实验

实验要求与环境

建议内存大于 1GB 的计算机；计算机上已安装并设置好 GNS3；计算机上存有 GNS3 可用路由器 IOS 文件

实验目的

掌握通过策略影响路由器选路的配置方法，理解策略路由与路由表之间的关系

实验拓扑

拓扑结构如图 12.9 所示。

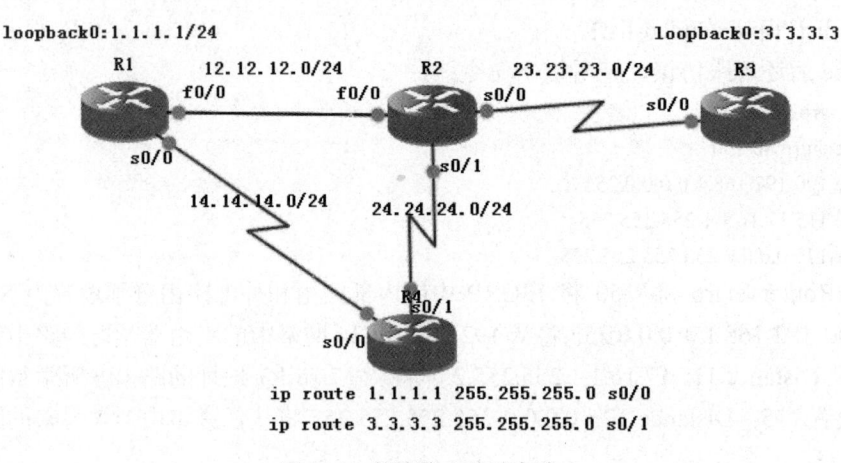

图 12.9 策略路由基础实验

实验步骤

实验拓扑如图 12.9 所示，在 R1 和 R3 上分别起环回口，R1、R2、R3 之间链路运行 EIGRP，并将各自环回口通告进 EIGRP。R4 上写一条 1.1.1.0/24 发往 R1 的静态路由及一条 3.3.3.0/24 发往 R2 的静态路由。

接口及路由配置省略。

配置完成后，使用 show ip route 命令查看各路由器路由表：

R1：

  1.0.0.0/24 is subnetted, 1 subnets
C   1.1.1.0 is directly connected, Loopback0
D 3.0.0.0/8 [90/2323456] via 12.12.12.2, 00:46:08, FastEthernet0/0
D 23.0.0.0/8 [90/2195456] via 12.12.12.2, 00:46:14, FastEthernet0/0
  12.0.0.0/24 is subnetted, 1 subnets

C   12.12.12.0 is directly connected, FastEthernet0/0
         14.0.0.0/24 is subnetted, 1 subnets
C   14.14.14.0 is directly connected, Serial0/0

R2：

         1.0.0.0/24 is subnetted, 1 subnets
D   1.1.1.0 [90/409600] via 12.12.12.1, 00:51:30, FastEthernet0/0
D   3.0.0.0/8 [90/2297856] via 23.23.23.3, 00:48:05, Serial0/0
         23.0.0.0/8 is variably subnetted, 2 subnets, 2 masks
C   23.23.23.0/24 is directly connected, Serial0/0
D   23.0.0.0/8 is a summary, 00:48:11, Null0
         24.0.0.0/24 is subnetted, 1 subnets
C   24.24.24.0 is directly connected, Serial0/1
         12.0.0.0/8 is variably subnetted, 2 subnets, 2 masks
C   12.12.12.0/24 is directly connected, FastEthernet0/0
D   12.0.0.0/8 is a summary, 00:48:12, Null0

R3：

         1.0.0.0/24 is subnetted, 1 subnets
D   1.1.1.0 [90/2323456] via 23.23.23.2, 00:49:41, Serial0/0
         3.0.0.0/8 is variably subnetted, 2 subnets, 2 masks
C   3.3.3.0/24 is directly connected, Loopback0
D   3.0.0.0/8 is a summary, 00:49:42, Null0
         23.0.0.0/8 is variably subnetted, 2 subnets, 2 masks
C   23.23.23.0/24 is directly connected, Serial0/0
D   23.0.0.0/8 is a summary, 00:49:42, Null0
D   12.0.0.0/8 [90/2195456] via 23.23.23.2, 00:49:41, Serial0/0

R4：

         1.0.0.0/24 is subnetted, 1 subnets
S   1.1.1.0 is directly connected, Serial0/0
         3.0.0.0/24 is subnetted, 1 subnets
S   3.3.3.0 [1/0] via 24.24.24.2
         24.0.0.0/24 is subnetted, 1 subnets
C   24.24.24.0 is directly connected, Serial0/1
         14.0.0.0/24 is subnetted, 1 subnets
C   14.14.14.0 is directly connected, Serial0/0

实验开始前，测试连通性，R1 和 R3 的环回口之间能够互相 ping 通，R4 能 PING 通 R1 环回口，但 R4 不能 ping 通 R3 环回口，因为 R3 没有 R4 的路由信息。

实验环境搭建好后，在 R2 上使用 ACL 定义感兴趣流量：

R2(config)#access-list 1 permit 1.1.1.0 0.0.0.255
R2(config)#access-list 3 permit 3.3.3.0 0.0.0.255

这里回顾一下 ACL 的知识，此时 access-list 1 定义的是 IP 数据包中源地址为 1.1.10/24 的数据流量，定义目标地址的流量可以使用扩展 ACL。

定义完感兴趣流量后定义路由映射表：

R2(config) #route-map test1 //这里在定义 test1 时没有跟参数，会默认为 permit 10
R2(config-route-map)#match ip address 1
R2(config-route-map)#set interface Serial0/1

R2(config) #route-map test3

R2(config-route-map)#match ip address 3

R2(config-route-map)#set interface Serial0/1

其实实验的思路很简单，控制 R1 与 R3 之间的环回口之间的通信。接着在 R2 的接口调用 route-map，首先在 f0/0 口调用 test1，使用命令 ip policy route-map test1。

在 R1 上使用 ping 3.3.3.3 source 1.1.1.1 命令测试，发现还是能 ping 通，但使用 traceroute 3.3.3.3 source 1.1.1.1 会发现：

1 12.12.12.2 122 msec 92 msec 32 msec

2 24.24.24.4 72 msec 64 msec 32 msec

3 24.24.24.2 64 msec 184 msec 64 msec

4 23.23.23.3 124 msec *   236 msec

实际上完成通信的过程是 R1→R2→R4→R2→R3→R2→R1，此时可以在 R2 上使用 debug ip policy 命令查看策略执行情况。

在 R2 的 f0/0 接口将 ip policy route-map test1 命令 no 掉，调用 route-map test3，接着在 R1 上执行 ping 3.3.3.3 source 1.1.1.1，此时策略路由没有发生作用。仔细分析原因，access-list 3 定义的是源地址为 3.3.3.0/24 的流量，调用是在 R2 的 f0/0 接口。注意，此时 R2 检查的是 f0/0 接口的入方向流量是否为源地址为 3.3.3.0/24 的流量。此时源地址为 1.1.1.1，不匹配，因此执行协议路由。完成后将 ip policy route-map test3 命令 no 掉。

接着在 s0/0 接口调用 test1，还是协议路由转发，R1 的 PING 包去 R3 的时候策略路由不起作用，回的时候策略检查源地址为 23.23.23.3，不匹配，协议路由转发。No 掉策略路由后调用 test3 同样如此。在 R1 使用环回口 PING 测试 R3 的环回口时，R3 的环回口给 R1 回包使用的源地址为 R3 的发送接口地址，故而和策略不匹配。

此时在 R2 的 s0/0 接口调用两个路由映射表在 R1 环回口 ping R3 环回口之间都不起作用。还是 s0/0 接口调用 test3，此时使用 tra 1.1.1.1 source 3.3.3.3 命令测试，发现在策略路由影响下，实际的通信过程为：R3→R2→R4→R1→R2→R3。

通过该实验大致了解了策略路由与路由表之间的关系，也验证了策略路由的 route-map 只在接口的入方向起作用。

如果感兴趣，可以将 R4 的 s0/0 接口关闭，将 R2 与 R4 之间改成以太网连接。重复上述实验。会发现 route-map 中的 set interface 不起作用，还是协议路由转发；但是将 set interface 改成 set ip next-hop 后策略路由就起作用了。此实验已超出本章讨论范围，其结果与以太网通信有关，但是可以得出结论，在指接口和指地址时，指地址的配置比较好。

典型项目之二　使用分发列表控制路由更新

实验要求与环境

同上。

实验目的

理解（扩展）访问控制列表、分发列表、路由映射表的相互调用关系及语句含义，掌握分发列表控制路由更新的方法。

实验拓扑

拓扑结构如图 12.10 所示。

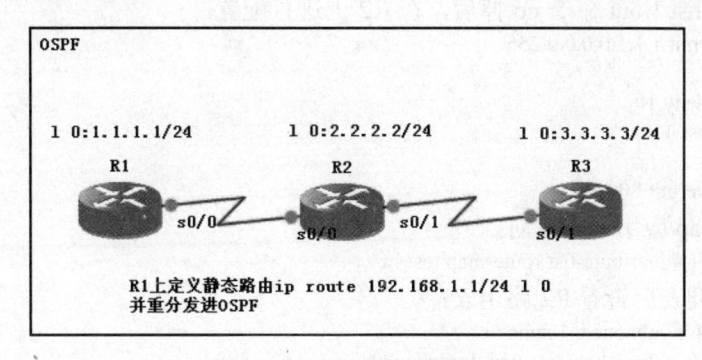

图 12.10 分发列表应用实验

实验步骤

在 R1、R2、R3 上运行 OSPF 协议，在 R1、R2、R3 上通告环回口进 OSPF，在 R1 上将静态路由 192.168.1.1 重分布进 OSPF。实验前，在 R3 上查看路由表：

```
R3#show ip route
     1.0.0.0/24 is subnetted, 1 subnets
O       1.1.1.0 [110/129] via 23.23.23.2, 00:16:37, Serial0/1
     2.0.0.0/32 is subnetted, 1 subnets
O       2.2.2.2 [110/65] via 23.23.23.2, 00:16:37, Serial0/1
     3.0.0.0/24 is subnetted, 1 subnets
C       3.3.3.0 is directly connected, Loopback0
     23.0.0.0/24 is subnetted, 1 subnets
C       23.23.23.0 is directly connected, Serial0/1
     12.0.0.0/24 is subnetted, 1 subnets
O       12.12.12.0 [110/128] via 23.23.23.2, 00:16:37, Serial0/1
O E2 192.168.1.0/24 [110/20] via 23.23.23.2, 00:00:36, Serial0/1
```

在 R1 上定义控制路由条目：

```
access-list 1 deny    192.168.1.0 0.0.0.255
access-list 1 permit any
access-list 2 deny    1.1.1.0 0.0.0.255
access-list 2 permit any
```

在 R1 上进入 OSPF 进程，使用命令：

```
R1(config-router)#distribute-list 2 out
```

此时 R3 上仍能看到 1.1.1.0 该条路由：

```
     1.0.0.0/24 is subnetted, 1 subnets
O       1.1.1.0 [110/129] via 23.23.23.2, 00:21:47, Serial0/1
```

将 distribute-list 2 out 命令 no 掉，使用命令：

```
R1(config-router)#distribute-list 1 out
```

此时查看 R3 路由表：

```
     1.0.0.0/24 is subnetted, 1 subnets
O       1.1.1.0 [110/129] via 23.23.23.2, 00:24:26, Serial0/1
     2.0.0.0/32 is subnetted, 1 subnets
O       2.2.2.2 [110/65] via 23.23.23.2, 00:24:26, Serial0/1
     3.0.0.0/24 is subnetted, 1 subnets
C       3.3.3.0 is directly connected, Loopback0
     23.0.0.0/24 is subnetted, 1 subnets
```

```
C        23.23.23.0 is directly connected, Serial0/1
         12.0.0.0/24 is subnetted, 1 subnets
O        12.12.12.0 [110/128] via 23.23.23.2, 00:24:26, Serial0/1
```

将 distribute-list 1 out 命令 no 掉后，在 R2 上进行配置：

```
access-list 1 permit 1.1.1.0 0.0.0.255
!
route-map test deny 10
 match ip address 1
!
route-map test permit 20
```

将该 route-map 应用于入方向：

```
R2(config-router)#distribute-list route-map test in
```

应用完分发列表后查看 R2 路由表：

```
         2.0.0.0/24 is subnetted, 1 subnets
C        2.2.2.0 is directly connected, Loopback0
         3.0.0.0/32 is subnetted, 1 subnets
O        3.3.3.3 [110/65] via 23.23.23.3, 00:01:04, Serial0/1
         23.0.0.0/24 is subnetted, 1 subnets
C        23.23.23.0 is directly connected, Serial0/1
         12.0.0.0/24 is subnetted, 1 subnets
C        12.12.12.0 is directly connected, Serial0/0
O E2 192.168.1.0/24 [110/20] via 12.12.12.1, 00:01:04, Serial0/0
```

应用完分发列表后此时查看 R3 路由表：

```
         1.0.0.0/24 is subnetted, 1 subnets
O        1.1.1.0 [110/129] via 23.23.23.2, 00:31:14, Serial0/1
         2.0.0.0/32 is subnetted, 1 subnets
O        2.2.2.2 [110/65] via 23.23.23.2, 00:31:14, Serial0/1
         3.0.0.0/24 is subnetted, 1 subnets
C        3.3.3.0 is directly connected, Loopback0
         23.0.0.0/24 is subnetted, 1 subnets
C        23.23.23.0 is directly connected, Serial0/1
         12.0.0.0/24 is subnetted, 1 subnets
O        12.12.12.0 [110/128] via 23.23.23.2, 00:31:15, Serial0/1
O E2 192.168.1.0/24 [110/20] via 23.23.23.2, 00:06:00, Serial0/1
```

可以看到该分发列表只影响了 R2 的路由表，对 R3 没有影响。

而此时将 route-map test permit 20 命令 no 掉，观察 R2 路由表：

```
         2.0.0.0/24 is subnetted, 1 subnets
C        2.2.2.0 is directly connected, Loopback0
         23.0.0.0/24 is subnetted, 1 subnets
C        23.23.23.0 is directly connected, Serial0/1
         12.0.0.0/24 is subnetted, 1 subnets
C        12.12.12.0 is directly connected, Serial0/0
```

因为 route-map 同 ACL 一样隐藏了 deny any 命令，因此此时 R2 看不到任何 OSPF 路由，但此时在 R2 和 R3 上观察 LSDB，均一样：

```
            OSPF Router with ID (3.3.3.3) (Process ID 110)

                 Router Link States (Area 0)

Link ID        ADV Router      Age       Seq#        Checksum Link count
1.1.1.1        1.1.1.1         1256      0x80000007  0x0046E8 3
2.2.2.2        2.2.2.2         381       0x8000000A  0x00D616 5
```

| 3.3.3.3 | 3.3.3.3 | 289 | 0x80000005 0x006D68 3 |

Type-5 AS External Link States

| Link ID | ADV Router | Age | Seq# | Checksum Tag |
| 192.168.1.0 | 1.1.1.1 | 716 | 0x80000001 0x000D25 0 |

该实验除了演示分发列表的应用，还验证了应用于 OSPF 的特殊性。对于其他协议，分发列表对路由更新控制还是比较灵活的。

路由映射表应用于分发列表和应用于重分发时相比较，没有应用于重分发时那么灵活，可自行通过实验体会。

分发列表接 ACL、分发列表接 route-map（route-map 中调用 ACL），一定要分清 route-map 和 ACL 中的 permit、deny 的含义，这也是掌握分发列表的重难点。

典型项目之三　使用管理距离优化路由重分发

实验要求与环境

计算机内存建议 2GB 以上，其余要求同上。

实验目的

理解双向重分发可能带来的问题，掌握通过管理距离优化路由重分发的方法。

实验拓扑

拓扑结构如图 12.11 所示。

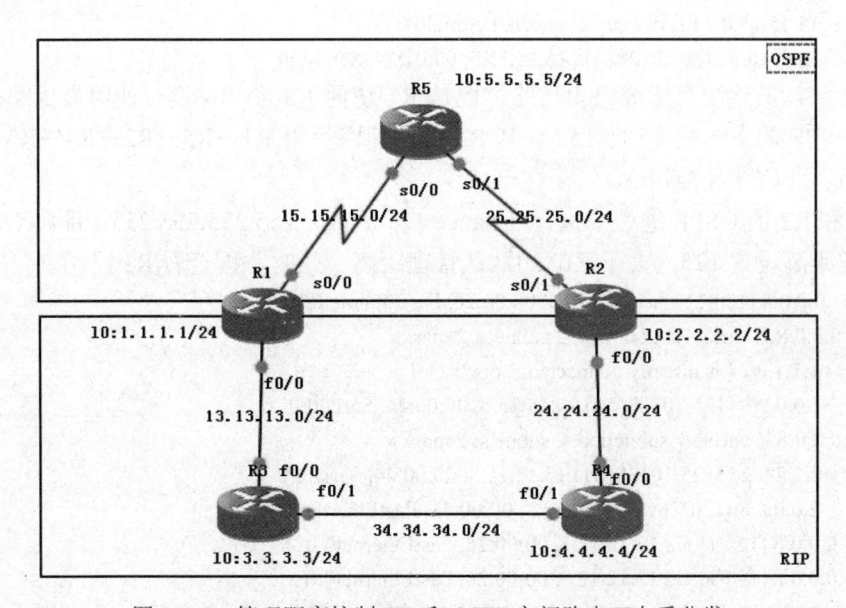

图 12.11　管理距离控制 RIP 和 OSPF 之间路由双向重分发

实验步骤

参看图 12.11，路由器 R1 和 R3 之间使用 12.12.12.0/24 网络，R3 和 R4 之间使用 34.34.34.0/34

网络，以此类推；将 R1、R2、R3、R4 的环回口通告进 RIP，R5 的环回口通告进 OSPF，然后在 R1、R2 执行双向重分发，为了避免环路，将重分发进 OSPF 得默认 metric 设置为 10000，将重分发进 RIP 的默认 metric 设置为 5。完成后，在 R1 使用 show ip route 命令查看路由表：

```
O E1 34.0.0.0/8 [110/10128] via 15.15.15.5, 00:02:12, Serial0/0
     1.0.0.0/8 is variably subnetted, 2 subnets, 2 masks
C        1.1.1.0/24 is directly connected, Loopback0
O E1     1.0.0.0/8 [110/10128] via 15.15.15.5, 00:02:12, Serial0/0
     2.0.0.0/8 is variably subnetted, 2 subnets, 2 masks
O E1     2.2.2.0/24 [110/10128] via 15.15.15.5, 00:02:12, Serial0/0
R        2.0.0.0/8 [120/7] via 12.12.12.3, 00:01:07, FastEthernet0/0
O E1 3.0.0.0/8 [110/10128] via 15.15.15.5, 00:02:12, Serial0/0
O E1 4.0.0.0/8 [110/10128] via 15.15.15.5, 00:02:12, Serial0/0
     5.0.0.0/8 is variably subnetted, 2 subnets, 2 masks
O        5.5.5.5/32 [110/65] via 15.15.15.5, 00:02:12, Serial0/0
O E1     5.0.0.0/8 [110/10128] via 15.15.15.5, 00:01:37, Serial0/0
     25.0.0.0/24 is subnetted, 1 subnets
O        25.25.25.0 [110/128] via 15.15.15.5, 00:02:14, Serial0/0
     24.0.0.0/8 is variably subnetted, 2 subnets, 2 masks
O E1     24.24.24.0/24 [110/10128] via 15.15.15.5, 00:02:14, Serial0/0
R        24.0.0.0/8 [120/1] via 12.12.12.3, 00:00:12, FastEthernet0/0
     12.0.0.0/8 is variably subnetted, 2 subnets, 2 masks
C        12.12.12.0/24 is directly connected, FastEthernet0/0
O E1     12.0.0.0/8 [110/10128] via 15.15.15.5, 00:02:14, Serial0/0
     15.0.0.0/8 is variably subnetted, 2 subnets, 2 masks
C        15.15.15.0/24 is directly connected, Serial0/0
O E1     15.0.0.0/8 [110/10128] via 15.15.15.5, 00:01:37, Serial0/0
```

可以看到，虽然没有形成路由环路，但是 R1 访问 R3 和 R4 没有使用最优路径，而将数据转发给 OSPF 的下一跳 15.15.15.5，其 R3 的访问路径为 R1→R5→R2→R4→R3。对于该网络，R1 明显可以直接访问 R3。

在 R1 和 R2 的 OSPF 进程中执行 distance 125 0.0.0.0 255.255.255.255，即将 OSPF 学习来的路由管理距离设置 125，大于 RIP 的默认管理距离。此时，再查看 R1 路由表：

```
R    34.0.0.0/8 [120/1] via 12.12.12.3, 00:00:26, FastEthernet0/0
     1.0.0.0/8 is variably subnetted, 2 subnets, 2 masks
C        1.1.1.0/24 is directly connected, Loopback0
O E1     1.0.0.0/8 [125/10128] via 15.15.15.5, 00:00:44, Serial0/0
     2.0.0.0/8 is variably subnetted, 2 subnets, 2 masks
O E1     2.2.2.0/24 [125/10128] via 15.15.15.5, 00:00:44, Serial0/0
R        2.0.0.0/8 [120/7] via 12.12.12.3, 00:00:33, FastEthernet0/0
R    3.0.0.0/8 [120/1] via 12.12.12.3, 00:00:26, FastEthernet0/0
R    4.0.0.0/8 [120/1] via 12.12.12.3, 00:00:26, FastEthernet0/0
     5.0.0.0/32 is subnetted, 1 subnets
O        5.5.5.5 [125/65] via 15.15.15.5, 00:00:44, Serial0/0
     25.0.0.0/24 is subnetted, 1 subnets
O        25.25.25.0 [125/128] via 15.15.15.5, 00:00:44, Serial0/0
     24.0.0.0/8 is variably subnetted, 2 subnets, 2 masks
```

```
O E1      24.24.24.0/24 [125/10128] via 15.15.15.5, 00:00:45, Serial0/0
R         24.0.0.0/8 [120/1] via 12.12.12.3, 00:00:00, FastEthernet0/0
     12.0.0.0/8 is variably subnetted, 2 subnets, 2 masks
C         12.12.12.0/24 is directly connected, FastEthernet0/0
O E1      12.0.0.0/8 [125/10128] via 15.15.15.5, 00:00:45, Serial0/0
     15.0.0.0/24 is subnetted, 1 subnets
C         15.15.15.0 is directly connected, Serial0/0
```

distance 125 0.0.0.0 255.255.255.255 后可跟 ACL，用于指定需要匹配的范围。

第三部分　巩固练习

理论练习

1. 什么是重分发？
2. 重分发可能引起哪些问题？
3. EIGRP 路由度量值由哪 5 个部分组成？
4. 路由映射表有哪些用途？
5. 在访问控制列表、路由映射表、前缀列表中 permit 和 deny 分别意味着什么？
6. 基于策略的路由有哪些优点？

项目 13 QoS 在 IOS 中的应用

项目学习重点：

- 掌握实现 QoS 的几种方法
- 掌握在思科的路由器和交换机上实现 QoS 的配置命令

第一部分 理论知识

13.1 QoS 概述

QoS（Quality of Service，服务质量），是网络的一种安全机制，是用来解决网络延迟和阻塞等问题的一种技术。在正常情况下，如果网络只用于特定的无时间限制的应用系统，并不需要 QoS，比如 Web 应用或E-mail设置等。但是对关键应用和多媒体应用就十分必要。当网络过载或拥塞时，QoS 能确保重要业务量不受延迟或丢弃，同时保证网络的高效运行。

通常 QoS 提供以下 3 种服务模型：

- Best-Effort 服务模型（尽力而为服务模型）。
- Integrated 服务模型（综合服务模型，简称 Int-Serv）。
- Differentiated 服务模型（区分服务模型，简称 Diff-Serv）。

1. Best-Effort 服务模型

Best-Effort 是一个单一的服务模型，也是最简单的服务模型。对 Best-Effort 服务模型，网络尽最大的可能性来发送报文。但对时延、可靠性等性能不提供任何保证。Best-Effort 服务模型是网络的默认服务模型，通过 FIFO 队列来实现。它适用于绝大多数网络应用，如 FTP、E-mail 等。

2. Int-Serv 服务模型

Int-Serv 是一个综合服务模型，它可以满足多种 QoS 需求。该模型使用资源预留协议（RSVP），RSVP 运行在从源端到目的端的每个设备上，可以监视每个流，以防止其消耗资源过多。这种体系能够明确区分并保证每一个业务流的服务质量，为网络提供最细粒度化的服务质量区分。比如使用 VOIP，需要 12K 的带宽和 100ms 以内的延迟，集成服务模型就会将其归到事先设定的一种服务等级中。

但是，Int-Serv 模型对设备的要求很高，当网络中的数据流数量很大时，设备的存储和处理能力会遇到很大的压力。Int-Serv 模型可扩展性很差，难以在 Internet 核心网络实施。这种为单一数据流进行带宽预留的解决思路在 Internet 上想要实现很困难，所以该模型在 1994 年推出以后就没有使用过。

3. Diff-Serv 服务模型

Diff-Serv 是一个多服务模型，由一系列技术组成，它可以满足不同的 QoS 需求。与 Int-Serv 不同，它不需要通知网络为每个业务预留资源。

区分服务实现简单，扩展性较好。可以用不同的方法来指定报文的 QoS，如 IP 包的优先级/Precedence、报文的源地址和目的地址等。网络通过这些信息来进行报文的分类、流量整形、流量监管和排队。本书提到的技术都是基于 Diff-Serv 服务模型。

13.2 QoS 标识字段

用户可根据报文的 L2～L5 层字段进行分类，包括源 MAC 地址、目的 MAC 地址、802.1P、VLAN ID、以太网协议类型、VPN-Instance、EXP 等。除这些常用字段外，还支持用户自定义流分类规则，用户可以通过配置报文头偏移来实现对报文的全面识别和分类。

13.3 流量的分类和标记

流量分类是将数据报文划分为多个优先级或多个服务类。网络管理者可以设置流量分类的策略，这个策略除可以包括 IP 报文的 IP 优先级或 DSCP 值、802.1P 的 CoS 值等带内信令，还可以包括输入接口、源 IP 地址、目的 IP 地址、MAC 地址、IP 协议或应用程序的端口号等。分类的结果是没有范围限制的，它可以是一个由五元组（源 IP 地址、源端口号、协议号、目的 IP 地址、目的端口号）确定的流这样狭小的范围，也可以是到某某网段的所有报文。

标记在网络边界处进行，目的在于将区分数据，表明其之间的不同，这样在网络内部队列技术就可以依据这个标记将数据划分到相应的队列，进行不同的处理。

在 IP 报文中有专门的字段进行 QoS 的标记，在 IPv4 中为 TOS，IPv6 中为 TrafficClass。TOS 字段用前 6bit 来标记 DSCP，如果只用前 3 bit 就为 IP 优先级。DSCP 和 IP 优先级都是标记的标准。

IP 优先级提供 0～7 共 8 种服务质量，6 和 7 都保留，所以常用的是 0～5，每个数字都对应一个名称，比如 0 对应 Routine，这样在更改数据包优先级等配置时，既可以用数字也可以用名称。

注意优先级中的数字本身没有实际的意义，标记为 5 的数据优先级不一定就比标记为 0 的高，只是一个分类标准而已。真正的操作是在配置上针对不同的优先级采取不同的措施，比如什么标识的数据包属于什么队列。

IP 优先级和 DSCP 不能同时设置，如果同时设置只有 DSCP 生效，那么标记了 DSCP 的数据包到了只会识别 IP 优先级的路由器，就只会看前 3bit，而且不管是 IP 优先级还是 DSCP 都是用自己的前 3bit 和二层的 CoS 值形成映射。

以太网帧是没有标记的，但是在 ISL 的报头和 802.1Q 的 Tag 中都有 3bit 用来定义服务级别，从 0～7，不过只有 0～5 可用，6 和 7 都保留。

13.4 流量监管和流量整形简介

如果不限制用户发送的流量,那么大量用户不断突发的数据只会使网络更拥挤。为了使有限的网络资源能够更好地发挥效用,更好地为更多的用户服务,必须对用户的流量加以限制。比如限制每个时间间隔某个流只能得到承诺分配给它的那部分资源,防止由于过分突发所引发的网络拥塞。

流量监管和流量整形就是一种通过对流量规格的监督,来限制流量及其资源使用的流控策略。进行流量监管或整形有一个前提条件,就是要知道流量是否超出了规格,然后才能根据评估结果实施调控策略。一般采用令牌桶(Token Bucket)对流量的规格进行评估。

13.4.1 流量评估与令牌桶

1. 令牌桶的特点

令牌桶可以看作是一个存放一定数量令牌的容器。系统按设定的速度向桶中放置令牌,当桶中令牌满时,多出的令牌溢出,桶中令牌不再增加。

2. 用令牌桶评估流量

在用令牌桶评估流量规格时,是以令牌桶中的令牌数量是否能满足报文的转发为依据的。如果桶中存在足够的令牌可以用来转发报文(通常用一个令牌关联一个比特的转发权限),称流量遵守或符合这个规格,否则称为不符合或超标。

评估流量时令牌桶的参数设置包括:

(1)平均速率。向桶中放置令牌的速率,即允许的流的平均速度。通常设置为 CIR(Committed Information Rate,承诺信息速率)。

(2)突发尺寸。令牌桶的容量,即每次突发所允许的最大流量尺寸。通常设置为 CBS(Committed Burst Size,承诺突发尺寸),设置的突发尺寸必须大于最大报文长度。

每到达一个报文就进行一次评估。每次评估,如果桶中有足够的令牌可供使用,则说明流量控制在允许的范围内,此时要从桶中取走与报文转发权限相当的令牌数量;否则说明已经耗费太多令牌,流量超标了。

3. 复杂评估

为了评估更复杂的情况,实施更灵活的调控策略,可以设置两个令牌桶(简称 C 桶和 E 桶)。例如,TP(Traffic Policing,流量监管)中有 3 个参数:

CIR:表示向 C 桶中投放令牌的速率,即 C 桶允许传输或转发报文的平均速率。

CBS:表示 C 桶的容量,即 C 桶瞬间能够通过的承诺突发流量。

EBS(Excess Burst Size,超出突发尺寸):表示 E 桶的容量,即 E 桶瞬间能够通过的超出突发流量。

双令牌桶结构如图 13.1 所示,CBS 和 EBS 是由两个不同的令牌桶承载的。

每次评估时,依据下面的情况,可以分别实施不同的流控策略:

- 如果 C 桶有足够的令牌,报文被标记为 green,即绿色报文。
- 如果 C 桶令牌不足,但 E 桶有足够的令牌,报文被标记为 yellow,即黄色报文。
- 如果 C 桶和 E 桶都没有足够的令牌,报文被标记为 red,即红色报文。

图 13.1 双令牌桶结构

13.4.2 流量监管

流量监管（Traffic Policing，TP）就是对流量进行控制，通过监督进入网络的流量速率，对超出部分的流量进行"惩罚"，使进入的流量被限制在一个合理的范围内，以保护网络资源和运营商的利益，如可以限制 HTTP 报文不能占用超过 50%的网络带宽。如果发现某个连接的流量超标，流量监管可以选择丢弃报文，或重新设置报文的优先级。

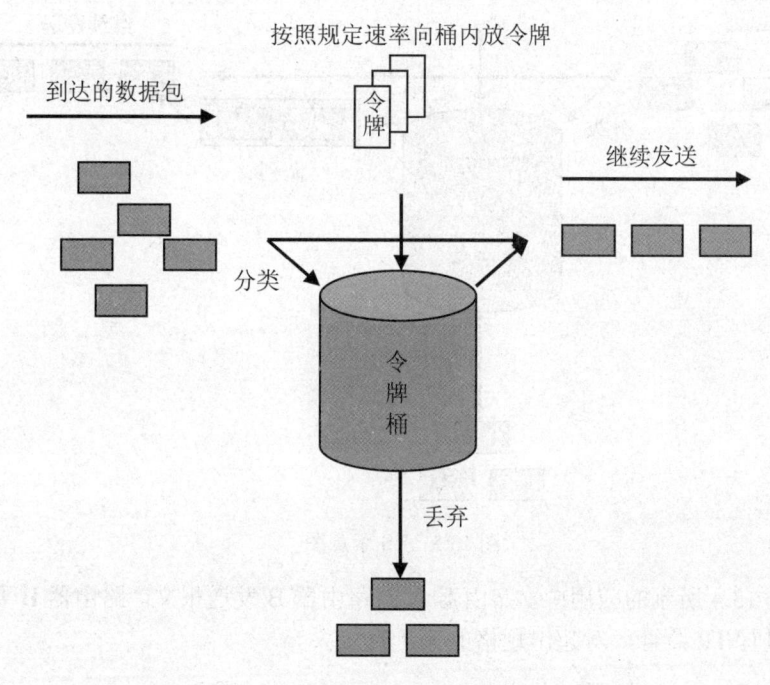

图 13.2 TP 示意图

流量监管广泛地用于监管进入 Internet 服务提供商 ISP 的网络流量。流量监管还包括对所监管流量的流分类服务，并依据不同的评估结果，实施预先设定好的监管动作。这些动作可以是：
- 转发。比如对评估结果为"符合"的报文继续转发。
- 丢弃。比如对评估结果为"不符合"的报文进行丢弃。
- 改变优先级并转发。比如对评估结果为"符合"的报文，将之标记为其他的优先级后再进行转发。

- 改变优先级并进入下一级监管：比如对评估结果为"符合"的报文，将之标记为其他的优先级进入下一级的监管；流量监管可以逐级堆叠，每级关注和监管更具体的目标。

13.4.3 流量整形

流量整形（Traffic Shaping，TS）是一种主动调整流量输出速率的措施。一个典型应用是基于下游网络节点的 TP 指标来控制本地流量的输出。

流量整形与流量监管的主要区别在于，流量整形对流量监管中需要丢弃的报文进行缓存——通常是将它们放入缓冲区或队列内，如图 13.3 所示。当令牌桶有足够的令牌时，再均匀地向外发送这些被缓存的报文。流量整形与流量监管的另一区别是，整形可能会增加延迟，而监管几乎不引入额外的延迟。

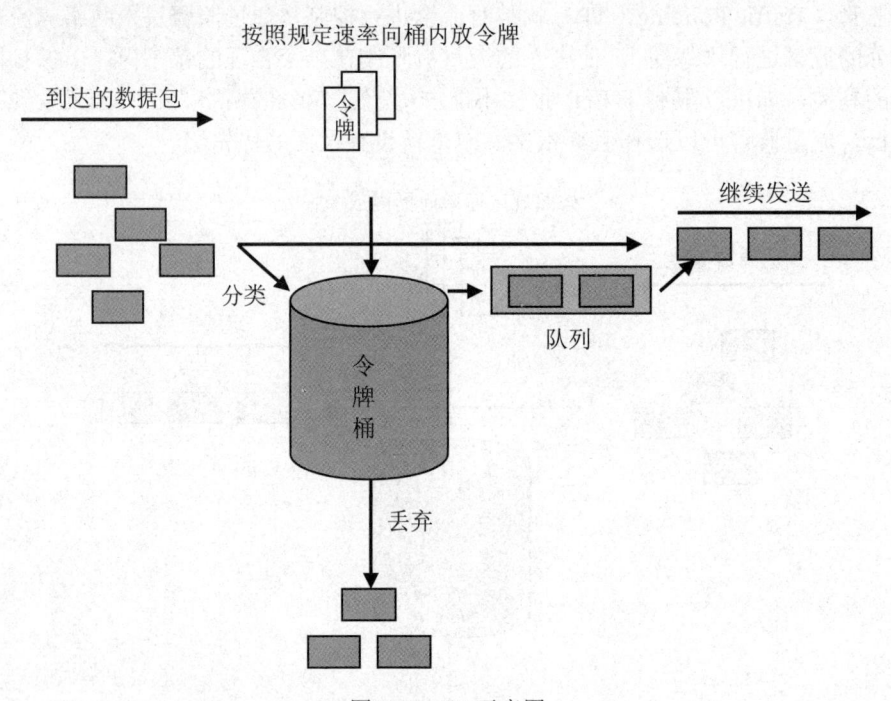

图 13.3 TS 示意图

例如，在图 13.4 所示的应用中，路由器 A 向路由器 B 发送报文。路由器 B 要对路由器 A 发送来的报文进行 TP 监管，对超出规格的流量直接丢弃。

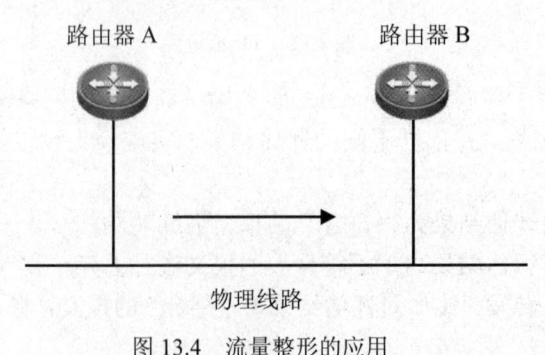

图 13.4 流量整形的应用

为了减少报文的无谓丢失，可以在路由器 A 的出口对报文进行流量整形处理。将超出流量整形特性的报文缓存在路由器 A 中。当可以继续发送下一批报文时，流量整形再从缓冲队列中取出报文进行发送。这样，发向路由器 B 的报文将符合路由器 B 的流量规定。

13.4.4 物理接口限速

利用物理接口限速（Line Rate，LR）可以在一个物理接口上限制发送报文（包括紧急报文）的总速率。

LR 也是采用令牌桶进行流量控制。如果在设备的某个接口上配置了 LR，所有经由该接口发送的报文首先要经过 LR 的令牌桶进行处理。如果令牌桶中有足够的令牌，则报文可以发送；否则，报文将进入 QoS 队列进行拥塞管理。这样，就可以对通过该物理接口的报文流量进行控制，如图 13.5 所示。

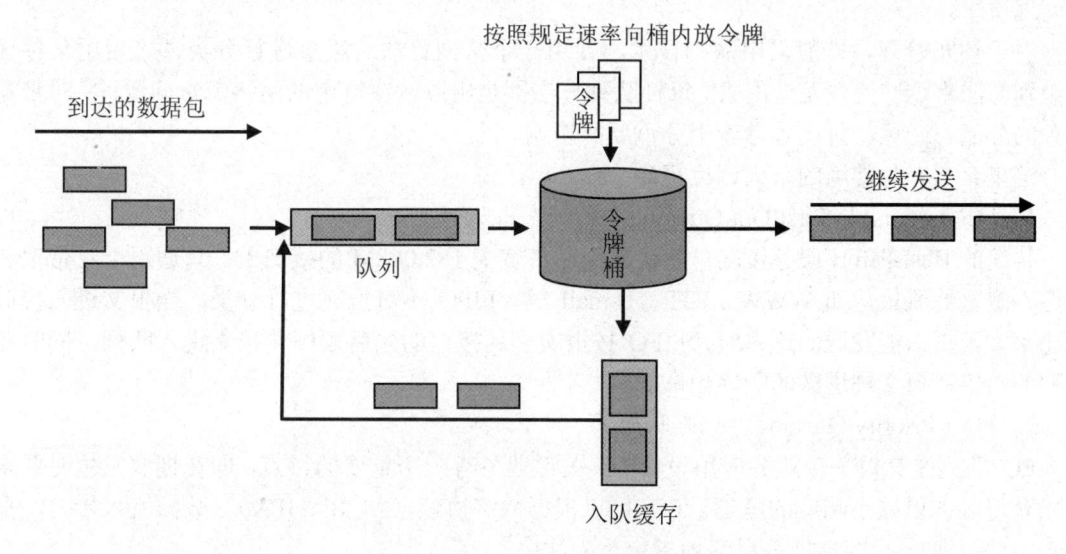

图 13.5 LR 处理过程示意图

由于采用了令牌桶控制流量，当令牌桶中存有令牌时，可以允许报文的突发性传输；当令牌桶中没有令牌时，报文必须等到桶中生成了新的令牌后才可以继续发送。这就限制了报文的流量不能大于令牌生成的速度，达到了限制流量，同时允许突发流量通过的目的。

与流量监管相比，物理接口限速能够限制在物理接口上通过的所有报文。流量监管在 IP 层实现，可以对端口上不同的流分类进行限速，但是对于不经过 IP 层处理的报文不起作用。当用户只要求对所有报文限速时，使用物理接口限速比较简单。

13.5 拥塞和拥塞管理

拥塞是网络优化中常见的问题，也是网络优化必须首先解决的问题。

13.5.1 拥塞

拥塞是指当前供给资源相对于正常转发处理需要资源的不足，从而导致服务质量下降的一种现象。

拥塞有可能会引发一系列的负面影响：

（1）拥塞增加了报文传输的延迟和抖动，可能会引起报文重传，从而导致更多的拥塞产生。

（2）拥塞使网络的有效吞吐率降低，造成网络资源的利用率降低。

（3）拥塞加剧会耗费大量的网络资源（特别是存储资源），不合理的资源分配甚至可能导致系统陷入资源死锁而崩溃。

在分组交换以及多用户业务并存的复杂环境下，拥塞又是不可避免的，因此必须采用适当的方法来解决拥塞。

13.5.2 拥塞管理

拥塞管理的中心内容就是当拥塞发生时如何制定一个资源的调度策略，以决定报文转发的处理次序。

对于拥塞管理，一般采用队列技术，使用一个队列算法对流量进行分类，之后用某种优先级别算法将这些流量发送出去。每种队列算法都是用以解决特定的网络流量问题，并对带宽资源的分配、延迟、抖动等有着十分重要的影响。

这里介绍几种常用的队列调度机制。

1. FIFO（First In First Out Queuing，先进先出队列）

传统的 Best-Effort 服务策略，默认应用在带宽大于 2.048M 的接口上，只适用于对带宽和延迟不敏感的流量，如 WWW、FTP、E-mail 等。FIFO 不对报文进行分类，当报文进入接口的速率大于接口能发送的速率时，FIFO 按报文到达接口的先后顺序让报文进入队列，同时在队列的出口让报文按进队的顺序出队。

2. PQ（Priority Queuing，优先队列）

PQ 队列是针对关键业务应用设计的。关键业务有一个重要的特点，即在拥塞发生时要求优先获得服务以减小响应的延迟。PQ 可以根据网络协议（如 IP、IPX）、数据流入接口、报文长短、源地址/目的地址等灵活地指定优先次序。

4 类报文分别对应 4 个队列：高优先队列、中优先队列、正常优先队列和低优先队列。高优先队列的报文都发送完了才能发送下一个优先级的报文。这样的机制虽然能保证关键数据总是得到优先处理，但是低优先级的队列可能转发得很慢。

3. CQ（Custom Queuing，自定义队列）

CQ 按照一定的规则将分组分成 16 类（对应于 16 个队列），分组根据自己的类别按照先进先出的策略进入相应的 CQ 队列。CQ 的 1～16 号队列是用户队列。用户可以配置流分类的规则，指定 16 个用户队列占用接口或 PVC 带宽的比例关系。在队列调度时，系统队列中的分组被优先发送，直到系统队列为空，再采用轮询的方式按照预先配置的带宽比例依次从 1～16 号用户队列中取出一定数量的分组发送出去。这样，就可以使不同业务的分组获得不同的带宽，既可以保证关键业务能获得较多的带宽，又不至于使非关键业务得不到带宽。默认情况下，数据流进入 1 号队列。定制队列的另一个优点是：可根据业务的繁忙程度分配带宽，适用于对带宽有特殊需求的应用。虽然 16 个用户队列的调度是轮询进行的，但对每个队列不是固定地分配服务时间片——如果某个队列为空，那么马上换到下一个队列调度。因此，当没有某些类别的报文时，CQ 调度机制能自动增加现存类别的报文可占用的带宽。

4. WFQ（Weighted Fair Queuing，加权公平队列）

WFQ 使不同的队列获得公平的调度机会，从总体上均衡各个流的延迟。WFQ 按数据流的会话信息自动进行流分类（相同源 IP 地址、目的 IP 地址、源端口号、目的端口号、协议号、IP 优先级的报文同属一个流），并且尽可能多地划分出 N 个队列，以将每个流均匀地放入不同队列中，从而在总体上均衡各个流的延迟。

在出队的时候，WFQ 按流的优先级（Precedence 或 DSCP）来分配每个流应占有出口的带宽。优先级的数值越小，所得的带宽越少。优先级的数值越大，所得的带宽越多。最后，轮询各个队列，按照带宽比例从队列中取出相应数量的报文进行发送。WFQ 是传输速率在 2.048M 以下的接口默认的队列机制。

5. CBQ（Class-Based Weighted Fair Queuing，基于类的公平队列）

CBQ 是对 WFQ 功能的扩展，为用户提供了定义类的支持。CBQ 为每个用户定义的类分配一个单独的 FIFO 预留队列，用来缓冲同一类的数据。在网络拥塞时，CBQ 对报文根据用户定义的类规则进行匹配，并使其进入相应的队列，在入队列之前必须进行拥塞避免机制（尾部丢弃或 WRED（Weighted Random Early Detection，加权随机早期检测））和带宽限制的检查。在报文出队列时，加权公平调度每个类对应的队列中的报文。

CBQ 提供一个紧急队列，紧急报文入该队列，该队列采用 FIFO 调度，没有带宽限制。这样，如果 CBQ 加权公平对待所有类的队列，语音报文这类对延迟敏感的数据流就可能得不到及时发送。为此将 PQ 特性引入 CBQ，称其为 LLQ（Low Latency Queuing，低延迟队列），为语音报文这样的对延迟敏感的数据流提供严格优先发送服务。

6. RTP（Real-time Transport Protocol）优先队列

RTP 优先队列是一种解决实时业务（包括语音与视频业务）服务质量的简单的队列技术。其原理就是将承载语音或视频的 RTP 报文送入高优先级队列，使其得到优先发送，保证时延和抖动降到最低限度，从而保证了语音或视频这种对时延敏感业务的服务质量。

RTP 和 LLQ 一样是独立的队列技术，不过一般不会单独应用。RTP 可以同 FIFO、PQ、CQ、WFQ 和 CBQ 结合，优先级始终是最高的。

7. WRR 加权轮询队列

WRR 是应用在交换机上的队列技术，每个交换机端口支持 4 个输出队列，调度算法在队列之间轮流调度，通过为每个队列配置一个加权值（依次为 W3、W2、W1、W0），使其得到相应的带宽资源，比如一个 100M 的端口，配置加权值为 50、30、10、10，那么最低优先级队列至少会获得 10M 的带宽。

WRR 调度队列的方式虽然是轮询的，但是每个队列不是固定地分配服务时间，如果某个队列为空，那么会马上切换到下一个队列调度。

HQ-WRR 调度模式在 WRR 的基础上，在 4 个调度队列中以队列 3 为高优先级队列，如果端口出现了拥塞，首先保证队列 3 的报文优先发送，然后对其余 3 个队列实行 WRR 调度。

13.6 端口限速和流量监管配置

1. 网络环境

公司企业网通过交换机（以 S5500-EI 为例）实现互联（图 13.6）。网络环境描述如下：

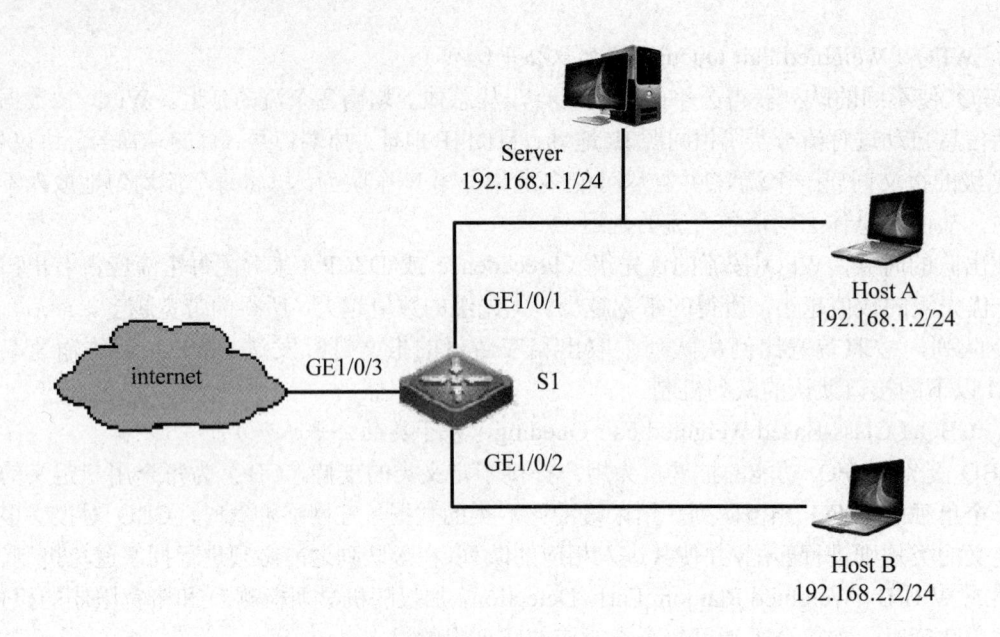

图 13.6 配置端口限速和流量监管组网图

（1）Host A 的 IP 地址为 192.168.1.2，Server 的 IP 地址为 192.168.1.1，两者通过端口 GigabitEthernet 1/0/1 接入交换机。

（2）Host B 的 IP 地址为 192.168.2.1，通过端口 GigabitEthernet 1/0/2 接入交换机。

配置端口限速和流量监管，实现以下需求：

（1）限制 Switch 向 Internet 发送的流量为 640kb/s，丢弃超出限制的报文。

（2）限制 Host A 向外发出的流量为 320kb/s，丢弃超出限制的报文。

（3）限制 Host B 与 Server 之间的流量为 64kb/s，丢弃超出限制的报文。

2. 配置过程

（1）针对 Switch 配置端口限速：

#在端口 GigabitEthernet 1/0/3 上配置端口限速，限制端口发送报文的速率为 640kb/s
<Switch> system-view
[Switch] interface GigabitEthernet 1/0/3
[Switch-GigabitEthernet1/0/3] qos lr outbound cir 640
[Switch-GigabitEthernet1/0/3] quit

（2）针对 Host A 配置流量监管：

#定义基本 ACL 2000，对源 IP 地址为 192.168.1.2 的报文进行分类
[Switch] acl number 2000
[Switch-acl-basic-2000] rule permit source 192.168.1.2 0
[Switch-acl-basic-2000] quit
#定义类 classifier_hostA，匹配基本 ACL 2000
[Switch] traffic classifier classifier_hostA
[Switch-classifier-classifier_hostA] if-match acl 2000
[Switch-classifier-classifier_hostA] quit
#定义流行为 behavior_hostA，动作为限制报文的流量为 320kb/s
[Switch] traffic behavior behavior_hostA

[Switch-behavior-behavior_hostA] car cir 320
[Switch-behavior-behavior_hostA] quit
#定义策略 policy_hostA，为类 classifier_hostA 指定流行为 behavior_hostA
[Switch] qos policy policy_hostA
[Switch-qospolicy-policy_hostA] classifier classifier_hostA behavior behavior_hostA
[Switch-qospolicy-policy_hostA] quit
#将策略 policy_hostA 应用到端口 GigabitEthernet 1/0/1 上
[Switch] interface GigabitEthernet 1/0/1
[Switch-GigabitEthernet1/0/1] qos apply policy policy_hostA inbound
[Switch-GigabitEthernet1/0/1] quit
（3）针对 Host B 和 Server 配置流量监管：
#定义基本 ACL 3001，对源 IP 地址为 192.168.2.1、目的地址为 192.168.1.1 的报文进行分类
[Switch] acl number 3001
[Switch-acl-adv-3001] rule permit ip source 192.168.2.1 0 destination 192.168.1.1 0
[Switch-acl-adv-3001] quit
#定义基本 ACL 3002，对源 IP 地址为 192.168.1.1、目的地址为 192.168.2.1 的报文进行分类
[Switch] acl number 3002
[Switch-acl-adv-3002] rule permit ip source 192.168.1.1 0 destination 192.168.2.1 0
[Switch-acl-adv-3002] quit
#定义类 classifier_hostB，匹配基本 ACL 3001
[Switch] traffic classifier classifier_hostB
[Switch-classifier-classifier_hostB] if-match acl 3001
[Switch-classifier-classifier_hostB] quit
#定义类 classifier_Server，匹配基本 ACL 3002
[Switch] traffic classifier classifier_Server
[Switch-classifier-classifier_Server] if-match acl 3002
[Switch-classifier-classifier_Server] quit
#定义流行为 behavior_hostB，动作为限制报文的流量为 64kb/s
[Switch] traffic behavior behavior_hostB
[Switch-behavior-behavior_hostB] car cir 64
[Switch-behavior-behavior_hostB] quit
#定义流行为 behavior_Server，动作为限制报文的流量为 64kb/s
[Switch] traffic behavior behavior_Server
[Switch-behavior-behavior_Server] car cir 64
[Switch-behavior-behavior_Server] quit
#定义策略 policy_hostB，为类 classifier_hostB 指定流行为 behavior_hostB
[Switch] qos policy policy_hostB
[Switch-qospolicy-policy_hostB] classifier classifier_hostB behavior behavior_hostB
[Switch-qospolicy-policy_hostB] quit
#定义策略 policy_Server，为类 classifier_Server 指定流行为 behavior_Server
[Switch] qos policy policy_Server
[Switch-qospolicy-policy_Server] classifier classifier_Server behavior behavior_Server
[Switch-qospolicy-policy_Server] quit
#将策略 policy_hostB 和 policy_Server 分别应用到端口 GigabitEthernet 1/0/2 的入方向和出方向上
[Switch] interface GigabitEthernet 1/0/2
[Switch-GigabitEthernet1/0/2] qos apply policy policy_hostB inbound
[Switch-GigabitEthernet1/0/2] qos apply policy policy_Server outbound

第二部分　典型项目

典型项目之一　BT 下载限速

实验目的

通过本实验可以掌握以下知识：
（1）QoS 的工作原理和工作过程。
（2）BT 下载限速基本配置和调试。

拓扑结构

拓扑结构如图 13.7 所示。

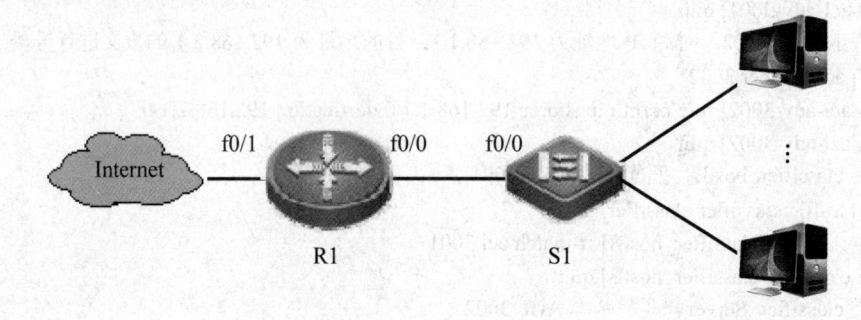

图 13.7　拓扑结构

实验步骤

（1）找出 BT 程序开放的连接端口，默认为 6881～6889。
（2）将局域网内经常拉 BT 的 IP 统计出来，建立扩展访问列表如下：
```
Extended IP access list btdownload
permit tcp any host 192.168.1.120 range 6881 6889
permit tcp any host 192.168.1.135 range 6881 6889
permit tcp any host 192.168.1.159 range 6881 6889
permit tcp any host 192.168.1.223 range 6881 6889
```
（3）建立 class-map class_bt：
```
Cisco(config)#class-map class_bt
Cisco(config-cmap)#match access-group name btdownload
```
（4）建立 policy-map qos_bt 进行速率限制：
```
Cisco(config)#policy-map qos_bt
Cisco(config-pmap)#class class_bt
```
（5）将 QoS 应用到相应端口上：
```
Cisco(config)#interface fasteathernet0/0
Cisco(config-if)#service-policy input qos_bt
```

检验使用

show queueing 命令查看队列
```
Cisco#show queueing//查看队列
```

典型项目之二 优先级队列（PQ）

有高、中、低、普通优先级 4 个队列，数据包根据事先的定义放在不同的队列中，路由器按照高、中、普通、低顺序服务，只有高优先级的队列为空后才为中优先级服务，依次类推。如果高优先级队列长期不为空，则低优先级的队列永远不会被服务。可以为每一个队列设置长度，队列满后，数据包将被丢弃。

实验目的

通过本实验可以掌握以下知识：
（1）PQ 的工作原理和工作过程。
（2）PQ 服务器的基本配置和调试。

实验拓扑结构

拓扑结构如图 13.8 所示。

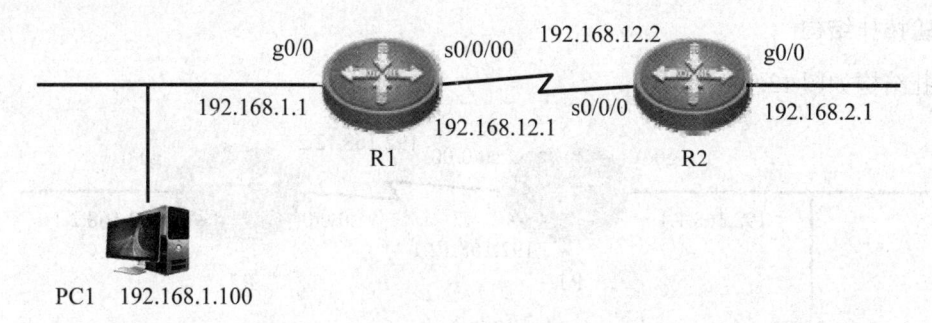

图 13.8 拓扑结构

实验步骤

（1）配置如图 13.8 所示的 IP 地址，并自行配置路由协议。
（2）配置 PQ。
1）创建 1 个优先级队列，标号为 1，把 Telnet 流量放在高优先级队列中：
R1(config)#priority-list 1 protocol ip high tcp telnet
2）把 ACL101 定义的流量同样放在高优先级队列中：
R1(config)#priority-list 1 protocol ip high list 101
3）把数据包大小大于 1000 字节的流量放在中优先级队列中：
R1(config)#prioriyt-list 1 protocol ip medium gt 1000
4）把从 g0/0 接口收到的流量放在普通优先级队列中：
R1(config)#priority-list 1 interface GigabitEthernet0/0 normal
5）把其他的流量放在低优先级队列中：
R1(config)#priority-list 1 default low
6）定义优先级队列高、中、普通、低队列中的长度，如果队列超过这些长度，数据包将被丢弃：
R1(config)#access-list 101 permit ip host 10.1.1.1 any
R1(config)#priority-list 1 queue-limit 20 30 40 50

7）把定义好的优先级列应用在 s0/0/0 接口上：
R1(config)#int s0/0/0
R1(config)#priority-group 1

典型项目之三　自定义队列（CQ）

和 PQ 不同，在 CQ 中有 16 个队列，数据包根据事先的定义放在不同的队列中，路由器将为第一个队列服务一定包数据或者字节数的数据包后，就转为第二个队列服务。可定义不同队列中的深度，这样就可以保证某个队列被服务的数据包数量较多，不至于某个队列永远不会被服务。CQ 中队列 0 比较特殊，只有队列 0 为空，才能为其他队列服务。

实验目的

通过本实验可以掌握以下知识：
（1）CQ 的工作原理和工作过程。
（2）CQ 服务器的基本配置和调试。

实验拓扑结构

拓扑结构如图 13.9 所示。

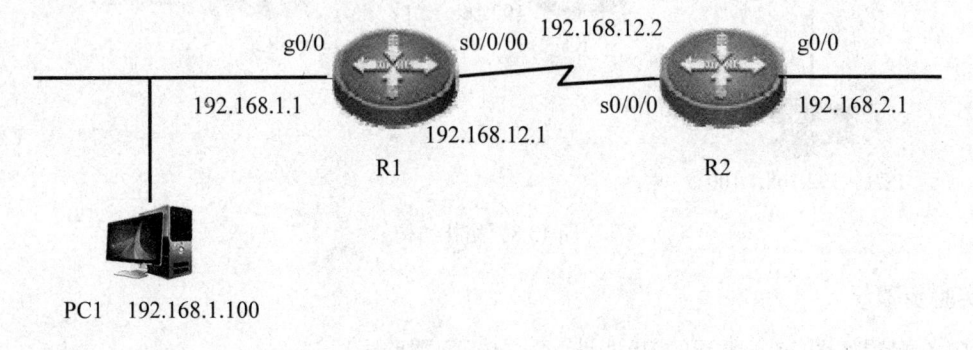

图 13.9　拓扑结构

实验步骤

（1）配置如图 13.9 所示的 IP 地址，并自行配置路由协议。
（2）配置 CQ。
1）创建 1 个自定义队列，标号为 1，把 Telnet 流量放在队列 1 中：
R1(config)#queue-list 1 protocol ip tcp Telnet
2）把 ACL101 定义的流量放在队列 2 中：
R1(config)#queue-list 1 protocol ip 2 list 101
3）把数据包大于 1000 字节的流量放在队列 3 中：
R1(config)#queue-list 1 protocol ip 3 gt 1000
4）把从 g0/0 接口接收到的流量放在普通优先级队列 5 中：
R1(config)#queue-list 1 interface GigabitEthernet0/0 5
5）把其他流量放在队列 6 中：
R1(config)#queue-list 1 default 6

6）以上定义 ACL101 有：
R1(config)#access-list 101 permit ip host 10.1.1.1 any
7）定义队列 1 的深度为 40，也就是说路由器将为队列 1 服务 40 个数据包后，转向队列 2 的服务：
R1(config)#queue-list 1 queue 1 limit 40
8）以上把定义好的自定义队列应用在 s0/0/0 接口上：
R1(config)#queue-list 1 queue 2 limit 35
R1(config)#queue-list 1 queue 3 limit 30
R1(config)#queue-list 1 queue 4 limit 25
R1(config)#int s0/0/0
R1(config-if)#custom-queue-list 1

典型项目之四　基于类的加权公平队列（CBWFQ）

允许用户自定义类别，并对这些类别的带宽进行控制，为不同类别的流量配置最大带宽和占用接口带宽的百分比等。

实验目的

通过本实验可以掌握以下知识：
（1）CBWFQ 的工作原理和工作过程。
（2）CBWFQ 服务器的基本配置和调试。

实验拓扑结构

拓扑结构如图 13.10 所示。

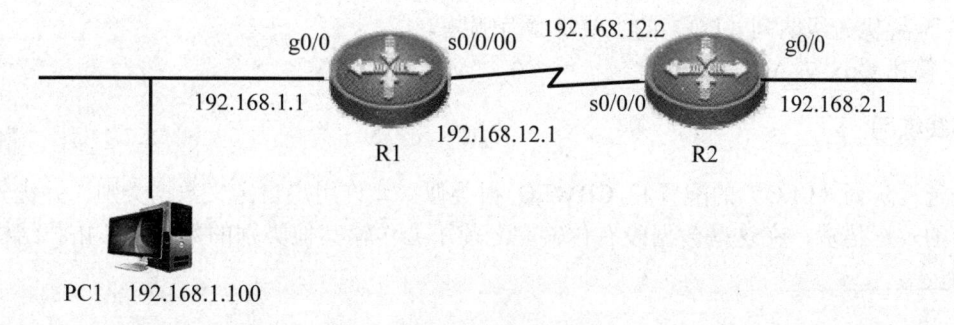

图 13.10　拓扑结构

实验步骤

（1）定义 class-map：
R1(config)#class-map match-any CLASS-MAP1
//定义了一个 class-map,名为 CALSS-MAP1
（2）将 http 或 ftp 流量配置属于 CLASS-MAP1：
R1(config-cmap)#match protocol http
R1(config-cmap)#match protocol ftp
（3）将 Telnet 流量配置属于 CLASS-MAP2：
R1(config)#calss-map match-all CLASS-MAP2

R1(config-cmap)#match protocol telnet

（4）定义 Policy-map：

R1(config)#policy-map MY-POLICY

（5）配置带宽：

R1(config-pmap)#class CLASS_MAP1
R1(config-pmap-c)#bandwidth 60
R1(config-pmap)#class CLASS-MAP2
R1(config-pmap-c)#bandwidth 10
//配置 Class-Map1 流量的带宽为 60kb/s，Class-Map2 流量的带宽为 10kb/s

（6）将 policy-map 应用到接口上：

R1(config)#int s0/0/0
R1(config-if)#service-policy output MY-POLICY
//把刚定义好的 CBWEQ 应用在 Output 方向，这样就在接口上限制了 HTTP、FTP、Telnet 流量的带宽

技术要点：

class-map 命令格式为：class-map(match-all|match-any|name)

match-all：指明下面的条件必须全部满足才可以执行，此为默认值。

match-any：表示匹配任何一个条件就可以执行。

第三部分　巩固练习

理论练习

1. 简述 QoS 的工作原理。
2. 配置优先级队列（PQ）的主要步骤有哪些？
3. 简述 QoS 与 ACL 的异同。

实践练习

低延迟队列（LLQ）的配置和 CBWFQ 很类似，允许用户自定义数据类别，并优先让这些类别的数据传输，在这些数据没有传输完之前不会传输其他类别的数据。其拓扑结构如图 13.11 所示。

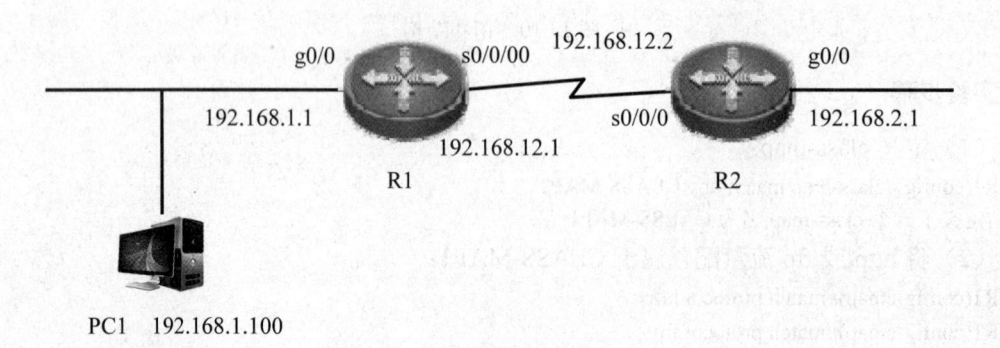

图 13.11　实验拓扑

（1）请完成拓扑中各设备的初始化配置，并使其都能够联通。
（2）先完成前文 CBWFQ 配置，在此基础上继续本实验。

步骤 1：定义 class-map3，把 IP 优先级为 critical 的 IP 流量包含进来。
R1(config)#class-map match-any CLASS-MAP3
R1(config-cmap)#match ip precedence critical

步骤 2：配置 LLQ。
R1(config)#policy-map MY-POLICY
R1(config-pmap)#class CLASS-MAP3
R1(config-pmap-c)#priority 15

这里使用 priority 命令，限制带宽为 15kb/s。超过这个带宽的数据包将被丢弃，这样 CLASS-MAP3 的流量将优先被发送，然后发送 CLASS-MAP1 和 CLASS-MAP2 等流量。

项目 14 IPv6

项目学习重点

- 介绍 IPv6 以及 IPv6 出现的历史必然性、IPv6 的特点和表示
- 介绍 IPv6 的路由等相关配置知识

第一部分 理论知识

14.1 IPv6 基础

IPv6 协议创立于 1992 年，是 IP 协议第 6 版本，是作为 IPv4 协议的后继者而设计的新版本。IPv6 的提出是为了解决现行 Internet 出现的地址枯竭和路由表急剧膨胀等问题。目前 IPv6 的标准体系已经基本完善，IPv6 的研究已经从理论转向了应用层面。

14.1.1 IPv6 出现的必然性

虽然目前普遍使用的 IPv4 的地址空间有 42.9 亿之多，但真正可以使用的地址就要少得多了，因为 IP 地址是分网段的，也就是说即使只有一个节点需要分配地址，也是先分配一个网段而不是一个地址，所以这样就使得 IPv4 的地址变得稀缺起来，再加上有相当一部分地址是不可用的，随着网络的迅速膨胀，到目前为止 IPv4 的地址空间几乎快耗尽了。虽然出现了一些试图缓和地址空间快速消耗的技术，如 VLSM、NAT，但仍改变不了 IP v4 地址空间将被耗尽的事实。

据中国互联网络信息中心数据统计，截至 2011 年 12 月底，我国 IPv4 地址数量为 3.30 亿，IPv4 地址总量仅占全球 7.72%。另据工信部电信研究院的研究报告，按照 IP 地址 33%的利用率来推算我国未来 5 年 IP 地址需求量为 345 亿个，现行的 IPv4 地址将远不够使用。

IPv6 被设计使用 128 位地址长度，其地址容量高达 2^{128}。IPv6 其庞大的地址资源将极大地推动网络的发展，从目前的人人交互、人机交互，发展到未来的物物交互，任何一个物体都能赋予一个 IP 地址，成为互联网的终端。IPv6 能够解决当前最紧迫的可扩展性问题。

14.1.2 IPv6 何时能够普及

国家与产业界已经形成共识，我国将逐渐向 IPv6 过渡。2012 年 3 月，七部委联合下发了《下一代互联网"十二五"发展建设意见的通知》，指出 2015 年我国将进入 IPv6 全面商用的部署阶段。2012 年 5 月，工信部发布了《互联网行业"十二五"发展规划》和《通信业"十二五"规划》。这些连续紧密的政策规范描绘出了"十二五"国家下一代互联网发展

的路线图。2013 年年底前，开展 IPv6 网络商用试点，2014～2015 年间我国将开展全面 IPv6 商用演进过渡。

目前，我国 100 所大学的校园网基础设施、门户网站和主要信息系统已经可以全面支撑 IPv6。此外，到 2013 年年底，我国东部的政府机构和排位前 100 名的商业网站均将支持 IPv6，2015 年 IPv6 将扩展到中西部地区。

14.1.3 IPv6 新特性

1. 全新的报文结构

IPv6 报文使用了新的协议头格式。在 IPv6 中的报文头由固定头部和扩展头部组成，一些非根本性的字段以及可选择的字段被移到了 IPv6 协议头之后的扩展协议头中，这使得网络中的中间路由器在处理 IPv6 协议头时有更高的效率。

2. 巨大的地址空间

IPv6 的地址空间非常巨大，其采用地址的位数达到 128bit。形象点说，地球上的每一粒沙子都可以分配到一个 IP 地址。目前的 IPv4 地址如果平均分配，理论上全世界每 3 个人可分到两个 IP 地址。如果使用 IPv6 地址，则世界上的每个人都可以拥有 5.7×10^{28} 个 IP 地址。

3. 全新的地址配置方式

随着技术的进一步发展，Internet 上的节点不再单纯是计算机了，将包括 PDA、移动电话、各种各样的终端，甚至包括冰箱、电视等家用电器，这就要求 IPv6 主机地址配置更加简化。

为了简化主机地址的配置，IPv6 除了支持手工进行地址配置和有状态自动地址配置（利用专用的地址分配服务器动态分配地址）外，还支持一种无状态地址配置技术。在无状态地址配置中，网络上的主机能自动给自己配置 IPv6 地址。在同一链路上，所有主机不用人工干预就可以互相通信。

4. 更好的 QoS 支持

IPv6 在报头中新增加了一个称为流标签的特殊字段。IPv6 的流标签字段使得网络中的路由器可以对属于一个流的数据包进行识别，并提供特殊处理。用这个标签，路由器无需进一步打开传送的数据包的内层就可以识别流，这样即使数据包中的有效数据部分已经进行了加密，仍然可以实现对 QoS 的支持。

5. 内置的安全性

IPv6 协议本身就支持 IPSec，包括 AH 和 ESP 等扩展报头，这就为网络安全性提供了一种基于标准的解决方案，提高了不同 IPv6 实现方案之间的互操作性。

6. 全新的邻居发现协议

IPv6 中的邻节点发现（Neighbor Discovery）协议是一系列用来管理相邻节点交互的机制。该协议用更加有效的单播和组播报文取代 IPv4 中的地址解析（ARP）、ICMP（Internet 控制报文协议）路由器发现、ICMP 路由器重定向，并在无状态地址自动配置中起到不可或缺的作用。

该协议是 IPv6 的一个关键协议，也是 IPv6 和 IPv4 的主要区别。

7. 良好的可扩展性

前面提到 IPv6 报头之后添加了可扩展报头，基于这个扩展报头 IPv6 可以很方便地实现功能扩展。IPv4 报头中的选项最多可以支持 40 个字节的选项，而 IPv6 扩展报头的长度只受到

IPv6 数据包长度的制约。

8. 内置的移动性

由于采用了 Routing Header 和 Destination Option Header 等扩展报头，使得 IPv6 提供了内置的移动性。

14.1.4 IPv6 数据报的首部格式

与 IPv4 的首部相比，IPv6 的头部更简洁、更灵活，而且在使用可选项时也更有效。IPv6 头部删除了 IPv4 头部中的部分字段，并对其他字段进行了重新命名，其地址长度是 IPv4 的 4 倍，但其头部仅是 IPv4 头部的 2 倍。IPv6 包头的格式如图 14.1 所示。

版本（4bit）	通信量类（8 bit）	流标签（20 bit）	
有效载荷长度（16 bit）		下一报头（8bit）	跳数限制（8 bit）
源地址（128 bit）			
目的地址（128 bit）			

图 14.1 IPv6 的首部

（1）版本（Version）：指示 IP 版本号。

（2）净荷长度（Payload Length）：除头部之外的 IP 包长度（以 8 位组单位），扩展首部属于净荷的一部分。

（3）下一首部（Next Header）：标识紧随 IPv6 基本头部之后的首部类型的值，下一个首部既可以是上层首部（如 ICMP、TCP 或 UDP），也可以是一个 IPv6 扩展首部。

（4）跳数限制（Hop Limit）：被数据包所经过的每个节点所递减，跳数限制字段值为 0 时该数据包就要被丢弃。

（5）源地址/目的地址（Source Address/Destination Address）：该字段的长度均为 128 bit，其内容分别是 128 的 IPv6 源地址和目的地址。

14.1.5 IPv6 扩展首部

IPv6 扩展报头是基本 IPv6 报头后面的可选报头。在 IPv6 中设计扩展报头的主要目的是提高处理速度、提高网络效率。在 IPv4 的报头中包含了所有的选项，因此每个中间路由器都必须检查这些选项是否被设置，如果有选项被设置，就必须处理它们。这种设计方法会降低路由器转发 IPv4 数据包的效率。为了解决这个问题，在 IPv6 中，这些选项就被移到了扩展报头中。这样中间路由器就不需要处理每一个可能出现的选项（在 IPv6 中，每一个中间路由器必须处理唯一的扩展报头是逐跳选项扩展报头），这种处理方式提高了路由器处理数据包的速度，也提高了转发性能。

下面是一些扩展报头：
- 逐跳选项报头（Hop-by—Hop Options Header）。
- 目标选项报头（Destination Options Header）。
- 路由报头（Routing Header）。
- 分段报头（Fragment Header）。
- 认证报头（Authentication Header）。
- 封装安全有效载荷报头（Encapsulating Security Payload Header）。

从图 14.2 可以看出，如果数据包中没有扩展报头，基本报头的下一个报头字段值指明上层协议类型。如果基本报头的下一个报头字段值为 6，说明上层协议为 TCP。如果包括一个扩展报头，则基本报头的下一个报头字段值为扩展报头类型，扩展报头的下一个报头字段指明上层协议类型。以此类推，如果数据包中包括多个扩展报头，则每一个扩展报头的下一个报头指明紧跟着自己的扩展报头的类型，最后一个扩展报头的下一个报头字段指明上层协议。

IPv6 首部　下一首部＝TCP	TCP 首部+数据		
IPv6 首部　下一首部=路由	路由首部　下一首部＝TCP	TCP 首部+数据	
IPv6 首部　下一首部=路由	路由首部　下一首部=分段	分段首部　下一首部＝TCP	TCP 分段首部+数据

图 14.2　扩展首部

14.2　IPv4 到 IPv6 的过渡技术

由于 Internet 的规模以及目前网络中数量庞大的 IPv4 用户和设备，IPv4 到 IPv6 的过渡不可能一次性实现。而且，目前许多企业和用户的日常工作越来越依赖于 Internet，他们无法容忍在协议过渡过程中出现的问题。所以 IPv4 到 IPv6 的过渡必须是一个循序渐进的过程，在体验 IPv6 带来的好处的同时仍能与网络中其余的 IPv4 用户通信。能否顺利地实现从 IPv4 到 IPv6 的过渡也是 IPv6 能否取得成功的一个重要因素。

实际上，IPv6 在设计的过程中就已经考虑到了 IPv4 到 IPv6 的过渡问题，并提供了一些特性使过渡过程简化。例如，IPv6 地址可以使用 IPv4 兼容地址，自动由 IPv4 地址产生；也可以在 IPv4 的网络上构建隧道，连接 IPv6 孤岛。目前针对 IPv4-IPv6 过渡问题已经提出了许多机制，它们的实现原理和应用环境各有侧重，这里将对 IPv4-IPv6 过渡的基本策略和机制做一个系统性的介绍。

在 IPv4-IPv6 过渡的过程中，必须遵循以下原则和目标：

①保证 IPv4 和 IPv6 主机之间的互通。

②在更新过程中避免设备之间的依赖性（即某个设备的更新不依赖于其他设备的更新）。

③对于网络管理者和终端用户来说，过渡过程易于理解和实现。
④过渡可以逐个进行。
⑤用户、运营商可以自己决定何时过渡及如何过渡。

要分 3 个方面：IP 层的过渡策略与技术、链路层对 IPv6 的支持、IPv6 对上层的影响对于 IPv4 向 IPv6 技术的演进策略，业界提出了许多解决方案。特别是 IETF 组织专门成立了一个研究此演变的研究小组——NGTRANS，已提交了各种演进策略草案，并力图使之成为标准。纵观各种演进策略，主流技术大致可分为以下几类：

14.2.1 双栈策略

实现 IPv6 节点与 IPv4 节点互通的最直接的方式是在 IPv6 节点中加入 IPv4 协议栈。具有双协议栈的节点称作"IPv6/v4 节点"，这些节点既可以收发 IPv4 分组，也可以收发 IPv6 分组。它们可以使用 IPv4 与 IPv4 节点互通，也可以直接使用 IPv6 与 IPv6 节点互通。双栈技术不需要构造隧道，但后文介绍的隧道技术中要用到双栈。IPv6/IPv4 节点可以只支持手工配置隧道，也可以既支持手工配置也支持自动隧道。

14.2.2 隧道技术

在 IPv6 发展初期，必然有许多局部的纯 IPv6 网络，这些 IPv6 网络被 IPv4 骨干网络隔离开来，为了使这些孤立的"IPv6 岛"互通，就采取隧道技术的方式来解决。利用穿越现存 IPv4 因特网的隧道技术将许多个"IPv6 孤岛"连接起来，逐步扩大 IPv6 的实现范围，这就是目前国际 IPv6 试验床 6Bone 的计划。

工作机理：在 IPv6 网络与 IPv4 网络间的隧道入口处，路由器将 IPv6 的数据分组封装入 IPv4 中，IPv4 分组的源地址和目的地址分别是隧道入口和出口的 IPv4 地址。在隧道的出口处再将 IPv6 分组取出转发给目的节点。

隧道技术在实践中有 4 种具体形式：构造隧道、自动配置隧道、组播隧道及 6to4。

14.2.3 TB（Tunnel Broker，隧道代理）

对于独立的 IPv6 用户，要通过现有的 IPv4 网络连接 IPv6 网络上，必须使用隧道技术。但是手工配置隧道的可扩展性很差，TB 的主要目的就是简化隧道的配置，提供自动的配置手段。对于已经建立起 IPv6 的 ISP 来说，使用 TB 技术为网络用户的扩展提供了一个方便的手段。从这个意义上说，TB 可以看作是一个虚拟的 IPv6 ISP，它为已经连接到 IPv4 网络上的用户提供连接到 IPv6 网络的手段，而连接到 IPv4 网络上的用户就是 TB 的客户。

14.2.4 双栈转换机制（DSTM）

DSTM 的目标是实现新的 IPv6 网络与现有的 IPv4 网络之间的互通。使用 DSTM，IPv6 网络中的双栈节点与一个 IPv4 网络中的 IPv4 主机可以互相通信。DSTM 的基本组成部分包括：

（1）DHCPv6 服务器，为 IPv6 网络中的双栈主机分配一个临时的 IPv4 全网唯一地址，同时保留这个临时分配的 IPv4 地址与主机 IPv6 永久地址之间的映射关系，此外提供 IPv6 隧道的隧道末端（TEP）信息。

（2）动态隧道端口 DTI。每个 DSTM 主机上都有一个 IPv4 端口，用于将 IPv4 报文打包到 IPv6 报文里。

（3）DSTM Deamon。与 DHCPv6 客户端协同工作，实现 IPv6 地址与 IPv4 地址之间的解析。

14.2.5 协议转换技术

其主要思想是在 IPv6 节点与 IPv4 节点的通信时需借助于中间的协议转换服务器，此协议转换服务器的主要功能是把网络层协议头进行 IPv6/IPv4 间的转换，以适应对端的协议类型。

优点：能有效解决 IPv4 节点与 IPv6 节点互通的问题。

缺点：不能支持所有的应用。这些应用层程序包括：①应用层协议中如果包含有 IP 地址、端口等信息的应用程序，如果不将高层报文中的 IP 地址进行变换，则这些应用程序就无法工作，如 FTP、STMP 等；②含有在应用层进行认证、加密的应用程序无法在此协议转换中工作。

14.2.6 SOCKS64

一个是在客户端引入 SOCKS 库，这个过程称为"SOCKS 化"（Socksifying），它处在应用层和 socket 之间，对应用层的 socket API 和 DNS 名字解析 API 进行替换；

另一个是 SOCKS 网关，它安装在 IPv6/IPv4 双栈节点上，是一个增强型的 SOCKS 服务器，能实现客户端 C 和目的端 D 之间任何协议组合的中继。当 C 上的 SOCKS 库发起一个请求后，由网关产生一个相应的线程负责对连接进行中继。SOCKS 库与网关之间通过 SOCKS（SOCKSv5）协议通信，因此它们之间的连接是"SOCKS 化"的连接，不仅包括业务数据，也包括控制信息；而 G 和 D 之间的连接未作改动，属于正常连接。D 上的应用程序并不知道 C 的存在，它认为通信对端是 G。

14.2.7 传输层中继（Transport Relay）

与 SOCKS64 的工作机理相似，只不过是在传输层中继器进行传输层的"协议翻译"，而 SOCKS64 是在网络层进行协议翻译。它相对于 SOCKS64，可以避免"IP 分组分片"和"ICMP 报文转换"带来的问题，因为每个连接都是真正的 IPv4 或 IPv6 连接。但同样无法解决网络应用程序数据中含有网络地址信息所带来的地址无法转换的问题。

14.2.8 应用层代理网关（ALG）

ALG（Application Level Gateway），与 SOCKS64、传输层中继等技术一样，都是在 IPv4 与 IPv6 间提供一个双栈网关，提供"协议翻译"的功能，只不过 ALG 是在应用层级进行协议翻译。这样可以有效解决应用程序中带有网络地址的问题，但 ALG 必须针对每个业务编写单独的 ALG 代理，同时还需要客户端应用也在不同程度上支持 ALG 代理，灵活性很差。显然，此技术必须与其他过渡技术综合使用才有推广意义。

14.2.9 过渡策略

（1）双栈、隧道是主流。

（2）所有的过渡技术都是基于双栈实现的。

（3）不同的过渡策略各有优劣，应用环境不同。

(4) 网络的演进过程中将是多种过渡技术的综合。

(5) 根据运营商具体的网络情况进行分析。

现有的 IPv4 向 IPv6 平滑过渡策略技术很多，这些过渡策略都各有优、缺点。因此，最好的做法是在考虑成本等因素的基础上根据实际需求综合其中的几种过渡技术，取长补短，设计一种能够平滑过渡的解决方案。

14.2.10　IPv6 隧道配置举例

实验拓扑结构如图 14.3 所示。

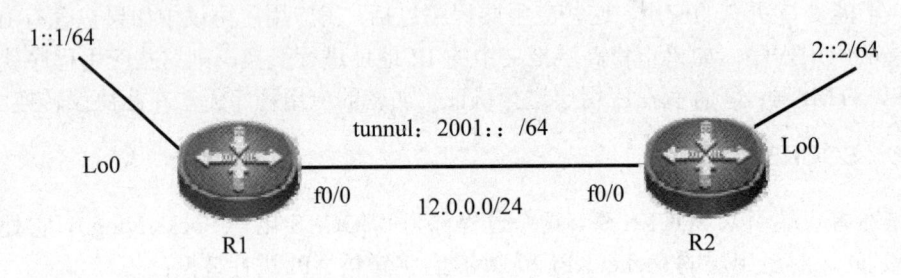

图 14.3　隧道实验拓扑图

实验说明

实验拓扑图如图 14.3 所示。

本实验是通过隧道的方式使两路由器 loopback 接口所连的 IPv6 网络互通。

预配置：为两个路由器的 F0/0 端口配置 IPv4 地址：

R1(config)#int f0/0
R1(config-if)#ip address 12.0.0.1 255.255.255.0

R2(config)#int f0/0
R2(config-if)#ip address 12.0.0.2 255.255.255.0

配置及调试过程：

（1）在 R1 上设置 tunnel：

R1(config)#interface tunnel 0　　//设置 tunnel 0
R1(config-if)#tunnel source f0/0　　//设置 tunnel 0 的源
R1(config-if)#tunnel destination 12.0.0.2　　//设置 tunnel 0 的目的
R1(config-if)#ipv6 address 2001::1/64　　//给 tunnel 0 配置 IPv6 地址
R1(config-if)#tunnel mode ipv6ip　　//将 tunnel 0 的模式配置为 IPv6IP

（2）在 R2 上设置 tunnel：

R2(config-if)#int tu 0
R2(config-if)#tunnel source f0/0
R2(config-if)#tunnel destination 12.0.0.1
R2(config-if)#ipv6 address 2001::2/64
R2(config-if)#tunnel mode ipv6ip

（3）测试隧道连通性：

R2#ping 12.0.0.1

Type escape sequence to abort.
Sending 5, 100-byte ICMP Echos to 12.0.0.1, timeout is 2 seconds:
!!!!!
Success rate is 100 percent (5/5), round-trip min/avg/max = 4/16/40 ms
R2(config-if)#ping 2001::1

Type escape sequence to abort.
Sending 5, 100-byte ICMP Echos to 2001::1, timeout is 2 seconds:
!!!!!
Success rate is 100 percent (5/5), round-trip min/avg/max = 8/22/36 ms

（4）配置 IPv6 路由：
R1(config)#ipv6 route 2::/64 tunnel 0
R2(config)#ipv6 route 1::/64 tunnel 0
（5）测试 IPv6 网络连通性：
R1(config)#deb ip pac
IP packet debugging is on
R1(config)#ping 2::2

Type escape sequence to abort.
Sending 5, 100-byte ICMP Echos to 2::2, timeout is 2 seconds:
!!!!!
Success rate is 100 percent (5/5), round-trip min/avg/max = 8/20/36 ms
R1(config)#
*Mar 1 01:10:36.379: IP: s=12.0.0.1 (Tunnel0), d=12.0.0.2 (FastEthernet0/0), len 120, sending
*Mar 1 01:10:36.403: IP: tableid=0, s=12.0.0.2 (FastEthernet0/0), d=12.0.0.1 (FastEthernet0/0), routed via RIB
*Mar 1 01:10:36.403: IP: s=12.0.0.2 (FastEthernet0/0), d=12.0.0.1 (FastEthernet0/0), len 120, rcvd 3
*Mar 1 01:10:36.411: IP: s=12.0.0.1 (Tunnel0), d=12.0.0.2 (FastEthernet0/0), len 120, sending
*Mar 1 01:10:36.427: IP: tableid=0, s=12.0.0.2 (FastEthernet0/0), d=12.0.0.1 (FastEthernet0/0), routed via RIB
*Mar 1 01:10:36.427: IP: s=12.0.0.2 (FastEthernet0/0), d=12.0.0.1 (FastEthernet0/0), len 120, rcvd 3
*Mar 1 01:10:36.427: IP: s=12.0.0.1 (Tunnel0), d=12.0.0.2 (FastEthernet0/0), len 120, sending
*Mar 1 01:10:36.435: IP: tableid=0, s=12.0.0.2 (FastEthernet0/0), d=12.0.0.1 (FastEthernet0/0), routed via RIB
*Mar 1 01:10:36.435: IP: s=12.0.0.2 (FastEthernet0/0), d=12.0.0.1 (FastEthernet0/0), len 120, rcvd 3
*Mar 1 01:10:36.435: IP: s=12.0.0.1 (Tunnel0), d=12.0.0.2 (F
R1(config)#astEthernet0/0), len 120, sending
*Mar 1 01:10:36.471: IP: tableid=0, s=12.0.0.2 (FastEthernet0/0), d=12.0.0.1 (FastEthernet0/0), routed via RIB
*Mar 1 01:10:36.471: IP: s=12.0.0.2 (FastEthernet0/0), d=12.0.0.1 (FastEthernet0/0), len 120, rcvd 3
*Mar 1 01:10:36.471: IP: s=12.0.0.1 (Tunnel0), d=12.0.0.2 (FastEthernet0/0), len 120, sending
*Mar 1 01:10:36.479: IP: tableid=0, s=12.0.0.2 (FastEthernet0/0), d=12.0.0.1 (FastEthernet0/0), routed via RIB
*Mar 1 01:10:36.479: IP: s=12.0.0.2 (FastEthernet0/0), d=12.0.0.1 (FastEthernet0/0), len 120, rcvd 3

R1(config)#no debug ip pac

14.3 IPv6 路由

IPv6 采用聚类机制，定义了非常灵活的层次寻址及路由结构，同一层次上的多个网络在上层路由器中表示为一个统一的网络前缀，这样可以显著减少路由器需要维护的路由表项。在理想情况下，一个核心主干路由器只需维护不超过 8192 个表项。这大大降低了路由器查询路由表和存储开销。

IPv6 协议的另一个特性就是提供数据流标签，即流量识别。路由器可以识别数据包是属于哪个特定流量的，在转发该数据包后记录下这条信息，下一次这个路由器接收并识别出同样流量的数据包后，路由器采用之前记录的信息来转发数据包，而不需查对路径选择表，从而减少了数据处理的时间。

14.3.1 IPv6 静态路由协议

IPv6 静态路由的配置方法和 IPv4 基本相同，唯一不同的是 IPv4 网络掩码使用点分十进制，而 IPv6 使用目标网络的前缀长度。不像 IPv4，IPv6 的路由选择默认是关闭的，所以在输入 IPv6 静态路由之前，必须使用命令启动 IPv6 路由选择。同 IPv4 一样，在向路由表中添加 IPv6 路由选择之前，接口必须有效，并且接口上已配置好一个 IPv6 地址。

当需要确定静态路由表项中下一跳地址时，时常会借助详细的网络图表，但是地址接口标识部分的动态特性又使得图表的内容容易发生改变。在为 IPv6 网络分配地址时，要想预先指定下一跳地址，就必须手工指定接口标识，而不能使用自动构建的 EUI-64 格式的地址。

网络的静态路由选择过程共有 3 步：
（1）为网络中的每个数据确定子网或网络地址。
（2）为每台路由器标识所有非直连的数据链路。
（3）为每台路由器写出关于每个非直连地址的路由命令。

14.3.2 RIPng

支持 IPv6 的 RIPng 协议是基于 RIPv2 协议开发而成的，但它并不是 RIPv2 的简单扩展。RIPng 协议不支持 IPv4，因此如果需要同时在 IPv4 和 IPv6 网络中使用 RIP，就必须运行支持 IPv4 的 RIPv1 或 RIPv2 以及支持 IPv6 的 RIPng。

RIPng 使用与 RIPv2 采用相同的计时器、过程处理和消息类型。例如，RIPng 像 RIPv2 一样，使用 30s 的更新计时器来避免消息同步，还有 180s 的超时周期、120s 的信息收集计时器和 180s 的抑制计时器。它也用相同的跳数度量，比如它们采用 16 跳表示不可达。RIPng 也以与 RIPv2 相同的方式使用请求和响应消息。另外，除了类似于 RIPv1 和 RIPv2 一样用到少数单播方式外，RIPng 大多是以多播方式收发请求和响应消息。RIPng 使用的 IPv6 多播地址是 FF02::9。

此外，RIPng 本身并没有认证机制，承担认证功能的特性已经集成到 IPv6 中了。

14.3.3 OSPFv3

OSPFv3（Open Shortest Path First version 3，开放最短路径优先第 3 版）是 IPv6 使用的链路状态路由协议，OSPFv3 是 IPv6 网络中的主流和核心路由协议。IPv6 对 IPv4 的 OSPFv2 进

行修改，以适应 IPv6 地址位数的增大以及 IPv4 与 IPv6 之间的变化。

OSPFv3 采用了与 OSPFv2 相同的基本实现机制：SPF 算法、泛洪扩散、DR 选举、区域等，以及一些像计时器与度量等常量和变量。但 OSPFv3 也不兼容 OSPFv2。因此，与 RIP 协议类似如果希望在 IPv4 和 IPv6 环境中同时使用 OSPF 协议，就必须同时运行 OSPFv2 和 OSPFv3 协议。

下面是 OSPFv3 协议的实现过程：

（1）宣告 OSPF 的路由器从所有启动 OSPF 协议的接口上发出 Hello 数据包。如果两台路由器共享一条公共数据链路，并且能够相互成功协商它们各自 Hello 数据包中所指定的某些参数，那么它们就成为邻居（Neighbor）。

（2）邻接关系（Adjacency）。可以想象成为一条点到点的虚链路，它是在一些邻居路由器之间构成的。OSPF 协议定义了一些网络类型和一些路由器类型的邻接关系。邻接关系的建立是由交换 Hello 信息的路由器类型和交换 Hello 信息的网络类型决定的。

（3）每一台路由器都会在所有形成邻接关系的邻居之间发送链路状态通告（Link State Advertisement，LSA）。LSA 描述了路由器所有的链路、接口、路由器的邻居及链路状态信息。这些链路可以是到一个末梢网络（Stub Network，是指没有和其他路由器相连的网络）的链路、到其他 OSPF 路由器的链路、到其他区域网络的链路，或是到外部网络（从其他的路由选择进程学习到的网络）的链路。由于这些链路状态信息的多样性，OSPF 协议定义了许多 LSA 类型。

（4）每一台收到从邻居路由器发出的 LSA 的路由器都会把这些 LSA 记录在它的链路状态数据库中，并且发送一份 LSA 的副本给该路由器的其他所有邻居。

（5）通过 LSA 泛洪扩散到整个区域，所有的路由器都会形成同样的链路状态数据库。

（6）当这些路由器的数据库完全相同时，每一台路由器都将以其自身为根，使用 SPF 算法来计算一个无环的拓扑图，以描述它所知道的到达每一个目的地的最短路径（最小的路径代价）。这个拓扑图就是 SPF 算法树。

（7）每一台路由器都将从 SPF 算法树中构建出自己的路由表。

当所有的链路状态信息泛洪到区域内的所有路由器上，并且邻居检验他们的数据库也同步后，路由表被成功创建。

14.3.4 IDRPv2

IDRP 是和 IPv6 共同使用的外部网关路由协议（EGP），IDRP 是一个路径矢量协议，在 OSI 结构中是设计在无连接网络协议（CLNP、ISO 8473）使用的，在 Internet 上作为 EGP 从 BGP-4 得出，适于和 IPv6 共同使用的 IDRP 版本是 IDRPv2。

IDRPv2 使用路由域，而不是自治系统。路由域由 IPv6 前缀（128 位地址）标识；这简化了 IANA（Internet Assigned Numbers Authority，Internet 分配号码权威机构）的工作，因为明确分配 AS 的标识符不再是必要的。

路由域可以分组为路由域联盟（Routing Domain Confederation）。路由域联盟可看做是唯一的实体，并且它们也是由 IPv6 前缀进行标识。路由域联盟通过引入任意数目的层次级别来进行联盟。

IDRP 将路由域分为两种类型：

①最终路由域（End Routing Domain，ERD）。这种路由域的路由主要是计算用来提供域内路由服务。

②传输路由域（Transit Routing Domain，TRD）。这种路由域的路由主要是计算用来传送域间通信。

第二部分　典型项目

典型项目之一　配置 IPv6 地址

实验目的

通过本实验可以掌握以下知识：

（1）IPv6 的基础设置。

（2）在路由器上设置 IPv6 的基本配置和调试。

实验拓扑结构

拓扑结构如图 14.4 所示。

图 14.4　拓扑结构

实验步骤

1. 激活 IPv6 功能

默认情况下，Cisco 设备的 IPv6 流量转发功能是关闭的，若要使用 IPv6，必须先开启 IPv6 流量转发功能。

开启 IPv6 流量转发功能：

r1(config)#ipv6 unicast-routing

2. 配置正常的 IPv6 地址

在接口下配置正常 IPv6 地址：

r1(config)#int f0/0

r1(config-if)#ipv6 address 2011:1:2:3:1:1:1:1/64

说明：配置的地址前 64 位为网络地址，即 2011:1:2:3；后 64 位为主机位，即 1:1:1:1。

实验调试

查看接口的 IPv6 地址：

r1#show ipv6 interface brief f0/0

FastEthernet0/0　　　　[up/up]

　　FE80::C200:EFF:FEB0:0

　　2011:1:2:3:1:1:1:1

r1# r1#

说明：可以看到接口 F0/0 已经接受配置的地址 2011:1:2:3:1:1:1:1。

典型项目之二　IPv6 静态路由

实验目的

通过本实验可以掌握以下知识：
（1）IPv6 静态路由的工作原理和工作过程。
（2）IPv6 静态路由的基本配置和调试。

实验拓扑结构

拓扑结构如图 14.5 所示。

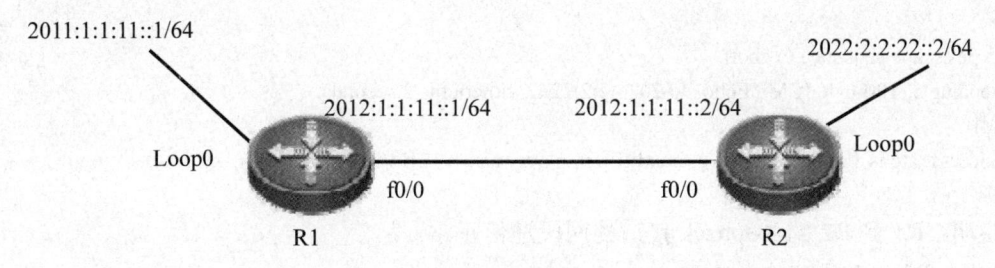

图 14.5　拓扑结构

实验步骤

1. 网络初始配置

（1）R1 初始配置：
r1(config)#ipv6 unicast-routing
r1(config)#int f0/0
r1(config-if)#ipv address 2012:1:1:11::1/64

r1(config)#int loopback 0
r1(config-if)#ipv6 address 2011:1:1:11::1/64
r1(config-if)#

（2）R2 初始配置：
r2(config)#ipv unicast-routing
r2(config)#int f0/0
r2(config-if)#ipv address 2012:1:1:11::2/64

r2(config)#int loopback 0
r2(config-if)#ipv6 address 2022:2:2:22::2/64
r2(config-if)#

2. 在 R1 上配置递归静态路由

（1）配置递归静态路由：
r1(config)#ipv6 route 2022:2:2:22::/64 2012:1:1:11::2
说明：到达目标网络 2022:2:2:22::/64 的数据包发给下一跳地址 2012:1:1:11::2。

（2）检查静态路由：
r1#show ipv6 route static
IPv6 Routing Table - 7 entries

Codes: C - Connected, L - Local, S - Static, R - RIP, B - BGP
    U - Per-user Static route
    I1 - ISIS L1, I2 - ISIS L2, IA - ISIS interarea, IS - ISIS summary
    O - OSPF intra, OI - OSPF inter, OE1 - OSPF ext 1, OE2 - OSPF ext 2
    ON1 - OSPF NSSA ext 1, ON2 - OSPF NSSA ext 2
    D - EIGRP, EX - EIGRP external
S   2022:2:2:22::/64 [1/0]
    via 2012:1:1:11::2
r1#

说明：r1 上配置的递归静态路由已生效。

（3）测试连通性：

r1#ping 2022:2:2:22::2

Type escape sequence to abort.
Sending 5, 100-byte ICMP Echos to 2022:2:2:22::2, timeout is 2 seconds:
!!!!!
Success rate is 100 percent (5/5), round-trip min/avg/max = 12/48/140 ms
r1#

说明：R1 到 R2 的 loopback 接口的网段通信正常。

3. 在 R2 上配置完全静态路由

（1）配置完全静态路由：

r2(config)#ipv6 route 2011:1:1:11::/64 f0/0 2012:1:1:11::1

说明：到达目标网络 2011:1:1:11::/64 的数据包从接口 F0/0 发出去，并且交给下一跳地址 2012:1:1:11::1。

（2）检查静态路由：

r2#show ipv6 route static
IPv6 Routing Table - 7 entries
Codes: C - Connected, L - Local, S - Static, R - RIP, B - BGP
    U - Per-user Static route
    I1 - ISIS L1, I2 - ISIS L2, IA - ISIS interarea, IS - ISIS summary
    O - OSPF intra, OI - OSPF inter, OE1 - OSPF ext 1, OE2 - OSPF ext 2
    ON1 - OSPF NSSA ext 1, ON2 - OSPF NSSA ext 2
    D - EIGRP, EX - EIGRP external
S   2011:1:1:11::/64 [1/0]
    via 2012:1:1:11::1, FastEthernet0/0
r2#

说明：r2 上配置的完全静态路由已生效。

（3）测试连通性：

r2#ping 2011:1:1:11::1

Type escape sequence to abort.
Sending 5, 100-byte ICMP Echos to 2011:1:1:11::1, timeout is 2 seconds:
!!!!
*Mar   1 00:36:50.387: %CDP-4-DUPLEX_MISMATCH: duplex mismatch discovered on FastEthernet0/0 (not

full duplex), with Router FastEthernet0/2 (full duplex).!
Success rate is 100 percent (5/5), round-trip min/avg/max = 16/92/156 ms
r2#

说明：由于正确配置静态路由，R2到R1的loopback接口的网段通信正常。

典型项目之三　IPv6 RIP（RIPng）

实验目的

通过本实验可以掌握以下知识：
（1）IPv6 RIP 的工作原理和工作过程。
（2）IPv6 RIP 服务器的基本配置和调试。

实验拓扑结构

拓扑结构如图 14.6 所示。

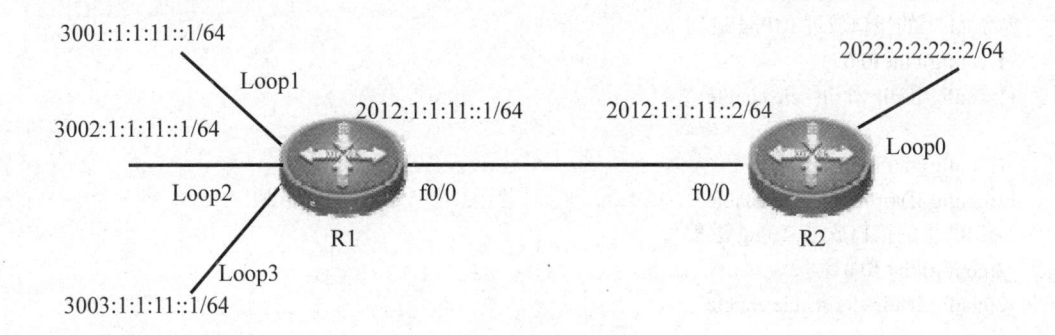

图 14.6　拓扑结构

实验步骤

（1）R1 初始配置：
r1(config)#ipv6 unicast-routing

r1(config)#int f0/0
r1(config-if)#ipv6 address 2012:1:1:11::1/64

r1(config)#int loopback 1
r1(config-if)#ipv6 address 3001:1:1:11::1/64

r1(config)#int loopback 2
r1(config-if)#ipv6 address 3002:1:1:11::1/64

r1(config)#int loopback 3
r1(config-if)#ipv6 address 3003:1:1:11::1/64

（2）R2 初始配置：
r2(config)#ipv6 unicast-routing

r2(config)#int f0/0
r2(config-if)#ipv6 address 2012:1:1:11::2/64

r2(config)#int loopback 0
r2(config-if)#ipv6 address 2022:2:2:22::2/64

（3）启动 RIPng 进程：

说明：Cisco IOS 最多同时支持 4 个 RIPng 进程，不同进程使用不同名字来区分，并且进程名为本地有效。

//在 R1 上启动 RIPng 进程
r1(config)#ipv6 router rip ccie
r1(config-rtr)#exit
//在 R2 上启动 RIPng 进程
r2(config)#ipv6 router rip ccie
r2(config-rtr)#exi

（4）配置 RIPng 接口：
//将 R1 上的接口放进 RIPng 进程
r1(config)#int f0/0
r1(config-if)#ipv6 rip ccie enable

r1(config)#int loopback 1
r1(config-if)#ipv6 rip ccie enable
//将 R2 上的接口放进 RIPng 进程
r2(config)#int f0/0
r2(config-if)#ipv6 rip ccie enable

r2(config)#int loopback 0
r2(config-if)#ipv6 rip ccie enable

（5）查看 RIPng 路由：
//查看 R1 的 RIPng 路由
r1#show ipv6 route rip
IPv6 Routing Table - 11 entries
Codes: C - Connected, L - Local, S - Static, R - RIP, B - BGP
　　　 U - Per-user Static route
　　　 I1 - ISIS L1, I2 - ISIS L2, IA - ISIS interarea, IS - ISIS summary
　　　 O - OSPF intra, OI - OSPF inter, OE1 - OSPF ext 1, OE2 - OSPF ext 2
　　　 ON1 - OSPF NSSA ext 1, ON2 - OSPF NSSA ext 2
　　　 D - EIGRP, EX - EIGRP external
R　2022:2:2:22::/64 [120/2]
　　 via FE80::C200:DFF:FEC4:0, FastEthernet0/0
r1#

说明：由于 RIPng 配置正确，成功收到对方路由条目，并且可以看出，动态路由学习到的 IPv6 路由条目，下一跳地址均为对端的链路本地地址。

//查看 R2 的 RIPng 路由
r2#show ipv6 route rip
IPv6 Routing Table - 7 entries

Codes: C - Connected, L - Local, S - Static, R - RIP, B - BGP
   U - Per-user Static route
   I1 - ISIS L1, I2 - ISIS L2, IA - ISIS interarea, IS - ISIS summary
   O - OSPF intra, OI - OSPF inter, OE1 - OSPF ext 1, OE2 - OSPF ext 2
   ON1 - OSPF NSSA ext 1, ON2 - OSPF NSSA ext 2
   D - EIGRP, EX - EIGRP external
R   3001:1:1:11::/64 [120/2]
   via FE80::C200:BFF:FE48:0, FastEthernet0/0
r2#

说明：由于 RIPng 配置正确，成功收到对方路由条目。

实验调试

说明：因为动态路由学习到的 IPv6 路由条目，下一跳地址均为对端的链路本地地址，所以如果到对端的链路本地地址不通，那么到对端 IPv6 网络也不会通。

（1）测试 R1 到对端链路本地地址的连通性：
r1#ping FE80::C200:DFF:FEC4:0
Output Interface: FastEthernet0/0
Type escape sequence to abort.
Sending 5, 100-byte ICMP Echos to FE80::C200:DFF:FEC4:0, timeout is 2 seconds:
Packet sent with a source address of FE80::C200:DFF:FEC4:0
!!!!!
Success rate is 100 percent (5/5), round-trip min/avg/max = 32/70/184 ms
r1#

说明：到对端链路本地地址的通信正常。

（2）测试 R1 到对端 IPv6 网络的连通性：
r1#ping 2022:2:2:22::2

Type escape sequence to abort.
Sending 5, 100-byte ICMP Echos to 2022:2:2:22::2, timeout is 2 seconds:
!!!!!
Success rate is 100 percent (5/5), round-trip min/avg/max = 12/75/240 ms
r1

说明：由于到对端链路本地地址的通信正常，所以到对端 IPv6 网络的通信也正常。

（3）测试 R2 到对端 IPv6 网络的连通性：
r2#ping 3001:1:1:11::1

Type escape sequence to abort.
Sending 5, 100-byte ICMP Echos to 3001:1:1:11::1, timeout is 2 seconds:
!!!!!
Success rate is 100 percent (5/5), round-trip min/avg/max = 12/84/248 ms
r2#

说明：到对端 IPv6 网络的通信也正常。

拓展内容

1. 重分布 IPv6 网段

在 R1 上配置重分布剩余网段进 RIPng：
r1(config)#route-map con permit 10
r1(config-route-map)#match interface loopback 2

r1(config-route-map)#exit
r1(config)#route-map con permit 20
r1(config-route-map)#match interface loopback 3
r1(config-route-map)#exit

r1(config)#ipv6 router rip ccie
r1(config-rtr)#redistribute connected route-map con
r1(config-rtr)#

在 R2 上查看重分布进 RIPng 的剩余网段：
r2#show ipv6 route rip
IPv6 Routing Table - 9 entries
Codes: C - Connected, L - Local, S - Static, R - RIP, B - BGP
      U - Per-user Static route
      I1 - ISIS L1, I2 - ISIS L2, IA - ISIS interarea, IS - ISIS summary
      O - OSPF intra, OI - OSPF inter, OE1 - OSPF ext 1, OE2 - OSPF ext 2
      ON1 - OSPF NSSA ext 1, ON2 - OSPF NSSA ext 2
      D - EIGRP, EX - EIGRP external
R   3001:1:1:11::/64 [120/2]
    via FE80::C200:BFF:FE48:0, FastEthernet0/0
R   3002:1:1:11::/64 [120/2]
    via FE80::C200:BFF:FE48:0, FastEthernet0/0
R   3003:1:1:11::/64 [120/2]
    via FE80::C200:BFF:FE48:0, FastEthernet0/0
r2#

说明：可以看到，R1 上的剩余网段成功被重分布进 RIPng。

2. 过滤 IPv6 路由

说明：在 R2 上过滤掉 IPv6 路由，只留想要的网段，使用 distribute-list 过滤，配置只留 3002:1:1:11::/64 网段：

r2(config)#ipv6 prefix-list abc permit 3002:1:1:11::/64

r2(config)#ipv6 router rip ccie
r2(config-rtr)#distribute-list prefix-list abc in f0/0

注：IPv6 的 prefix-list 同样支持 ge、le 等关键字来匹配范围。

查看过滤后的路由表情况：
r2#show ipv6 route rip
IPv6 Routing Table - 7 entries
Codes: C - Connected, L - Local, S - Static, R - RIP, B - BGP
      U - Per-user Static route
      I1 - ISIS L1, I2 - ISIS L2, IA - ISIS interarea, IS - ISIS summary
      O - OSPF intra, OI - OSPF inter, OE1 - OSPF ext 1, OE2 - OSPF ext 2
      ON1 - OSPF NSSA ext 1, ON2 - OSPF NSSA ext 2
      D - EIGRP, EX - EIGRP external
R   3002:1:1:11::/64 [120/2]
    via FE80::C200:BFF:FE48:0, FastEthernet0/0
r2#

说明：路由表中只剩想要的网段，说明过滤成功。

典型项目之四　IPv6 OSPF（OSPFv3）

OSPFv3 与 OSPFv2（IPv4 OSPF）的原理都是相同的，OSPFv3 选举 Router-ID 的规则与 OSPFv2 相同，OSPFv3 也是选择路由器上的 IPv4 地址作为 Router-ID，如果设备上没有配置 IPv4 地址，那么必须手工指定 Router-ID。在配置 OSPFv3 时，先配置进程，然后需要让哪些接口运行在 OSPFv3 下，就必须到相应的接口下明确指定，并不像 OSPFv2 那样在进程下通过 Network 来发布。

实验目的

通过本实验可以掌握以下知识：
（1）IPv6 OSPF 的工作原理和工作过程。
（2）IPv6 OSPF 服务器的基本配置和调试。

实验拓扑结构

拓扑结构如图 14.7 所示。

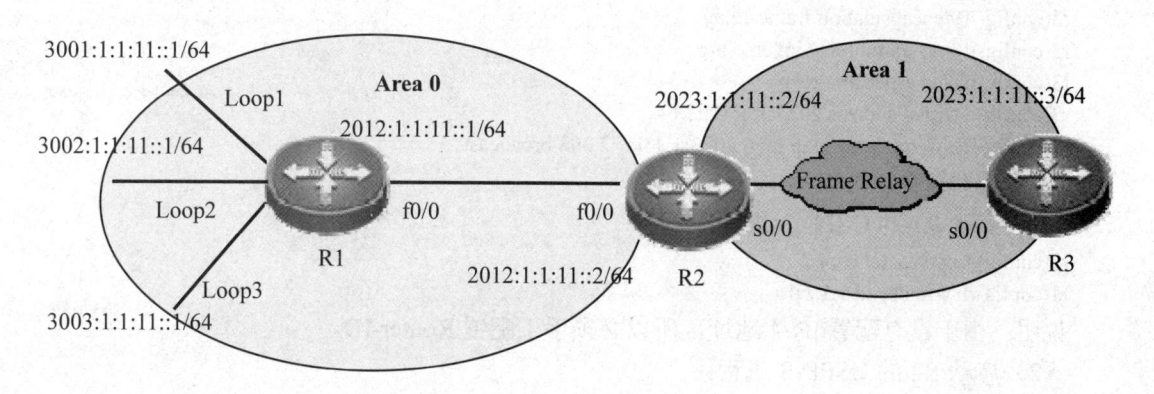

图 14.7　拓扑结构

实验步骤

1. 初始配置

（1）R1 初始配置：
r1(config)#ipv6 unicast-routing

r1(config)#interface f0/0
r1(config-if)#ipv6 address 2012:1:1:11::1/64

r1(config)#int loopback 1
r1(config-if)#ipv6 address 3011:1:1:11::1/64

r1(config)#int loopback 2
r1(config-if)#ipv6 address 3011:1:1:12::1/64

r1(config)#int loopback 3
r1(config-if)#ipv6 address 3011:1:1:13::1/64

（2）R2 初始配置：
r2(config)#ipv6 unicast-routing

r2(config)#interface f0/0
r2(config-if)#ipv6 address 2012:1:1:11::2/64

r2(config)#interface s1/0
r2(config-if)#encapsulation frame-relay
r2(config-if)#no frame-relay inverse-arp
r2(config-if)#no arp frame-relay
r2(config-if)#ipv6 address 2023:1:1:11::2/64
r2(config-if)#frame-relay map ipv6 2023:1:1:11::3 203 broadcast
r2(config-if)#

（3）R3 初始配置：
r3(config)#ipv6 unicast-routing

r3(config)#interface s1/0
r3(config-if)#encapsulation frame-relay
r3(config-if)#no frame-relay inverse-arp
r3(config-if)#no arp frame-relay
r3(config-if)#ipv6 address 2023:1:1:11::3/64
r3(config-if)#frame-relay map ipv6 2023:1:1:11::2 302 broadcast

2. 启动 OSPFv3 进程

（1）启动 R1 的 OSPFv3 进程：
r1(config)#ipv6 router ospf 2
r1(config-rtr)#router-id 1.1.1.1

说明：由于没有配置 IPv4 地址，所以必须手工配置 Router-ID。

（2）启动 R2 的 OSPFv3 进程：
r2(config)#ipv6 router ospf 2
r2(config-rtr)#router-id 2.2.2.2

（3）启动 R3 的 OSPFv3 进程：
r3(config)#ipv6 router ospf 2
r3(config-rtr)#router-id 3.3.3.3

3. 配置 OSPFv3 接口

（1）将 R1 上的接口放进 OSPFv3 进程：
r1(config)#int f0/0
r1(config-if)#ipv6 ospf 2 area 0

r1(config)#int loopback 1
r1(config-if)#ipv6 ospf 2 area 0

（2）将 R2 上的接口放进 OSPFv3 进程：
r2(config)#int f0/0
r2(config-if)#ipv6 ospf 2 area 0

r2(config)#int s1/0

r2(config-if)#ipv6 ospf 2 area 1

（3）将 R3 上的接口放进 OSPFv3 进程：

r3(config)#int s1/0

r3(config-if)#ipv6 ospf 2 area 1

4. 查看 OSPFv3 邻居

（1）查看 R1 邻居：

r1#show ipv6 ospf neighbor

Neighbor ID	Pri	State	Dead Time	Interface ID	Interface
2.2.2.2	1	FULL/BDR	00:00:39	4	FastEthernet0/0

r1#

说明：R1 与 R2 的 OSPFv3 邻居正常。

（2）查看 R2 邻居：

r2#show ipv6 ospf neighbor

Neighbor ID	Pri	State	Dead Time	Interface ID	Interface
1.1.1.1	1	FULL/DR	00:00:35	4	FastEthernet0/0

r2#

说明：R1 与 R2 的 OSPFv3 邻居正常，但与 R3 的邻居没有。

（3）查看 R3 邻居：

r3#show ipv6 ospf neighbor

r3#

说明：R3 没有 OSPFv3 邻居。

5. 解决 OSPFv3 邻居问题

说明：由于 R2 与 R3 之间属于 NBMA 非广播网络，所以无法自动建立邻居，要解决邻居问题，有两种方法：①手工指定邻居，在指定时只需在一方指定即可，并且 OSPFv3 在手工指定邻居时，需要到接口下指定而不是在进程下指定，并且指定的为对方链路本地地址；②将网络类型从非广播网络类型改为允许广播的网络类型，如改为 Point-to-Point 类型。

（1）查看 R3 连 R2 接口的链路本地地址：

r3#show ipv6 interface brief s1/0

Serial1/0   [up/up]

  FE80::C200:DFF:FEAC:0

  2023:1:1:11::3

r3#

（2）在 R2 上指定 R3 为邻居，在接口下指定对方的链路本地地址：

r2(config)#int s1/0

r2(config-if)#ipv6 ospf neighbor FE80::C200:DFF:FEAC:0

r2(config-if)#

（3）测试 R2 到 R3 接口链路本地地址的连通性：

r2#ping FE80::C200:DFF:FEAC:0

Output Interface: Serial1/0

Type escape sequence to abort.

Sending 5, 100-byte ICMP Echos to FE80::C200:DFF:FEAC:0, timeout is 2 seconds:
Packet sent with a source address of FE80::C200:BFF:FE94:0
.....
Success rate is 0 percent (0/5)
r2#

说明：由于指定邻居时，指定为对方接口的链路本地地址，所以双方接口的链路本地地址不通，邻居仍然不能建立。

（4）解决帧中继网络下双方接口的链路本地地址的 PVC 映射：

注：必须互相映射。

R2:
r2(config)#int s1/0
r2(config-if)#fram map ipv6 FE80::C200:DFF:FEAC:0 203 broadcast

R3:
R3(config)#int s1/0
R3config-if)#fram map ipv6 FE80::C200:BFF:FE94:0 302 broadcast

（5）查看邻居：

r3#show ipv6 ospf neighbor

Neighbor ID	Pri	State	Dead Time	Interface ID	Interface
2.2.2.2	1	FULL/BDR	00:01:42	6	Serial1/0

r3#

说明：由于已经手工指定邻居，并且也映射了双方的链路本地地址，所以邻居成功建立。

第三部分　巩固练习

理论练习

1．与 IPv4 相比，IPv6 有哪些新特性？
2．IPv6 地址共分几类？
3．写出 IPv6 报头的结构。
4．IPv6 报文结构和 IPv4 相比有什么变化？

实践练习

IPv6 配置实验：拓扑结构如图 14.8 所示。

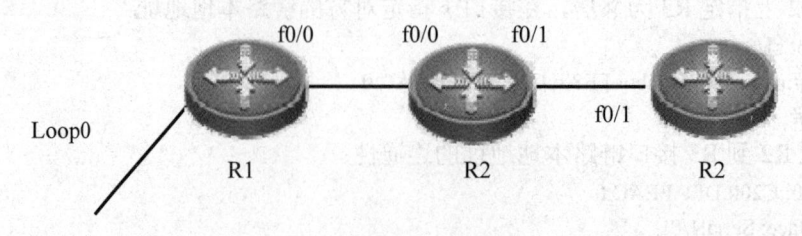

图 14.8　拓扑结构

其网络地址规划如下：
R1: F0/0:   FEC0:0:0:1001::1/64
    Loop 0: 1111:1:1:11ll::1/64
R2: F0/0:   FEC0:0:0:1001::2/64
    F0/1: FEC0:0:0:1002::1/64
R3: F0/1: FEC0:0:0:l002::2/64

根据网络地址规划，把上述地址分别在R1、R2、R3上面进行相应配置，R1有一个回环口用来测试使用，Loop0接口配置地址为1111:1:1:11 11::1/64。R1、R2、R3之间的链路以及各自的用户需要通信，在R1、R2、R3上面配置RIP协议。

以路由器R1上的配置为例。

路由器R1上的配置如下：
R1(config)#interface f0/0
R1(config-if)#ipv6 address FEC0:0:0:1 001::1/64
R1(config-if)#no shut
R1(config-if)#interface loop0
R1(config-if)#ipv6 address 1111:1:1:1111::1/64
R1(config-if)#exit
R1(config)#ipv6 unicast—routing
R1(config)#ipv6 router rip cisco
R1(config)#interface f0/0
R1(config-if){}ipv6 rip cisco enable
R1(config-if)#interface loop 0
R1(config-if)#ipv6 rip cisco enable

路由器R2和R3的配置与此类似，全部配置完后这个IPv6网络可以实现互通。

项目 15 无线 LAN

项目学习重点

- 熟悉无线 LAN 的标准和常见设备
- 掌握无线 LAN 的拓扑结构

第一部分 理论知识

15.1 无线 LAN

无线 LAN（Wireless Local Area Networks，WLAN），就是在局部区域内以无线电波作为介质进行通信的无线网络。它是计算机网络与无线通信技术相结合的产物。无线网络因其自身的优越性被作为有线网络的补充技术而被广泛应用。它以无线方式实现传统以太网的所有功能。主要用于宽带家庭、办公大楼及园区内部。

15.1.1 无线 LAN 的技术优势

1. 安装便捷

通常在网络建设中，施工周期最长、对周边环境影响最大的，就是网络布线施工。在施工过程中，往往需要破墙掘地、穿线架管。而 WLAN 最大的优势就是免去或减少了网络布线的工作量，一般只要安装一个或多个接入点（Access Point）设备，就可建立覆盖整个建筑或地区的局域网络。

2. 使用灵活

在有线网络中，网络设备的安放位置受网络信息点位置的限制。而一旦 WLAN 建成后，在无线网的信号覆盖区域内任何一个位置都可以接入网络。

3. 经济节约

由于有线网络缺少灵活性，这就要求网络规划者尽可能地考虑未来发展的需要，这就往往导致预设了大量的信息点，并且这些信息点中的大部分利用率较低。而一旦网络的发展超出了设计规划，又要花费较多费用进行网络升级改造。而 WLAN 可以避免或减少以上情况的发生。

4. 易于扩展

WLAN 有多种配置方式，能够根据需要灵活选择。这样，WLAN 就能胜任从只有几个用户的小型局域网到上千用户的大型网络，并且能够提供像"漫游（Roaming）"等有线网络无法提供的功能。

15.1.2 无线局域网的传输介质

与有线网络一样,无线局域网同样需要传输介质。通常使用红外线或者无线电波。

1. 红外线系统

红外线局域网采用小于 $1\mu m$ 波长的红外线作为传输介质。

优点是视距传输,不受其他无线电信号干扰,保密性好;缺点是不能穿透非透明物体、受环境背景噪声影响大,方向性太强,不灵活,应用受到很大限制。适用于低成本、跨平台、点到点的高速数据传输。

2. 无线电波

采用无线电波作为传输介质是目前无线局域网的主流。

主要使用 S 频段(2.4~2.4835GHz),即 ISM(Industry Science Medical,工业科学医疗)频段。属于工业自由辐射频段,不会对人体健康造成伤害。

15.1.3 无线局域网传输的调制方式

无线局域网传输的调制方式主要有两种:扩展频谱方式和窄带调制方式。通常使用前者,这里主要讨论扩展频谱方式。

扩展频谱(Spread Spectrum,SS)技术简称为扩频技术。

简单表述如下:"扩频技术是一种信息传输方式,其信号所占有的频带宽度远大于所传信息必需的最小带宽;频带的扩展是通过一个独立的码序列来完成的,用编码及调制的方法来实现,与所传信息数据无关;在接收端则用同样的码进行相关同步接收、解扩及恢复所传信息数据"。

采用扩频技术的优点是:提高抗干扰能力;进行多址通信和安全保密。

1. 提高抗干扰能力

扩频通信在空间传输时所占有的带宽相对较宽,而接收端又采用相关检测的办法来解扩,使有用宽带信号恢复成窄带信号,而把非所需信号扩展成宽带信号,然后通过窄带滤波技术提取有用的信号。这样,对于各种干扰信号,因其在接收端的非相关性,解扩后窄带信号中只有很微弱的成分,信噪比很高,因此抗干扰性强。

2. 进行码分多址通信

扩频通信提高了抗干扰性能,但付出了占用频带宽的代价。如果让许多用户共用这一宽频带,则可大为提高频带的利用率。

在扩频通信中,使用扩频码序列的扩频调制,充分利用各种不同码型的扩频码序列、优良的自相关特性和互相关特性,在接收端利用相关检测技术进行解扩,称为扩频多址通信方式(SSMA)。在分配给不同用户码型的情况下可以区分不同用户的信号,提取出有用信号。这样一来,在一宽频带上许多对用户可以同时通话而互不干扰。

3. 安全保密

在无线通信的扩频系统中,利用扩频码的自相关特性,在接收端从多径信号中提取和分离出最强的有用信号,或把多个路径来的同一码序列的波形相加合成,这相当于梳状滤波器的作用。另外,采用频率跳变扩频调制方式的扩频系统中,由于用多个频率的信号传送同一个信息,实际上起到了频率分集的作用。

15.1.4 无线 LAN 应用范围

1. 无线 LAN 技术适用范围

（1）在不能使用传统走线方式的地方、传统布线方式困难、布线破坏性很大或因历时等原因不能布线的地方。

（2）有水域或不易跨过的区域阻隔的地方。

（3）重复地临时建立设置和安排通信的地方。

（4）无权铺设线路或线路铺设环境可能导致线路损坏。

（5）时间紧急，需要迅速建立通信，而使用有线不便、成本高或耗时长。

（6）局域网的用户需要更大范围进行移动计算的地方。

2. 行业应用

企业应用、交通运输、零售行业、医疗行业、教育行业等。

15.1.5 WLAN 安全性

1. 服务集标识符（SSID）

（1）对资源访问的权限进行区别限制。

（2）可以认为 SSID 是一个简单的口令，从而提供一定的安全。

2. 物理地址过滤（MAC）

（1）在 AP 中手工维护一组允许访问的 MAC 地址列表，实现物理地址过滤。

（2）可扩展性差。

（3）是较低级别的授权认证。物理地址过滤属于硬件认证，而不是用户认证。

3. 连线对等保密（WEP）

（1）在链路层采用 RC4 对称加密技术。

（2）WEP 提供了 40 位（有时也称为 64 位）和 128 位长度的密钥机制。

（3）钥匙是静态的，要手工维护，可扩展能力差。

4. Wi-Fi 保护接入（WPA）

（1）WPA（Wi-Fi Protected Access）是继承了 WEP 基本原理而又消除了 WEP 缺点的一种新技术。

（2）WPA 不仅是一种比 WEP 更为强大的加密方法，而且有更为丰富的内涵。

（3）作为 802.11i 标准的子集，WPA 包含了认证、加密和数据完整性校验三个组成部分，是一个完整的安全性方案。

5. 国家标准（WAPI）

（1）WAPI（WLAN Authenticationand Privacy Infrastructure），即无线局域网鉴别与保密基础结构。

（2）用户只要安装一张证书就可在覆盖 WLAN 的不同地区漫游，方便用户使用。

（3）安装、组网便捷，易于扩展，可满足家庭、企业、运营商等多种应用模式。

6. 端口访问控制技术（802.1x）

（1）802.1x 要求无线工作站安装 802.1x 客户端软件，无线访问点要内嵌 802.1x 认证代理，同时它还作为 Radius 客户端，将用户的认证信息转发给 Radius 服务器。

（2）802.1x 除提供端口访问控制能力外，还提供基于用户的认证系统及计费，特别适合于公共无线接入解决方案。

15.2 无线 LAN 的标准和设备

无线 LAN 也有自己的协议标准，并且随着无线 LAN 应用的急速扩展，无线 LAN 的协议版本也在高速更新。

15.2.1 无线 LAN 标准

无线 LAN 中主要的协议标准有 802.11 系列、HiperLAN、HomeRF 及蓝牙、Wi-Fi 等，下面就分别加以介绍。

1. 802.11 系列

（1）IEEE 802.11。

IEEE 802.11 是 IEEE 在 1997 年提出的第一个无线局域网标准，由于传输速率最高只能达到 2Mb/s，所以主要被用于数据的存取。鉴于 IEEE 802.11 在速率和传输距离上都不能满足人们的需要，因此 IEEE 小组又相继推出了 IEEE 802.11b、IEEE 802.11a 和 IEEE 802.11g 三个新标准。

（2）IEEE 802.11b。

IEEE 802.11b 工作于 2.4GHz 频带，物理层支持 5.5 Mb/s 和 11 Mb/s 两个新速率。它的传输速率可因环境干扰或传输距离而变化，在 11 Mb/s、5.5 Mb/s、2 Mb/s、1 Mb/s 之间切换，而且在 2 Mb/s、1 Mb/s 速率时与 IEEE 802.11 兼容。

（3）IEEE 802.11a。

IEEE 802.11a 工作于 5GHz 频带，物理层速率可达 54Mb/s，这就基本满足了现行局域网绝大多数应用的速度要求。而且，对数据加密方面，采用了更为严密的算法。但是，IEEE 802.11a 芯片价格昂贵，点对点连接很不经济。需要注意的是，IEEE 802.11b 和 IEEE 802.11a 标准不兼容。

（4）IEEE 802.11g。

2002 年 11 月 15 日，IEEE 试验性地批准一种新技术——IEEE 802.11g，使无线网络传输速率可达 54Mb/s，比 IEEE 802.11b 要快出 5 倍，但工作频带和 IEEE 802.11b 相同，这就保证了与 IEEE 802.11b 完全兼容。

（5）IEEE 802.11b+。

IEEE 802.11b+被称为增强型 IEEE 802.11b，是一个非正式的标准，它跟 IEEE 802.11b 完全兼容，但是采用了特殊的数据调制技术，所以，能够实现高达 22Mb/s 的通信速率。

（6）IEEE 802.1x。

IEEE 802.1x 称为基于端口的访问控制协议（Port Based Network Access Control Protocol），它对认证方式和认证体系结构进行了优化，解决了传统 PPPoE 和 Web/Portal 认证方式带来的问题，更适合在宽带以太网中使用。

2. HiperLAN

HiperLAN 是由 CEPT 制定的一种 WLAN 的标准体系，可提供数 10Mb/s 的高质量无线接入。HiperLAN 具有高速传输、面向连接、支持 QoS、自动频率配置、支持小区切换、安全保密、网络与应用无关等特点。系统构成主要是移动终端 MT 通过接入点 AP 接入固定通信网络。

3. HomeRF

HomeRF（SWAP：共享无线接入协议）的数据速率为 1.6Mb/s。提供了对语音和数据业务的支持能力，非常适合家居环境中的通信。SWAP 协议模型与 OSI 网络模型有一定的映射关系，但不是完全一一对应的。在 SWAP 中，MAC（介质访问层）对应于数据链路层，HomeRF 的 SWAP 协议模型上的协议层则根据开展的业务不同而有所差异，它用 TCP/IP 承载数据业务、UDP/IP 承载流业务（诸如视频数据流等），同时为了提供高质量的语音业务，还集成了 DECT 协议。

4. 蓝牙

蓝牙技术是一种无线数据与语音通信的开放性全球规范，它以低成本的近距离无线连接为基础，为固定与移动设备通信环境建立一个特别连接。蓝牙工作在全球通用的 2.4GHz ISM（即工业、科学、医学）频段。蓝牙的数据速率为 1Mb/s 时分双工传输方案被用来实现全双工传输。与其他工作在相同频段的系统相比，蓝牙跳频更快，数据包更短，这使蓝牙比其他系统更稳定。前向纠错（FEC）的使用抑制了长距离链路的随机噪声。应用了二进制调频（FM）技术的跳频收发器被用来抑制干扰和防止衰落。蓝牙的传输速率为 1Mb/s，传输距离约 10m，加大功率后可达 100m。

总之，IEEE 802.11 比较适于商业环境下的无线网络，蓝牙技术适合于移动设备之间的互连，而 HomeRF 则适合家居环境中的通信。

5. Wi-Fi

Wi-Fi 原先是无线保真的缩写，Wi-Fi（Wireless Fidelity）在无线局域网的范畴是指"无线相容性认证"，实质上是一种商业认证，同时也是一种无线联网的技术，以前通过网线连接计算机，而现在则是通过无线电波来联网；常见的就是一个无线路由器，那么在这个无线路由器的电波覆盖的有效范围都可以采用 Wi-Fi 连接方式进行联网，如果无线路由器连接了一条 ADSL 线路或者别的上网线路，则又被称为"热点"。现在市面上常见的无线路由器多为 54M 速率以及 108M 的速率，另有 300M 速率的 Wi-Fi 路由器正在逐步趋于普遍。Wi-Fi 下一代标准制定启动最高传输速率可达 6.7G。当然这个速率并不是上互联网的速度，上互联网的速度主要取决于 Wi-Fi 热点的互联网线路。

Wi-Fi 是由一个名为无线以太网相容联盟（Wireless Ethernet Compatibility Alliance，WECA）的组织所发布的业界术语，中文译为"无线相容认证"。它是一种短程无线传输技术，能够在数百英尺范围内支持互联网接入的无线电信号。随着技术的发展，以及 IEEE 802.11a 及 IEEE 802.11g 等标准的出现，现在 IEEE 802.11 标准已被统称为 Wi-Fi。从应用层面来说，要使用 Wi-Fi，用户首先要有 Wi-Fi 兼容的用户端装置。

Wi-Fi 是一种帮助用户访问电子邮件、Web 和流式媒体的互联网技术，它为用户提供了无线的宽带互联网访问。同时，它也是在家里、办公室或在旅途中上网的快速、便捷的途径。能够访问 Wi-Fi 网络的地方被称为热点。Wi-Fi 或 802.11G 在 2.4GHz频段工作，所支持的速度最高达 54Mb/s。

15.2.2 无线 LAN 设备

无线网络的常见硬件设备主要包括 4 种，即无线网卡、无线接入节点（下称无线 AP）、无线路由器和无线天线。当然，并不是所有的无线网络都必须要用到这 4 种设备。事实上，只需几块无线网卡，就可以组建一个小型的对等式无线网络。

当需要扩大网络规模时，或者需要将无线网络与传统的局域网连接在一起时，才需要使用无线 AP。只有实现 Internet 接入时，才需要无线路由器。而无线天线主要用于放大信号，以接收更远距离的无线信号，从而扩大无线网络的覆盖范围。

1. 无线网卡

无线网卡是终端无线网络的设备，是无线局域网的无线覆盖下通过无线连接网络进行上网使用的无线终端设备。具体来说，无线网卡就是使计算机可以利用无线来上网的一个装置，但是有了无线网卡也还需要一个可以连接的无线网络，如果你在家里或者所在地有无线路由器或者无线 AP 的覆盖，就可以通过无线网卡以无线的方式连接无线网络上网。

无线网卡根据接口的不同，主要分为 3 种类型。

（1）PCMCIA 无线网卡，如图 15.1 所示。

图 15.1　PCMCIA 无线网卡

（2）PCI 无线网卡，如图 15.2 所示。

图 15.2　PCI 无线网卡

（3）USB 无线网卡，如图 15.3 所示。

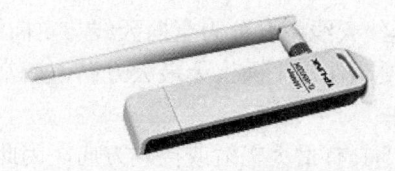

图 15.3　USB 无线网卡

2. 无线 AP

无线 AP（Access Point）是"无线访问点"或"无线接入点"，它主要提供无线工作站对有线局域网和从有线局域网对无线工作站的访问，在访问接入点覆盖范围内的无线工作站可以通过它进行相互通信，如图 15.4 所示。无线 AP 的覆盖范围是一个向外扩散的圆形区域，AP 相当于一个无线集线器（Hub），接在有线交换机或路由器上，为它连接的无线网卡从路由器那里分得 IP。

无线 AP 时的称呼目前比较混乱，在一些介绍中无线 AP 也同样是无线路由器（含无线网关、无线网桥）等类设备的统称。但随着无线路由器的普及，如没有特别的说明，一般还是只将无线 AP 理解为单纯性无线 AP，以便和无线路由器加以区分。

3. 无线路由器

无线路由器（Wireless Router）是带有无线覆盖功能的路由器，无线路由器好比将单纯性无线 AP 和宽带路由器合二为一。它主要应用于用户上网和无线覆盖，如图 15.5 所示。可支持局域网用户的网络连接共享。可实现家庭无线网络中的 Internet 连接共享，实现 ADSL 和小区宽带的无线共享接入。市场上流行的无线路由器一般都支持专线 xDSL、Cable、动态 xDSL 和 PPTP 四种接入方式，它还具有其他一些网络管理的功能，如支持 DHCP 服务、支持 VPN、NAT、防火墙、MAC 地址过滤等功能。

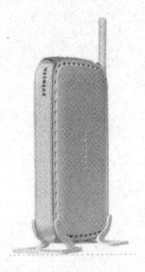

图 15.4　无线 AP

图 15.5　无线路由器

无线路由器可以与所有以太网接的 ADSL MODEM 或 Cable MODEM 直接相连，也可以在使用时通过交换机/集线器、宽带路由器等局域网方式再接入。其内置简单的虚拟拨号软件，可以存储用户名和密码拨号上网，可以实现为拨号接入 Internet 的 ADSL、CM 等提供自动拨号功能，而无需手动拨号或占用一台计算机做服务器使用。

4. 无线天线

天线（Antenna）的功能是发射和接收电磁波。无线天线主要的性能参数包括传播方向、工作频段、天线增益和天线接口。

无线电发射机输出的射频信号功率，通过馈线（电缆）输送到天线，由天线以电磁波形式辐射出去；电磁波到达接收地点后，由天线接收下来（仅仅接收到极小一部分功率），并通过馈线送到无线电接收机。

根据传播方向的不同，无线天线主要分为全向天线与定向天线两种，如图 15.6 所示。

（1）全向天线的辐射与接收在水平面上无最大方向，通常用作点对多点通信的中心站。通常全向天线的外观呈棒状。

（2）定向天线在水平面上具有最大辐射或接收方向，因此，能量集中，增益相对全向天线要高，适合于远距离点对点通信，同时由于具有方向性，抗干扰能力也比较强。通常定向天线的外观呈锅状或平板状。

（a）室外定向天线 　　　　（b）室内全向天线

图 15.6　无线天线

也可以按照工作环境分为室内和室外两种。

（1）室内天线的优点是方便灵活；缺点是增益小、传输距离短。室内天线通常没有防水和防雷设计，一般不可用于室外。

（2）室外天线的优点是传输距离远，比较适合远距离传输。

15.3　无线 LAN 拓扑结构

在无线 LAN 中，主要网络结构只有两类：
① 类似于对等网的 Ad-Hoc 结构。
② 类似于有线局域网中星型结构的 Infrastructure 结构。

1. 点对点 Ad-Hoc 结构

点对点 Ad-Hoc 是一种对等结构，相当于有线网络中的两台主机直接通过网卡互联，信号是直接在两个通信端点对点传输的，如图 15.7 所示。由于这一模式没有中心管理单元，所以这种网络在可管理性和扩展性方面有一定的限制，连接性能也不是很好。而且各无线节点之间只能单点通信，不能实现交换连接，这种无线网络模式通常只适用于临时的无线应用环境，如小型会议室、SOHO 家庭无线网络等。

图 15.7　Ad-Hoc 结构

（1）建立 Ad Hoc 无线连接。

在主计算机上安装802.11b无线网卡，并将其配置为一个计算机到计算机（Ad Hoc）的无线连接。然后在第二台计算机上安装一个无线网卡，要完成网络并提供与 Internet 的连接，应在主机上激活 Internet 连接共享（ICS）。

(2）配置主机。

在计算机上安装了一个 802.11b 适配器（如一个 Orinoco 或 Cisco 无线网卡）后，Windows XP 将自动检测到该网卡，安装驱动并在通告区域显示一个图标（现在，我正在使用 Agere 的 Orinoco Silver 网卡建立 Ad Hoc 无线网络。尽管在 Windows XP 提供了对它们的内置支持，但是你还可以通过 Microsoft Update，使用更新的驱动程序和固件对它们进行升级）。如果在计算机所处的环境范围内还有其他的网卡，Windows 就会自动显示一个可用网络的清单。但是，如果在此范围内没有任何可用的网络，无线连接图标将显示一个红色的"X"，而且将不能自动打开一个"查看无线网络"（View Wireless Networks）窗口。如果要打开这个窗口，请单击无线连接的图标。在这个时候，如果"可用网络"列表中出现了可用的网络，请不要立即选择其中的某个可用网络。如果在此之前，你的计算机已经连接到一个首选的访问点上，请删除所有首选访问点，以保证只建立与你想要配置的 Ad Hoc 网络的连接。

然后，单击窗口顶部的"高级"选项卡。只选择"计算机到计算机（Ad Hoc）网络"，并且清除"自动连接非首选网络"复选框，如果它已经被选中的话，这项设置以及删除有线网络保证了只连接到 Ad Hoc 网络。

再次单击"无线网络"选项卡。在首选网络项下，单击"添加"，在"无线网络属性"对话框中指定一个网络名称（SSID）。可以使用任何想要的名称，但是一定要使用该名称对所有计算机进行配置。注意，由于网络的类型已经被指定为只能连接到 Ad Hoc 网络，所以它已经被标明为计算机到计算机网络，不能再改变了。

由于在尝试配置 WEP 数据的加密之前，运行 Ad Hoc 无线网络的工作要更容易一些，所以此时不对无线等价协议（WEP）进行配置。你是否使用 WEP 将由你所处的环境决定。在大多数情况下，为了得到最佳的保护和安全，在你的 Ad Hoc 网络开始正确运行后，应该回到"无线网络属性"对话框并指定 WEP 的设置。

在"无线网络属性"对话框中配置了网络名称（SSID）后，将显示一个新的 Ad Hoc 网络和一个 PC 网卡图标，表明这是一个计算机到计算机的网络。

要注意红色的"X"标记。当第二台计算机在此范围之内，而且已经连接上新的 Ad Hoc 网络时，显示将改变为没有"X"标记的和正在工作的计算机到计算机的网络。

(3) 配置一台客户机。

在第二台计算机上安装过一个 Agere Orinoco 802.11b Silver PC 网卡之后，无线网络标签会显示一个在此范围内的无线访问节点或 Ad Hoc 无线网络的清单。新的 Ad Hoc 网络 aloha4321 被列在其中（而且用 PC 网卡的图标标出）。激活网络名称，然后单击"配置"按钮。由于此次将配置 WEP，单击"OK"按钮，共享连接。

现在已经成功建立了一个 Ad Hoc 无线网络，将设置 Internet 连接共享。在主机上打开"网络连接"（单击"开始"，单击"控制面板"，单击"切换到经典视图"，然后单击"网络连接"）单击"共享连接"，在"网络任务"项下，单击"改变此连接的设置"。在"高级"选项卡上，选择"允许其他网络用户通过此计算机的 Internet 连接进行连接"复选框。如果没有使用第三方防火墙，而且还没有设置"Internet 连接防火墙（ICF）"，一定要选中激活此特性的复选框（请阅读有关激活 ICF 的原因的早期专栏文章：不要让防卫松懈）。最后，还可以选择启用"让其他用户控制或启用此连接"复选框。在完成了 ICS 的配置后，主机上的"网络连接"窗口将显示原始的有线以太网连接，并将其状态显示为共享和启用。客户机上的"网络连接"窗口将主机上的连接显示为一个Internet网关。现在，用户机应该可以通过DHCP主机获得一个范围为192.168.0.*的不可路由私有地址，并且获得完全的Internet连通性。

(4) 配置WEP。

现在已经成功地建立了Internet连接，下一步是要回到"网络属性"对话框配置WEP，来保证Ad Hoc网络得到最佳的安全保护。在客户机上，打开"无线网络属性"对话框并选中"数据加密"（WEP已启用）复选框。在你的网卡制造商提供的文件中查询密钥格式和密钥长度。使用你的硬件和驱动所支持的加密的最高级（密钥长度）。在此使用的是Agere的Orinoco Silver网卡，它只支持64位WEP（也有的是40位）。使用最新的驱动和固件，实际上Windows XP会自动发现此硬件只支持64位加密，且不允许把密钥设置为128位。确定你使用了一个不能被轻易猜到的由随意选取的字符和字母组成的ASCII网络密钥。最后一步是使用相同的密钥和加密设置来配置用户机。

注意：要采取附加的安全措施，可以考虑每星期改变密钥。

2. 基于AP的Infrastructure结构

这种基于无线AP的Infrastructure（基础）结构模式其实与有线网络中的星型交换模式差不多，也属于集中式结构类型，其中的无线AP相当于有线网络中的交换机，起着集中连接和数据交换的作用。在这种无线网络结构中，除了需要像Ad-Hoc对等结构中在每台主机上安装无线网卡，还需要一个AP接入设备，俗称"访问点"或"接入点"。这个AP设备就是用于集中连接所有无线节点，并进行集中管理的。当然一般的无线AP还提供了一个有线以太网接口，用于与有线网络、工作站和路由设备的连接。与有线网络中的星型交换模式差不多，也属于集中式结构类型，其中的无线AP相当于有线网络中的交换机，起着集中连接和数据交换的作用。

特点主要表现在：
- 网络易于扩展。
- 便于集中管理。
- 能提供用户身份验证等优势。
- 数据传输性能也明显高于Ad-Hoc对等结构。

AP和无线网卡还可针对具体的网络环境调整网络连接速率，以发挥相应网络环境下的最佳连接性能。理论上一个无线AP最大可连接80个无线节点，实际应用中考虑到更高的连接需求，建议为30个节点以内。

这种网络结构模式的特点主要表现在网络易于扩展、便于集中管理、能提供用户身份验证等优势，另外数据传输性能也明显高于Ad-Hoc对等结构。在这种AP网络中，AP和无线网卡还可针对具体的网络环境调整网络连接速率，如11Mb/s的可使用速率可以调整为1Mb/s、2Mb/s、5.5Mb/s和11Mb/s 4挡；54Mb/s的IEEE 802.11 a和IEEE 802.11 g的则更是分为54Mb/s、48Mb/s、36Mb/s、24Mb/s、18Mb/s、12Mb/s、11 Mb/s、9Mb/s、6Mb/s、5.5Mb/s、2Mb/s、1 Mb/s共12个不同速率可动态转换，以发挥相应网络环境下的最佳连接性能。

理论上，一个IEEE 802.11b的AP最大可连接72个无线节点，实际应用中考虑到更高的连接需求，建议为10个节点以内。其实在实际的应用环境中，连接性能往往受到许多方面因素的影响，所以实际连接速率要远低于理论速率，如上面所介绍的AP和无线网卡可针对特定的网络环境动态调整速率，原因就在于此。当然还要看具体应用，对于带宽要求较高（如学校的多媒体教学、电话会议和视频点播等）的应用，最好单个AP所连接的用户数少些；对于简单的网络应用可适当多些。同时要求单个 AP 所连接的无线节点要在其有效的覆盖范围内，这个距离通常为室内 100m 左右，室外则可达 300m 左右。当然如果是 IEEE 802.11 a 或 IEEE 802.11 g 的 AP，因为它的速率可达到 54Mb/s，有效覆盖范围也比 IEEE 802.11 b 的大 1 倍以上，理论上单个 AP 的理论连接节点数在 100 个以上，但实际应用中所连接的用户数最好在 20 个左右。

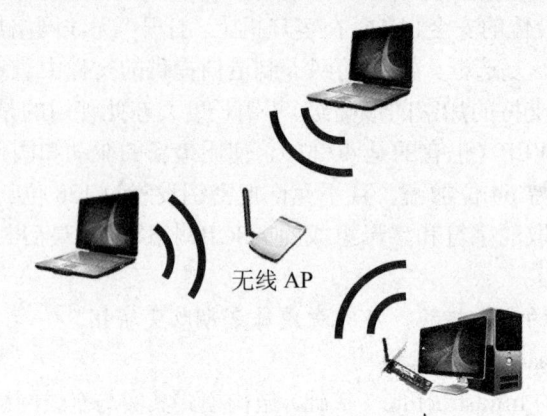

图 15.8 Infrastructure 结构

另外，基础结构的无线局域网不仅可以应用于独立的无线局域网中，如小型办公室无线网络、SOHO 家庭无线网络，也可以以它为基本网络结构单元组建成庞大的无线局域网系统，如 ISP 在"热点"位置为各移动办公用户提供的无线上网服务，在宾馆、酒店、机场为用户提供的无线上网区等。不过这时就要充分考虑到各 AP 所用的信道了，在同一有效距离内只能使用 3 个不同的信道。

3. 桥接方式实现分布式无线网络

桥接方式实现分布式无线网络如图 15.9 所示。

图 15.9 桥接方式实现分布式无线网络

（1）点到点桥接。

在 AP 的管理界面中，单击 Wireless Bridging 选择 Wireless Point-to-Point Bridge。Enable Wireless Client Association 可选可不选，如果选了则表示该 AP 工作在桥接的同时还可以接入无线网卡，如果不选则无线桥接过程中无线网卡不可以接入。下方的 Remote MAC Address 则是填写对端的 AP 的 MAC 地址（可以在设备的背面查看 MAC 地址）。填写完成后，单击 Apply 按钮即可完成设置。

（2）点对多点桥接。

基本与点对点方式配置相同，不同地方在于：在中心端，选择 Wireless Point to Multi-Point Bridge，在 Remote MAC Address 中填写各分点无线 AP 的 MAC 地址，单击 Add 按钮，添加到 Wireless Remote Access Point List 中；在各分点，选择 Wireless Point-to-Point Bridge，在 Remote MAC Address 中填写中心端 AP 的 MAC 地址即可。

4. 无线漫游

单个 AP 的覆盖面积有限，因此一些覆盖面较大的公司往往会安置两个或两个以上 AP，以达到在公司范围内都能使用无线网络的目的，但会产生这样的问题，当移动用户在不同的 AP 之间切换时每次都要查找无线网络，重新连接，非常麻烦。无线漫游就是为了解决这个问题而诞生的，如图 15.10 所示。

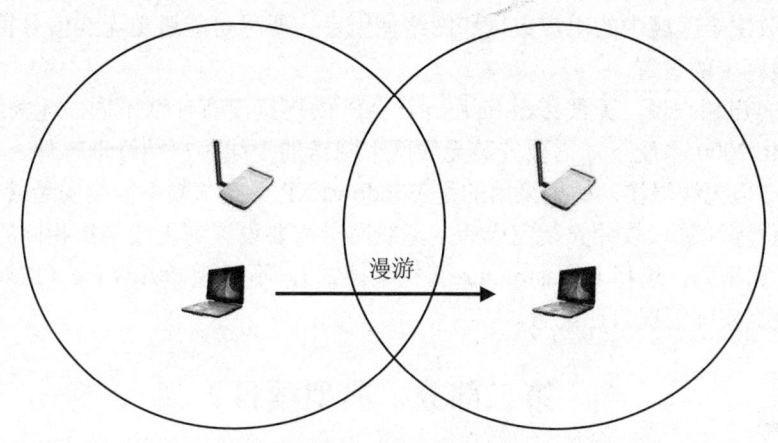

图 15.10 实现无线漫游网络

当网络跨度很大的大型企业，在公司中部署无线局域网时，某些员工可能需要完全的移动通信能力，这就必须采用无线漫游的连接方案。由于无线电波在传播过程中会不断衰减，导致无线 AP 的通信范围被限定在一定的距离内。当网络环境存在多个 AP 时，它们的信号覆盖范围会有一定的重合，再用网线把多个 AP 连接起来，无线客户端用户可以在不同 AP 覆盖的区域内任意移动，都能保持网络连接，这就是无线漫游。在使用时无线网卡能够自动发现附近信号强度最大的 AP，并通过这个 AP 收发数据，保持不间断的网络连接。相信大家都用过手机，手机从一个基站的覆盖范围移动到另一个基站的覆盖范围时，能提供不间断无缝通话能力，这就是利用了无线漫游功能。

其实无线局域网的漫游功能与手机的漫游功能原理上完全一样。

（1）无线漫游的具体配置方法。

由于无线漫游必须由多个 AP 组成，所以要事先分配好每个 AP 的 IP 地址，并保证所有 AP 的 IP 地址在同一网段，必须设置相同的 ESSID。如果为了保证无线网络的安全，可以对 AP 进行 WEP 加密，但是所有 AP 加密的方式和加密的密码必须相同。关掉广播 SSID，有必要的话还可设置 MAC 地址过滤，防止非法客户端通过无线网络入侵局域网。

为了实现漫游，必须把多个 AP 的信号覆盖范围互相重叠，如果覆盖范围重叠的 AP 之间使用的有信号重叠的信道，它们在信号传输时就会互相干扰，从而降低了网络性能和效率。因此各个 AP 覆盖区域所占信道之间必须遵循一定的规范，有相互重叠的区域的 AP 不能选用同一信道。802.11b 协议工作在 2.4000～2.4835GHz 信道上，一共存在着相互重叠的 11 个信道，在这 11 个信道中只有 3 个信道是不重叠的，分别是信道 1、6、11。利用这三个信道蜂窝覆盖是最合适的。

（2）放置无线 AP 位置原则。

无线 AP 的位置应当尽可能放在高处。无线信号是直线传播的，每遇到一个障碍物，无线信号就会被削减一部分,将无线 AP 置于相对较高的位置,可以有效地避开 AP 与网卡之间的固定或移动障碍物,从而保证无线网络的覆盖范围,保障无线网络的通畅,如果 AP 的高度不够,仅靠配备大增益天线的效果是非常有限的。应当保证无线 AP 与客户端之间不要超过两堵墙;否则就要考虑增加 AP 数量,以保证无线信号的强度。

要实现无线漫游,要求各个 AP 之间无缝连接,必须使相邻 AP 的覆盖区域有少量重叠,重叠区域大小取决于区域中的用户数量和网络使用率。要尽可能避免无线信号盲区。

(3)无线网卡的设置。

对于移动客户端来说,无线漫游和用一个 AP 的连接没有什么不同,无需特殊设置。在 Windows 98/Me/2000 系统下,需要安装无线网卡附送的无线客户端管理软件,进行设置后接入无线网络,实现无线漫游。如果采用的是 Windows XP 系统,则不需要安装管理软件。将无线网卡的驱动程序和管理软件安装完成后,无线网卡需要设置和无线 AP 相同的 ESSID 以及 WEP 加密方式和密码,选择 Ingrastructure(构架模式),不要选择 Ad-Hoc(点对点模式)。网卡的 IP 地址根据实际情况自己配置。

第二部分　典型项目

典型项目之一　802.11n 配置

AP 通过二层交换机与 AC 相连,AC 的 IP 地址是 10.18.1.1/24,AP 是能够支持 802.11n 的设备。通过配置使 802.11n 客户端接入该无线网络。

实验目的

通过本实验可以掌握以下知识:
(1)802.11n 的工作原理和工作过程。
(2)802.11n 服务器的基本配置和调试。

实验拓扑结构

拓扑结构如图 15.11 所示。

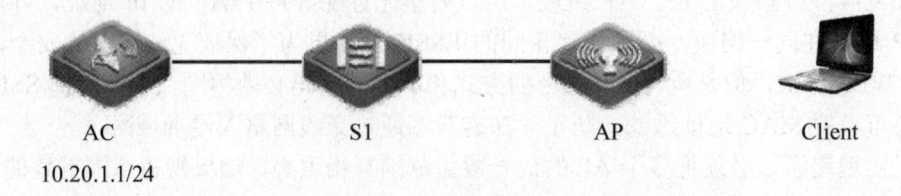

图 15.11　拓扑结构

实验步骤

```
#WLAN ESS
<AC> system-view
[AC] interface wlan-ess 1
[AC-WLAN-ESS1] quit
#WLAN WLAN-ESS
```

[AC] wlan service-template 1 clear
[AC-wlan-st-1] ssid abc
[AC-wlan-st-1] bind WLAN-ESS 1
[AC-wlan-st-1] authentication-method open-system
[AC-wlan-st-1] service-template enable
[AC-wlan-st-1] quit
#AC AP
[AC] wlan ap ap1 model WA2610E-AGN
[AC-wlan-ap-ap1] serial-id 210235A29G007C000020
#AP 802.11n 802.11g
[AC-wlan-ap-ap1] radio 1 type dot11gn
#AP 40MHz
[AC-wlan-ap-ap1-radio-1] channel band-width 40
[AC-wlan-ap-ap1-radio-1] service-template 1
[AC-wlan-ap-ap1-radio-1] radio enable

实验调试

配置完成后在客户端搜索无线网络并可以成功连接。

典型项目之二　AC 应用

AC 与二层交换机相连，AP1 序列 ID 为 SZ001，AP2 序列 ID 为 SZ002。两个 AP 通过二层交换机与 AC 相连。AP1、AP2 和 AC 在同一个网络，AP1 和 AP2 通过 DHCP Server 获得网络地址。AC 的网络地址是 10.20.1.1/24。

实验目的

通过本实验可以掌握以下知识：
（1）AP 的工作原理和工作过程。
（2）AC 的基本配置和调试。

实验拓扑结构

拓扑结构如图 15.12 所示。

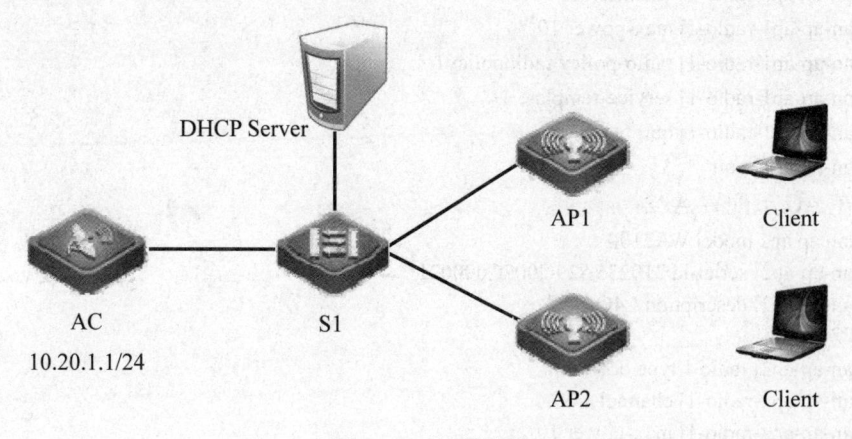

图 15.12　拓扑结构

实验步骤

(1) 开启 WLAN：
<AC> system-view
[AC] wlan enable

(2) 配置 WLAN ESS：
[AC] interface wlan-ess 1
[AC-WLAN-ESS1] quit

(3) 配置 WLAN 服务模板，并绑定 WLAN-ESS：
[AC] wlan service-template 1 clear
[AC-wlan-st-1] ssid abc
[AC-wlan-st-1] bind wlan-ess 1
[AC-wlan-st-1] authentication-method open-system
[AC-wlan-st-1] service-template enable
[AC-wlan-st-1] quit

(4) 配置射频策略：
[AC] wlan radio-policy radiopolicy1
[AC-wlan-rp-radiopolicy1] beacon-interval 200
[AC-wlan-rp-radiopolicy1] dtim 4
[AC-wlan-rp-radiopolicy1] rts-threshold 2300
[AC-wlan-rp-radiopolicy1] fragment-threshold 2200
[AC-wlan-rp-radiopolicy1] short-retry threshold 6
[AC-wlan-rp-radiopolicy1] long-retry threshold 5
[AC-wlan-rp-radiopolicy1] max-rx-duration 500
[AC-wlan-rp-radiopolicy1] quit

(5) 在 AC 上配置 AP1：
[AC] wlan ap ap1 model WA2100
[AC-wlan-ap-ap1] serial-id 210235A29G007C000020
[AC-wlan-ap-ap1] description L3Office
//配置 AP1 的射频
[AC-wlan-ap-ap1] radio 1 type dot11a
[AC-wlan-ap-ap1-radio-1] channel 149
[AC-wlan-ap-ap1-radio-1] max-power 10
[AC-wlan-ap-ap1-radio-1] radio-policy radiopolicy1
[AC-wlan-ap-ap1-radio-1] service-template 1
[AC-wlan-ap-ap1-radio-1] quit
[AC-wlan-ap-ap1] quit

(6) 在 AC 上配置 AP2：
[AC] wlan ap ap2 model WA2100
[AC-wlan-ap-ap2] serial-id 210235A29G007C000021
[AC-wlan-ap-ap2] description L4Office
配置 AP2 的射频
[AC-wlan-ap-ap2] radio 1 type dot11a
[AC-wlan-ap-ap2-radio-1] channel 149
[AC-wlan-ap-ap2-radio-1] max-power 10
[AC-wlan-ap-ap2-radio-1] radio-policy radiopolicy1

[AC-wlan-ap-ap2-radio-1] service-template 1
[AC-wlan-ap-ap2-radio-1] quit
[AC-wlan-ap-ap2] quit

（7）开启所有可用射频：

[AC] wlan radio enable all

实验调试

如果配置正确，则两个客户端都可以搜索并连接到无线网络。

第三部分　巩固练习

理论练习

1. 什么是无线局域网？
2. 常见的无线传输介质有哪些？
3. 常见的无线局域网设备有哪些？
4. 无线天线通常有哪两种类型？

实践练习

请为你所在的教学楼设计无线 LAN 网络，画出拓扑图并列出所需的网络设备。

参考文献

[1] 王平，魏大新，李育龙. Cisco 网络技术教程[M]. 北京：电子工业出版社，2012.

[2] 王兆文. CCNP SWITCH（642-813）认证考试指南[M]. 北京：人民邮电出版社，2010.

[3] 王兆文. CCNP ROUTE（642-8902）认证考试指南[M]. 北京：人民邮电出版社，2010.

[4] 田果，刘丹宁. CCNP SWITCH（642-813）学习指南[M]. 北京：人民邮电出版社，2011.

[5] 袁国忠. CCNP ROUTE（642-902）学习指南[M]. 北京：人民邮电出版社，2011.

[6] 梁广民，王隆杰. 思科网络实验室CCNP（路由技术）实验指南[M]. 北京：电子工业出版社，2012.

[7] 王隆杰，梁广民. 思科网络实验室CCNP（交换技术）实验指南[M]. 北京：电子工业出版社，2012.